工业和信息化人才培养规划教材　高职高专计算机系列

办公软件案例教程（Office 2007版）

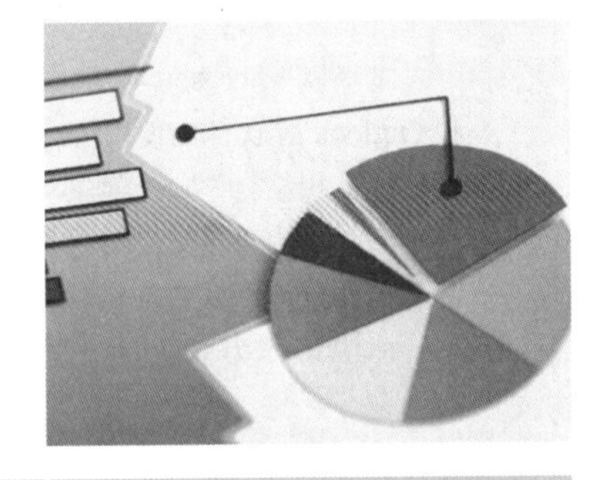

Office 2007

赖利君 ◎ 编著

INDUSTRY AND INFORMATION TECHNOLOGY TRAINING PLANNING MATERIALS
TECHNICAL AND VOCATIONAL EDUCATION

U0319249

人 民 邮 电 出 版 社
北 京

图书在版编目（C I P）数据

办公软件案例教程 : Office 2007版 / 赖利君编著
. -- 北京 : 人民邮电出版社, 2013.5 (2014.2 重印)
工业和信息化人才培养规划教材. 高职高专计算机系
列
ISBN 978-7-115-30915-0

Ⅰ. ①办… Ⅱ. ①赖… Ⅲ. ①办公自动化－应用软件
－高等职业教育－教材 Ⅳ. ①TP317.1

中国版本图书馆CIP数据核字(2013)第056672号

内 容 提 要

本书以 Microsoft Office 2007 为环境，通过案例的形式，对 Office 2007 中的 Word、Excel、PowerPoint 和 Outlook 等软件的使用进行了详细的讲解。全书以培养能力为目标，本着“实践性与应用性相结合”、“课内与课外相结合”、“学生与企业、社会相结合”的原则，按工作部门分篇，将实际操作案例引入教学，每个案例都采用“【案例分析】→【解决方案】→【拓展案例】→【拓展训练】→【案例小结】”的结构，思路清晰，结构新颖，应用性强。

本书可作为职业院校学生学习 Office 办公软件的教材，也可供其他运用 Office 办公软件的人员阅读参考。

工业和信息化人才培养规划教材——高职高专计算机系列

办公软件案例教程（Office 2007 版）

◆ 编　　著　赖利君
　责任编辑　王　威
◆ 人民邮电出版社出版发行　　北京市丰台区成寿寺路 11 号
　邮编　100164　　电子邮件　315@ptpress.com.cn
　网址　http://www.ptpress.com.cn
　北京鑫正大印刷有限公司印刷
◆ 开本：787×1092　1/16
　印张：19.25　　　　　　2013 年 5 月第 1 版
　字数：498 千字　　　　　2014 年 2 月北京第 2 次印刷

ISBN 978-7-115-30915-0

定价：39.80 元

读者服务热线：(010)81055256　印装质量热线：(010)81055316
反盗版热线：(010)81055315

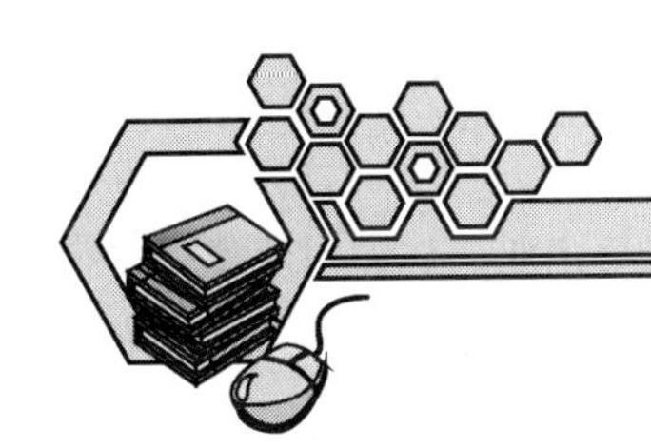

前言

近年来，随着我国信息化程度的不断提高，熟练地使用办公软件已经成为对各行各业从业人员使用计算机的基本要求，Microsoft Office 系列办公软件随之成为人们日常工作和学习中不可或缺的好帮手。

本书通过案例的形式，对 Office 2007 系列软件中的 Word、Excel、PowerPoint 和 Outlook 等软件的使用进行了详细的讲解。希望通过本书的学习和练习，能提高读者对办公软件的应用能力。

1. 本书内容

全书共分为 6 篇，从一个公司具有代表性的工作部门出发，根据各部门的实际工作，介绍了大量日常工作中实用的商务办公文档的制作方法。

第 1 篇为行政篇，讲解了制作年度计划、发文单、公司简报、客户信函、管理邮件等与公司的行政部门或办公室相关的典型案例。

第 2 篇为人力资源篇，讲解了制作公司组织结构图、个人简历、劳动用工合同、员工培训讲义、员工人事档案和工资管理表等人事部门的典型案例。

第 3 篇为市场篇，讲解了制作投标书、产品目录及价格表、销售统计分析、产品销售数据分析模型等几个销售部门的典型案例。

第 4 篇为物流篇，讲解了设计公司库存管理表，制作产品进销存管理表、产品销售与成本分析表等物流部门的典型案例。

第 5 篇为财务篇，通过讲解如何制作员工工资表、财务报表、公司贷款及预算表和财务部工作手册，详细介绍了 Office 软件在财务管理中的深入应用。

第 6 篇为技巧篇，该篇对 Word、Excel、PowerPoint、Outlook 等软件的使用技巧进行了分类提炼。

2. 体系结构

本书的每个案例都采用“【案例分析】➤【解决方案】➤【拓展案例】➤【拓展训练】➤【案例小结】”的结构。

（1）案例分析：简明扼要地分析了案例的背景资料和要做的工作。

（2）解决方案：给出实现案例的详尽操作步骤，其间有提示和小知识来帮助理解。

（3）拓展案例：让读者自行完成举一反三的案例，加强对知识和技能的理解。

（4）拓展训练：补充或强化主案例中的知识和技能，读者可以选择性地进行练习。

（5）案例小结：对案例中的所有知识和技能进行归纳和总结。

此外，本书的每个案例后都有一个“学习总结”表，可以供读者将每个案例操作过程中的心得体会总结下来。本书第 6 篇为技巧篇，对常用的 Office 办公软件的操作技巧进行了分类呈现，可提高软件使用的效率，读者可根据需要随时查阅。

3. 本书特色

本书以“实践性与应用性相结合”、“课内与课外相结合”、“学生与企业、社会相结合”为原则，以培养能力为目标，以实际工作任务引领知识、技能和态度，让学生在完成任务的过程中学习相关知识，培养相关技能，提升自身的综合职业素质和能力，真正实现做中学、学中做的 CDIO 教学模式。

本书由赖利君任主编，黄学军、李冰任副主编，参与本书编写的还有刘小平、杨芮钧、蒋仲兵、孙蓉、赵守利等。本书在编写过程中得到了学校领导和老师的支持，此外还参考了相关文献资料，微软 MVP、Excel Home 站长周庆麟对于本书的写作与案例素材给予指导，在此一并向他们表示衷心的感谢。

为方便读者，本书还提供了电子课件和案例素材，读者可登录人民邮电出版社教学服务与资源网（http://www.ptpedu.com.cn/）进行下载。

由于作者水平有限，书中难免有疏漏之处，望广大读者提出宝贵意见。

编　者

2012 年 11 月

目录

第1篇

行政篇

本篇从公司行政部门的角度出发，以一些具有代表性的商务办公文档为实例，详细介绍了 Office 2007 中文档的创建、编辑、页面设置、格式化等操作，图形和图片的处理，表格的创建、编辑和格式化处理，邮件合并以及 Outlook 2007 邮件管理等。目的是让学生学习、巩固和加强相关知识，从而提高对办公软件的实际应用能力。

学习目标

1. 利用 Word 2007 对文档进行创建、保存和编辑。
2. 学会对 Word 2007 文档的页面进行设置、格式化。
3. 掌握 Word 2007 文档中图形、图片及图示的相应的处理方法。
4. 在 Word 2007 文档中进行表格的创建、编辑和格式化。
5. 学会在 Word 2007 文档中进行图文混排。
6. 学会对 Word 2007 文档中的邮件进行合并及相关处理。
7. 学会利用 Outlook 2007 进行邮件、日程、联系人、任务、记录活动等管理。

1.1 案例 1 制作年度工作计划

【案例分析】

工作计划是对未来一定时期的工作或某项活动于事前作出筹划和安排的书面材料，是每个员工都必然会接触到的工作文档。

工作计划应包括如下内容：标题，简要说明该文档的内容；正文，基本情况、任务、目的和要求、措施和方法步骤等；落款，制订单位、日期等；附件，如需补充文档，则可列出附件列表。

本案例要求利用 Word 来实现科源有限公司的年度工作计划的排版设计工作。

具体要求如下。（1）新建文档并合理保存；（2）页面设置：纸张为 A4 纸，页边距分别为上 2.5 cm、下 2.4 cm、左右均为 2 cm；（3）录入年度工作计划文字；（4）美化修饰文档：将标题设为宋体、四号字、加粗、居中对齐，正文设为宋体小四号字、段落首行缩进 2 个字符、1.5 倍行距，正文的大标题设为宋体小四号字、加粗、不缩进、段前段后均为自动间距；（5）预览及打印文档：预览文档效果，如图 1.1 所示，并使用默认的打印机将该文档打印出来。

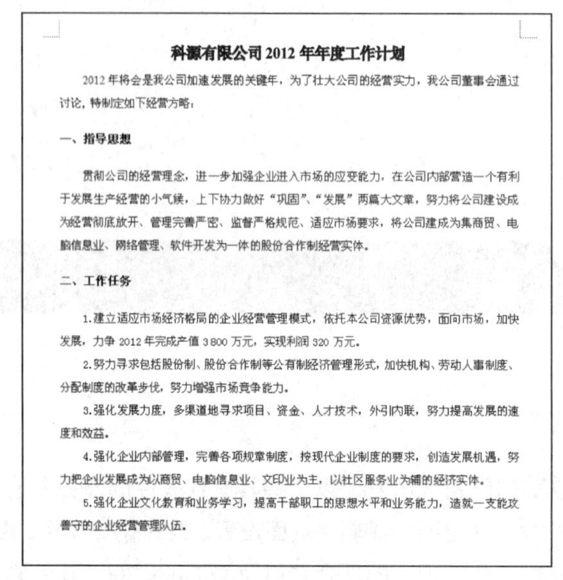

科源有限公司 2012 年年度工作计划

2012 年将会是我公司加速发展的关键年，为了壮大公司的经营实力，我公司董事会通过讨论，特制定如下经营方略：

一、指导思想

贯彻公司的经营理念，进一步加强企业进入市场的应变能力，在公司内部营造一个有利于发展生产经营的小气候，上下协力做好“巩固”、“发展”两篇大文章，努力将公司建设成为经营彻底放开、管理完善严密、监督严格规范、适应市场要求，将公司建成为集商贸、电脑信息业、网络管理、软件开发为一体的股份合作制经营实体。

二、工作任务

1.建立适应市场经济格局的企业经营管理模式，依托本公司资源优势，面向市场，加快发展，力争 2012 年完成产值 3 800 万元，实现利润 320 万元。

2.努力寻求包括股份制、股份合作制等公有制经济管理形式，加快机构、劳动人事制度、分配制度的改革步伐，努力增强市场竞争能力。

3.强化发展力度，多渠道地寻求项目、资金、人才技术，外引内联，努力提高发展的速度和效益。

4.强化企业内部管理，完善各项规章制度，按现代企业制度的要求，创造发展机遇，努力把企业发展成为以商贸、电脑信息业、文印业为主，以社区服务业为辅的经济实体。

5.强化企业文化教育和业务学习，提高干部职工的思想水平和业务能力，造就一支能攻善守的企业经营管理队伍。

图 1.1 “科源有限公司 2012 年年度工作计划”文档效果图

【解决方案】

1. 新建及保存文档

（1）启动 Word 2007，新建一份空白文档。

（2）单击【Office 按钮】，在弹出的菜单中选择【另存为】命令，以“科源有限公司 2012 年度工作计划”为名，选择“保存类型”为“Word 文档”，将该文档保存在“E:\公司文档\行政部”文件夹中。设置完后的“另存为”对话框如图 1.2 所示。

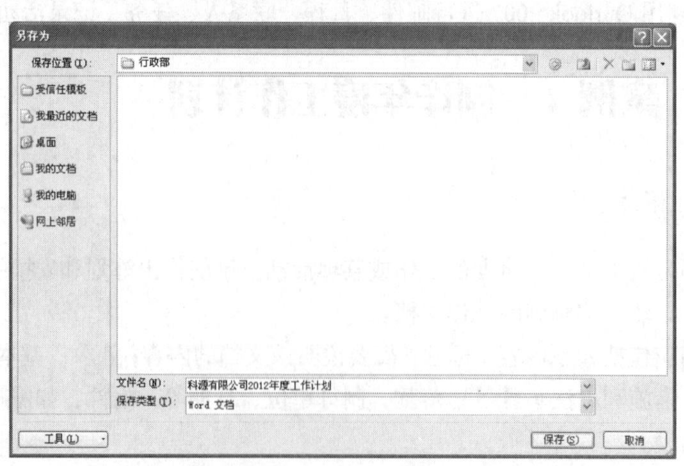

图 1.2 “另存为”对话框

① 在 Word 2007 中，保存文档时，通常通过单击快速访问工具栏上的【保存】按钮来保存文档，这种方法较为方便快捷故常使用，“保存”按钮的位置如图 1.3 所示。

图 1.3　工具栏上的“保存”按钮

② 为了避免录入的文字丢失，保存操作可以在编辑过程中随时进行，其快捷操作键为【Ctrl】+【S】组合键。

小知识

为了避免操作过程中由于掉电或操作不当造成文字丢失，可以使用 Word 2007 的自动保存功能，单击【Office】按钮，从弹出的菜单中单击【Word 选项】按钮，打开“Word 选项”对话框，选择“保存”选项，在“保存文档”选项组中，勾选“保存自动恢复信息时间间隔”单选按钮，然后再设置合理的自动保存时间间隔，如图 1.4 所示。

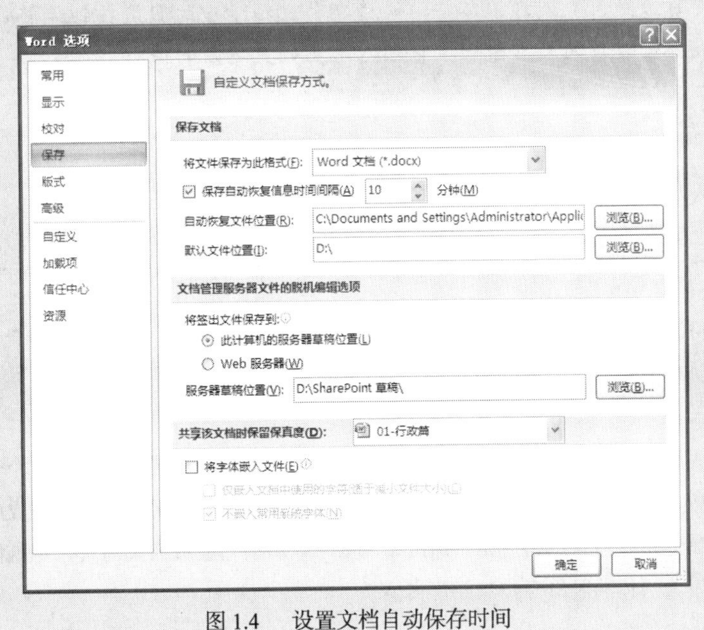

图 1.4　设置文档自动保存时间

2. 页面设置

（1）设置纸张大小。

选择【页面布局】→【页面设置】→【纸张大小】选项，在弹出的下拉菜单中选择“A4”，如图 1.5 所示。

（2）设置页边距。

选择【页面布局】→【页面设置】→【页边距】选项，在弹出的下拉菜单中选择“自定义边距”，打开“页面设置”对话框，在“页边距”选项卡中根据要求设置页边距，并将纸张方向设为“纵向”，如图 1.6 所示，然后单击【确定】按钮。

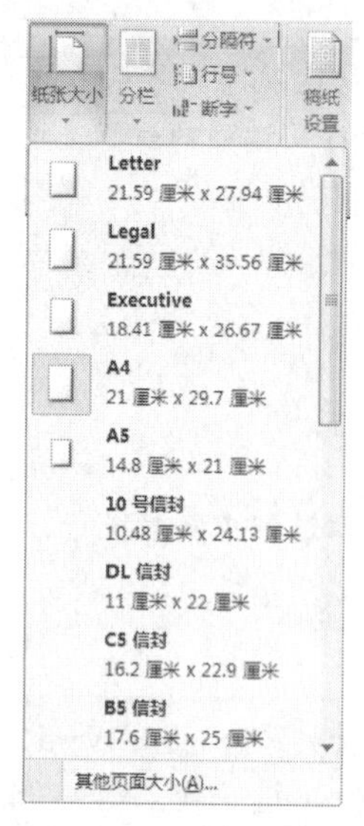

图 1.5　设置纸张大小

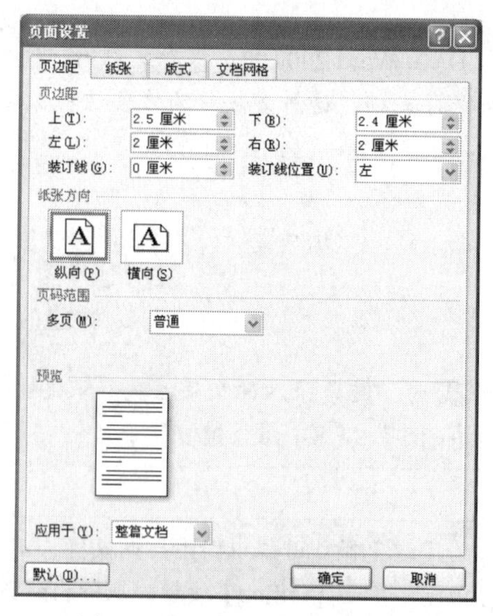

图 1.6　设置页边距和纸张方向

设置页边距时，既可以单击“页边距”选项卡中的微调按钮调整页边距的值，也可以在设置页边距的文本框中直接输入所需的页边距的值。

3. 录入文字

在文档中录入如样式文 1.1 所示的文字内容。

样式文 1.1

科源有限公司 2012 年年度工作计划

2012 年将会是我公司加速发展的关键年，为了壮大公司的经营实力，我公司董事会通过讨论，特制定如下经营方略。

一、指导思想

贯彻公司的经营理念，进一步加强企业进入市场的应变能力，在公司内部营造一个有利于发展生产经营的小气候，上下协力做好“巩固”、“发展”两篇大文章，努力将公司建设成为经营彻底放开、管理完善严密、监督严格规范、适应市场要求，将公司建成为集商贸、电脑信息业、网络管理、软件开发为一体的股份合作制经营实体。

二、工作任务

1. 建立适应市场经济格局的企业经营管理模式，依托本公司资源优势，面向市场，加快发展，力争 2012 年完成产值 3 800 万元，实现利润 320 万元。

2. 努力寻求包括股份制、股份合作制等公有制经济管理形式，加快机构、劳动人事制度、分配制度的改革步伐，努力增强市场竞争能力。

3. 强化发展力度，多渠道地寻求项目、资金、人才技术，外引内联，努力提高发展的速度和效益。

4. 强化企业内部管理，完善各项规章制度，按现代企业制度的要求创造发展机遇，努力把企业发展成为以商贸、电脑信息业、文印业为主，以社区服务业为辅的经济实体。

5. 强化企业文化教育和业务学习，提高干部职工的思想水平和业务能力，造就一支能攻善守的企业经营管理队伍。

新建一个 Word 文档后，一般 Word 的文档窗口默认的是“页面视图”模式，如图 1.7 所示。这种视图是与打印在相应的纸张上的效果一致的视图，在其上进行的编辑都是所见即所得的。

如果这时是其他视图，而想要设置为“页面视图”，那么此时可通过选择【视图】→【文档视图】→【页面视图】来进行编辑。

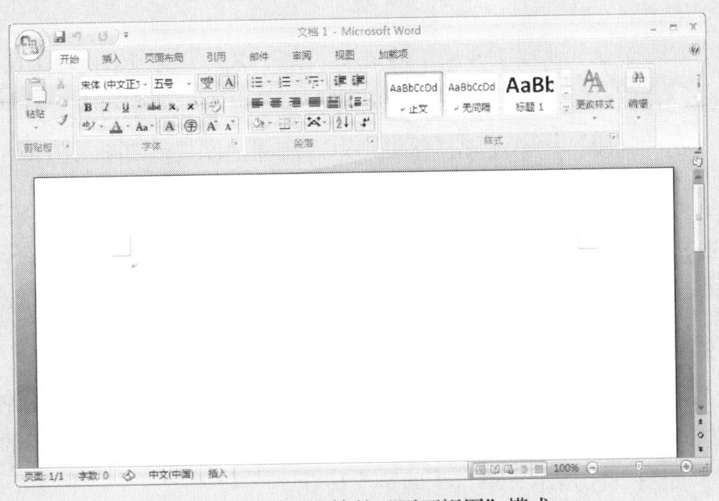

图 1.7　Word 文档的“页面视图”模式

4. 美化修饰文档

（1）设置标题格式为宋体、三号、加粗、居中。

选中标题“科源有限公司 2012 年度工作计划”，选择“开始”选项卡，分别在“字体”和“段落”选项中单击相应的字体和对齐设置按钮，如图 1.8 所示。

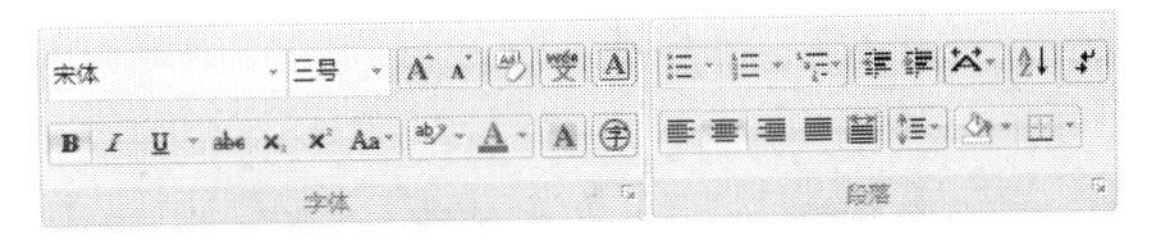

图 1.8　单击相应的字体和对齐设置按钮

设置字体格式时还可以如下操作。

① 选择【开始】→【字体】选项、打开如图 1.9 所示的“字体”对话框，并在其中进行相关的设置。

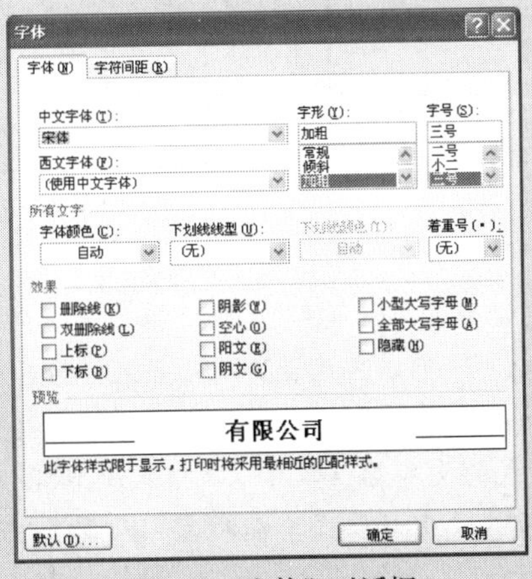

图 1.9　“字体”对话框

② 选中要设置的文本，这时 Word 将自动弹出浮动的快捷字体工具栏，从快捷字体工具栏中单击相应的按钮进行设置即可。

③ 选中要设置的文本右击，在弹出的快捷菜单中选择【字体】命令，打开“字体”对话框，再在其中进行相关的设置即可。

（2）设置正文格式。

选中正文部分所有文字，选择【开始】选项卡，在“字体”选项中选择宋体、小四号字；再选择【段落】选项，打开“段落”对话框，在“缩进”栏中设置“特殊格式”为“首行缩进”、“磅值”为“2 字符”，在“间距”栏中设置“行距”为“1.5 倍行距”，如图 1.10 所示。

选择文字的操作也可以用快捷键来完成，如要从正文第一段开始一直选到文章末尾，则可以将鼠标定位于正文第一个字，使用【Ctrl】+【Shift】+【End】组合键来实现。

（3）设置正文中的标题格式。

按住【Ctrl】键不放，使用鼠标选中不连续的各个标题，统一设置字体为宋体、小四、加粗，并在“段落”对话框中设置“缩进”栏中的“特殊格式”为“无”、“间距”栏中的“段前”和“段后”均为“自动”，如图 1.11 所示，单击【确定】按钮。

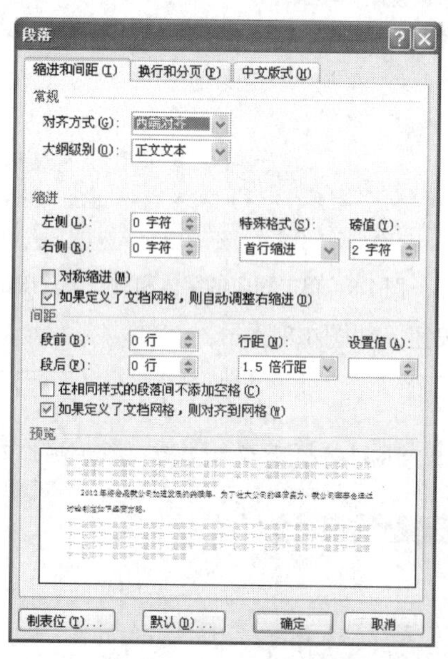

图 1.10 “段落”对话框

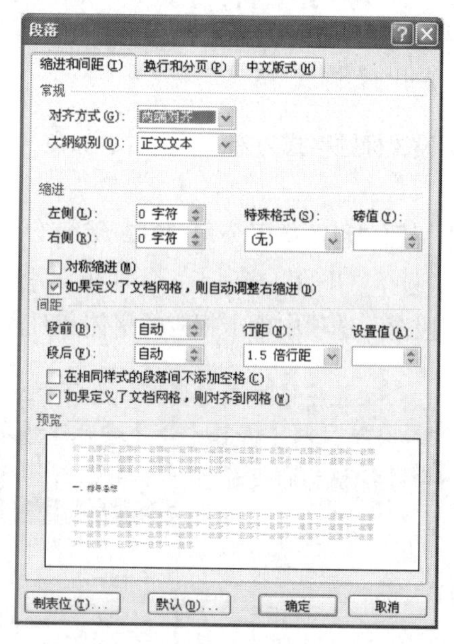

图 1.11 正文中标题的设置

① 设置多处不连续的文字为同一效果，除了上述的一次性选中不连续的多处文字统一设置的方法之外，还可以先设置好一处效果，然后选择【开始】→【剪贴板】→【格式刷】按钮命令，获得格式，在需要使用该格式处应用即可。

② 选中了参考格式的文字后，单击一次格式刷只能使用一次该格式，若双击格式刷按钮，则可在多处重复使用该格式，使用完成后再单击格式刷按钮，即可回到正常编辑状态。

5. 预览及打印文档

（1）完成各部分的美化修饰后，选择【Office 按钮】→【打印】→【打印预览】命令，可查看设置的效果，如图 1.12 所示。如果有不合适的地方，可单击【关闭打印预览】按钮回到文档的“页面视图”进行编辑修改。

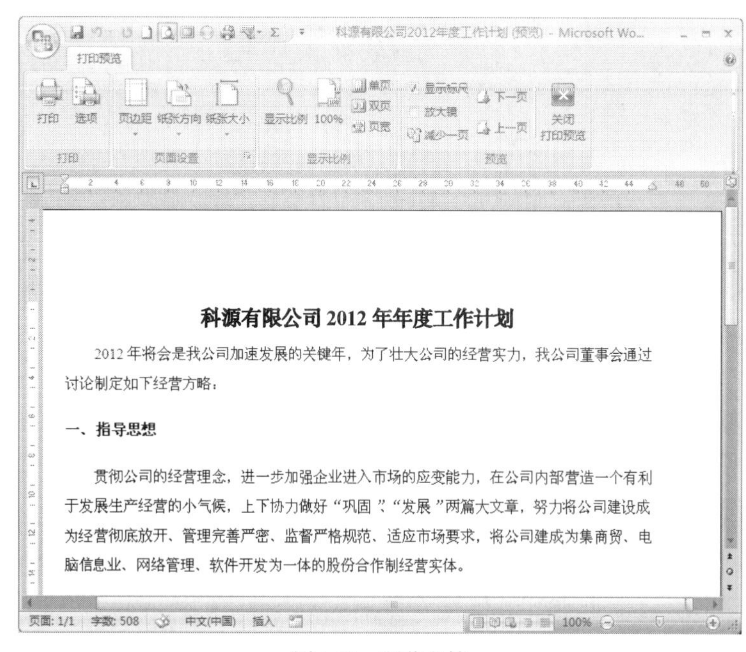

图 1.12　预览文档

（2）利用【放大镜】工具，可调整预览文档的大小，以预览全文效果，如图 1.13 所示。

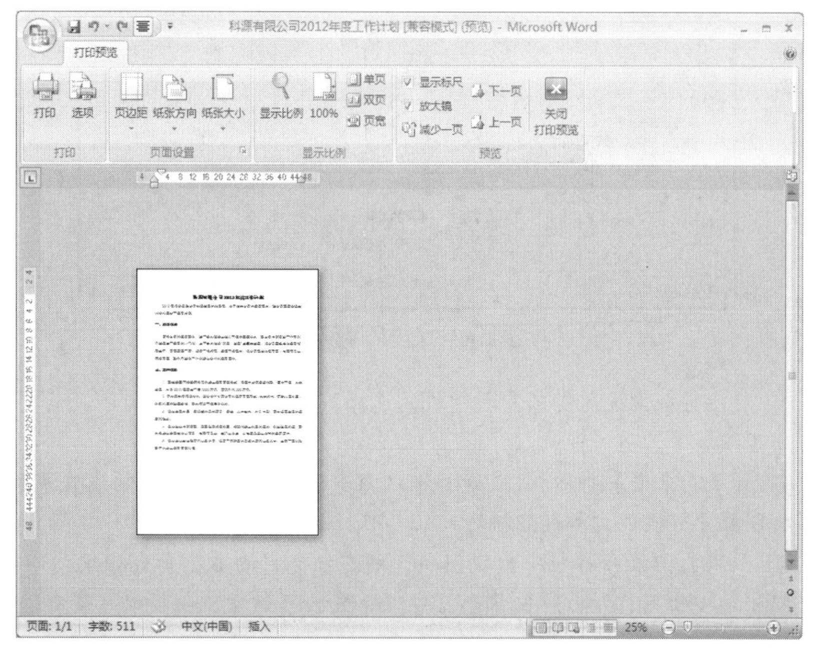

图 1.13　预览全文效果

① 如果觉得文档默认和使用放大镜的比例大小都不太合适，还可以单击【显示比例】按钮，打开“显示比例”对话框，以选取最合适的大小来预览效果，图1.14 是设置成 50%的比例大小来预览文档的。

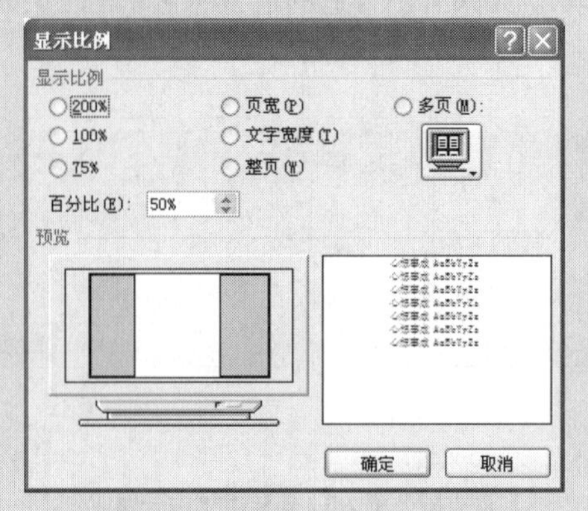

图 1.14　选择最合适的比例来预览文档

② 此外，还可以单页、双页和多页方式预览文档。

（3）如果打印机早已安装好，可选择【Office 按钮】→【打印】→【快速打印】命令来实现打印。

① 如果需要对打印机进行设置或者只打印部分页面，则需要选择【Office 按钮】→【打印】→【打印】命令，打开如图 1.15 所示的“打印”对话框，设置好后单击【确定】按钮即可打印。

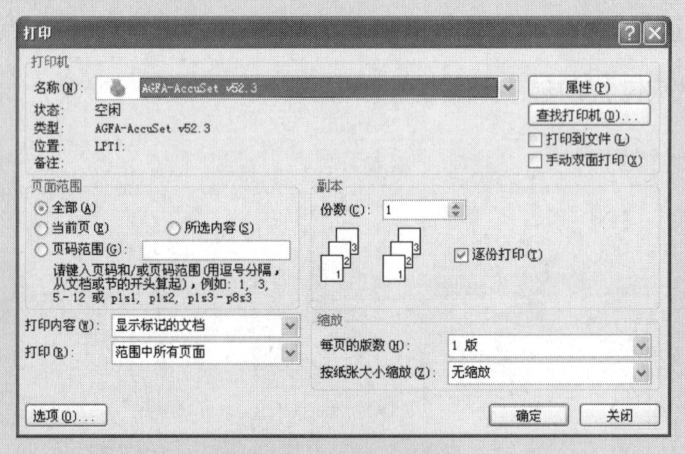

图 1.15　“打印”对话框

② 打印时较常设置的项有打印机的选择、手动双面打印、打印页面范围、打印份数、是否缩放等。

③ 如果尚未安装打印机，或者打印机为多个，则需要做相应的设置添加或者选择，这样打印机才可实现文档的正确打印。

④ 如果打印机在打印中出现问题，则在任务栏的右下角会出现打印错误的提示，双击该按钮可打开打印机状态窗口，如图 1.16 所示，在其中可查看、取消或删除打印任务。

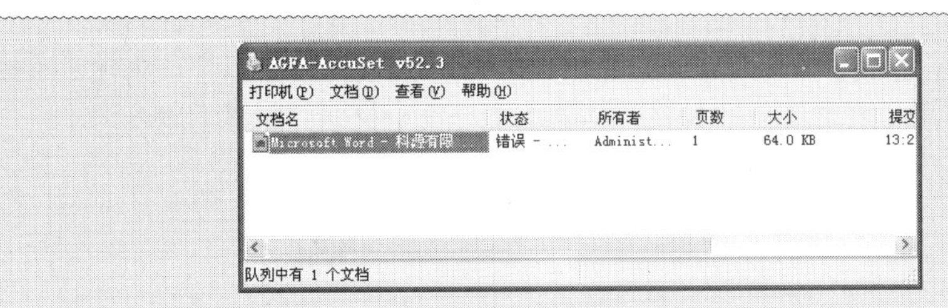

图1.16　打印状态窗口

小知识

打印机安装方法如下。

① 单击Windows的【开始】按钮，从【开始】菜单中选择【控制面板】命令，打开如图1.17所示的“控制面板”窗口。

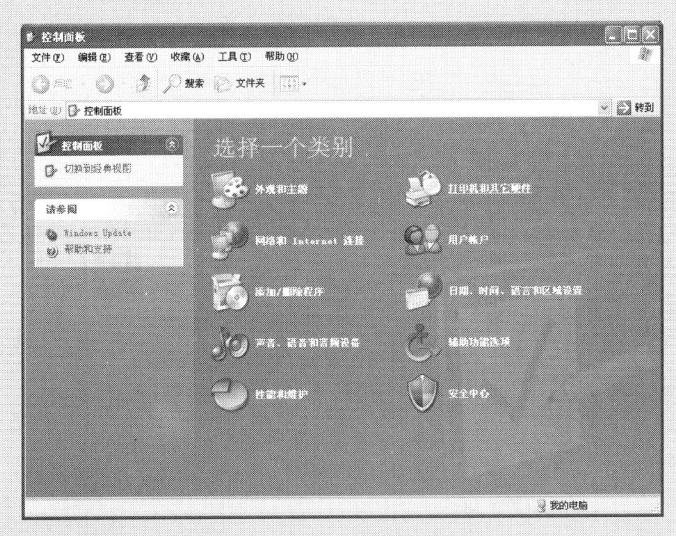

图1.17　“控制面板”窗口

② 单击“打印机和其他硬件”图标，打开“打印机和其他硬件”窗口，如图1.18所示。

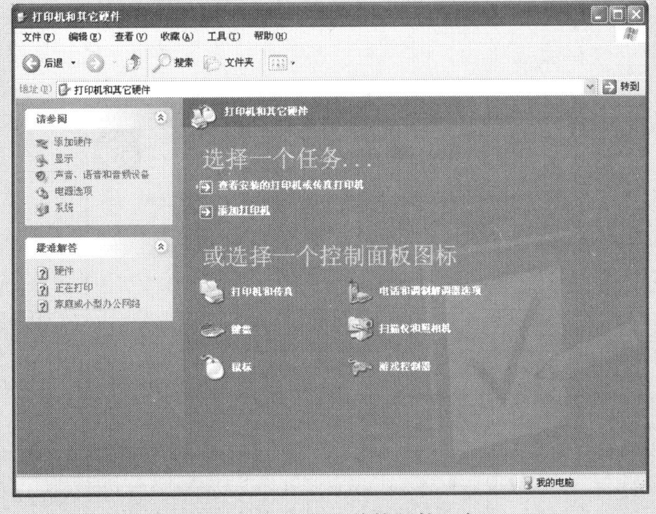

图1.18　“打印机和其他硬件”窗口

③ 选择【添加打印机】命令，弹出“添加打印机向导”对话框，选择“连接到这台计算机的本地打印机”单选按钮，单击【下一步】按钮。如图 1.19 所示。

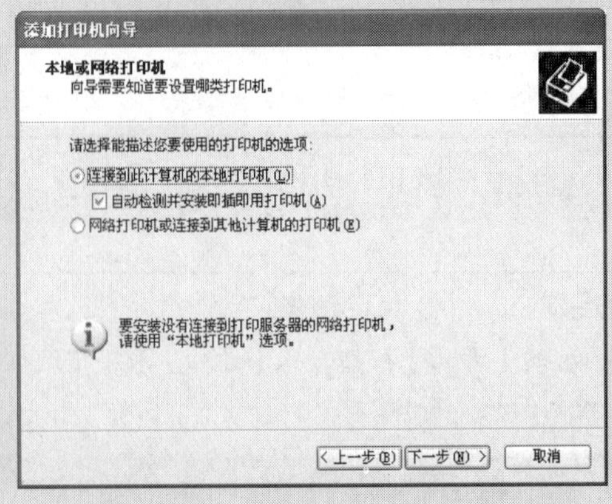

图 1.19　添加打印机向导－选择本地打印机

④ 弹出如图 1.20 所示的对话框，在其中选择打印机连接到的接口(一般为 LPT1)，单击【下一步】按钮。

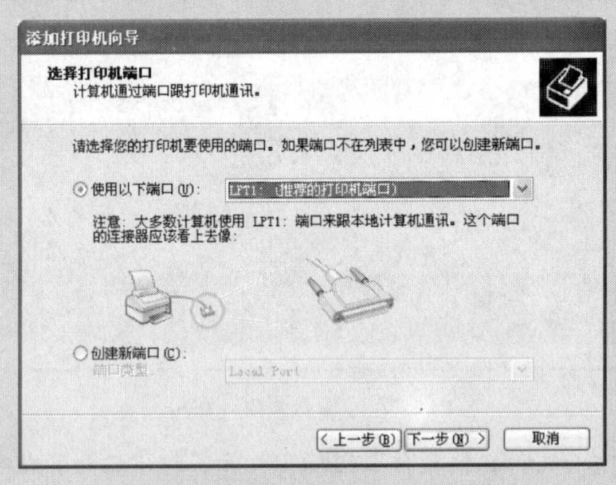

图 1.20　添加打印机向导－选择端口

⑤ 弹出如图 1.21 所示对话框，在其中选择打印机的生产厂商和型号，如果使用随打印机带来的驱动程序盘，则单击【从磁盘安装】按钮，然后单击【下一步】按钮。

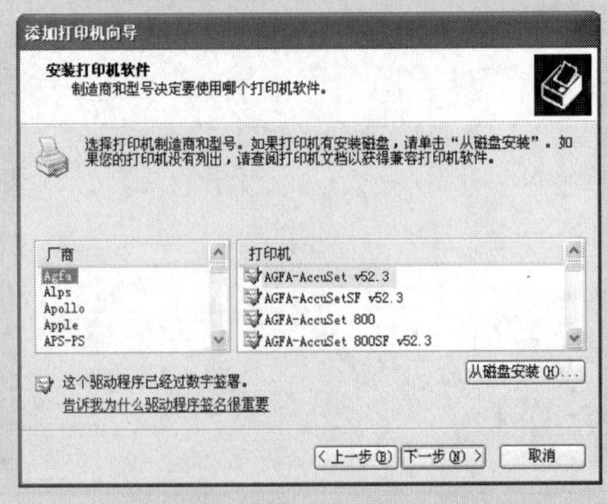

图 1.21　添加打印机向导－选择打印机的厂商和型号

⑥ 系统开始安装打印机驱动程序，单击【下一步】按钮。

⑦ 此时“添加打印机向导”会让用户选择“是否希望将这台打印机设为默认打印机”，选择“是”单选按钮，则设为默认打印机。在向导对话框中，用户还可以选择是否共享打印机。如果选择共享，则网络上的其他计算机也可以使用该打印机。

默认打印机与当前正在使用的打印机不符情况的处理。

当用户曾经设置过多个打印机，而默认打印机与当前正在使用的打印机不符时，使用打印命令时便会弹出如图 1.22 所示的提示，这就需要重新选择打印机了。

图 1.22　提示当前打印机无法打印的对话框

① 单击图 1.22 对话框的【确定】按钮后，会弹出如图 1.23 所示的“打印设置”对话框，可在其中选择正确的打印机，并单击【设为默认打印机】按钮。

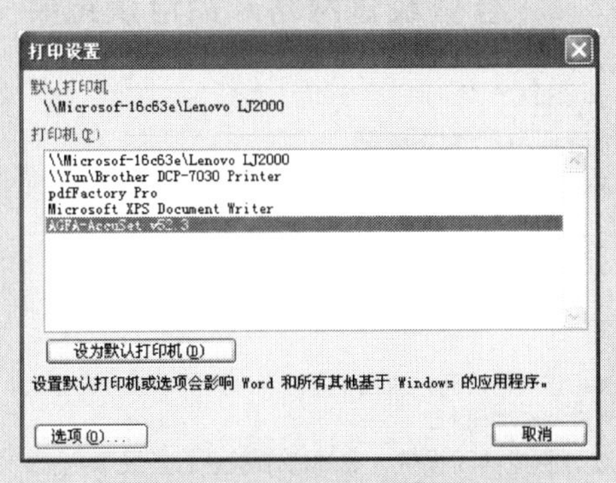

图 1.23　重新选择默认的打印机

② 选择 Windows 的【开始】→【打印机和传真】命令，打开“打印机和传真”窗口，可看到其中的多个打印机，如图 1.24 所示。在其中选择当前使用的打印机，右击，并在弹出的快捷菜单中选择“设为默认打印机”命令，以设置这个打印机为当前默认的打印机。

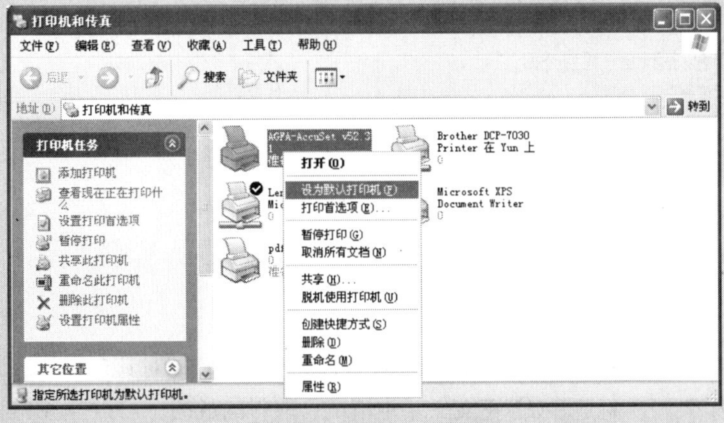

图 1.24　设为默认打印机

6. 关闭文档

设置完成后，选择【Office 按钮】→【保存】命令，或按【Ctrl】+【S】组合键，再次确认保存文档或对文档所做的修改，然后关闭文档。

【拓展案例】

1. 会议记录

会议记录是在比较重要的会议上，由专人当场把会议的基本情况记录下来的第一手书面材料。会议记录是会议文件和其他公文形成的基础，其应包括如下内容：① 会议名称（要写明召开会议的机关或组织、会议的年度时间或届次、会议内容摘要等）；② 会议时间；③ 会议地点；④ 出席人；⑤ 列席人；⑥ 主持人；⑦ 记录人；⑧ 议项；⑨ 会议发言；⑩ 议决结果；⑪ 签名。会议记录效果如图 1.25 所示。

合资经营网络产品洽谈纪要

时间：2011 年 5 月 6 日
地点：科源有限公司办公楼二楼会议室
主持：总经理王成业
出席：国际信托投资公司（甲方）张林、林望城、姜洁蓝
　　　科源有限公司（乙方）王成业、李勇、米思亮
记录：柯娜

甲乙双方代表经过友好协商，对在中国成海市建立合资经营企业，生产网络产品均感兴趣，现将双方意向纪要如下。

一、甲、乙双方愿意共同投资，在成海市建立合资经营企业，生产网络产品，在中国境内外销售。

二、甲方拟以土地使用权、厂房、辅助设备和人民币等作为投资；乙方拟以外汇资金、先进的机械设备和技术作为投资。

三、甲、乙双方将进一步作好准备，提出合资经营企业的方案，在 1 个月内寄给对方进行研究。拟于 2011 年 6 月 5 日由甲、乙双方派代表在成海市进行洽谈，确定合资经营企业的初步方案，为进行可行性研究作好准备。

甲方：国际信托投资公司　　　　　　　　乙方：科源有限公司
代表签字：　　　　　　　　　　　　　　代表签字：

图 1.25　会议记录效果图

2. 公司年度工作总结

总结是对一定时期进行过的工作（实践活动）的全面回顾，是对其进行再认识的书面材料。总结应包括如下内容：① 标题；② 正文（基本情况、取得的成绩（可以分条写）、获得的经验、存在的问题）；③ 今后的方向（或意见）。效果如样式文 1.2 所示。

样式文 1.2

科源有限公司 2011 年年度工作总结

2011 年是科源有限公司硕果累累的一年，公司班子和员工统一思想、转变观念，以高度的责任心和强烈的使命感，发扬创新、务实、奉献的精神扎扎实实地努力工作，使公司步入了规范化、制度化运营的轨道，各项业务得到了长足发展，取得了明显的效益。

一、建立健全规章制度，实行规范化管理

2011 年度公司领导把建立健全各项规章制度当做一项重要工作来抓，公司领导亲自抓落实，任何事情都按规章制度来办，并不断督促检查各项规章制度的落实情况。对按制度办事的给予表扬奖励，对不按制度办事的给予批评教育，对违反纪律的进行处罚。经过一段时间的严格整顿，公司员工的思想意识已从过去旧的管理模式逐渐统一到有章可循、按章办事的思想上来。目前，公司上下政令畅通，人心稳定，员工精神面貌焕然一新，一种规范化、制度化管理的现代企业管理模式已在公司初现雏形。

二、较好地完成了今年的各项经济任务

根据年初各项工作任务指标，行政部、财务部、人力资源部、物流部、生产管理部等完成了全年的任务；截至 2011 年 12 月底，公司各部完成的工作任务情况如下：

1．行政部完成全公司的各项行政管理工作；

2．财务部对全年全公司的财务收支和营销工作作好统筹和分配工作；

3．生产管理部完成全年 2 000 万的产值，创利润 260 万元；

4．物流部完成全年 400 万的产值，创利润 20 万元；

5．人力资源部除完成了人事制度改革外，还大力引入技术型人才，进一步增强了我公司的生产、竞争实力。

三、公开向社会承诺，提高了服务质量，树立了公司新形象

服务的好坏直接关系到公司的整体形象。公司成立后，为树公司新形象，要求全体员工严格遵守服务标准，热情为客户服务，即工作时要着装整齐、挂牌上岗，待人接物要热情，要讲文明礼貌；不许与客户争吵，不许损坏用户的物品；为方便客户，星期六仍照常上班。

四、存在的困难和问题

1．公司员工素质参差不齐。

2．由于公司成立的时间较短，与社会各界的沟通、协调力度需要进一步加强。

科源有限公司

2011 年 12 月 20 日

【拓展训练】

利用 Word 2007 制作一份公司年度宣传计划，效果图如图 1.26 所示。

操作步骤如下。

（1）启动 Word 2007，新建一份空白文档，以“2012 年公司宣传工作计划”为名保存至“E:\公司文档\行政部”文件夹中。

（2）选择【页面布局】→【页面设置】选项，打开“页面设置”对话框，将纸张设为 A4，页边距分别设置为上 2 cm、下 2 cm、左 1.8 cm、右 1.8 cm。

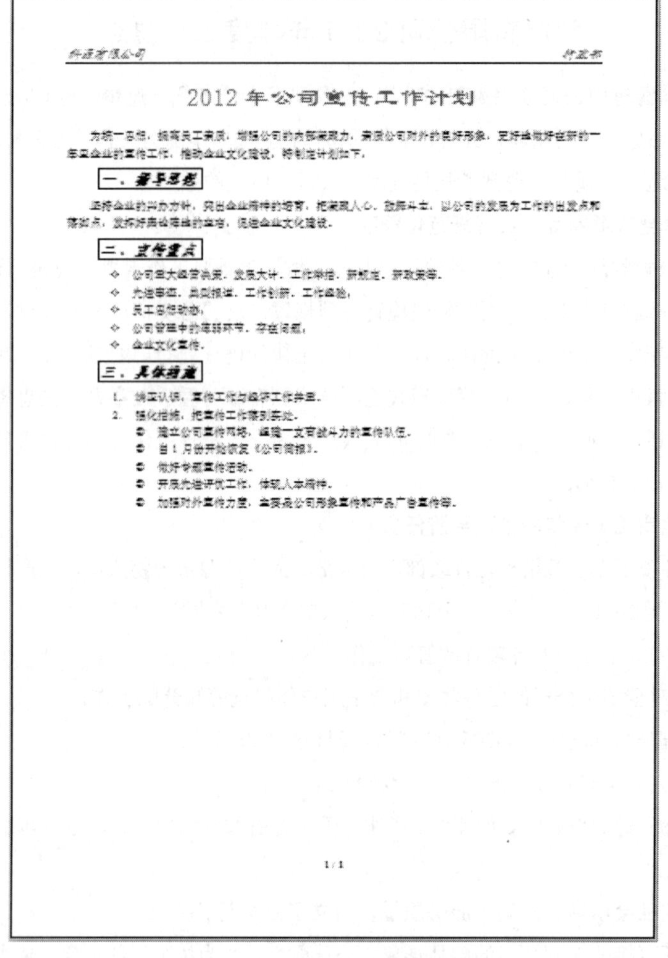

2012 年公司宣传工作计划

为统一思想，提高员工素质，增强公司的内部凝聚力，树立公司对外的良好形象，更好地做好在新的一年里企业的宣传工作，推动企业文化建设，特制定计划如下。

一、指导思想

坚持企业的兴办方针，突出企业精神的培育，凝聚人心，鼓舞斗志，以公司的发展为工作的出发点和落脚点，发挥好舆论阵地的作用，促进企业文化建设。

二、宣传重点

- 公司重大经营决策、发展大计、工作举措、新规定、新政策等。
- 先进事迹、典型报道、工作创新、工作经验；
- 员工思想动态；
- 公司管理中的薄弱环节、存在问题；
- 企业文化宣传。

三、具体措施

1. 端正认识，宣传工作与经济工作并重。
2. 强化措施，把宣传工作落到实处。
   - 建立公司宣传网络，组建一支有战斗力的宣传队伍。
   - 自 1 月份开始恢复《公司简报》。
   - 做好专题宣传活动。
   - 开展先进评优工作，体现人本精神。
   - 加强对外宣传力度，主要是公司形象宣传和产品广告宣传等。

1 / 1

图 1.26　公司年度宣传计划效果图

（3）按照图 1.27 所示录入文字。

2012 年公司宣传工作计划
为统一思想，提高员工素质，增强公司的内部凝聚力，树立公司对外的良好形象，更好地做好在新的一年里企业的宣传工作，推动企业文化建设，特制订计划如下。
一、指导思想
坚持企业的兴办方针，突出企业精神的培育，凝聚人心，鼓舞斗志，以公司的发展为工作的出发点和落脚点，发挥好舆论阵地的作用，促进企业文化建设。
二、宣传重点
公司重大经营决策、发展大计、工作举措、新规定、新政策等；
先进事迹、典型报道、工作创新、工作经验；
员工思想动态；
公司管理中的薄弱环节、存在的问题；
企业文化宣传。
三、具体措施
端正认识，宣传工作与经济工作并重；
强化措施，把宣传工作落到实处；
建立公司宣传网络，组建一支有战斗力的宣传队伍；
自 1 月份开始恢复《公司简报》；
做好专题宣传活动；
开展先进评优工作，体现人本精神；
加强对外宣传力度，主要是公司形象宣传和产品广告宣传等。

图 1.27　公司年度宣传计划文字内容

（4）设置文章标题格式。

选中标题“2012 年公司宣传工作计划”，选择【开始】→【字体】选项中相应的命令，将标题文字设置为隶书、二号、红色；再选择“段落”选项，打开“段落”对话框，将标题对齐方式设置为居中，段后间距设置为 12 磅。

（5）在“段落”对话框中，将除正文标题行外的其他段落均设置为首行缩进 2 个字符。

（6）设置正文中标题格式。

① 选中标题“一、指导思想”、“二、宣传重点”和“三、具体措施”，在“字体”工具栏中将其设置为仿宋、四号、加粗、倾斜。

② 选择【开始】→【段落】→【边框】右侧的下拉按钮，在打开的菜单中执行【边框和底纹】命令，打开“边框与底纹”对话框，如图 1.28 所示。在其中的“边框”选项卡中设置边框为：方框、实线、颜色自动、宽度为 1/2 磅、应用于文字，完成后单击【确定】按钮。

（7）设置编号。

选中标题“三、具体措施”下方的两段文字，选择【开始】→【段落】→【项目编号】下拉按钮选项，打开如图 1.29 所示的“编号库”，选中需要的编号，应用于所选段落。

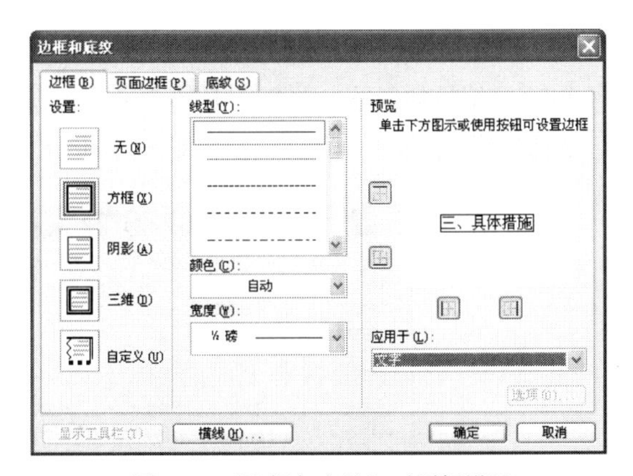

图 1.28　“边框与底纹”对话框设置

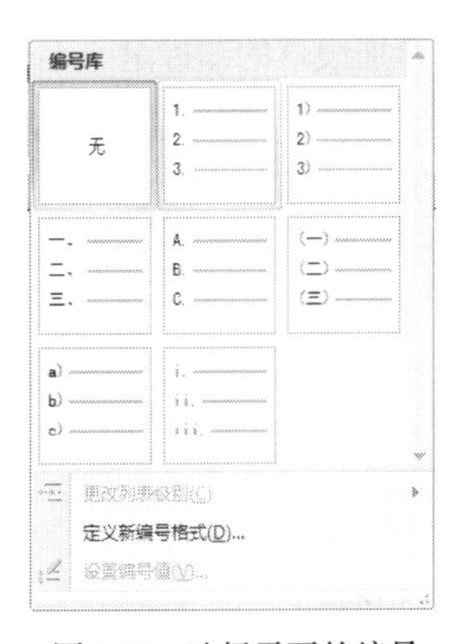

图 1.29　选择需要的编号

（8）设置项目符号。

①　选中标题“二、宣传重点”下的文本内容后，选择【开始】→【段落】→【项目符号】下拉按钮选项，打开如图 1.30 所示的“项目符号库”，再选择与图 1.31 所示相同的项目符号，将选定的项目符号应用于选中的文本段落。

图 1.30　选择相应的项目符号

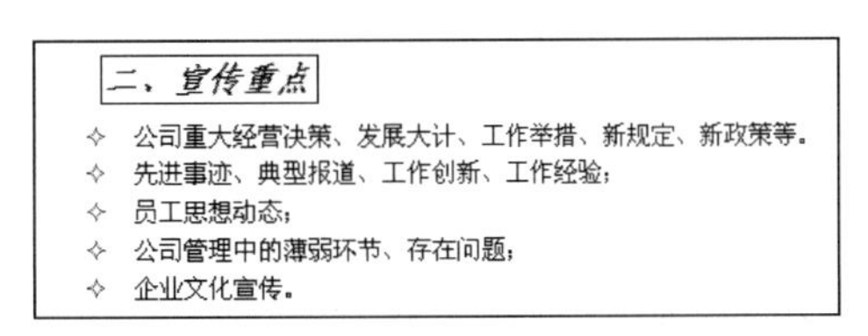

图 1.31　为文本添加项目符号

② 选中标题“三、具体措施”下“2.强化措施，把宣传工作落到实处”下方的文字，单击【开始】→【段落】→【项目符号】右侧的下拉按钮，打开“项目符号库”，可见“项目符号”区域中并没有如图 1.32 所示的项目符号，这时可选择“定义新项目符号”选项，打开如图 1.33

所示的“定义新项目符号”对话框，单击【符号】按钮，打开“符号”对话框，在“字体”处选择类别“Wingdings”，再在下方列出的符号中选择需要的符号，如图 1.34 所示，单击【确定】按钮返回“定义新项目符号”对话框，再单击【确定】按钮，此时便将选定的项目符号应用于所选段落了。

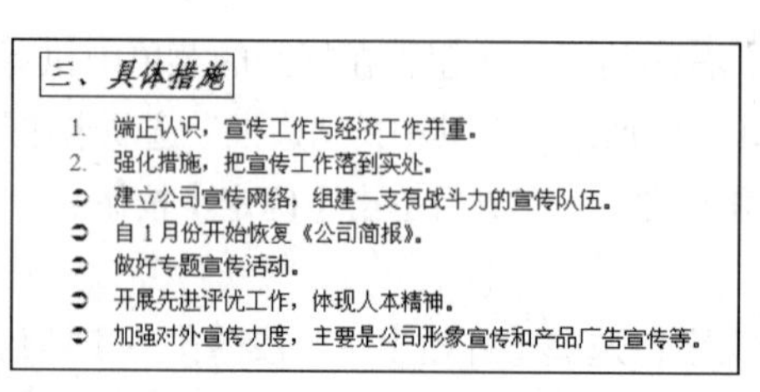
三、具体措施

1. 端正认识，宣传工作与经济工作并重。
2. 强化措施，把宣传工作落到实处。

- 建立公司宣传网络，组建一支有战斗力的宣传队伍。
- 自 1 月份开始恢复《公司简报》。
- 做好专题宣传活动。
- 开展先进评优工作，体现人本精神。
- 加强对外宣传力度，主要是公司形象宣传和产品广告宣传等。

图 1.32　为文本添加项目符号

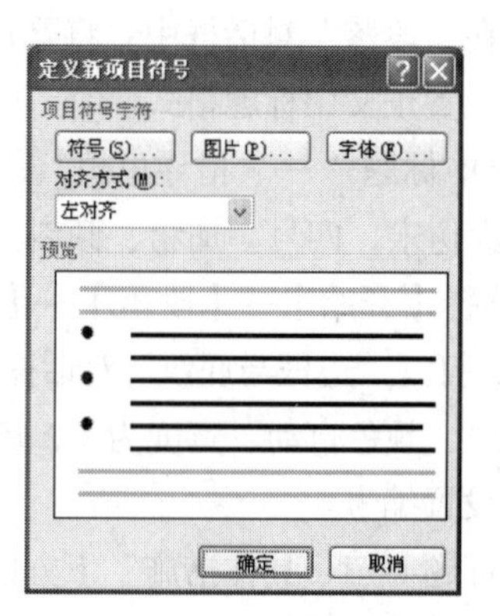

图 1.33　“定义新项目符号”对话框

（9）增加段落的缩进量。

① 选中标题“二、宣传重点”下已添加项目符号的段落，执行【开始】→【段落】命令，打开“段落”对话框，设置这部分的段落“缩进”为左侧“1.4 厘米”，如图 1.35 所示。

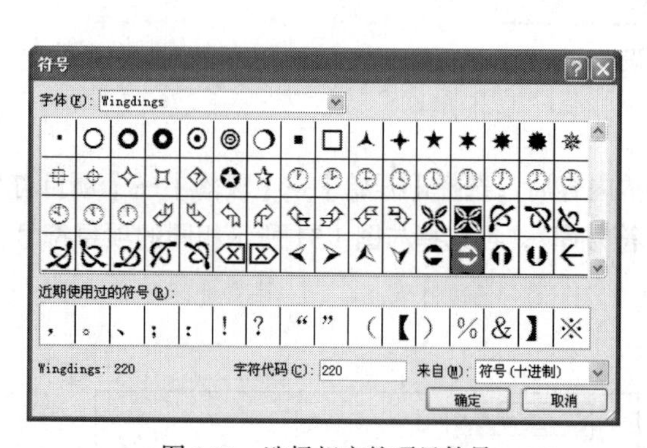

图 1.34　选择相应的项目符号

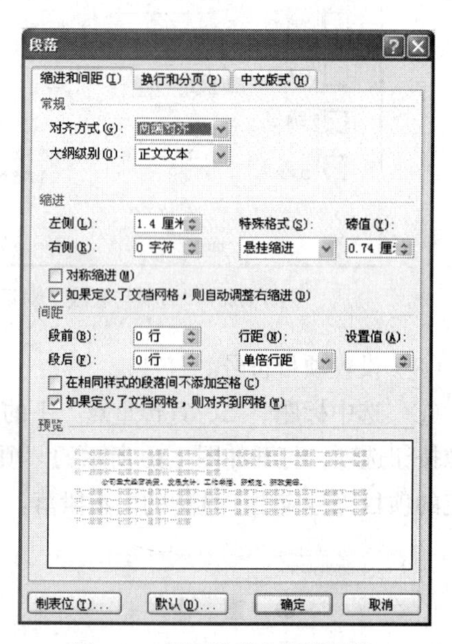

图 1.35　设置段落左侧缩进值

② 选中标题“三、具体措施”下方进行了项目编号设置的段落，拖动标尺上的“左缩进”游标到合适的左缩进量，如图 1.36 所示。

③ 选中“三、具体措施”下方进行了项目符号设置的段落，利用标尺拖动“首行缩进”游标到合适的位置，设置这些段落的首行缩进量，如图 1.37 所示。

（10）添加页眉页脚。

① 选择【插入】→【页眉和页脚】→【页眉】选项，弹出如图 1.38 所示“内置”下拉菜单。

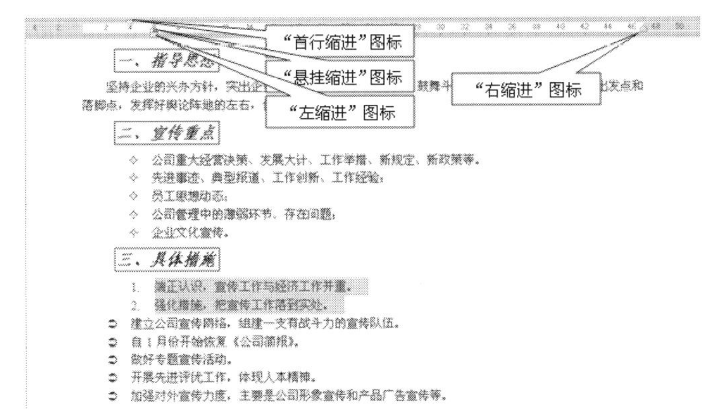

图 1.36　利用标尺进行左缩进的设置

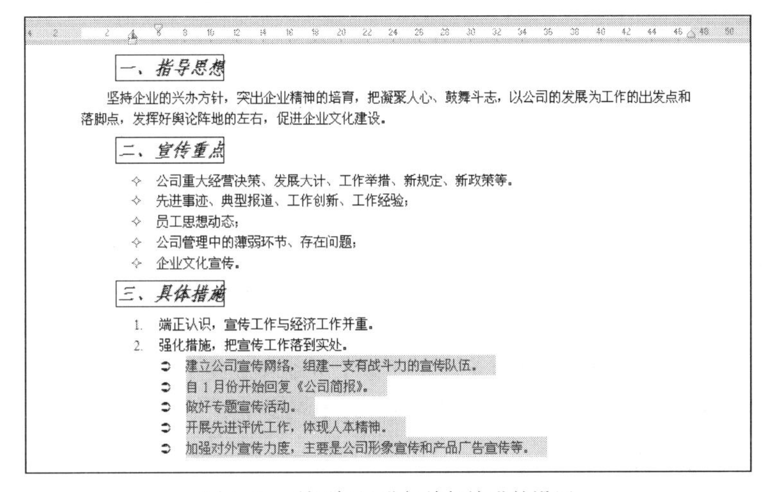

图 1.37　利用标尺进行首行缩进的设置

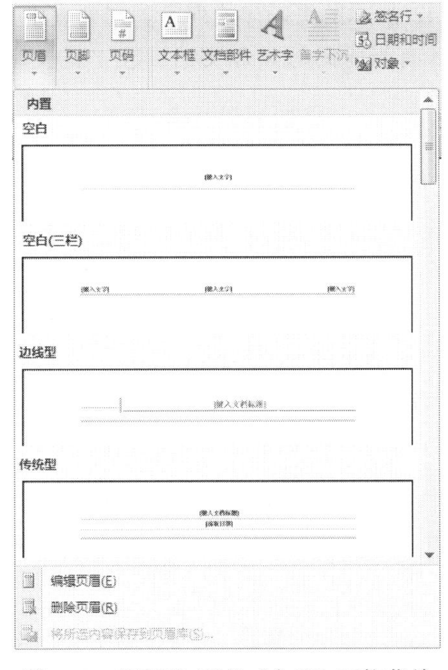

图 1.38　"页眉"下的"内置"下拉菜单

② 从下拉菜单中选择需要的页眉模板“空白（三栏）”，此时 Word 2007 将在文档中的页眉位置显示如图 1.39 所示的三个文本域。

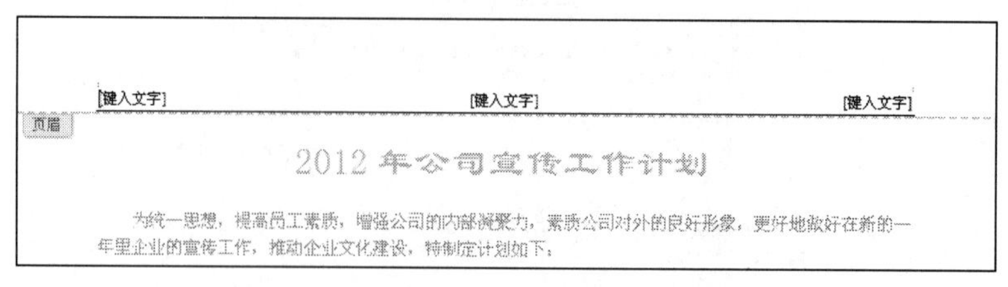

图 1.39　插入“空白（三栏）”页眉模板

③ 在页眉的左侧和右侧文本域中分别输入“科源有限公司”、“行政部”字样，删除中间的文本域。选中添加的页眉文字，将其设为楷体-GB2312、小四号、倾斜、深蓝色，如图 1.40 所示。

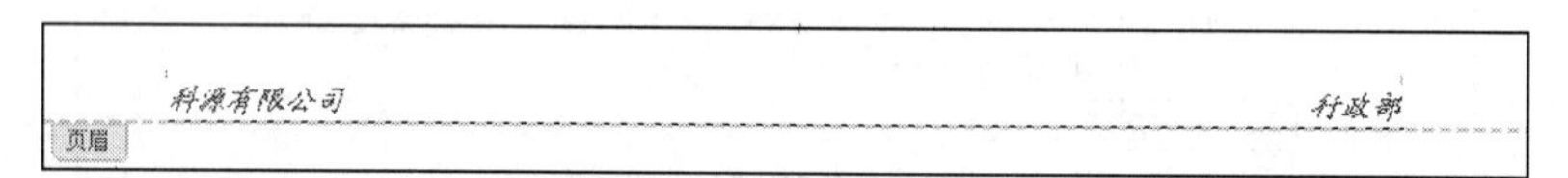

图 1.40　页眉编辑示例

① 页眉和页脚中的文字输入和编辑操作方法与正文部分是一样的。

② 若不需要页眉的分隔线，可选中页眉的段落后，执行【开始】→【段落】→【边框】下拉按钮命令，从弹出的菜单中选择【边框和底纹】选项，打开“边框和底纹”对话框，在“边框”对话框中取消应用于段落的边框。

④ 执行【页眉和页脚工具】→【设计】→【导航】→【转至页脚】命令，切换到页脚编辑区；再选择【页眉和页脚】→【页码】选项，打开如图 1.41 所示的页码下拉菜单。选择“页面底端”选项，显示如图 1.42 所示的页码样式列表。在列表中选择“X/Y”组中的“加粗显示的数字 2”选项，则将插入有当前页码 X 和文档页数 Y 的文字，将字体设为小五号，居中对齐。

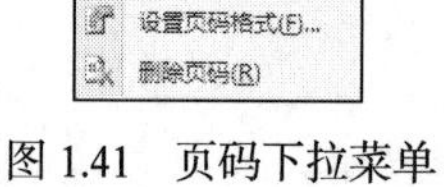

图 1.41　页码下拉菜单

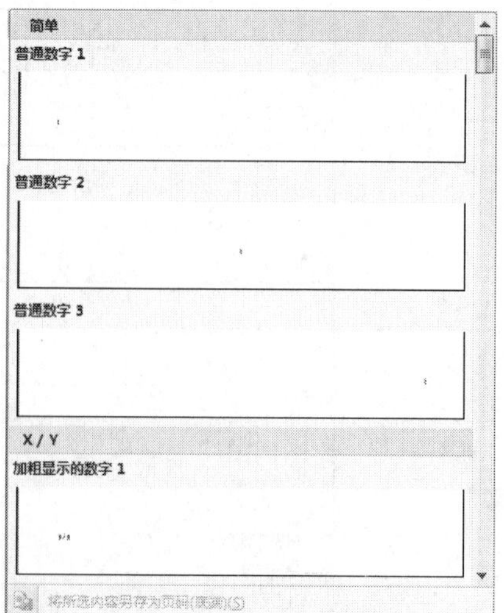

图 1.42　页码样式列表

在给文档添加页眉和页脚时，还可以在如图1.43所示的页眉和页脚工具栏中插入日期和时间、文档部件（文档属性、域）图片、剪贴画等内容。

图1.43　插入“页眉和页脚”工具栏中的其他内容

⑤ 选择【页眉和页脚工具】→【设计】→【关闭页眉和页脚】按钮选项，或在正文文字区双击，即可关闭页眉和页脚的编辑视图，回到正文编辑视图。

（11）预览，如有不合适处，继续修改，当文档效果如图1.26所示时，可打印文档，完成所有操作后关闭文档。

【案例小结】

通过本案例的学习，读者将学会利用Word创建和保存文档，对文档中字符的字体、颜色、大小以及字型的设置，段落的缩进、间距和行距进行设置以及利用项目符号和编号对段落进行相关的美化和修饰，学会对页面的页眉和页脚等进行相应的设置，以及打印机的安装、预览和打印文档等行政部门工作中常用的操作。

学习总结

本案例所用软件	
案例中包含的知识和技能	
你已熟知或掌握的知识和技能	
你认为还有哪些知识或技能需要强化	
案例中可使用的Office技巧	
学习本案例之后的体会	

1.2 案例 2 制作发文单

【案例分析】

发文和收文是机关或企事业单位行政部门工作中非常重要的一个环节，发文单用于机关、企事业单位拟发文件作记载用，该案例主要涉及的知识点有表格的创建、表格格式的设置、表格内容的录入，以及表格内容的格式设置，要求制作好的发文单如图 1.44 所示。

科源有限公司发文单

密级：

<table>
<tr><td rowspan="3">签发人：</td><td>规范审核</td><td>核稿人：</td></tr>
<tr><td>经济审核</td><td>核稿人：</td></tr>
<tr><td>法律审核</td><td>核稿人：</td></tr>
<tr><td rowspan="2">主办单位：</td><td>拟 稿 人</td><td></td></tr>
<tr><td>审 稿 人</td><td></td></tr>
<tr><td rowspan="2">会签：</td><td colspan="2">共打印 份，其中文 份；附件 份</td></tr>
<tr><td colspan="2">缓 急：</td></tr>
<tr><td colspan="3">标题：</td></tr>
<tr><td colspan="3">发文 字[ ]第 号 年 月 日</td></tr>
<tr><td colspan="3">附件：</td></tr>
<tr><td colspan="3">主送：</td></tr>
<tr><td colspan="3">抄报：</td></tr>
<tr><td colspan="3">抄送：</td></tr>
<tr><td colspan="3">抄发：</td></tr>
<tr><td colspan="3">打字： 校对： 监印：</td></tr>
<tr><td colspan="3">主题词：</td></tr>
</table>

图 1.44 发文单效果图

【解决方案】

（1）启动 Word 2007，新建一份空白文档。

（2）将创建的新文档命名为“科源公司发文单”，以“文档模板（*.dotx）”类型保存到“E:\公司文档\行政部”文件夹中，如图 1.45 所示。

（3）制作表格标题。

① 参照图 1.44 录入相关标题文字。

② 按【Enter】键换行。

（4）创建表格。

① 选择【插入】→【表格】命令，打开如图 1.46 所示的“表格”下拉菜单。

② 从菜单中选择【插入表格】命令，打开如图 1.47 所示的“插入表格”对话框。

③ 在对话框中将列数设为“3”、行数设为“16”，单击【确定】按钮，建立一个 3 列 16 行的表格，如图 1.48 所示。

图 1.45　将发文单保存为文档模板

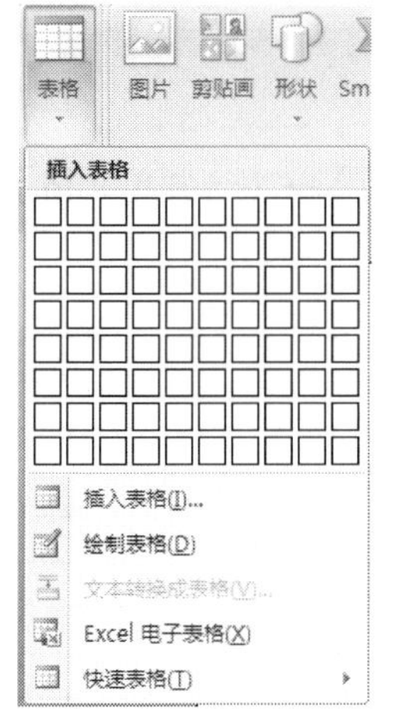

图 1.46　“表格”下拉菜单

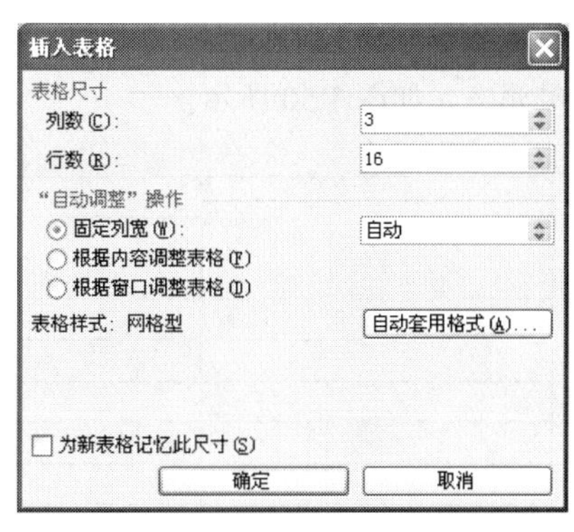

图 1.47　“插入表格”对话框

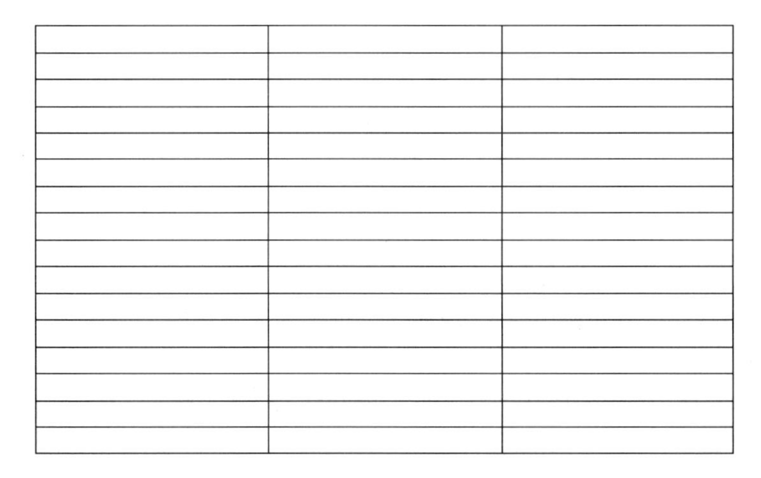

图 1.48　创建 3 列 16 行的表格

建立表格时，还可以在如图 1.46 所示的“插入表格”区域中，用鼠标拖动选取要插入表格的列数和行数，即可在指定的位置上插入表格。选中的单元格将以橙色显示，并在名称区域中显示“列数×行数”表格的信息，如图 1.49 所示。

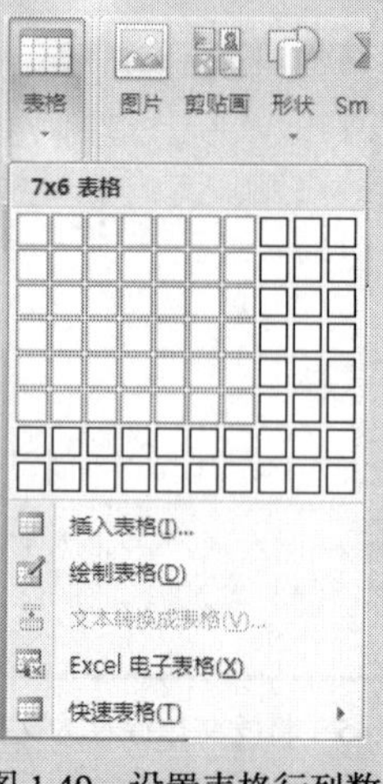

图 1.49　设置表格行列数

（5）合并单元格。

① 将 A1～A3 单元格选中，选择【表格工具】→【布局】→【合并单元格】按钮选项，将其合并为 1 个单元格，如图 1.50 所示。

图 1.50　合并单元格

② 参照图 1.44 所示，将其余需要合并的单元格用相同的方法进行合并处理。

（6）录入表格文字。在表格中录入图 1.44 所示的表格文字内容。

（7）设置表格标题格式。

① 选中表格标题“科源有限公司发文单”，将其格式设置为黑体、小二号、居中、段后间距 1 行。

② 选中标题下面的“密级”文字，将其设置为右对齐、右缩进 6 字符。

③ 选中表格的文字内容，将表格内的文字内容设置为宋体、小四号。

（8）设置单元格对齐方式。

① 选中整张表格，选择【表格工具】→【布局】→【对齐方式】→【中部两端对齐】按钮选项，如图 1.51 所示，将表格中的文字内容设为中部两端对齐方式。

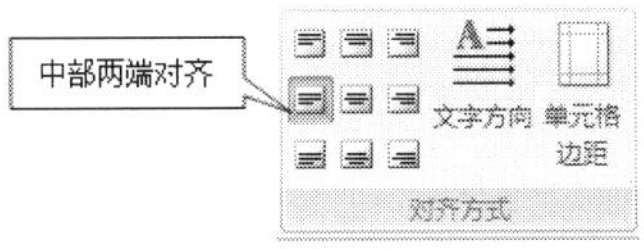

图 1.51　设置单元格对齐方式

② 设置表格中 B1～B5 单元格的内容居中。

③ 其余单元格中内容的对齐方式参照图 1.44 所示进行设置。

提示　设置单元格格式时，也可先选中要设置对齐方式的单元格，然后右击，从弹出的快捷菜单中选择【单元格对齐方式】命令选项，再单击相应的对齐方式按钮进行设置。

（9）设置表格边框。

① 选中整个表格，选择【表格工具】→【设计】→【表样式】→【边框】下拉按钮选项，从弹出的菜单中选择【边框和底纹】命令选项，打开如图 1.52 所示的“边框和底纹”对话框。

图 1.52　“边框和底纹”对话框

② 分别将表格的内外框线设置为 0.75 磅和 1.5 磅，制作完毕的表格如图 1.44 所示。

（10）单击快速访问工具栏中的【保存】按钮保存文件。

【拓展案例】

制作文件传阅单

文件传阅分为分传、集中传阅、专传和设立阅文室几种方式。分传是按照一定的顺序，分别将文件传送有关领导人批阅的传阅方式；集中传阅是利用机关领导集中学习或开会的机会，将紧急而又简短的传阅件集中传阅的方式；专传是由专人传送给领导人审批的过程；设立阅文室是指由文件秘书工作人员管理，阅文人到阅文室里阅读文件的一种方式。文件传阅单是文件在传递过程中的记录单，其样式如样式表 1.1 所示。

样式表 1.1

来文单位		收文时间		文号		份数	
文件标题							
传阅时间	领导姓名	阅退时间		领导阅文批示			
备注							

【拓展训练】

建立一份如样式表 1.2 所示的收文登记表。

样式表 1.2

收文日期		来文机关	来文原号	秘密性质	件数	文件标题或事由	编号	处理情况	归档号	备注
月	日									
收文机关：						收文人员签字：				

操作步骤如下。

（1）启动 Word 2007，将文件以“收文登记表”为名保存在“E:\公司文档\行政部”文件夹中。

（2）设置页面。选择【页面布局】→【页面设置】→【纸张方向】按钮选项，将页面的纸张方向设置为“横向”。

（3）创建表格。选择【插入】→【表格】按钮选项，在【插入表格】区域中拖动鼠标，绘制一个 10 列 7 行的表格。

（4）拆分单元格。

① 选中 A1 单元格，选择【表格工具】→【布局】→【拆分单元格】按钮选项，打开如图 1.53 所示的“拆分单元格”对话框，设置行列数均为“2”，单击【确定】按钮，将选中的单元格拆分为 2 行 2 列。

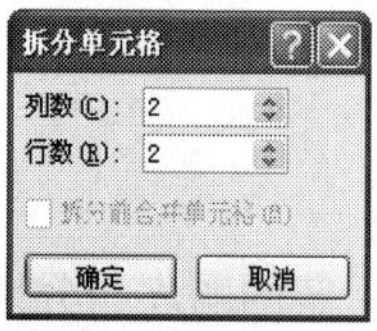

图 1.53 “拆分单元格”对话框

② 同理，将 A3～A7 单元格拆分为 2 列 1 行。

（5）合并单元格。

① 将 A1、B1 单元格合并为一个单元格。

② 选中 A8～F8 单元格，将 A8～F8 单元格合并成一个单元格。

③ 同理，将 C8～J8 单元格合并成一个单元格。

（6）根据样式表 1.2 中的内容在各个单元格中录入相应的文字。

（7）设置表格格式。

① 选中表格内容，将文字格式设为宋体、小四号。

② 将各单元格中的文字对齐方式设为水平居中（最后一行除外）。

③ 设置表格行高。选中整张表格，选择【表格工具】→【布局】→【属性】按钮选项，打开“表格属性”对话框，选择“行”选项卡，指定行高为“0.6 厘米”，如图 1.54 所示。

④ 设置表格边框。选择【表格工具】→【设计】→【边框】右侧的下拉按钮选项，从弹出的菜单中选择【边框和底纹】命令选项，在如图 1.55 所示的“边框和底纹”对话框中，将表格的内部边框设为 0.5 磅的单实线，外框设为宽度 1.5 磅的单实线，单击【确定】按钮。再选中表格的最后一行，如图 1.56 所示，将表格最后一行的上方线条的线型设为双实线，宽度 0.5 磅。

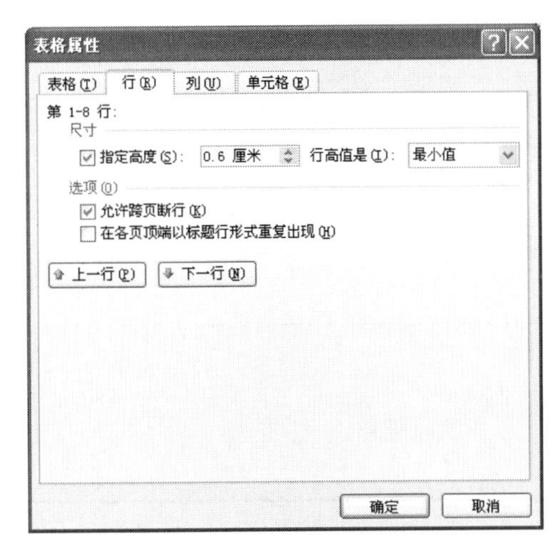

图 1.54　设置表格行高

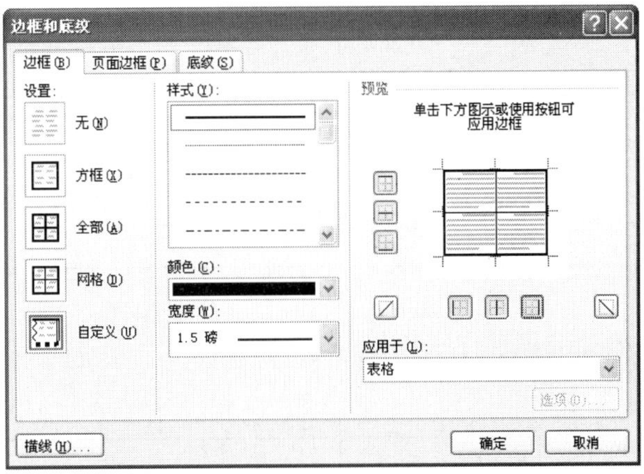

图 1.55　设置表格内外边框

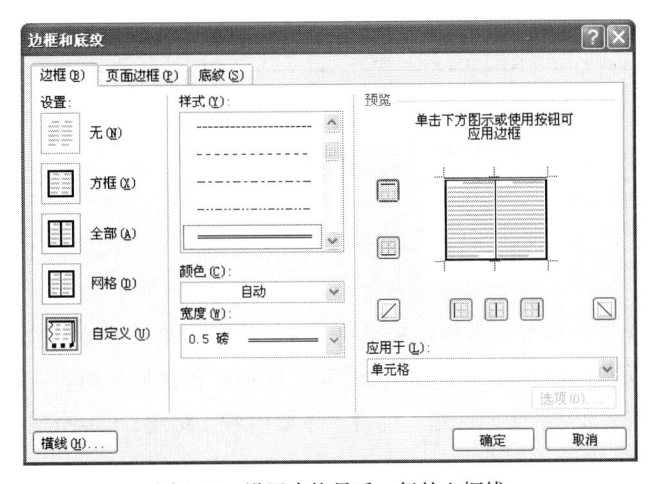

图 1.56　设置表格最后一行的上框线

（8）制作好的收文登记表如样式表 1.3 所示。

（9）保存文件。

【案例小结】

本案例通过公司发文单、文件传阅单以及发文登记表等制作步骤的讲解，使读者学会创建表格，学会表格中单元格的合并、拆分等表格的编辑操作，同时了解表格内文本的对齐设置，并能对表格和表格中的内容进行相应的设置。

📖 学习总结

本案例所用软件	
案例中包含的知识和技能	
你已熟知或掌握的知识和技能	
你认为还有哪些知识或技能需要强化	
案例中可使用的 Office 技巧	
学习本案例之后的体会	

1.3 案例 3　制作公司简报

【案例分析】

简报是由组织（企业）内部编发的用来反映情况、沟通信息、交流经验、促进了解的书面报道。简报有一定的发送范围，起着“报告”的作用。简报应包括如下内容：① 报头，简报名称、期数、编写单位、日期；② 正文，标题、前言、主要内容、结尾；③ 报尾，报送及抄送单位、发送范围、印数等；④ 附件（可选项）。

本案例完成后的简报效果要求如图 1.57 所示。

【解决方案】

（1）利用 Word 2007 新建空白文档，并以“公司简报-43 期”为名保存至“E:\公司文档\行政部”文件夹中。

（2）录入如样式文 1.3 所示的文字。

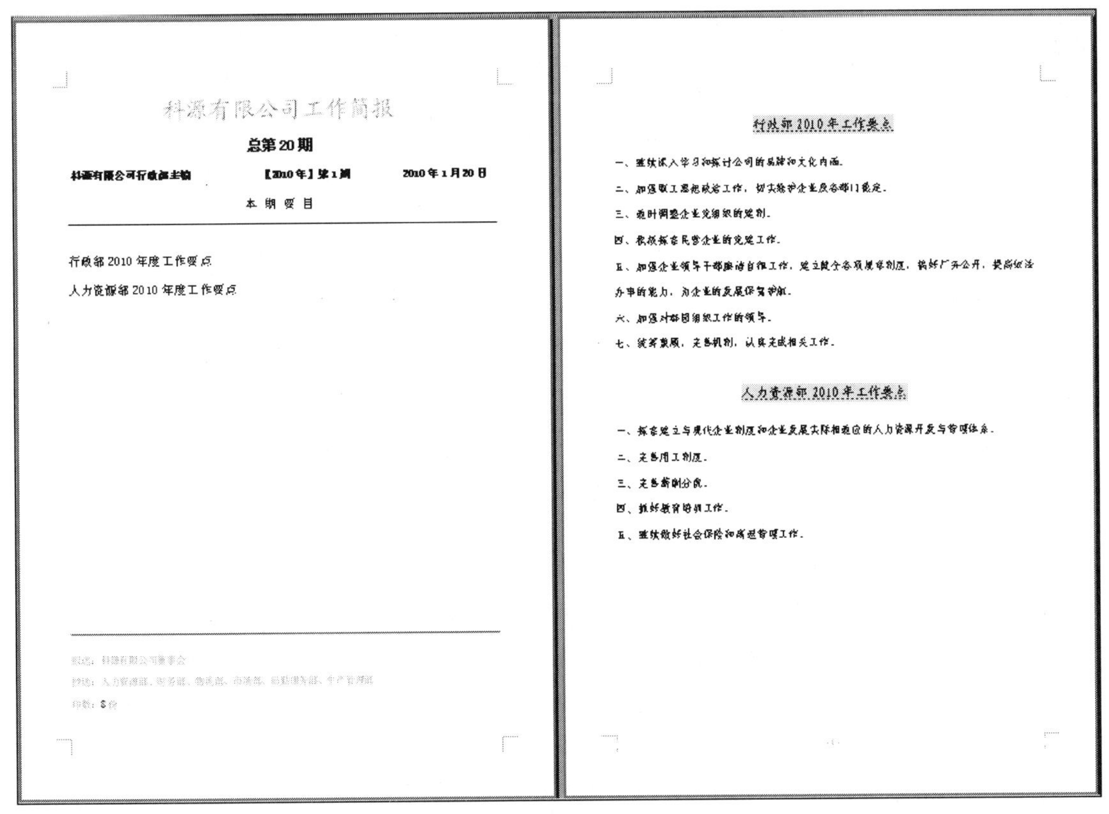

科源有限公司工作简报

总第 20 期

科源有限公司行政部主编　　【2010 年】第 1 期　　2010 年 1 月 20 日

本 期 要 目

行政部 2010 年度工作要点

人力资源部 2010 年度工作要点

报送：科源有限公司董事会

抄送：人力资源部、财务部、物流部、市场部、后勤服务部、生产管理部

印数：8 份

行政部 2010 年工作要点

一、继续深入学习和探讨公司的品牌和文化内涵。

二、加强职工思想政治工作，切实维护企业及各部门稳定。

三、适时调整企业党组织的建制。

四、积极探索民营企业的党建工作。

五、加强企业领导干部廉洁自律工作，建立健全各项规章制度，搞好厂务公开，提高依法办事的能力，为企业的发展保驾护航。

六、加强对群团组织工作的领导。

七、统筹兼顾，完善机制，认真完成相关工作。

人力资源部 2010 年工作要点

一、探索建立与现代企业制度和企业发展实际相适应的人力资源开发与管理体系。

二、完善用工制度。

三、完善薪酬分配。

四、抓好教育培训工作。

五、继续做好社会保险和离退管理工作。

图 1.57　公司简报效果图

样式文 1.3

科源有限公司工作简报

总第 43 期

科源有限公司行政部主编　　　　　　　　【2012 年】第 1 期　　　　　　2012 年 1 月 10 日

本 期 要 目

行政部 2012 年度工作要点

人力资源部 2012 年度工作要点

报送：科源有限公司董事会

抄送：人力资源部、财务部、物流部、市场部、后勤服务部、生产管理部

印数：8 份

人力资源部 2012 年工作要点

一、探索建立与现代企业制度和企业发展实际相适应的人力资源开发与管理体系。

二、完善用工制度。

三、完善薪酬分配。

四、抓好教育培训工作。

五、继续做好社会保险和离退管理工作。

① 在录入有顺序的编号段落时，Word 2007 办公软件通常会自动识别为自动编号，故在进入下一段时会自动延续这样编号风格，并自动增加数值，如图 1.58 所示。

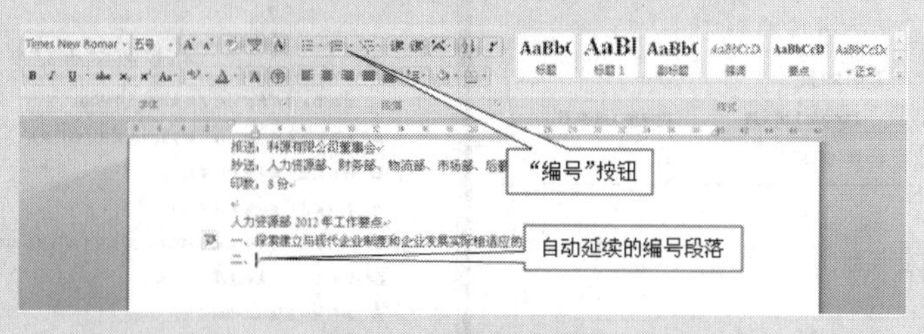

图 1.58　自动编号

② 如果在编辑文档过程中不需要自动编号，可以单击取消“段落”工具栏中的【编号】按钮，或单击【Office 按钮】，选择【Word 选项】，打开如图 1.59 所示的“Word 选项”对话框，再选择“校对”选项，然后单击【自动更正选项】按钮，打开“自动更正”对话框，切换到如图 1.60 所示的“键入时自动套用格式”选项卡，在“键入时自动应用”栏中取消“自动编号列表”复选框，然后单击【确定】按钮。

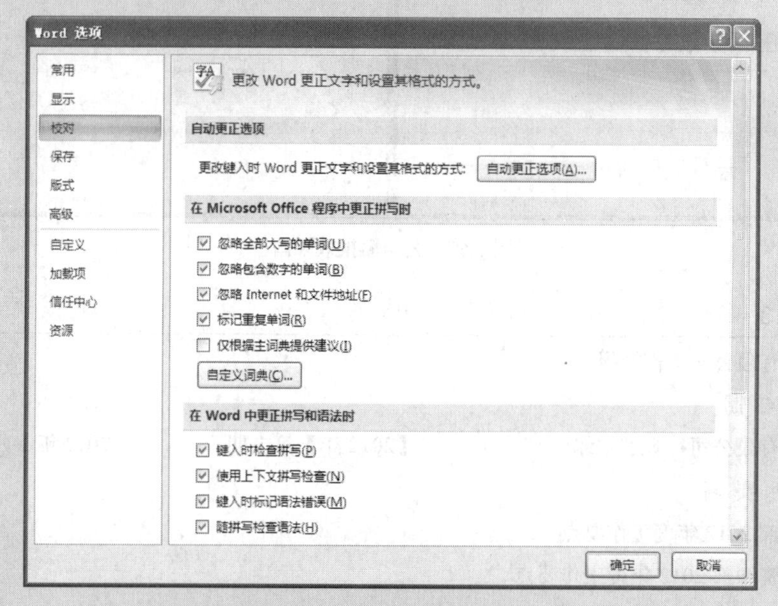

图 1.59　“Word 选项”对话框

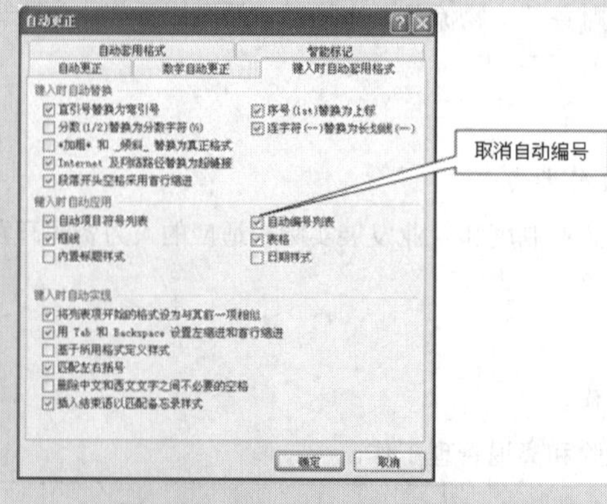

图 1.60　取消“自动编号列表”

（3）设置页面。

将纸张设为A4、纵向，页边距分别为：上2.5 cm、下2.3 cm、左2 cm、右2 cm。

（4）分页。

简报的封面和正文分别位于第一页和后面的页面，这里需要进行手工分页操作。

① 将光标定位于将要作为封面文字的末尾，即“印数：8份”之后。

② 选择【页面布局】→【页面设置】→【分隔符】选项，打开如图1.61所示的“分隔符”下拉菜单。选择“分节符”中的“下一页”，正文部分的文字则会分页到下一个页面。

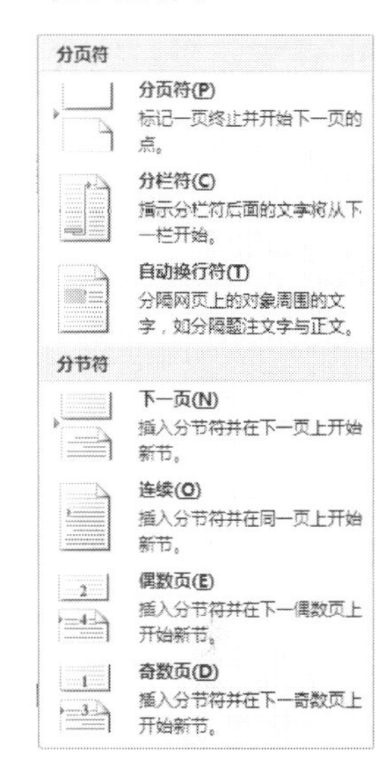

图1.61　“分隔符”下拉菜单

（5）制作简报封面。

① 将简报标题字体设为华文行楷、小初、居中，字体颜色为红色。

② 期数设为宋体、三号、加粗、居中。

③ 编写单位和编写日期设为宋体、小四号、加粗、居中，段前段后的间距均为0.5行。

④ 设置“本期要目”文字为宋体、四号、居中。

⑤ 在简报报尾文字前面插入适当的回车键，并将这3行文字设为宋体、五号字，1.5倍行距。

⑥ 利用Word提供的“绘图”工具在“本期要目”一行的下方绘制一条实线。选择【插入】→【形状】选项，打开如图1.62所示的“形状”下拉菜单，从“线条”中选择“直线”后，在“本期要目”一行的下方绘制出一条直线。选中绘制的直线，选择【绘图工具】→【格式】→【形状样式】→【形状轮廓】选项，打开如图1.63所示的下拉菜单，从“粗细”选项中选择“1.5磅”，即可将直线的粗细设置为1.5磅。

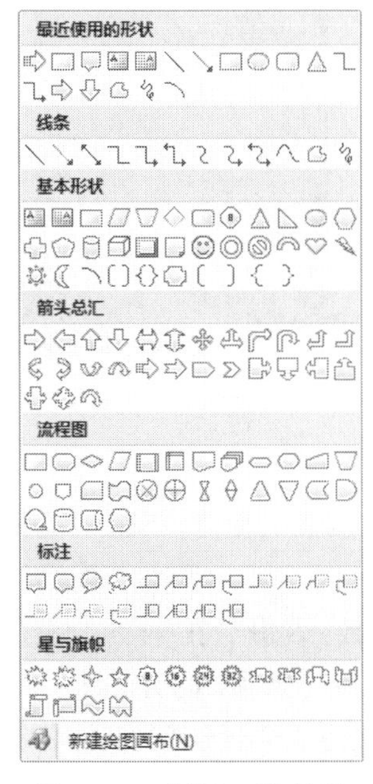

图1.62　“形状”下拉菜单

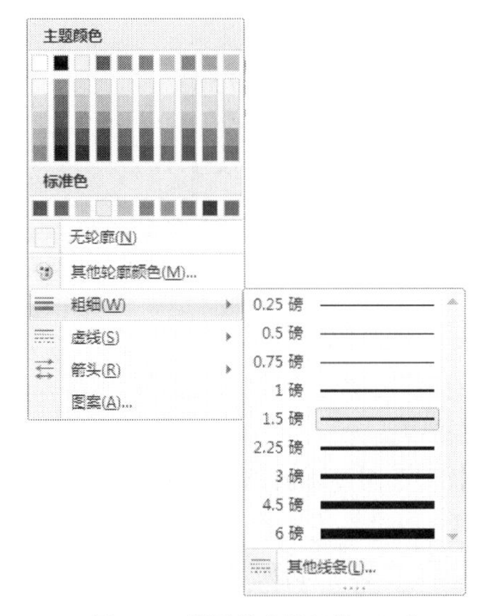

图1.63　设置线条粗细为1.5磅

在绘制线条时，Word 2007 办公软件会自动弹出一个画布，绘制图形时，可将图形绘制在画布中，也可将图形直接绘制在文档中。若想取消绘图“画布”，可单击【Office 按钮】→【Word 选项】，打开“Word 选项”对话框，选择“高级”选项，再取消“插入‘自选图形’时自动创建绘图画布”复选框。

⑦ 复制一条直线。选中该直线，将其移动至报尾的上方，如图 1.64 所示。

报送：科源有限公司董事会

抄送：人力资源部、财务部、物流部、市场部、后勤服务部、生产管理部

印数：8 份

图 1.64　复制并移动直线到报尾上方

⑧ 预览一下页面的排版效果，如图 1.65 所示，如果各处不是十分合理，则可做一些调整，以便保证最终页面的美观。完成设置后关闭预览状态，回到页面视图。

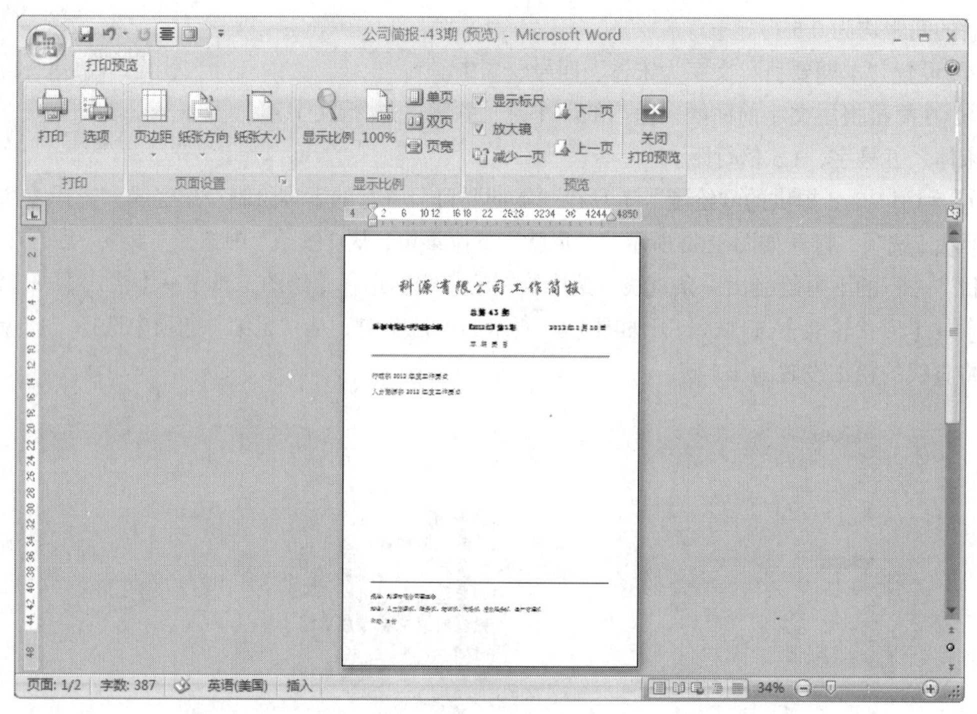

图 1.65　预览封面的效果

（6）插入“行政部 2012 年工作要点”的文字。

这里，我们假定事先已做好一份“行政部 2012 年工作要点”文档，现在只需将做好的文件插入到当前文档中。

① 将光标置于需要添加行政部内容的插入点（即“印数：8 份”下一行）。

② 选择【插入】→【文本】→【对象】→【文件中的文字】选项，打开如图 1.66 所示的“插入文件”对话框，在其中选择“行政部 2012 年工作要点”文档，双击选择的文件名或单击对话框的“插入”按钮以确定插入该文档的内容。

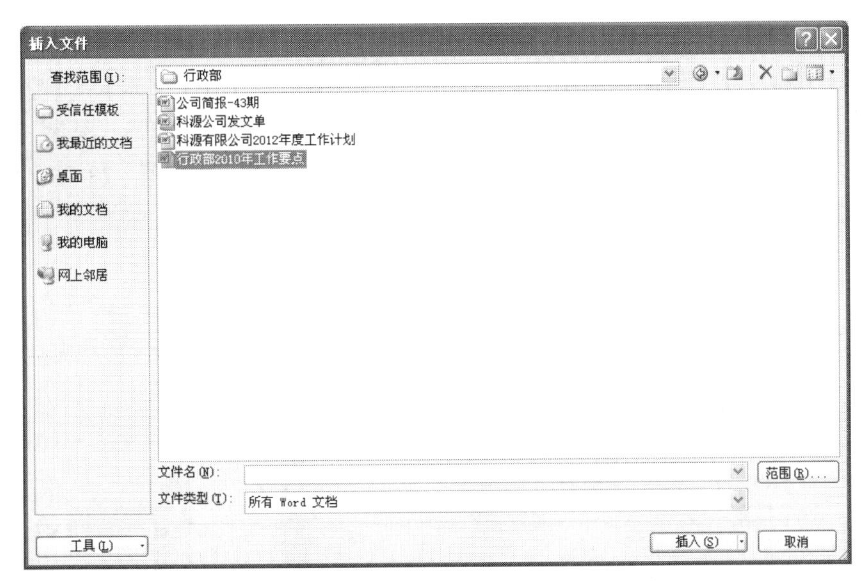

图 1.66　在“插入文件”对话框中选择需要插入的文档

③ 插入后的文档如图 1.67 所示。

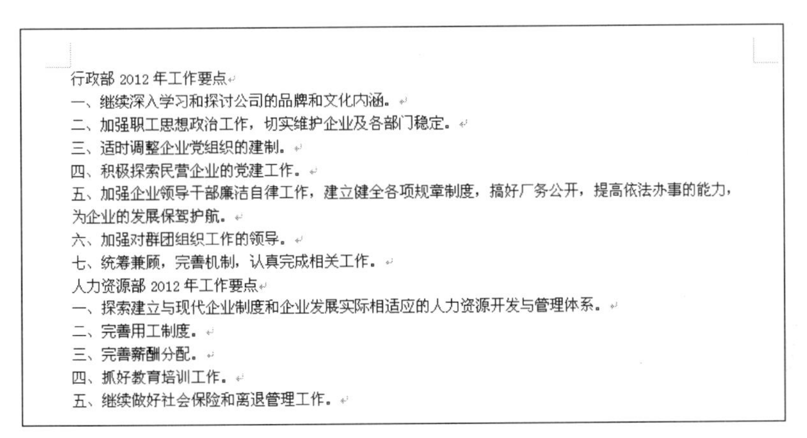
行政部 2012 年工作要点
一、继续深入学习和探讨公司的品牌和文化内涵。
二、加强职工思想政治工作，切实维护企业及各部门稳定。
三、适时调整企业党组织的建制。
四、积极探索民营企业的党建工作。
五、加强企业领导干部廉洁自律工作，建立健全各项规章制度，搞好厂务公开，提高依法办事的能力，为企业的发展保驾护航。
六、加强对群团组织工作的领导。
七、统筹兼顾，完善机制，认真完成相关工作。
人力资源部 2012 年工作要点
一、探索建立与现代企业制度和企业发展实际相适应的人力资源开发与管理体系。
二、完善用工制度。
三、完善薪酬分配。
四、抓好教育培训工作。
五、继续做好社会保险和离退管理工作。

图 1.67　插入文档后的效果

（7）美化修饰简报正文。

① 设置 2 个正文标题的格式。

a. 设置字体格式。按住【Ctrl】键，使用鼠标选中 2 个正文标题的文字“行政部 2012 年工作要点”和“人力资源部 2012 年工作要点”，设置字体为“楷体 GB-2312”，小三号。选择【开始】→【字体】→【下画线】下拉按钮选项，从列表中选择“点式下画线”为文字添加下画线；再单击【字符底纹】按钮为文字添加字符底纹。

b. 选择【开始】→【段落】按钮选项，打开“段落”对话框，设置间距为段前 1.8 行、段后 0.5 行，行距为 1.5 倍，对齐方式为居中。设置完成后可看到工具栏上的相应按钮均为选中状态，如图 1.68 所示。

在设置距离、粗细等使用磅值或数字的单位的具体值时，既可以通过微调按钮来实现，也可以自行输入数值来设置。

② 设置正文其他文字的格式。

选中正文其他文字，设置字体为仿宋，12 磅，并选择【开始】→【字体】→【字体颜色】下拉按钮选项，打开如图 1.69 所示的“字体颜色”面板，从“标准色”中选择“深蓝”色；再选择【开始】→【段落】按钮选项，打开“段落”对话框，设置行距为“固定值”28 磅，设置好后的效果如图 1.70 所示。

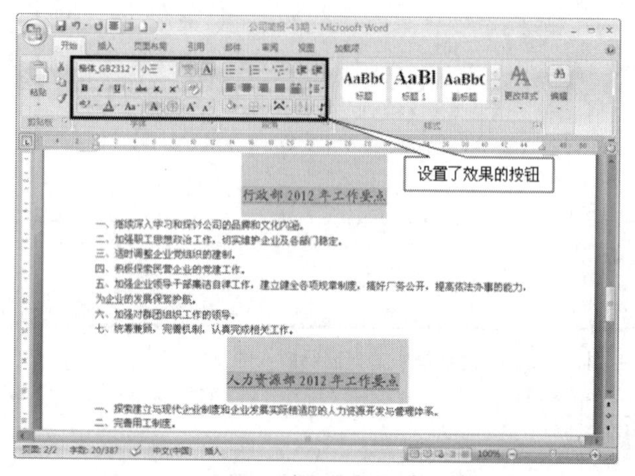

图 1.68　正文标题设置好后的效果

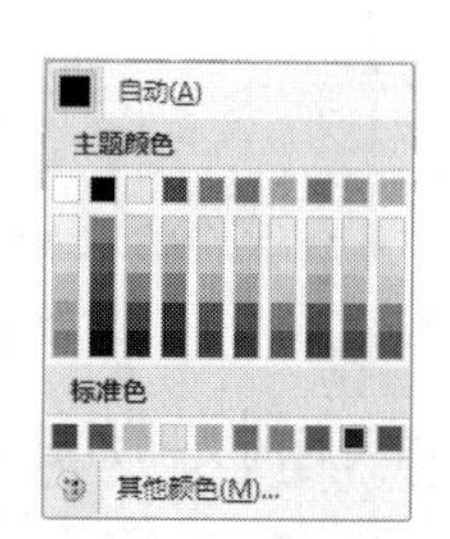

图 1.69　“字体颜色”面板

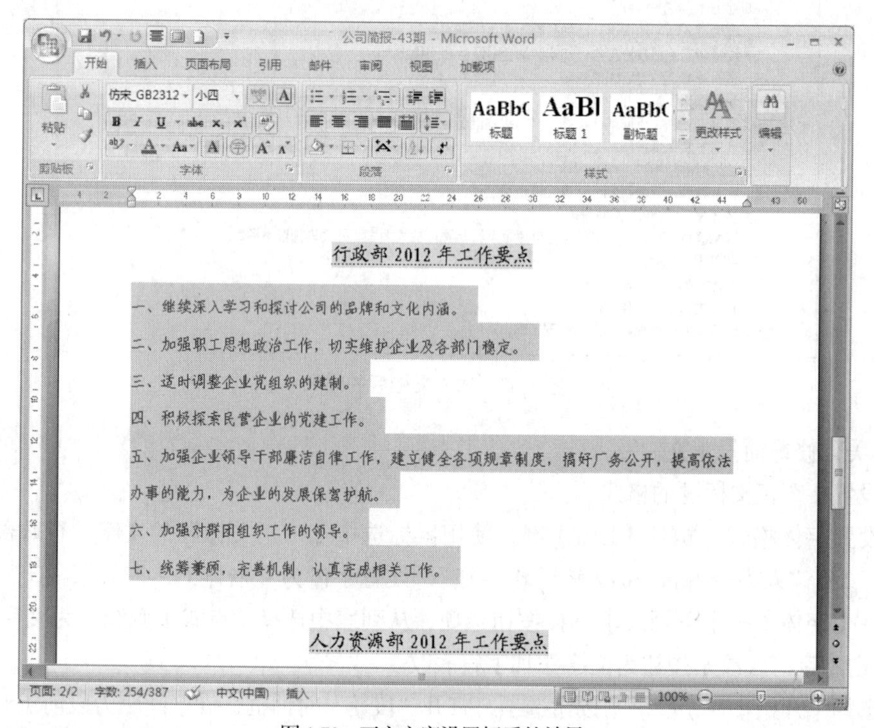

图 1.70　正文文字设置好后的效果

（8）添加页码。

① 选择【页面布局】→【页面设置】按钮选项，打开“页面设置”对话框，切换到“版式”选项卡，在“页眉和页脚”栏中选择“首页不同”选项，如图 1.71 所示。

② 将光标位于正文文字（即非首页）任意处，选择【插入】→【页码】选项，打开“页码”下

拉菜单，选择页码位置为“页面底端”，再从级联菜单中选择页码样式为“颚化符”，如图 1.72 所示。

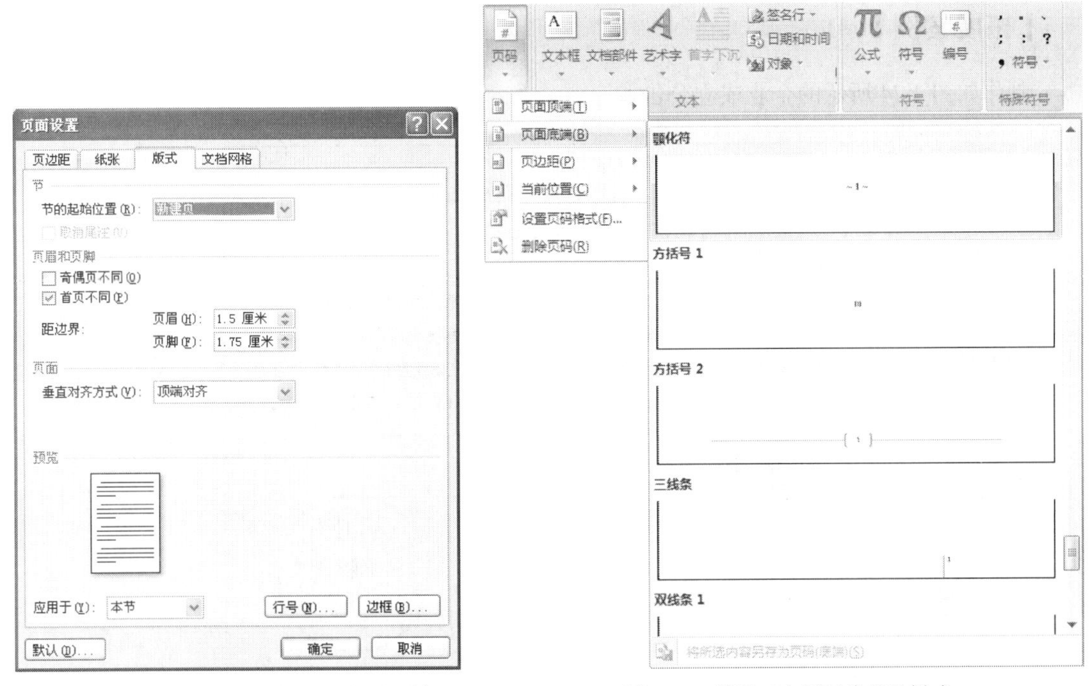

图 1.71　设置“首页不同”的页眉和页脚　　　　图 1.72　设置正文页码位置及样式

（9）预览整体效果。

完成所有美化修饰后，可使用打印预览命令预览文档效果，单击“双页”命令按钮，可进行双页预览，其效果如图 1.73 所示。

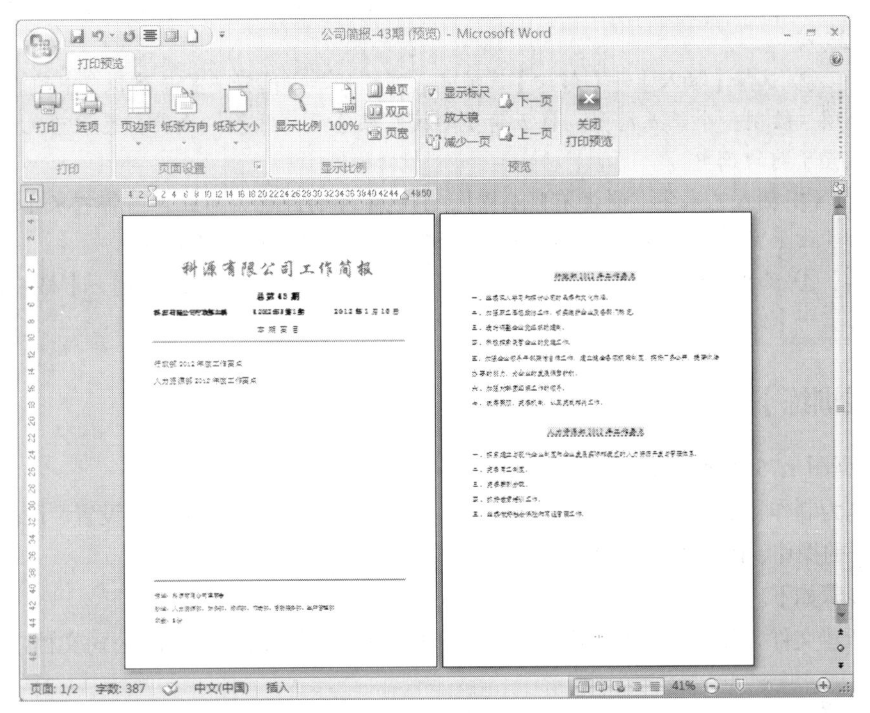

图 1.73　双页预览的效果

（10）所有工作完成后，保存文档并关闭窗口。

【拓展案例】

制作如图 1.74 所示的企业成立公告。

科源有限公司成立

公 告

科源有限公司，于 2007 年 6 月 1 日，经成都市工商行政管理局批准注册登记，并颁发成都市工商营业执照。即日起，我公司宣布正式成立。公司董事长王成业，法定地址：成都市科星南路 1 号。公司注册经营范围：生产、加工、销售 IT 类产品。营业期限：自二〇〇七年六月一日至二〇一二年六月一日。

在这里，公司全体人员感谢成都市人民政府的大力支持！

特此公告！

科源有限公司
二〇〇七年六月一日

图 1.74　企业成立公告效果图

图章的制作采用自选图形与艺术字相结合的方法，操作步骤如下。

① 选择【插入】→【形状】选项，从下拉菜单中选择“基本形状”中的“椭圆”选项，画一个正圆，将该圆的线条颜色设为红色，填充颜色设为无色，线条粗细设为 2.25 磅。

② 选择【插入】→【形状】选项，从下拉菜单中选择“星与旗帜”中的“五角星”选项，绘制一个正五角星，将五角星的填充颜色设为红色，线条颜色设为无色，将星形置于圆的正中。

③ 插入艺术字“科源有限公司”，将艺术字的颜色设为红色，将艺术字的形状设为“细上弯弧”，调整艺术字的大小并将其置于正圆中的合适位置。

④ 选中以上的正圆、艺术字和正五角星图形，选择【绘图工具】→【格式】→【排列】→【组合】选项，将三者组合为一个整体。

【拓展训练】

1. 根据图 1.75 所示的效果图制作一份科源有限公司一周年庆小报。

该案例为制作科源有限公司一周年庆小报，涉及的知识主要有艺术字的设置、段落的分栏设置、文本框的操作、图片的设置等内容。

操作步骤如下。

（1）新建文件，并以“科源有限公司一周年庆小报”为名保存至“E:\公司文档\行政部”文件夹中。

（2）根据小报需要的版面大小设置页面。

热烈庆祝科源有限公司成立一周年

keyuan

科源有限公司创办一周年以来，在广大员工精心呵护下，正越来越兴旺的发展起来。一周年，是蓬勃向上的年龄，是茁壮成长前途无量的年龄，也是走向成熟发展的年龄。越过曲曲折折沟沟坎坎的困难时期，凭风华正茂的年龄，凭公司各级领导的正确决策，凭公司领导积累的成熟经验和认真负责的精神，再加上我们吃苦耐劳的精神任何摆在我们面前的困难都将被我们战胜。

目前我公司形势大好，任务比较饱满，在当今激烈竞争的情况下，我们单位有今天的氛围，也说明了我们公司的领导集体精力充沛，能把握住形势，拓展为了，在我们公司条件和情况相当艰苦的环境中，能够战胜困难，走过到今天这个地步，实乃不易，这充分体现了我们公司领导集体的聪明智慧，我们公司领导是有战斗力的，我们广大员工，在这样的领导下是有信心的。

放眼当前，我们公司领导比任何时候都切合实际，非常务实，随着形势的好转，我公司领导越来越注重人性化管理。我们现在有这样好的公司领导，有现在公司来之不易的大好形势，我们要珍惜今天，放眼明天，公司上下团结一致，同舟共济，把公司建设地更美好。美好的曙光就在前面。最后在公司成立一周年之际，祝公司兴旺发达。

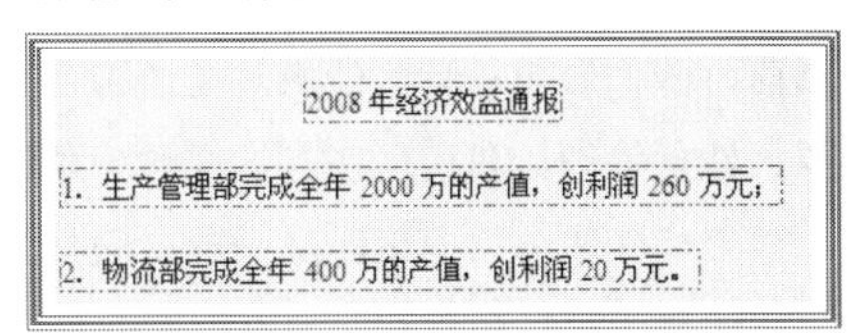

图 1.75　科源有限公司一周年庆小报

① 纸张大小为 A4、方向为横向，页边距为左右 2.5 厘米、上下 2.3 厘米。

② 在“页面设置”对话框的“版式”选项卡中，设置页眉和页脚分别距纸张的边界 1.2 厘米和 1 厘米，如图 1.76 所示。

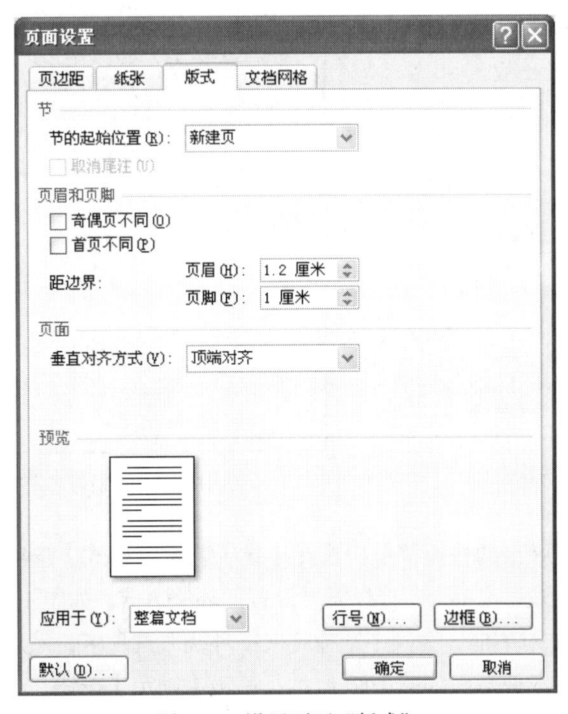

图 1.76　设置页面“版式”

（3）按样式文 1.4 所示录入相应的文字。

样式文 1.4

科源公司创办一周年以来，在广大员工的精心呵护下，正越来越兴旺地发展起来。一周年，是蓬勃向上的年龄，是茁壮成长、前途无量的年龄，也是走向成熟发展的年龄。越过曲曲折折、沟沟坎坎的困难时期，凭风华正茂的年龄，凭公司各级领导的正确决策，凭公司领导积累的成熟经验和认真负责的精神，再加上我们吃苦耐劳的精神，任何摆在我们面前的困难都将被我们战胜。

目前公司形势大好，任务比较饱满，在当今竞争激烈的形势下，我们公司有今天的氛围，也说明了公司的领导集体精力充沛，能把握住形势、拓展未来。在条件和环境相当艰苦的情况下，公司能够战胜困难，发展到今天这个地步，实属不易，这充分体现了我们公司领导集体的聪明智慧，说明我们公司领导是有战斗力的，我们广大员工是有信心的。

放眼当前，我们公司领导比任何时候都切合实际，也更加务实，随着形势的好转，公司领导越来越注重人性化管理。我们现在有这样的公司领导，有现在公司来之不易的大好形势，我们要珍惜今天，放眼明天，公司上下团结一致，同舟共济，把公司建设得更美好。美好的曙光就在前面。最后在公司成立一周年之际，祝公司兴旺发达。

（4）制作小报标题。

① 在正文前为标题留出一行空行，并将光标置于空行中。

② 选择【插入】→【文本】→【艺术字】选项，打开如图 1.77 所示的艺术字库。

③ 单击需要的艺术字样式后弹出如图 1.78 所示的“编辑艺术字文字”对话框，在对话框中输入标题文字，并进行字体、字号等设置。

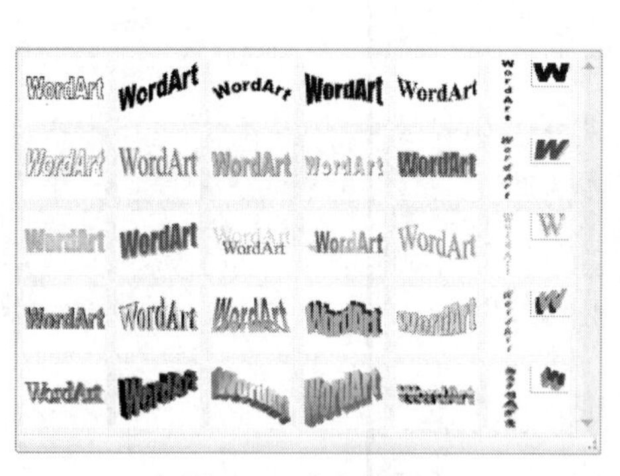

图 1.77　艺术字库

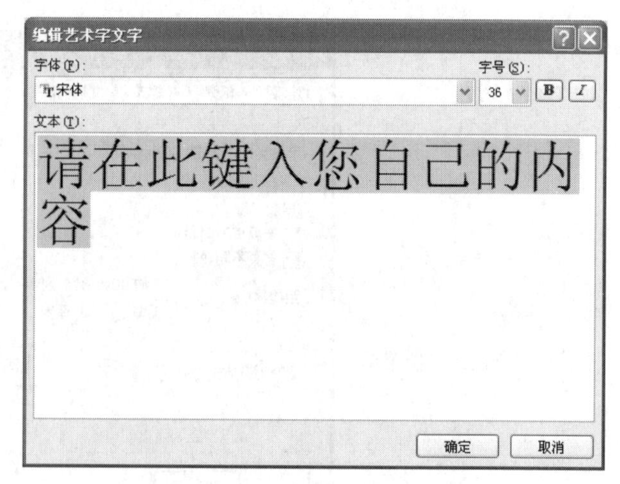

图 1.78　“编辑艺术字文字”对话框

④ 右击艺术字，在弹出的快捷菜单中选择【设置艺术字格式】选项，打开“设置艺术字格式”对话框，切换到“版式”选项卡，选择需要设置的环绕方式，如图 1.79 所示。再单击【高级】按钮，打开“高级版式”对话框，在其中选择“文字环绕”选项卡，然后选择“上下型”环绕方式，并设置下方距正文 0.3 厘米，如图 1.80 所示，单击【确定】按钮，返回“设置艺术字格式”对话框，设置“水平对齐方式”为“居中”，再单击【确定】按钮。

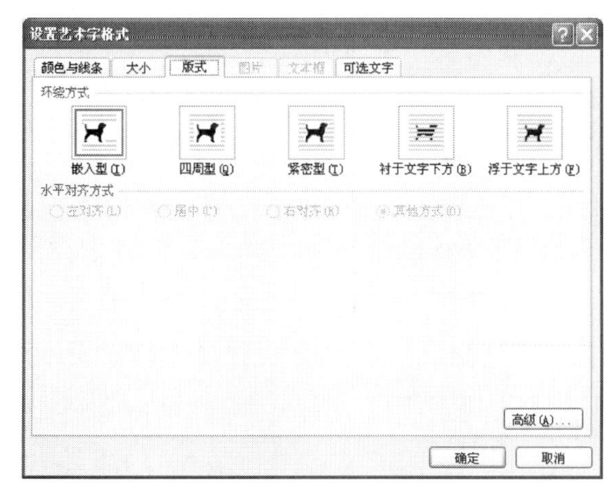

图 1.79　设置环绕方式

图 1.80　“高级版式”对话框

提示

① 设置艺术字格式，也可以先选择【艺术字工具】→【格式】选项卡，再选择对应的按钮进行设置。

② 版式设置中，对环绕方式进行设置，就是设置对象位于文字中时与文字的关系，如设置为四周型，则对象的四周会环绕有文字。

（5）对正文进行分栏设置。

先在正文最后增加一个空白段落，选中除该段之外的正文所有文字，选择【页面布局】→【页面设置】→【分栏】选项，打开如图 1.81 所示的“分栏”下拉菜单，选择【两栏】，获得的分栏效果如图 1.82 所示。

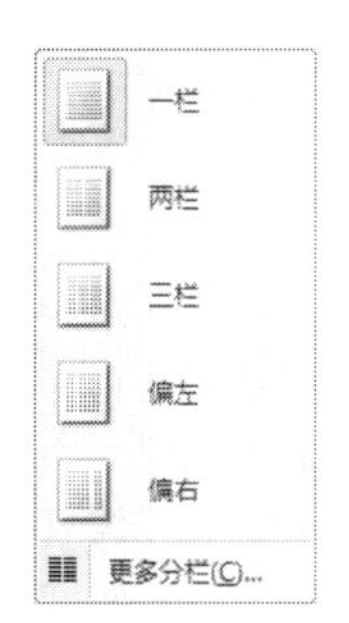

图 1.81　“分栏”下拉菜单

图 1.82　分两栏的正文文字

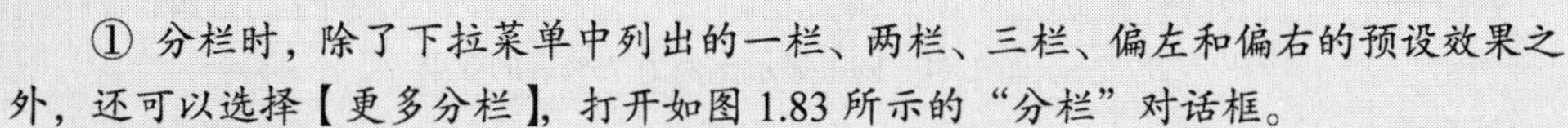

提示

① 分栏时，除了下拉菜单中列出的一栏、两栏、三栏、偏左和偏右的预设效果之外，还可以选择【更多分栏】，打开如图 1.83 所示的“分栏”对话框。

在“列数”文本框中输入需要分栏的列数，可以分更多的栏。默认情况下，设置为“栏宽相等”，若需要不同的栏宽时，可取消“栏宽相等”复选框，此时“宽度”和“间距”变为可用，然后进行相应的设置即可。

② 分栏时，若要在每栏之间添加一条分隔线，则只需选中“分栏”对话框中的“分隔线”复选框即可。

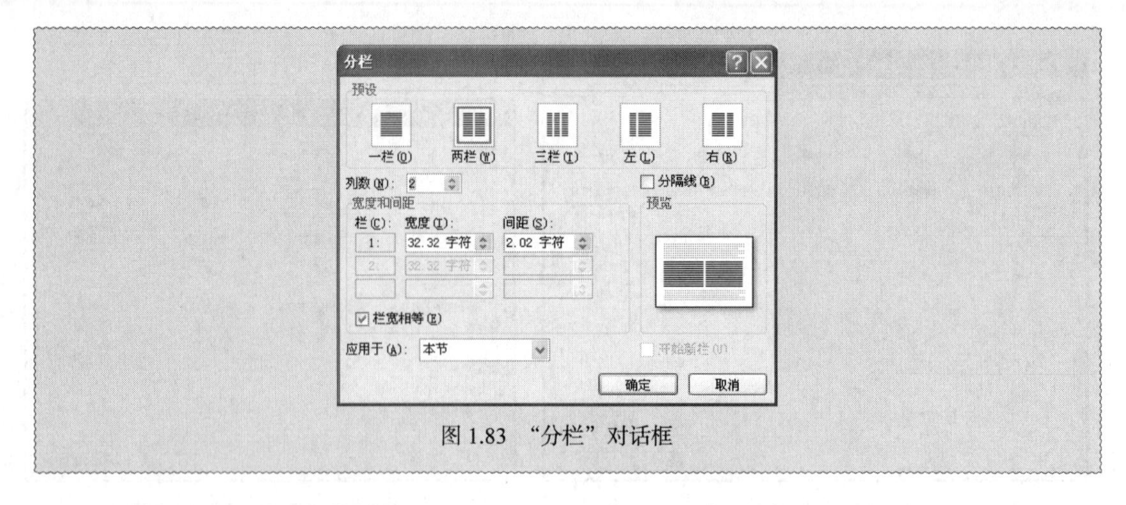

图 1.83 “分栏”对话框

（6）设置正文文字及段落格式。

① 选中正文部分的文字，设置字体为华文行楷、小四号，段落首行缩进 2 字符。

② 为文档进行整体美化修饰，可调整状态栏中的“显示比例”，选择比较小的显示比例以便查看整体效果，这里选择 75%的比例后，窗口如图 1.84 所示。

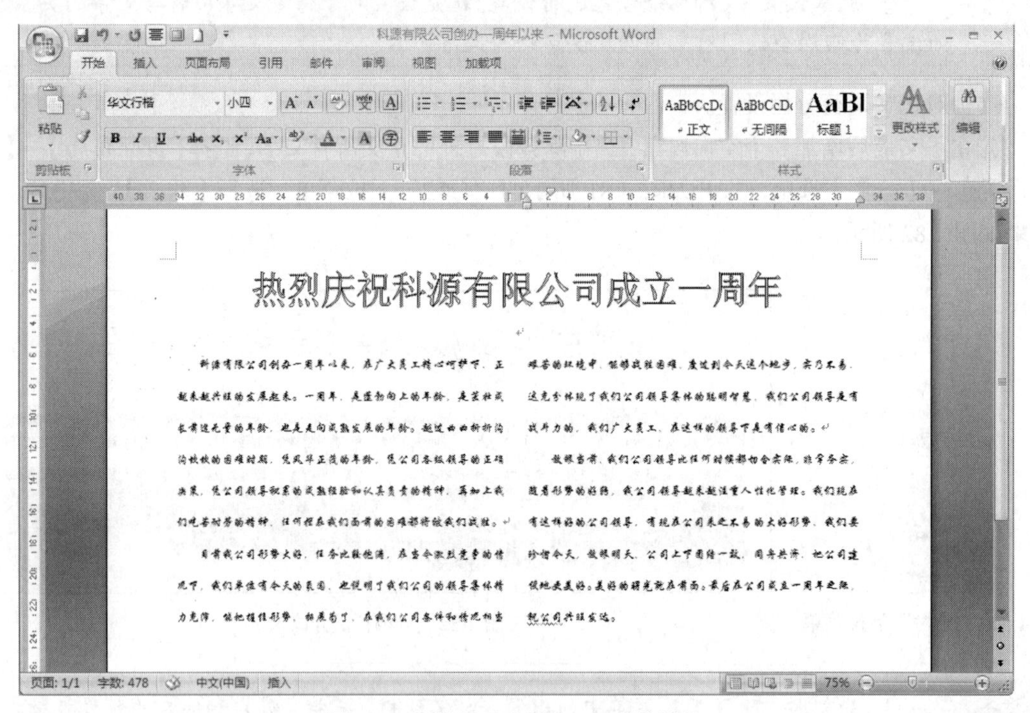

图 1.84 调整显示比例为 75%后的效果

（7）设置正文第一段“首字下沉”。

① 选中需要设置首字下沉的段落，或将光标置于需要设置首字下沉的段落中。

② 选择【插入】→【文本】→【首字下沉】选项，打开如图 1.85 所示的“首字下沉”下拉菜单，选择【首字下沉选项】选项，打开“首字下沉”对话框，在其中选择“下沉”的方式，字体为“华文行楷”，下沉行数为“2”，如图 1.86 所示，然后单击【确定】按钮，即可得到如图 1.87 所示的首字下沉效果。

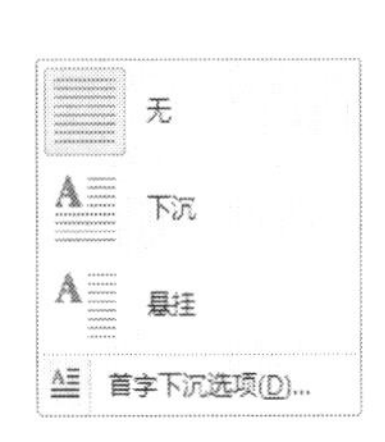

图 1.85　“首字下沉”下拉菜单

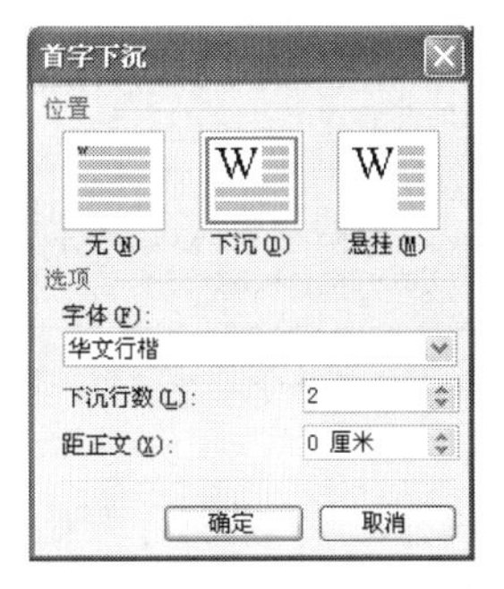

图 1.86　“首字下沉”对话框

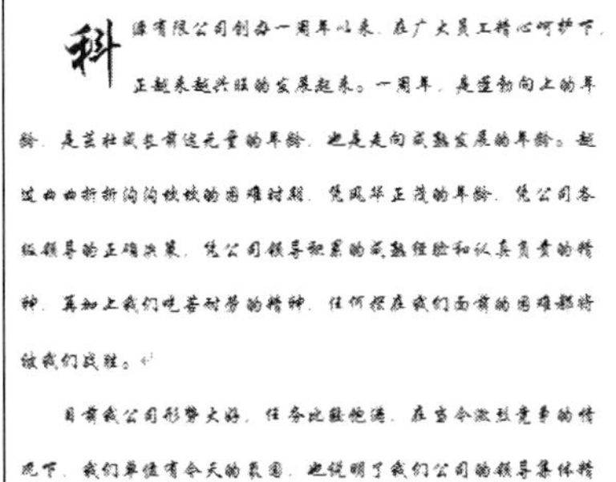

科源有限公司创办一周年以来，在广大员工精心呵护下，正越来越兴旺的发展起来。一周年，是蓬勃向上的年龄，是茁壮成长前途无量的年龄，也是走向成熟发展的年龄。经过曲曲折折沟沟坎坎的困难时期，凭风华正茂的年龄，凭公司各级领导的正确决策，凭公司领导积累的成熟经验和认真负责的精神，再加上我们吃苦耐劳的精神，任何摆在我们面前的困难都将被我们战胜。

目前我公司形势大好，任务比较饱满，在当今激烈竞争的情况下，我们单位有今天的局面，也说明了我们公司的领导集体精力充沛，能把握住形势，拓展开了，在我们公司条件和情况相当艰苦的环境中，能够战胜困难，度过到今天这个地步，实乃不易，这充分体现了我们公司领导集体的聪明智慧，我们公司领导是有战斗力的，我们广大员工，在这样的领导下是有信心的。

放眼当前，我们公司领导比任何时候都切合实际，非常务实，随着形势的好转，我公司领导越来越注重人性化管理。我们能在有这样好的公司领导，有现在公司来之不易的大好形势，我们要珍惜今天，放眼明天，公司上下团结一致，同舟共济，把公司建设地更美好。美好的明天就在前面。最后在公司成立一周年之际，祝公司兴旺发达。

图 1.87　设置首字下沉后的效果

设置首字下沉时若直接选择“首字下沉”下拉菜单中的【下沉】命令，则显示 Word 2007 的默认下沉效果，如需作进一步设置，则应选择【首字下沉选项】命令。

（8）制作文本框。

① 将光标置于正文的末尾，按【Enter】键添加一个段落。

② 选择【插入】→【文本】→【文本框】按钮，打开如图 1.88 所示的“文本框”下拉菜单。选择“内置”中的“简单文本框”选项，出现如图 1.89 所示的简单文本框。

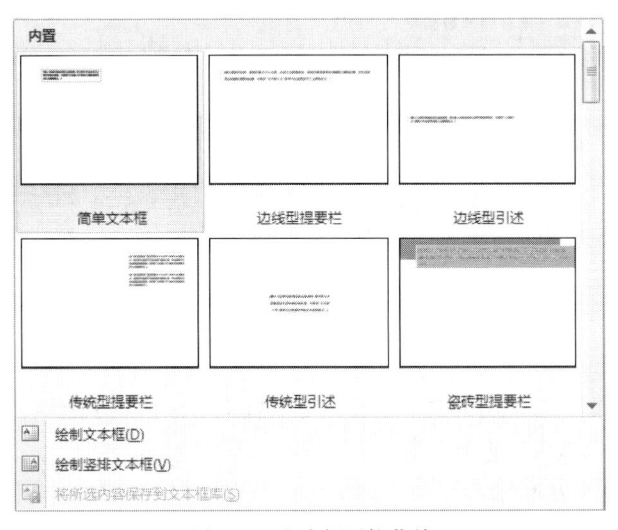

图 1.88　文本框下拉菜单

③ 在文本框中录入相应的文字内容，如图 1.90 所示。

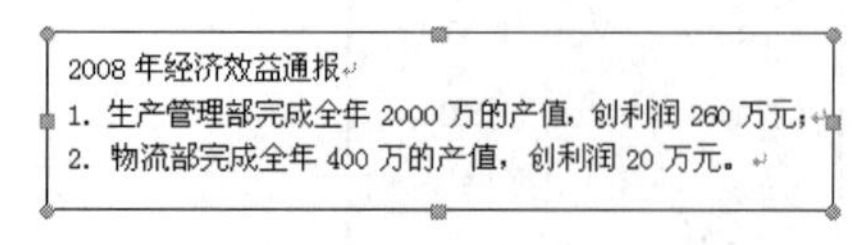

图 1.89　插入的简单文本框

图 1.90　在文本框中录入文字

④ 选中文本框中的文本，选择【开始】→【段落】→【边框】下拉按钮，从下拉菜单中选择【边框和底纹】选项，打开“边框和底纹”对话框，在其中设置应用于文字的边框为方框、样式为虚线、颜色为绿色、宽度为 1.0 磅，应用于段落的底纹为“白色 背景 1，深色 15%”，如图 1.91 和图 1.92 所示。

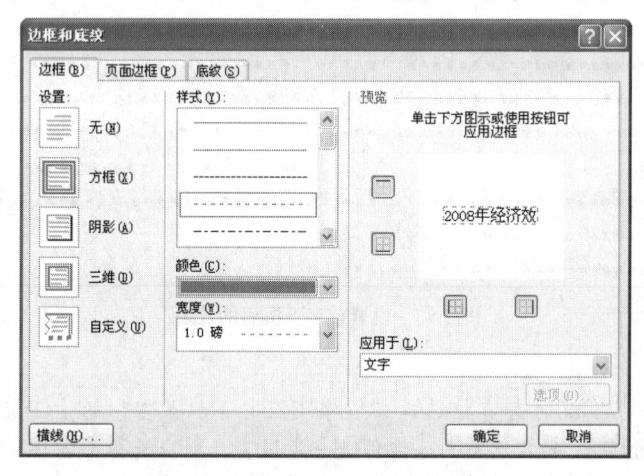

图 1.91　设置应用于文字的边框效果

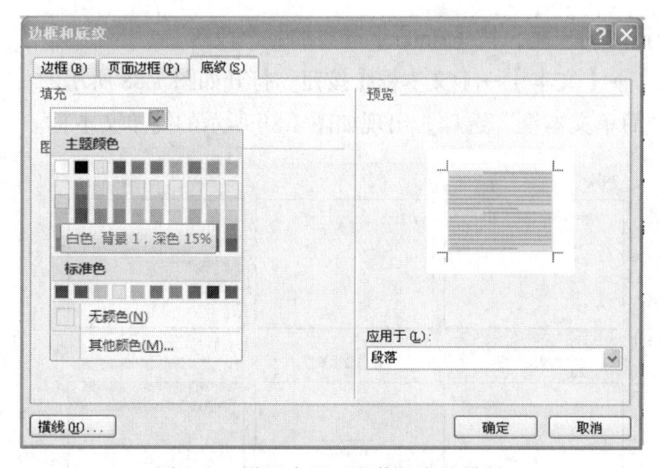

图 1.92　设置应用于段落的底纹效果

⑤ 右击文本框边框，在弹出的菜单中选择【设置文本框格式】选项，打开“设置文本框格式”对话框，在“颜色与线条”选项卡中将文本框的边框颜色设置为蓝色，线型设置为外粗内细，粗细设置为 6 磅，如图 1.93 所示。

⑥ 将文本框中的文本标题居中，完成后根据内容调整文本框的大小，效果如图 1.94 所示。

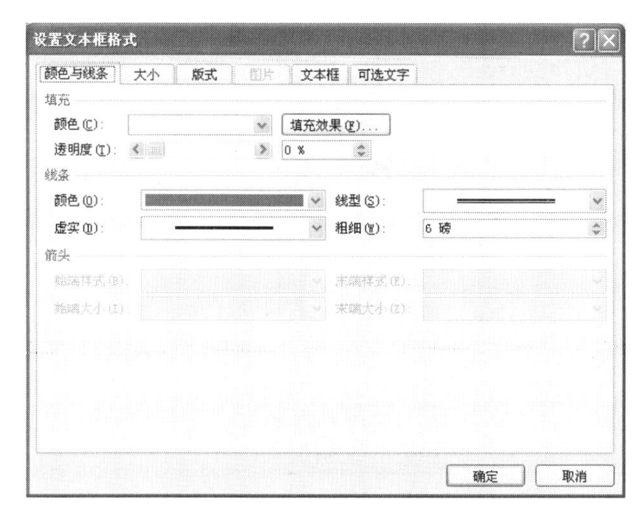

图 1.93　设置文本框格式

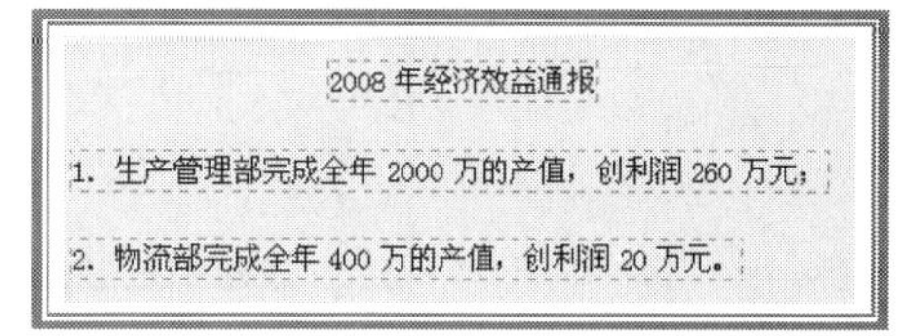

图 1.94　设置好后的文本框效果

① 调整文本框这样的图形对象的大小，可以先按住 Alt 键再使用鼠标拖曳文本框边框，以实现微调。

② 需要调整图形对象的位置时，可先选中对象外框，然后用鼠标或同时按住 Ctrl 和方向键实现位置的微调。

③ 设置文本框的边框时，也可先选中文本框，然后选择【文本框工具】→【格式】→【文本框样式】→【形状轮廓】选项，打开如图 1.95 所示的“形状轮廓”下拉菜单，通过【粗细】、【虚线】等命令进行相应的设置。

图 1.95　“形状轮廓”下拉菜单

⑦ 利用“设置文本框格式”对话框，切换到“版式”选项卡，设置文本框的环绕方式为“四周型”，如图 1.96 所示。

（9）插入图片并设置图片格式。

① 选择【插入】→【插图】→【图片】选项，此时会弹出如图 1.97 所示的“插入图片”对话框，选择“公司文档”文件夹中的“公司.jpg”，单击【插入】按钮，将所需的图片插入到当前文档中。

② 选定图片，选择【图片工具】→【格式】→【大小】选项，打开“大小”对话框，在“大小”选项卡中选中“锁定纵横比”复选框，设置高度为 4 厘米，自动获得宽度为 5.34 厘米，如图 1.98 所示。

③ 选择【图片工具】→【格式】→【排列】→【文字环绕】选项，打开如图 1.99 所示的文字环绕下拉菜单，选择“紧密型环绕”方式。

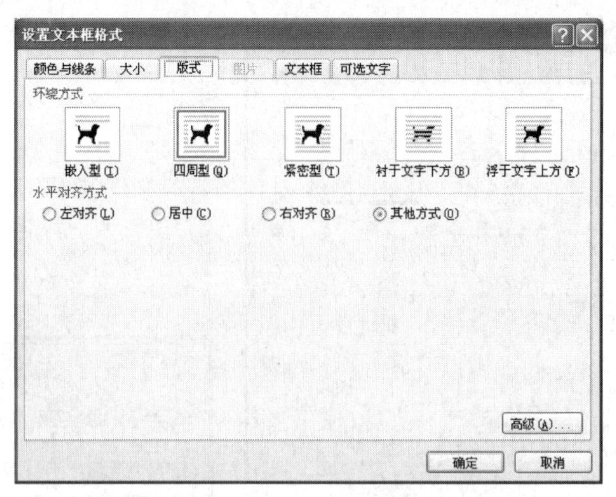

图 1.96　设置文本框为“四周型”环绕方式

图 1.97　“插入图片”对话框

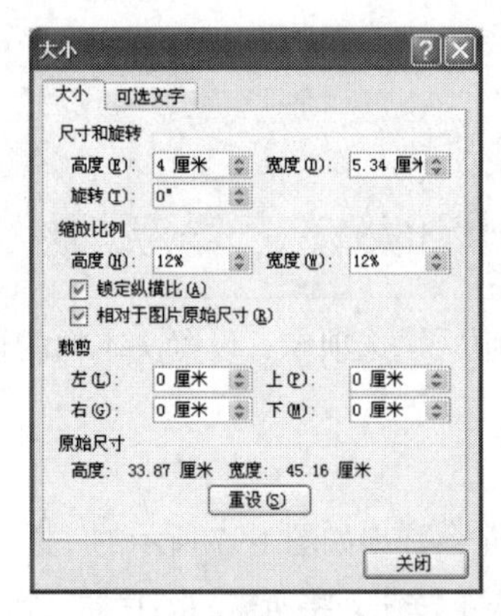

图 1.98　设置图片大小

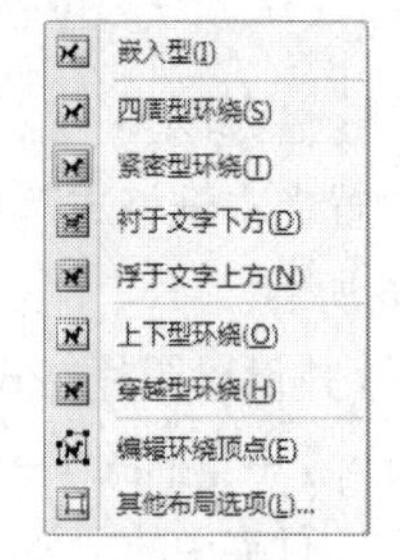

图 1.99　设置图片的环绕方式

④ 调整图片的位置到合适的文档处，如图 1.100 所示。

（10）插入自绘图形。

① 选择【插入】→【插图】→【形状】选项，打开“形状”下拉菜单。单击“星与旗帜”中的“前凸带形”按钮，如图 1.101 所示，并在文档中利用鼠标拖出前凸带形的形状，如图 1.102 所示。

科源有限公司创办一周年以来，在广大员工精心呵护下，正越来越兴旺地发展起来。一周年，是蓬勃向上的年龄，是茁壮成长青春充盈的年龄，也是走向成熟发展的年龄。越过曲曲折折沟沟坎坎的困难时期，凭风华正茂的年龄，凭公司各级领导的正确决策，凭公司领导积累的成熟经验和认真负责的精神，再加上我们吃苦耐劳的精神，任何摆在我们面前的困难都将被我们战胜。

目前我公司形势大好，任务比较饱满，在当今激烈竞争的情况下，我们单位有今天的局面，也说明了我们公司的领导集体精力充沛，能把握住形势，稳表为了，在我们公司条件和情况相当艰苦的环境中，能够战胜困难，发展到今天这个地步，实乃不易，这充分体现了我们公司领导集体的聪明智慧，我们公司领导是有战斗力的，我们广大员工，在这样的领导下是有信心的。

放眼当前，我们公司领导比任何时候都切合实际，非常务实，随着形势的好转，我公司领导越来越注重人性化管理。我们现在有这样好的公司领导，有现在公司来之不易的大好形势，我们要珍惜今天，放眼明天，公司上下团结一致，同舟共济，把公司建设地更美好。美好的明天就在前面。最后在公司成立一周年之际，祝公司兴旺发达。

2008年经济效益通报

1、生产管理部完成全年2000万的产值，创利润260万元；

2、物流部完成全年400万的产值，创利润20万元。

图 1.100 插入图片后的效果

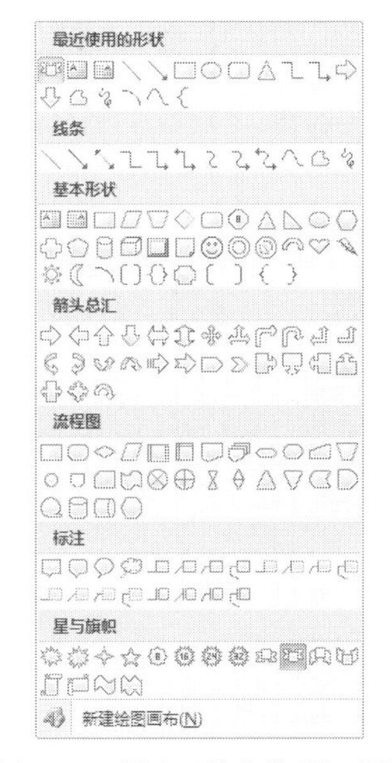

图 1.101 插入“前凸带形”形状

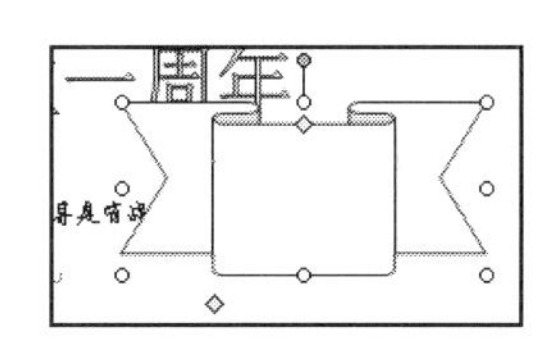

图 1.102 利用鼠标绘制的前凸带形

② 插入艺术字，选择如图 1.103 所示的艺术字库后，在如图 1.104 所示的对话框中输入文字“keyuan”，并设置字体为 Harrington、24 号、加粗，然后将艺术字的环绕方式设置为“浮于文字上方”。

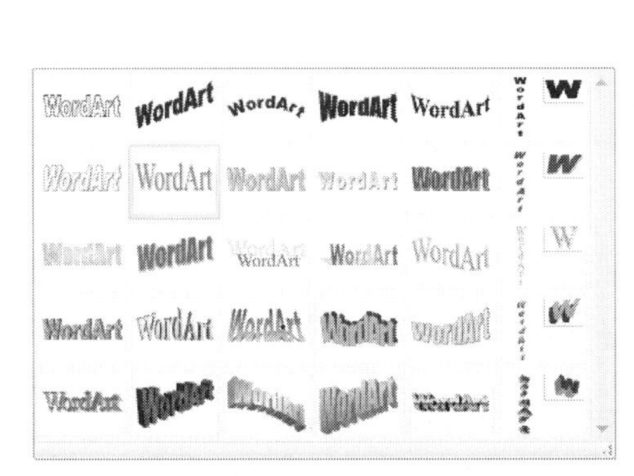

图 1.103 选中艺术字的字库

图 1.104 编辑艺术字文字

③ 将艺术字移至“前凸带形”之上合适的位置，调整前凸带形的大小以适应艺术字，并按住【Shift】键将“前凸带形”也一起选中，单击鼠标右键，在弹出的快捷菜单中选中【组合】→【组合】选项，将两个对象组合成 1 个。

① 对于自选图形，如果无需旋转，则可以在选中该对象时，单击鼠标右键，然后在弹出的快捷菜单中选择【添加文字】命令，获得输入点后在其中输入文字，并作字体设置即可。添加的文字无法以一定角度来跟随图形旋转。

② 插入的形状通常都有一个或多个黄色的调整手柄，可以利用它们来对图形的多处进行如角度、深度、倾斜度、线条弯度等的修改设置。

④ 选中组合好的对象，单击鼠标右键，从快捷菜单中选择【设置对象格式】选项，打开“设置对象格式”对话框，在其中设置该对象的环绕方式为“紧密型”。

⑤ 利用图形的绿色旋转手柄将图形旋转一定的角度，效果如图 1.105 所示。

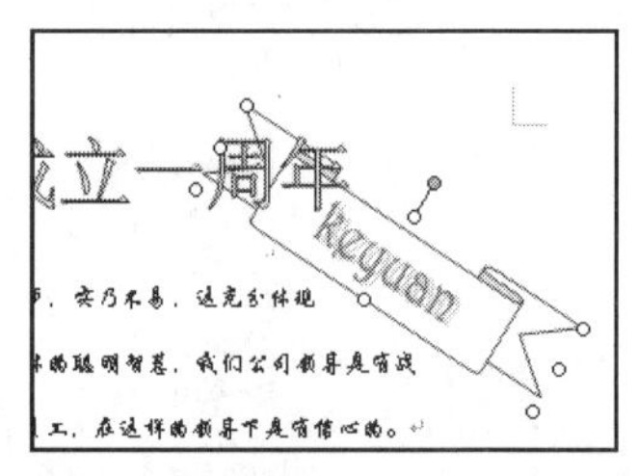

图 1.105　旋转图形至合适的角度

（11）预览效果，会发现如图 1.106 所示，有部分文字掉到第二页去了，这时就需要重新调整各对象的位置和文字的行距。

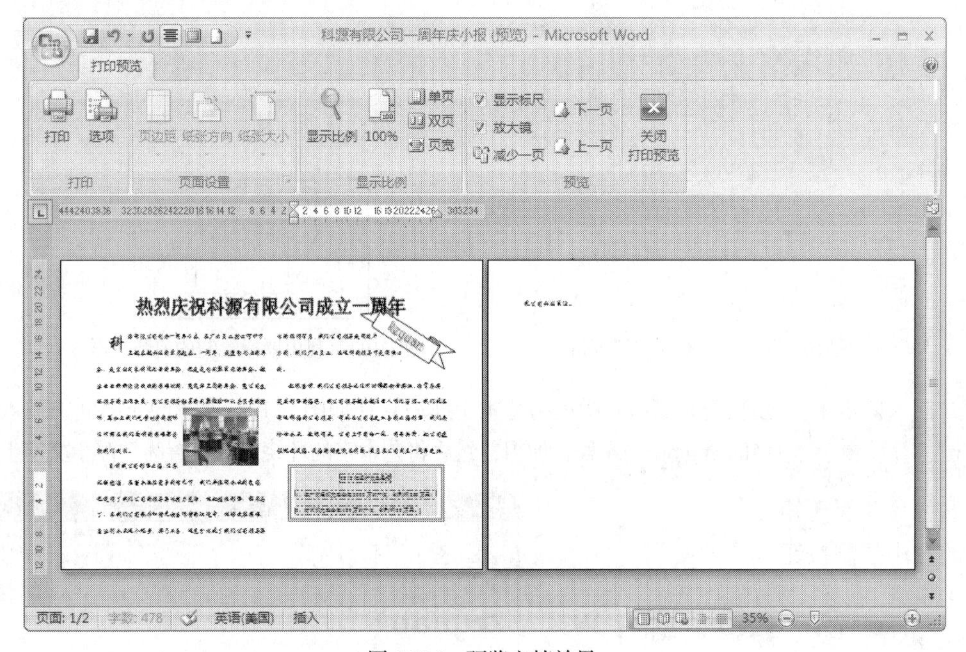

图 1.106　预览文档效果

① 将各个对象的位置移动至合适处。

② 重新选中正文文字，调整段落行距为固定值 26 磅。

③ 结合预览，逐步完成所有对象的调整，最终获得如图 1.75 所示的效果。

设置行距时，可以使用多倍行距，也可以设置为固定值最小值，但是有时多倍行距不起作用，就只能通过固定或最小磅值来进行设置了。

（12）制作完成后，再次保存文档，关闭文档窗口。

2. 制作一份科源有限公司的订货会请柬，并将请柬保存为模板。

请柬也叫请帖，是为邀请客人而发出的专用通知书。使用请柬，既表示主人对事物的郑重态度，也表明主人对客人的尊敬，能拉近主客间的关系，使客人欣然接受邀请。请柬，按内容分有喜庆请柬和会议请柬两种。会议请柬格式与喜庆请柬大致相同，也由标题、正文、落款 3 部分组成：① 标题写上"请柬"二字；② 正文写明被邀请人与活动内容，如纪念会、联欢会、订货会、展销会等，不仅要写明活动的时间和地点，还要写上"敬请光临"等；③ 落款写上发出请柬的个人或单位名称和日期。会议请柬的通用格式如图 1.107 所示。本案例涉及艺术字、文本框以及自选图形等知识点的综合运用。

操作步骤如下。

（1）制作如图 1.108 所示的请柬封面，操作过程如下。

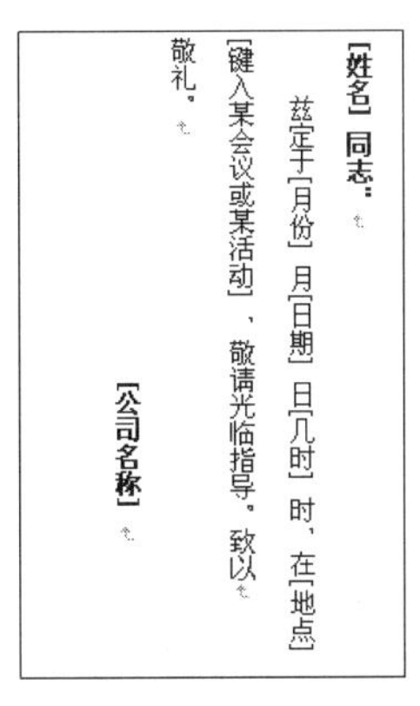
[姓名] 同志：

兹定于[月份] 月[日期] 日[几时] 时，在[地点][键入某会议或某活动]，敬请光临指导。致以

敬礼。

[公司名称]

图 1.107　请柬通用格式

图 1.108　请柬封面

① 新建文档，选择【页面布局】→【页面设置】选项，打开"页面设置"对话框，在对话框中将纸张大小设为 B5，单击【确定】按钮。如图 1.109 所示。

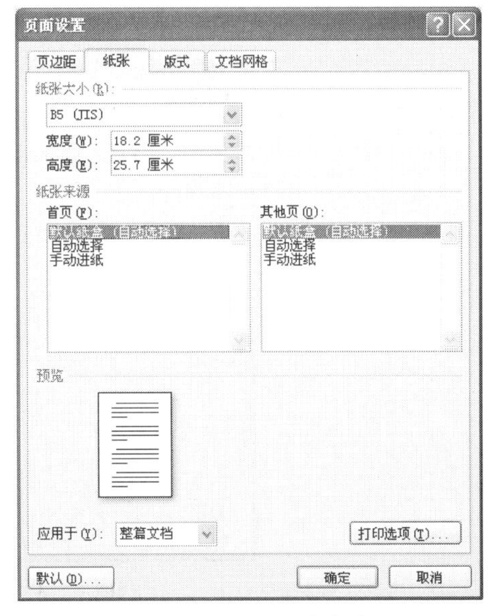

图 1.109　设置纸张大小

② 选择【插入】→【形状】→【矩形】选项，拖曳鼠标，在文档中插入一个矩形图形，如图 1.110 所示。将鼠标置于矩形的大小调整控制按钮处，拖动矩形大小控制按钮，将矩形的大小调整为 B5 纸张大小。

③ 右击矩形，在弹出的快捷菜单中选择【设置自选图形格式】选项，打开如图 1.111 所示的"设置自选图形格式"对话框，在"颜色与线条"选项卡中将填充颜色设为红色，将线条设为无颜色，单击【确定】按钮，即可将请柬封面底色设为红色。

④ 选择【插入】→【插图】→【剪贴画】选项，在请柬封面中插入如图 1.112 和图 1.113 所示的剪贴画，并参照图 1.108 调整剪贴画的大小和位置。

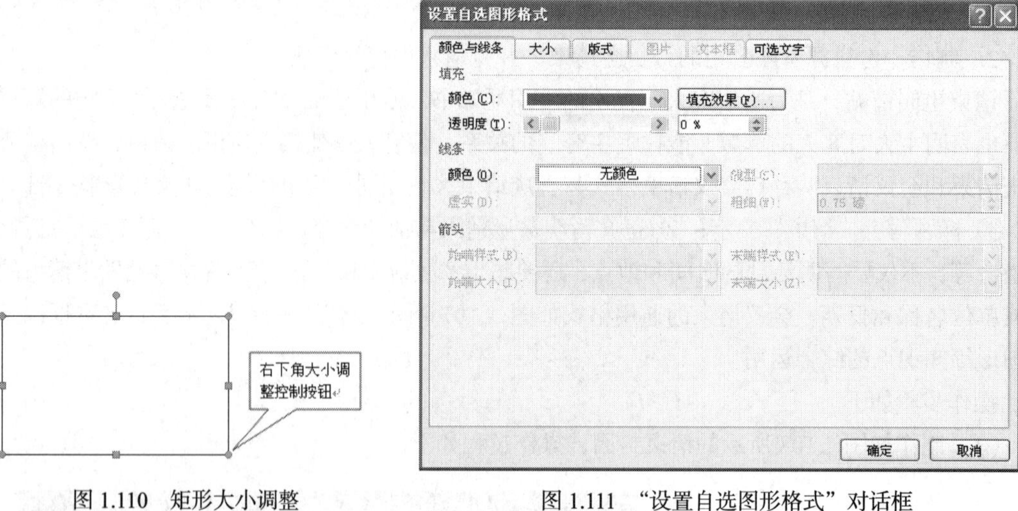

图 1.110　矩形大小调整　　　　图 1.111　“设置自选图形格式”对话框

图 1.112　剪贴画 1　　　　图 1.113　剪贴画 2

⑤ 选择【插入】→【文本】→【艺术字】选项，插入艺术字“邀”，将艺术字设为隶书、54 磅；然后右击艺术字，在弹出的快捷菜单中选择【设置艺术字格式】选项，在弹出的如图 1.114 所示的“设置艺术字格式”对话框中将该艺术字的填充颜色设置为褐色，线条颜色为无颜色，单击【确定】按钮。

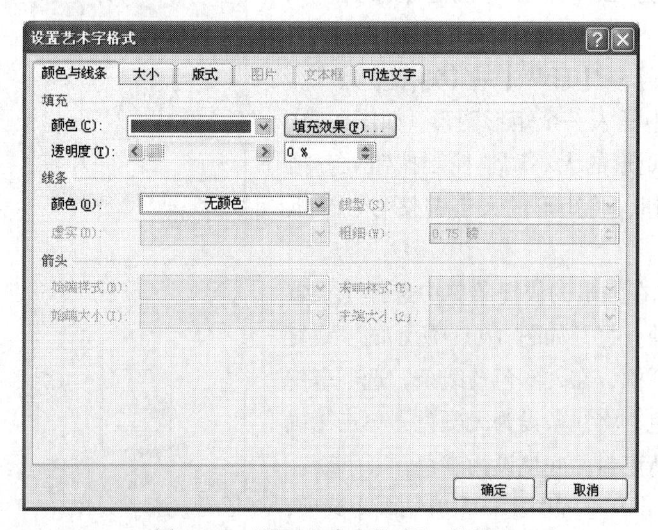

图 1.114　“设置艺术字格式”对话框

⑥ 调整艺术字“邀”的位置，使其位于如图 1.108 所示的剪贴画之上，并将剪贴画与艺术字

进行组合，也可将封面中所有的图形对象进行组合，形成一个整体。

⑦ 这样，请柬的封面便制作完毕，最终效果如图 1.108 所示。

> **小知识**　在文档的图形处理过程中，当有多个图形（包括图片、自选图形、艺术字、文本框等）时，可将这些图形进行组合，形成一个整体，以防止各图形的移位。操作方法为：选中需要组合的图形右击，在弹出的快捷菜单中选择【组合】→【组合】选项。

（2）制作请柬内部，请柬内部效果图如图 1.115 所示，操作过程如下。

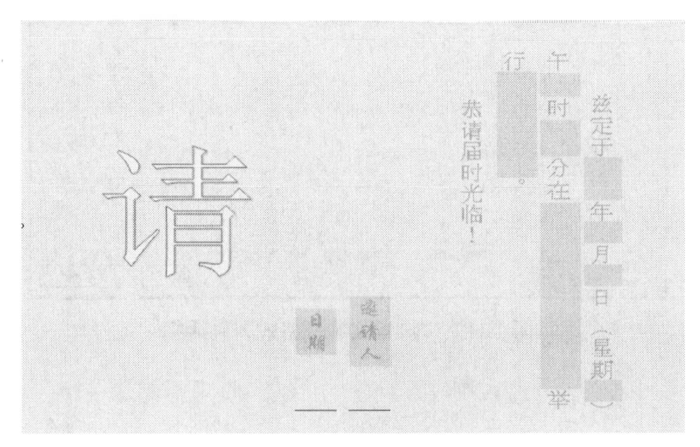

图 1.115　请柬内部效果图

① 在文档中插入分页符，在第二页中制作请柬内容。

② 绘制一黄色矩形，作为请柬内部背景。

③ 在页面中插入“请”艺术字，并将“请”艺术字设为宋体、36 磅，填充颜色为黄色，线条为红色。

④ 选择【插入】→【文本】→【文本框】选项，打开如图 1.116 所示的文本框下拉菜单，选择【绘制竖排文本框】选项，在黄色矩形上方插入一个文本框，并在文本框中输入如图 1.107 所示的文字。

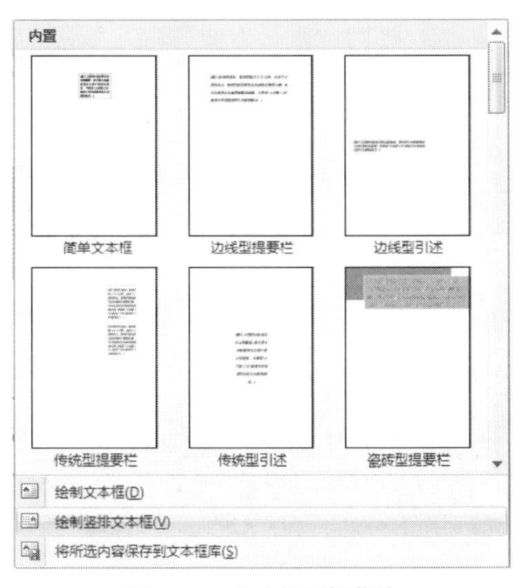

图 1.116　文本框下拉菜单

⑤ 右击文本框，从快捷菜单中选择【设置文本框格式】选项，在如图 1.117 所示的“设置文本框格式”对话框中将文本框的填充颜色和线条均设为无颜色。

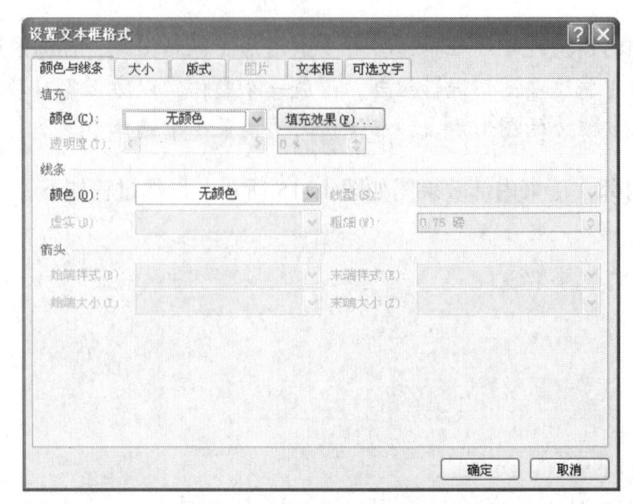

图 1.117 “设置文本框格式”对话框

【案例小结】

本案例通过运用 Word 制作公司简报、企业成立公告、电子贺卡、请柬以及公司小报，介绍了 Word 文档的图文混排的制作方法，包括艺术字、文本框、图片、自绘图形等图形的制作、编辑和修饰，以及对图形进行组合等操作；同时，也介绍了文档的分栏、图片与文字的环绕设置等知识。

学习总结

本案例所用软件	
案例中包含的知识和技能	
你已熟知或掌握的知识和技能	
你认为还有哪些知识或技能需要强化	
案例中可使用的 Office 技巧	
学习本案例之后的体会	

1.4　案例4　制作客户信函

【案例分析】

现代商务活动中，遇到如邀请函、会议通知、聘书、客户回访函等日常办公事务处理时，往往需用计算机完成信函的信纸、内容、信封、批量打印等工作。本案例将通过 Word 的邮件合并功能，方便、快捷地完成以上事务。

案例中的客户及相关信息包含在如图 1.118 所示的表中。

客户姓名	称谓	购买产品	通讯地址	联系电话	邮编	购买时间
李勇	先生	纽曼GPS导航仪	成都一环路南三段68号	028-85408361	610043	2009-11-27
田丽	女士	三星R428-DS0G笔记本电脑	成都市五桂桥迎晖路218号	028-87392507	610025	2011-6-12
彭剑	先生	宏基4820TG-5542G50Mn笔记本电脑	成都市金牛区羊西线蜀西路35号	028-85315646	610087	2010-10-5
周娟	女士	索尼HDR-CX180E摄像机	成都高新区桂溪乡建设村165号	028-86627983	610010	2011-5-23
程立伟	先生	惠普Laserjet 1020 plus打印机	成都市二环路西二段80号	028-65432178	610072	2011-8-16

图 1.118　客户及相关信息

为加强公司与客户的沟通、交流，为客户提供优质的售后服务，需进行客户信函回访。制作的客户回访函如图 1.119 所示。

客户回访函

尊敬的周娟女士，您好！

感谢您对本公司产品的信任与支持，您购买的**索尼 HDR-CX180E 摄像机**，在使用过程中，有需要公司服务时，请拨打公司客户服务部电话。公司将为您提供优质、周到的服务。

谢谢！

科源有限公司

2011 年 10 月 8 日

公司24小时服务热线：028-83335555

图 1.119　客户回访函效果图

【解决方案】

制作邮件合并文档可利用邮件合并向导，即选择【邮件】→【开始邮件合并】→【开始邮件合并】选项，打开“开始邮件合并”下拉菜单，执行【邮件合并分步向导】命令，启动邮件合并向导，并按向导的提示过程创建邮件合并文档。此外，还可以按以下操作步骤实现邮件合并文档的创建，即建立邮件合并主文档→制作邮件的数据源数据库→建立主文档与数据源的连接→在主文档中插入域→邮件合并。

（1）制作主文档（客户回访信函）。

① 启动 Word 2007，新建一份空白文档。

② 录入如图 1.120 所示的“客户回访函”内容。

客户回访函

尊敬的，您好！

感谢您对本公司产品的信任与支持，您购买的，在使用过程中，有需要公司服务时，请拨打公司客户服务部电话。公司将为您提供优质、周到的服务。

谢谢！

科源有限公司

2011 年 10 月 8 日

公司24小时服务热线：028-83335555

图 1.120　邮件的主文档“客户回访函”

③ 对“客户回访函”的字体和段落进行适当的格式化处理。

④ 将“客户回访函”作为邮件的主文档保存在“E:\公司文档\行政部”文件夹中。

（2）制作邮件的数据源数据库（客户个人信息）。

① 启动 Excel 2007。

② 在 Sheet1 工作表中录入如图 1.121 所示的客户个人信息数据。

③ 将客户个人信息作为邮件的数据源保存在“E:\公司文档\行政部”文件夹中。

	A	B	C	D	E	F	G
1	客户姓名	称谓	购买产品	通讯地址	联系电话	邮编	购买时间
2	李勇	先生	纽曼GPS导航仪	成都一环路南三段68号	028-85408361	610043	2009-11-27
3	田丽	女士	三星R428-DS0G笔记本电脑	成都市五桂桥迎晖路218号	028-87392507	610025	2011-6-12
4	彭剑	先生	宏基4820TG-5542G50Mn笔记本电脑	成都市金牛区羊西线蜀西路35号	028-85315646	610087	2010-10-5
5	周娟	女士	索尼HDR-CX180E摄像机	成都高新区桂溪乡建设村165号	028-86627983	610010	2011-5-23
6	程立伟	先生	惠普Laserjet 1020 plus打印机	成都市二环路西二段80号	028-65432178	610072	2011-8-16

图 1.121　邮件的数据源“客户个人信息”

制作邮件数据源还可以用以下方法。

① 利用 Word 表格制作。

② 使用数据库的数据表制作。

（3）建立主文档与数据源的连接。

① 打开制作好的主文档“客户回访函”。

② 选择【邮件】→【开始邮件合并】→【选择收件人】选项，打开“选择收件人”下拉菜单，从菜单中选择【使用现有列表】选项，打开如图 1.122 所示的“选取数据源”对话框，选取保存的“客户个人信息”数据文件，选中该文件，然后单击【打开】按钮，弹出如图 1.123 所示的“选择表格”对话框。

④ 在对话框中选中 Sheet1 工作表，然后单击【确定】按钮。

（4）在主文档中插入域。

① 在主文档“客户回访函”中将光标移至信函中“尊敬的”之后，选择【邮件】→【编写和插入域】→【插入合并域】选项，打开如图 1.124 所示的“插入合并域”下拉菜单。选择【客户姓名】选项，在主文档中插入“客户姓名”域。同样，在“客户姓名”域之后插入“称谓”域。再将光标移至“您购买的”之后，插入“购买产品”域。插入域之后的信函如图 1.125 所示。

图 1.122　“选取数据源”对话框

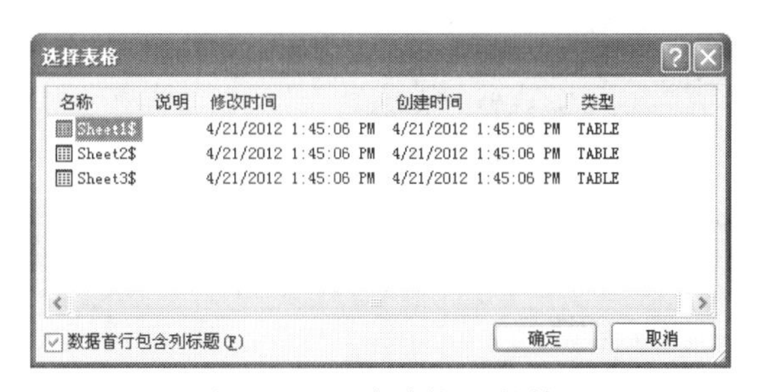

图 1.123　“选择表格”对话框

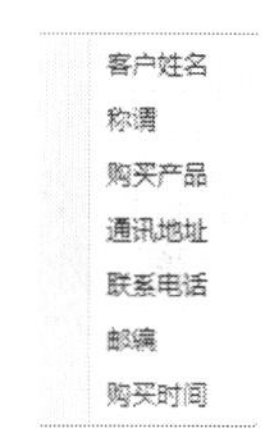

图 1.124　“插入合并域”下拉菜单

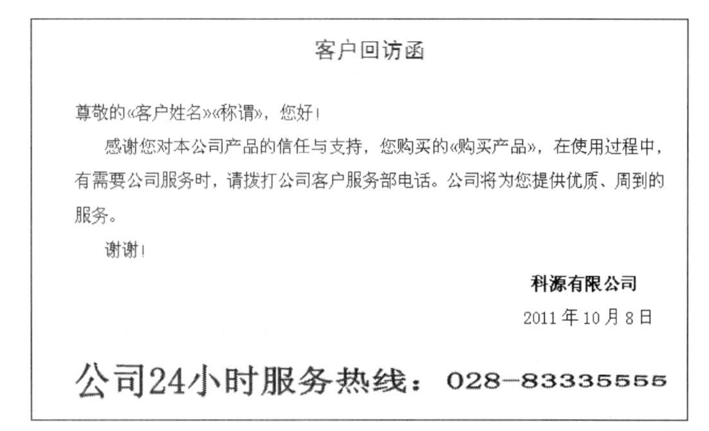

客户回访函

尊敬的«客户姓名»«称谓»，您好！

感谢您对本公司产品的信任与支持，您购买的«购买产品»，在使用过程中，有需要公司服务时，请拨打公司客户服务部电话。公司将为您提供优质、周到的服务。

谢谢！

科源有限公司

2011 年 10 月 8 日

公司24小时服务热线：028-83335555

图 1.125　插入域之后的信函

② 将信函中插入的域分别设置为如图 1.126 所示的字符格式，进行相应的字体、字形、字号和颜色设置。

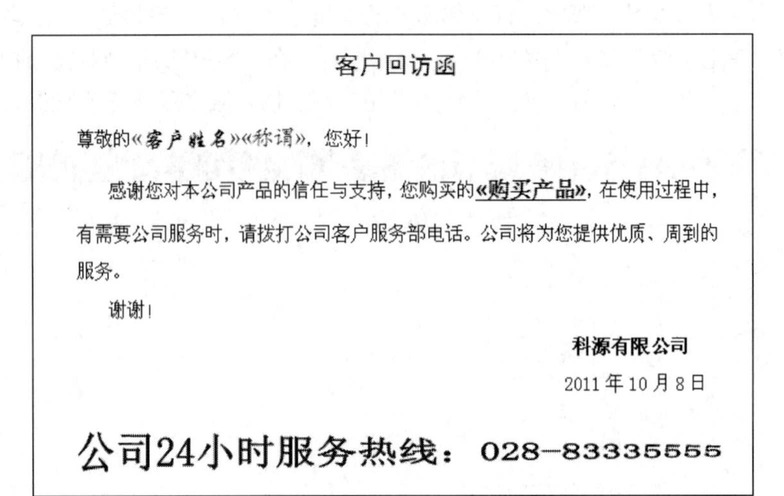

客户回访函

尊敬的«客户姓名»«称谓»，您好！

感谢您对本公司产品的信任与支持，您购买的**«购买产品»**，在使用过程中，有需要公司服务时，请拨打公司客户服务部电话。公司将为您提供优质、周到的服务。

谢谢！

科源有限公司

2011 年 10 月 8 日

公司24小时服务热线：028-83335555

图 1.126　设置插入域的字符格式

（5）预览信函。

① 选择【邮件】→【预览结果】→【预览结果】选项，如图 1.127 所示，生成如图 1.128 所示的客户个人信函预览效果。

图 1.127　“邮件”选项卡上的“预览结果”按钮

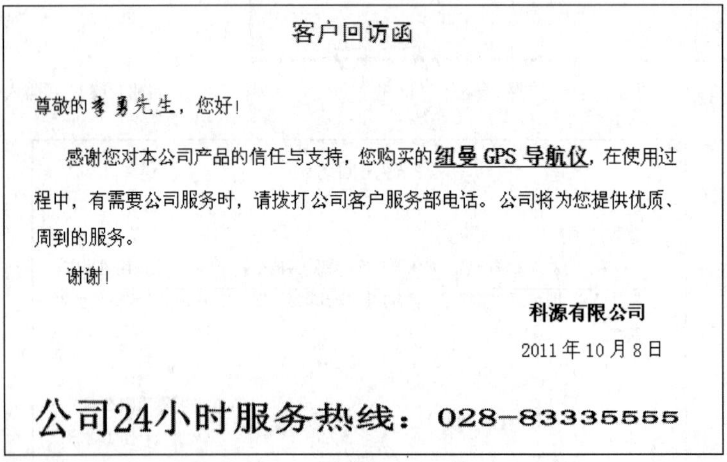

客户回访函

尊敬的李勇先生，您好！

感谢您对本公司产品的信任与支持，您购买的**纽曼 GPS 导航仪**，在使用过程中，有需要公司服务时，请拨打公司客户服务部电话。公司将为您提供优质、周到的服务。

谢谢！

科源有限公司

2011 年 10 月 8 日

公司24小时服务热线：028-83335555

图 1.128　生成的客户个人信函

② 单击“预览结果”工具栏上的“上一记录”或“下一记录”按钮，即可查看其他客户的信函。生成的部分信函效果如图 1.129 所示。

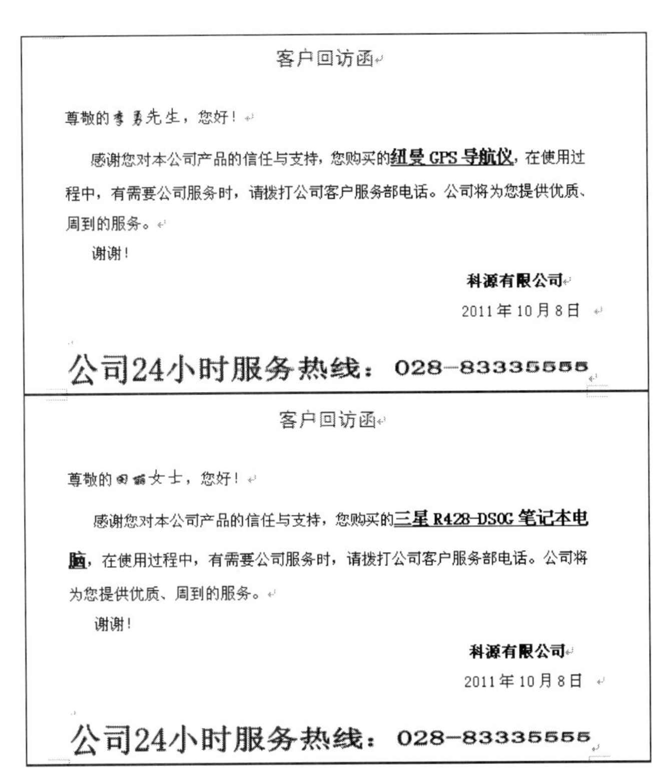

客户回访函

尊敬的李勇先生，您好！

感谢您对本公司产品的信任与支持，您购买的**纽曼 GPS 导航仪**，在使用过程中，有需要公司服务时，请拨打公司客户服务部电话。公司将为您提供优质、周到的服务。

谢谢！

科源有限公司

2011年10月8日

公司24小时服务热线：028-83335555

客户回访函

尊敬的田丽女士，您好！

感谢您对本公司产品的信任与支持，您购买的**三星 R428-DSOG 笔记本电脑**，在使用过程中，有需要公司服务时，请拨打公司客户服务部电话。公司将为您提供优质、周到的服务。

谢谢！

科源有限公司

2011年10月8日

公司24小时服务热线：028-83335555

图 1.129 “客户回访函”效果图

若直接单击“查看合并数据”按钮，一般默认将数据源中提供的全部记录进行合并；若用户只需合并部分记录，则可选择【邮件】→【开始邮件合并】→【编辑收件人列表】选项，从弹出的“邮件合并收件人”对话框中选取需要的收件人，如图 1.130 所示。

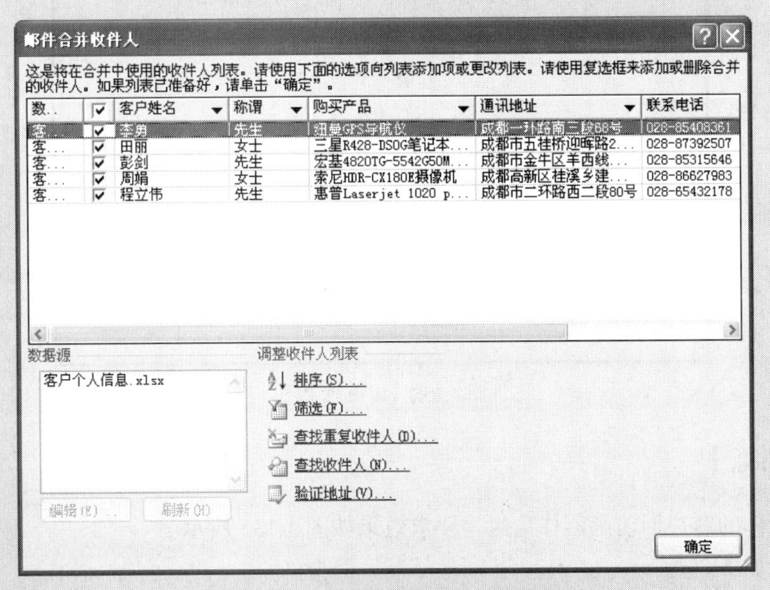

图 1.130 “邮件合并收件人”对话框

（6）完成合并。

① 选择【邮件】→【完成】→【完成并合并】选项，从打开的下拉菜单中选择【编辑个人文档】选项，此时弹出如图 1.131 所示的“合并到新文档”对话框。

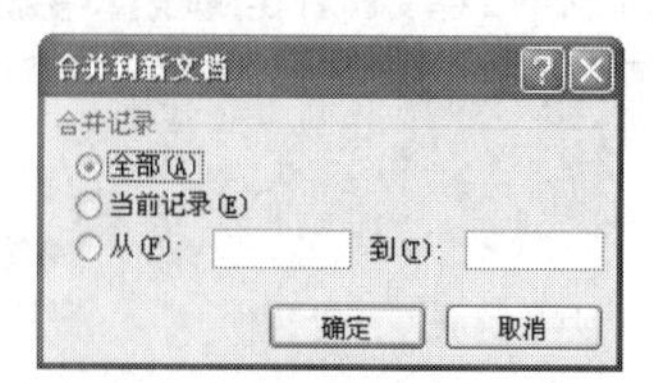

图 1.131 “合并到新文档”对话框

提示 若想要打印合并后的文档，可单击“完成并合并”下拉菜单中的【打印文档】按钮，便会弹出类似于图 1.131 的“合并到打印机”对话框。

② 选取【全部】单选框，然后单击【确定】按钮，即可生成合并文档。

③ 以“客户回访函（合并）”为名保存至“E:\公司文档\行政部”文件夹中。

【拓展案例】

利用邮件合并制作请柬，效果如图 1.132 所示。

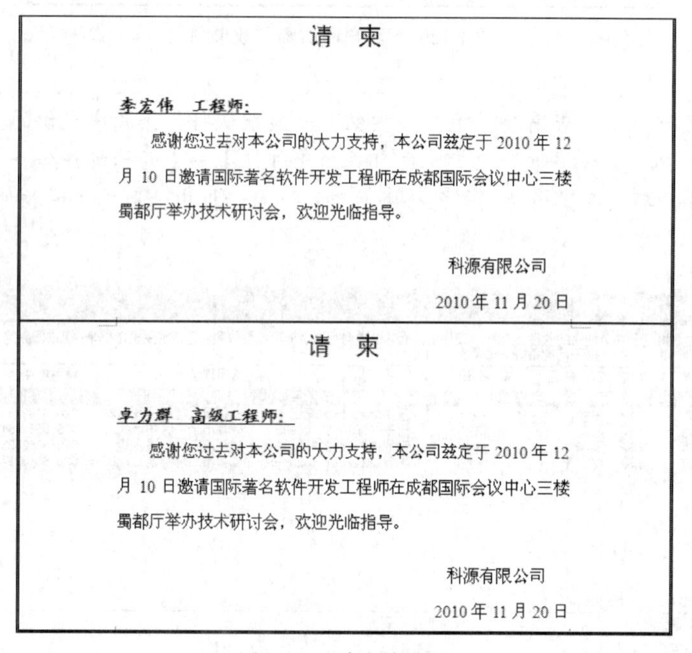

请 柬

李宏伟 工程师：

感谢您过去对本公司的大力支持，本公司兹定于 2010 年 12 月 10 日邀请国际著名软件开发工程师在成都国际会议中心三楼蜀都厅举办技术研讨会，欢迎光临指导。

科源有限公司

2010 年 11 月 20 日

请 柬

卓力群 高级工程师：

感谢您过去对本公司的大力支持，本公司兹定于 2010 年 12 月 10 日邀请国际著名软件开发工程师在成都国际会议中心三楼蜀都厅举办技术研讨会，欢迎光临指导。

科源有限公司

2010 年 11 月 20 日

图 1.132 请柬效果图

【拓展训练】

为前面制作的客户回访函制作信封，要求效果如图 1.133 所示。

操作步骤如下。

（1）启动 Word 2007。

（2）选择【邮件】→【创建】→【中文信封】选项，打开如图 1.134 所示的“信封制作向导”

第 1 步对话框。

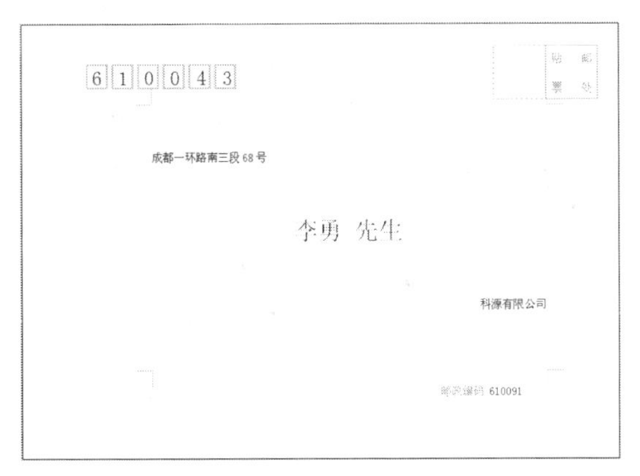

图 1.133　客户回访函信封

（3）单击【下一步】按钮，弹出如图 1.135 所示的“信封制作向导”第 2 步对话框，选择所需的信封样式。

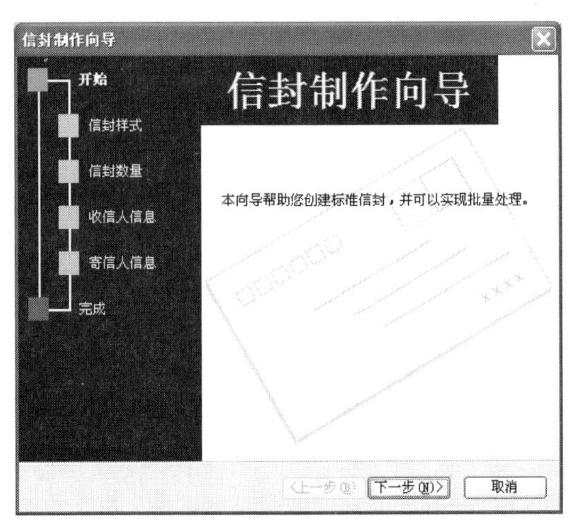

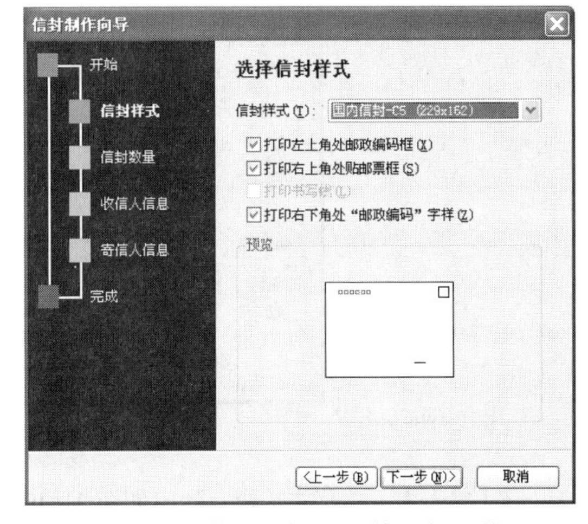

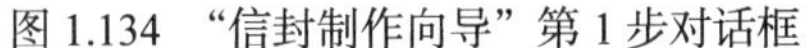

图 1.134　“信封制作向导”第 1 步对话框

图 1.135　“信封制作向导”第 2 步对话框

（4）单击【下一步】按钮，弹出如图 1.136 所示的“信封制作向导”第 3 步对话框，选择生成信封的方式和数量。

（5）单击【下一步】按钮，弹出如图 1.137 所示的“信封制作向导”第 4 步对话框，从文件中获取并匹配收信人信息。

① 选择前面制作好的“客户个人信息”作为信封的数据源。单击【选择地址薄】按钮，打开如图 1.138 所示的“打开”对话框，在“查找范围”中选择“E:\公司文档\行政部”文件夹，再将文件类型选择为“Excel”，选定数据源文件“客户个人信息”，单击【确定】按钮后返回“信封制作向导”第 4 步对话框。

② 分别在收件人的“姓名”、“称谓”、“地址”和“邮编”下拉列表中选择数据源中的“客户姓名”、“称谓”、“通讯地址”和“邮编”。

（6）单击【下一步】按钮，弹出如图 1.139 所示的“信封制作向导”第 5 步对话框，输入寄信人信息。

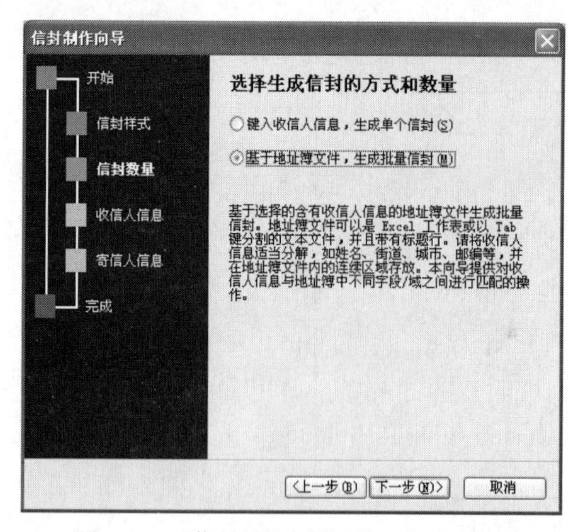

图 1.136 “信封制作向导”第 3 步对话框

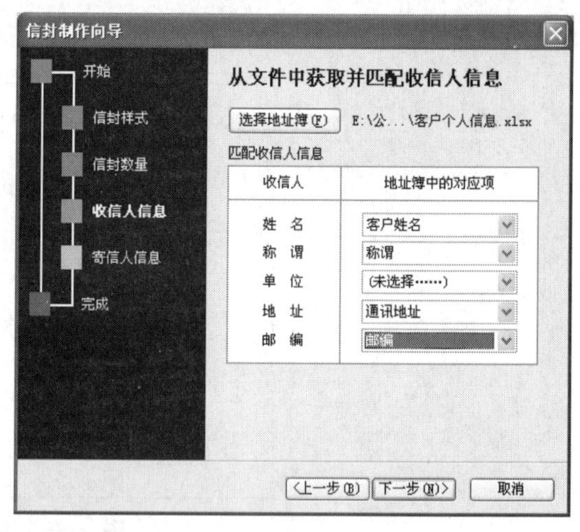

图 1.137 “信封制作向导”第 4 步对话框

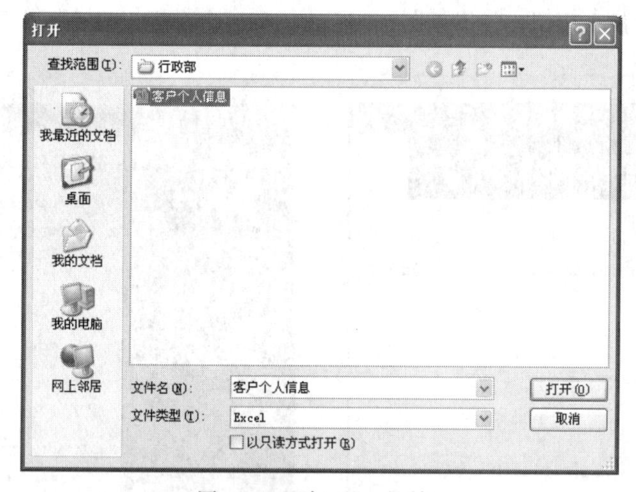

图 1.138 “打开”对话框

（7）单击【下一步】按钮，弹出如图 1.140 所示的“信封制作向导”第 6 步对话框，单击【完成】按钮即可完成信封的制作，最终效果如图 1.133 所示。

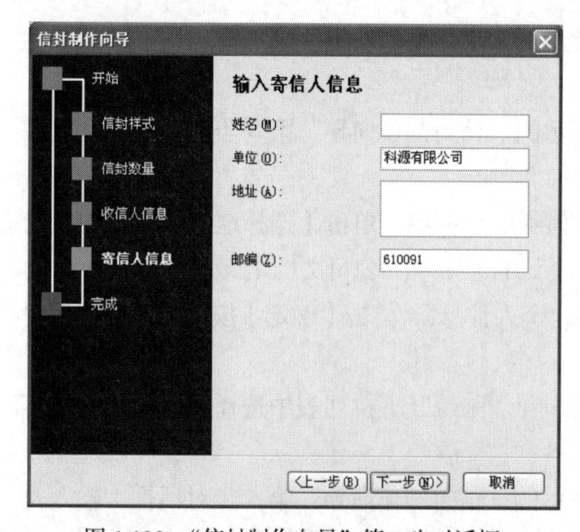

图 1.139 “信封制作向导”第 5 步对话框

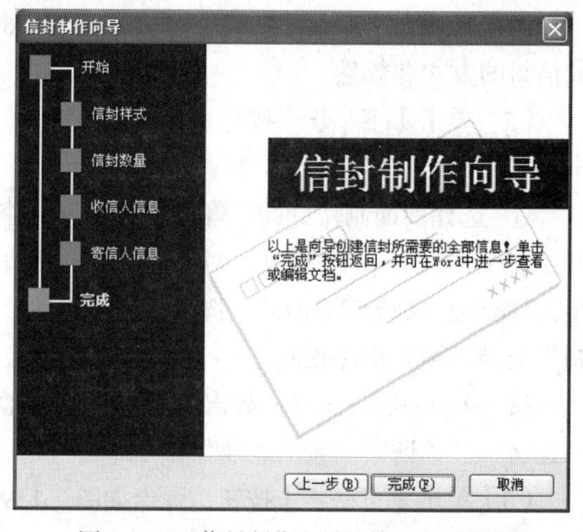

图 1.140 “信封制作向导”第 6 步对话框

（8）以“客户回访函信封”为名保存到“D：\科源有限公司\行政部\客户回访函”文件夹中。

【案例小结】

实际工作中常常遇到处理大量报表、信件一类的文档的情况，这些文档的主要内容、格式都相同，只是具体的数据有所变化，为减少重复工作，可使用“邮件合并”功能。邮件合并的处理过程为：① 创建主文档，输入固定不变的内容；② 创建或打开数据源，存放变动的信息内容，数据源一般来自于 Excel、Access 等数据库；③ 在主文档所需的位置插入合并域；④ 执行合并操作，将数据源中的变动数据和主文档的固定文本进行合并，生成一个合并文档或打印输出。

📖 学习总结

本案例所用软件	
案例中包含的知识和技能	
你已熟知或掌握的知识和技能	
你认为还有哪些知识或技能需要强化	
案例中可使用的Office技巧	
学习本案例之后的体会	

1.5 案例5　利用 Microsoft Office Outlook 管理邮件

【案例分析】

Microsoft Office Outlook 是 Office 软件中自带的一款邮件管理软件，公司员工经常利用它来收发电子邮件、管理联系人信息、记日记、安排日程、分配任务等。

本例中人力资源部经理柯娜将以她的 ky_Rena@126.com 邮箱作为办公邮箱，利用 Microsoft Office Outlook 软件收发、阅读邮件，管理通讯簿，添加收件人，群发邮件，定制会议并发给收件人。

【解决方案】

（1）初始设置。

① 启动 Microsoft Office Outlook 2007，此时会打开如图 1.141 所示的“Outlook 2007 启动”对话框，并弹出如图 1.142 所示的“正在配置 Outlook”信息提示框。

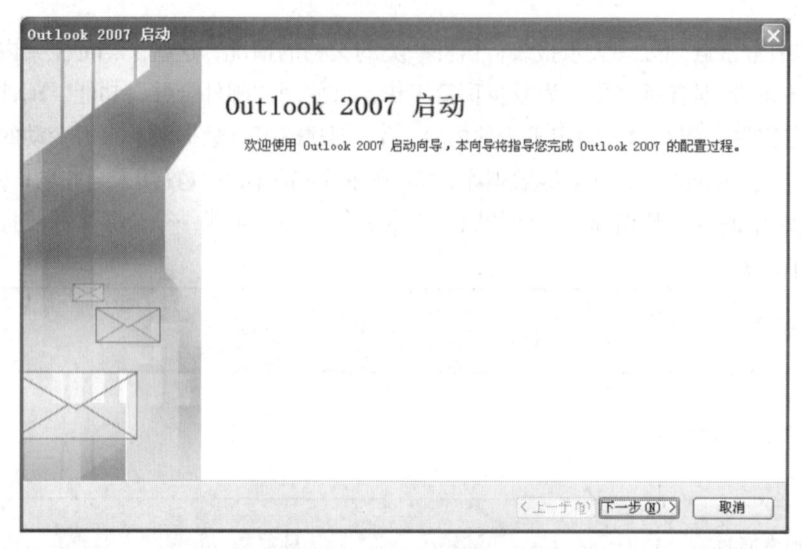

图 1.141 “Outlook 2007 启动”对话框

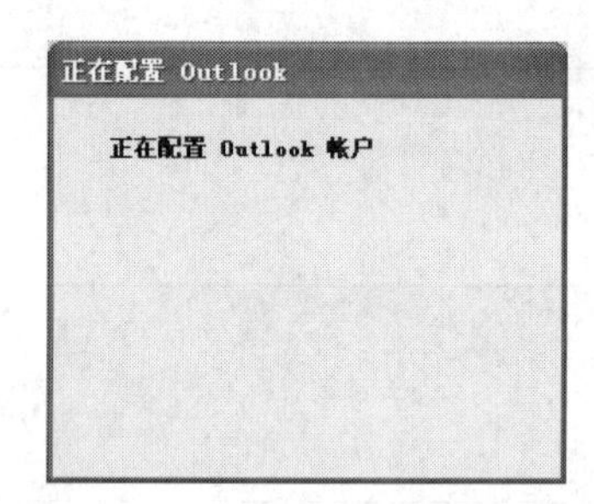

图 1.142 “正在配置 Outlook”信息提示框

② 单击【下一步】按钮，进入“账户配置”界面，如图 1.143 所示，选择【是】单选按钮。

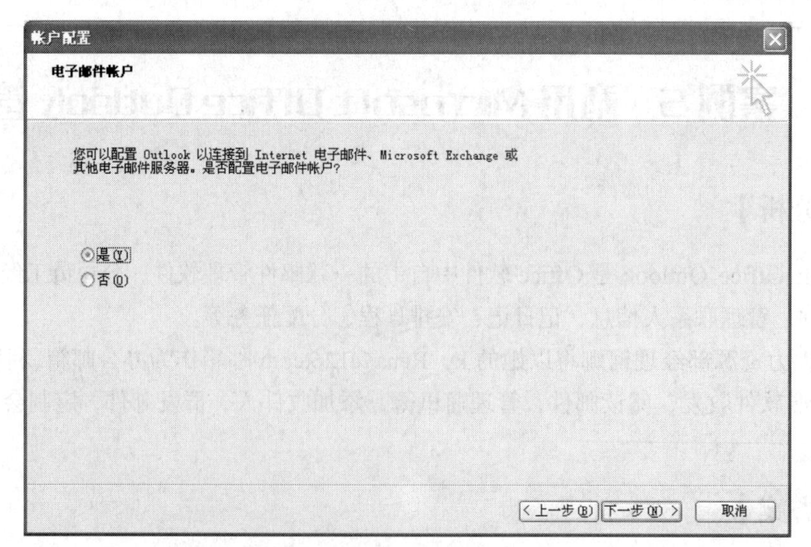

图 1.143 “账户配置”对话框

③ 单击【下一步】按钮，选择电子邮件服务，这里选择【Microsoft Exchange、POP3、IMAP 或 HTTP(M)】单选按钮，如图 1.144 所示。

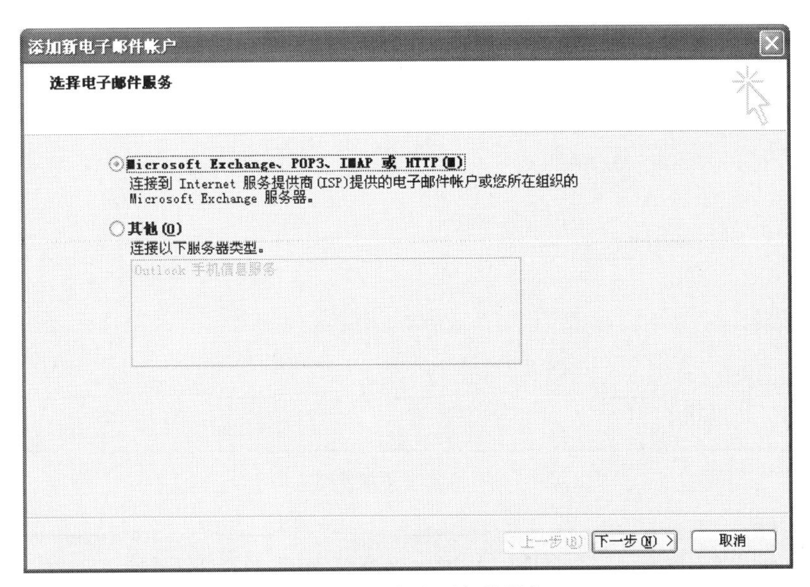

图 1.144 选择电子邮件服务

④ 单击【下一步】按钮，进入“自动账户设置”界面，勾选“手动配置服务器设置或其他服务器类型”复选框，如图 1.145 所示。

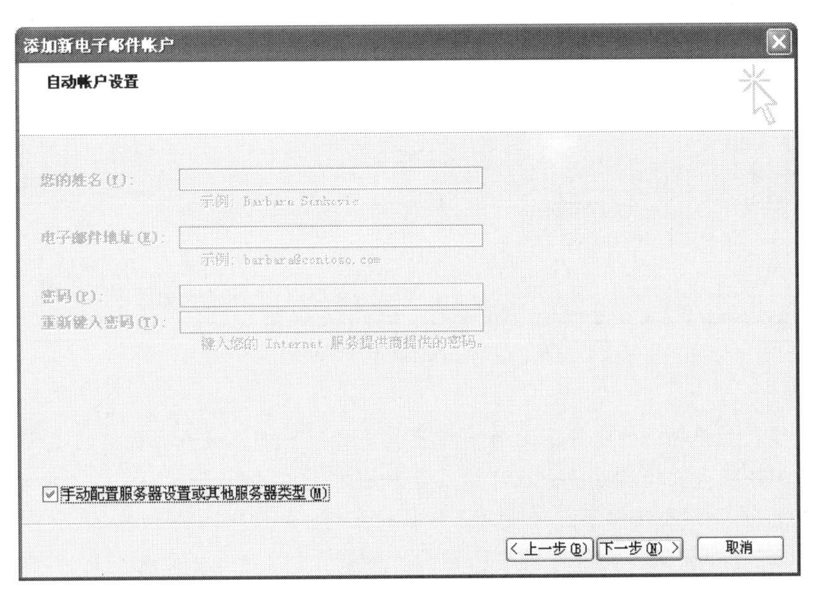

图 1.145 自动账户设置

⑤ 单击【下一步】按钮，进入“选择电子邮件服务”界面，选择“Internet 电子邮件”单选按钮，如图 1.146 所示。

⑥ 单击【下一步】按钮，进入“Internet 电子邮件设置”界面，在其中输入用户信息、服务器信息及登录信息，如图 1.147 所示。

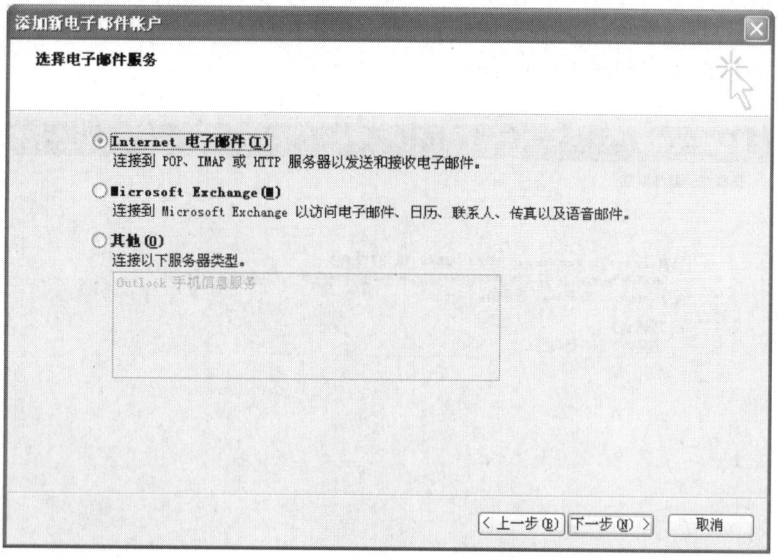

图 1.146　选择电子邮件服务类型

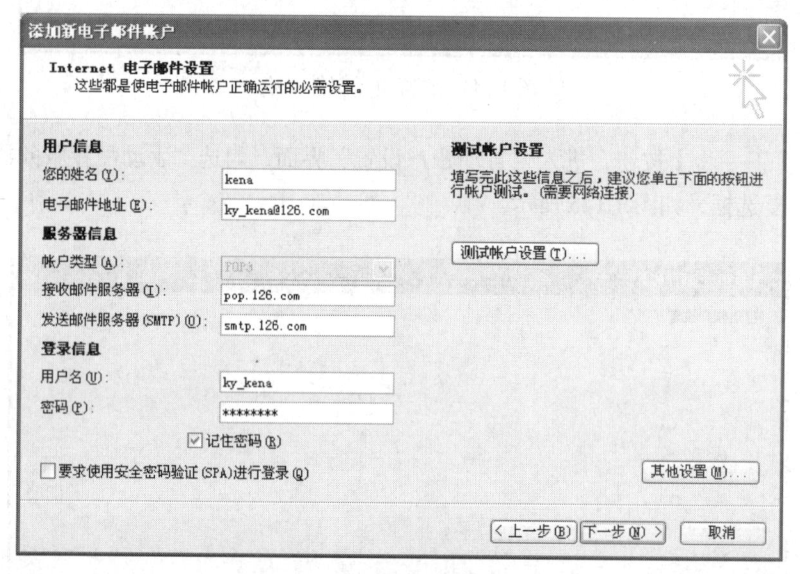

图 1.147　Internet 电子邮件设置

设置电子邮件的服务器名时，需要先查找使用邮件服务商提供的是哪种服务，再进行邮件服务器的设置，查找邮件服务器的方法如下。

① 启动网络浏览器，打开 126 邮箱的主页，如图 1.148 所示，选择【帮助】选项。

② 打开提供各类帮助信息的页面，如图 1.149 所示，选择“客户端”选项，在其中找到关于客户端设置的相关选项，这里有“Microsoft Outlook”，单击【进入】按钮，在“使用指南”中可查询不同版本的 Microsoft Outlook 的设置方法，如图 1.150 所示。

③ 参考其中的信息，我们可获得邮件服务器设置信息。其中，POP 是发送邮件协议，填写你的 pop 地址，例如，126 是 pop3.126.com；SMTP 是接收邮件协议，例如，sohu 是 smtp.126.com。

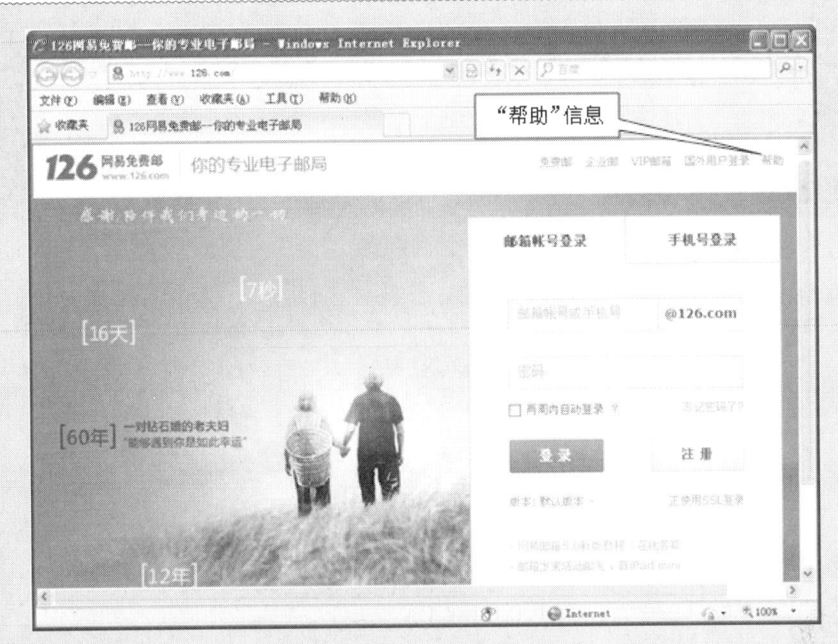

图 1.148　126 邮箱的主页

图 1.149　邮箱设置中关于客户端设置的按钮

所选择的邮件提供商所采用的协议不同，就会需要选择不同的协议。目前 sohu、126 和 163 是采用 POP 和 SMTP 方式收发邮件的，qq 邮箱则为 pop.qq.com 和 smtp.qq.com，yahoo 和 hotmail 是采用 http 方式收发邮件的。

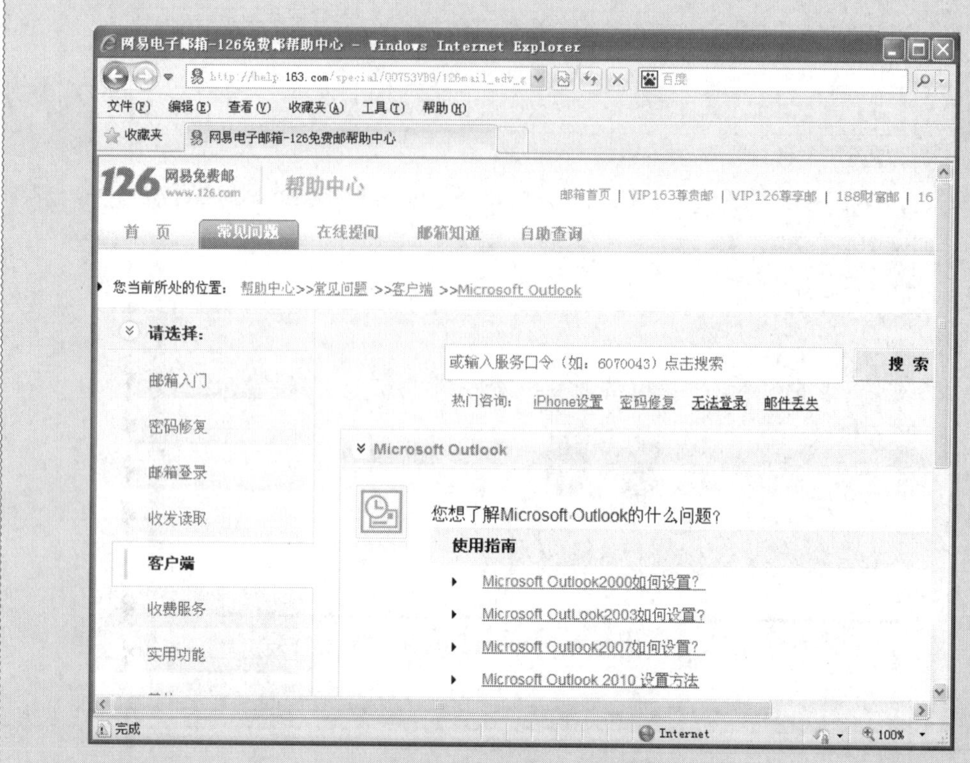

图 1.150 Microsoft Outlook 使用指南

填写协议需要根据所使用的邮件服务，一般邮件服务网站上会有关于设置的帮助信息，可查询后再设置你计算机上的 Outlook 中的相应协议。

另外，有些网站的电子邮箱服务器以及他们提供的聊天室附带的电邮服务不支持 Outlook Express，这样做可能是为了让你更多地登录他们的网站，使用他们的聊天工具，以确保邮件安全或者其他什么原因。

⑦ 单击【其他设置】按钮，弹出“Internet 电子邮件设置”对话框，选择“发送服务器”选项卡，选中“我的发送服务器（SMTP）要求验证”复选框，如图 1.151 所示。单击【确定】按钮，返回“添加新电子邮件账户”对话框。单击【测试账户设置】按钮，弹出“测试账户设置”对话框，测试完毕后会弹出相应的信息提示框，提示已完成所有测试，此时单击【关闭】按钮，如图 1.152 所示，此时返回“Internet 电子邮件设置”窗口。

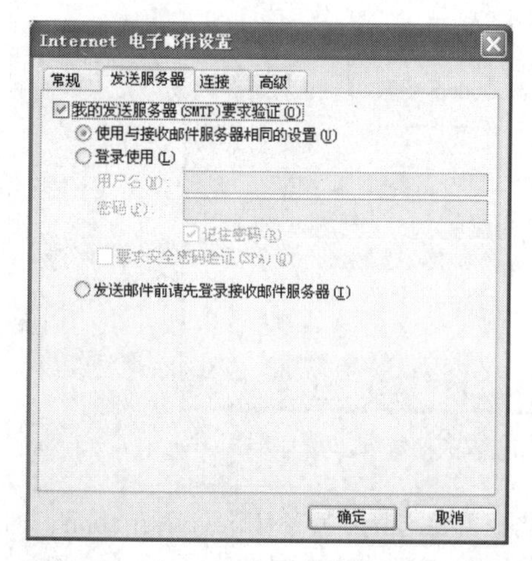

图 1.151 “Internet 电子邮件设置”对话框

⑧ 单击【下一步】按钮，进入添加电子邮件账户的最后一步，单击【完成】按钮，完成账户的创建。

⑨ 单击【完成】按钮后，弹出如图 1.152 所示的对话框，询问是否下载一个用于搜索功能的组件。此时可根据具体的需求进行选择，选中【不再显示此消息】复选框后单击“是”按钮，则以后不再弹出该对话框就直接进入 Outlook 的窗口了，进入 Outlook

后的窗口如图 1.153 所示。

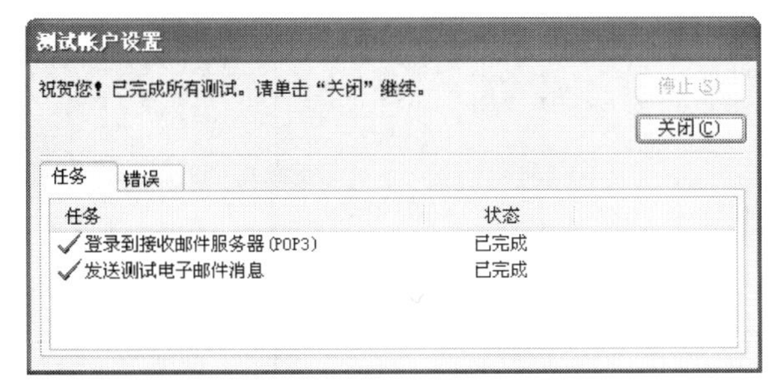

图 1.152　测试完成信息提示框

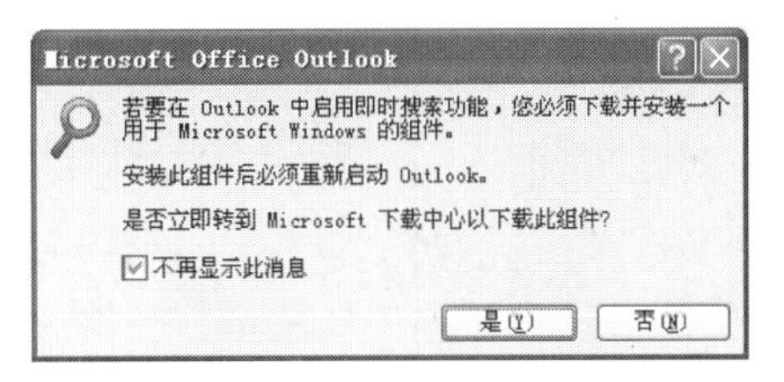

图 1.153　下载提示信息框

图 1.154　进入 Outlook 后的窗口

提示

① 当你在"电子邮件地址"字段中输入了邮件地址后，一般下方的"账户名"字段会自动填入邮址@之前的部分作为账户名，如不同，可修改。

② 如需对账户进行查看或修改，可执行【工具】→【账户设置】命令，打开如图 1.155 所示的"账户设置"对话框，选中要更改的电子邮件账户，单击【更改】选项，打开如图 1.156 所示的界面，可以查看到关于 kena 的账户信息，并进行修改。

③ 若还想对账户进行更加详细的各项设置，可单击【其他设置】按钮，打开"Internet 电子邮件设置"对话框，在"常规"、"发送服务器"、"连接"和"高级"选项卡中进行相应的设置。如用户想在服务器上保留邮件副本，可勾选"高级"选项卡里的"在服务器上保留邮件的副本"选项，如图 1.157 所示，则即使不将邮件下载到本机，服务器上仍然留有副本，否则，邮件下载到本机，邮件服务器上就不再留有邮件信息。

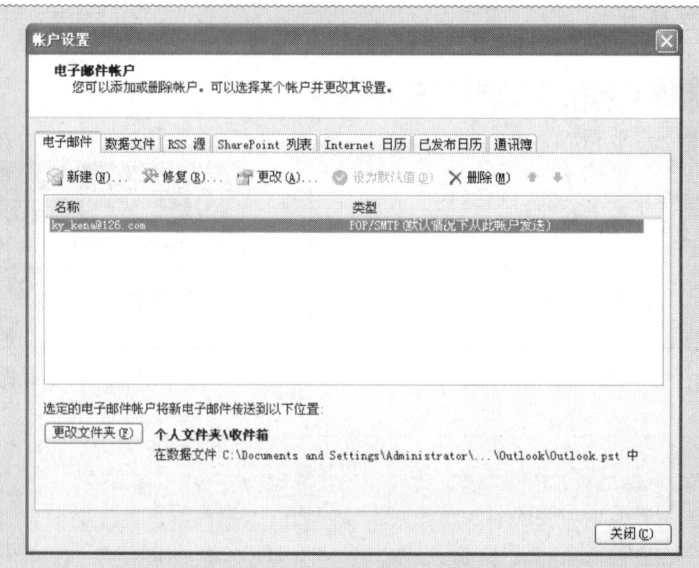

图 1.155 “账户设置”对话框

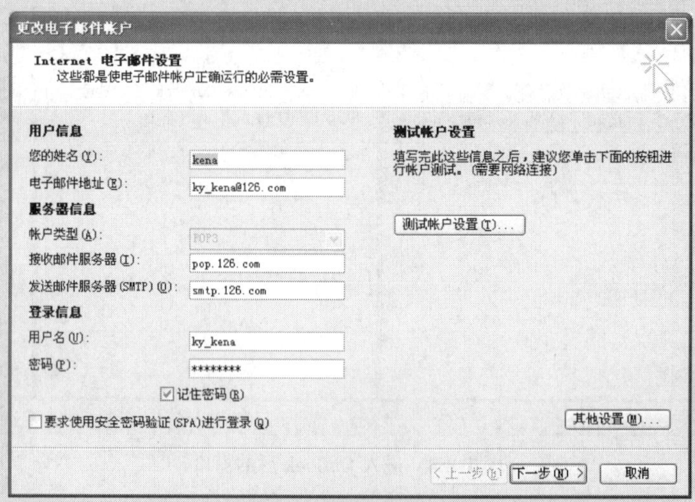

图 1.156 查看和更改 Internet 电子邮件账户设置

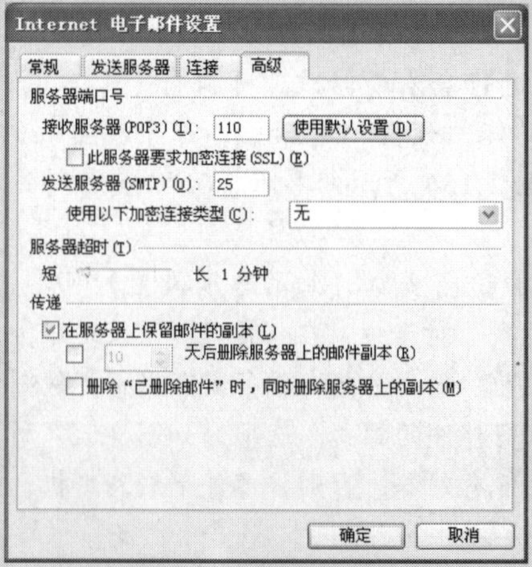

图 1.157 电子邮件账户“高级”设置

进入 Outlook 后，主窗口左侧可利用按钮实现不同主题的查看和管理，如“邮件”、“日历”、“联系人”、“任务”等，默认管理内容是“邮件”，也可以切换到“日历”，以对当前各个时段的事务进行查看和管理，如图 1.158 所示。而在“视图”菜单中也可以对窗口的布局作适当的修改。

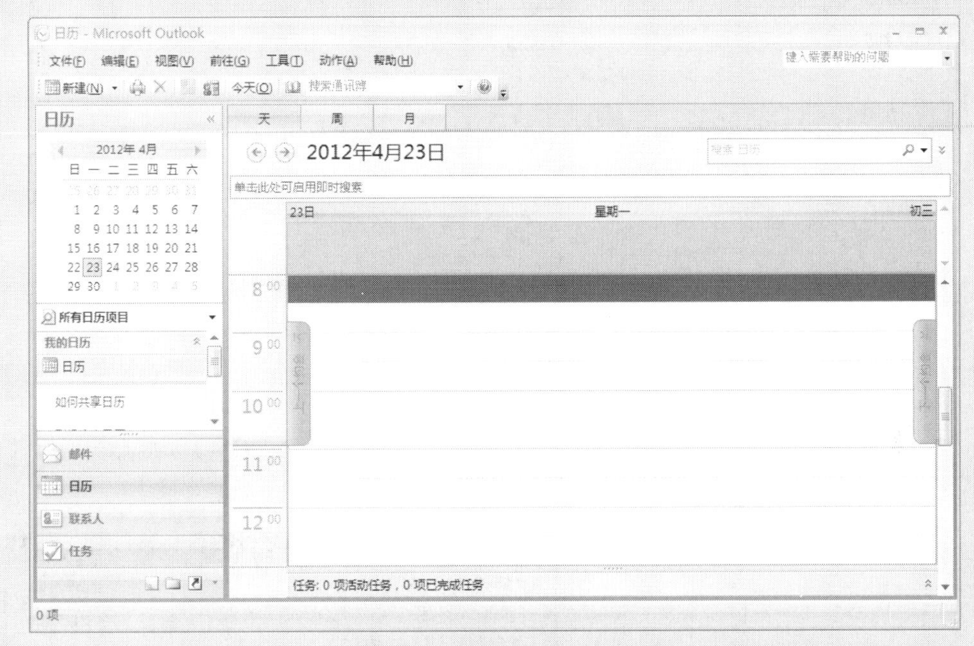

图 1.158　主界面为“日历”

小知识

如果你有几封电子邮件，如果使用 Outlook，那么便可以在一个窗口中处理它们。你也可以为同一个计算机创建多个用户或身份。每一个身份皆具有唯一的电子邮件文件夹和一个单个的通讯簿。多个身份能使你轻松地将工作邮件和个人邮件分开，也能保持单个用户的电子邮件的独立性。

（2）收取邮件。

① 执行【工具】→【账户设置】命令，打开“账户设置”对话框，选择“数据文件”选项卡，选择【添加】选项，打开如图 1.159 所示的“新建 Outlook 数据文件”对话框，选择“Office Outlook 个人文件夹文件（.pst）”，单击【确定】按钮，为邮件数据文件选择保存的路径“E:\公司文档\行政部”，并输入文件名“kena”，如图 1.160 所示，单击【确定】按钮后弹出如图 1.161 所示的“创建 Microsoft 个人文件夹”对话框，在其中可以设置打开该文件夹的密码。

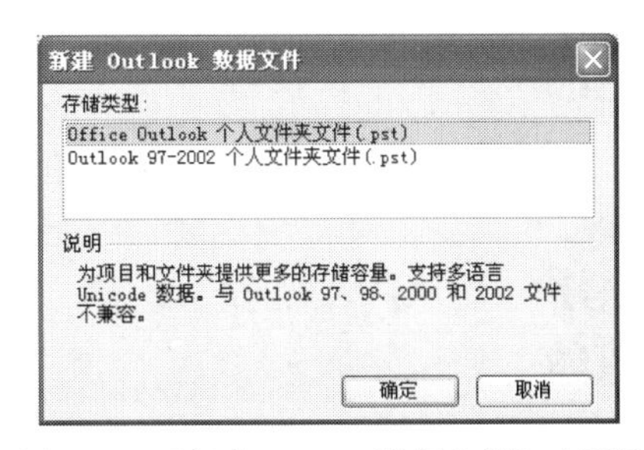

图 1.159　“新建 Outlook 数据文件”对话框

② 单击工具栏上的【发送/接收】按钮 发送/接收(C)，就可以将刚才设置好的 126 邮箱中的邮件保存在所选择的路径中，这个过程中会出现如图 1.162 所示的“Outlook 发送/接收进度”对话框，用来显示收发邮件的进度。

图 1.160　保存“Outlook 数据文件”

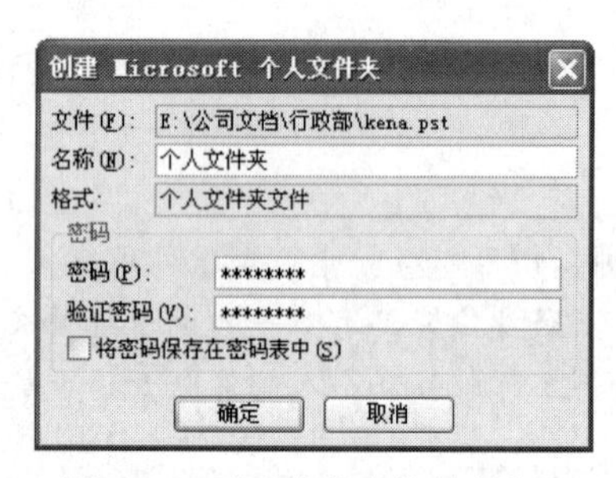

图 1.161　个人文件夹的相应设置

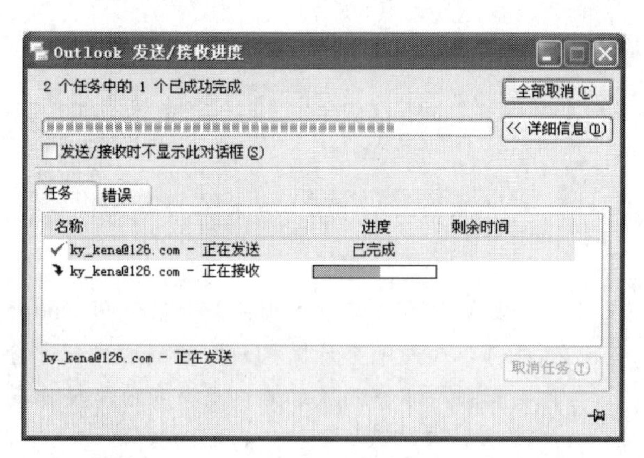

图 1.162　“Outlook 发送/接收进度”对话框

若勾选“发送/接收时不显示此对话框”，则以后发送和收取邮件将不再弹出此对话框。

③ 这时，可看到原来 126 邮箱中的所有邮件都接收完了，如图 1.163 所示。

已经阅读过的邮件，前面的图标为，未读邮件的图标为。

（3）发送邮件。

① 对收到的邮件进行回复。选中“ky_chenkeke”发来的邮件“人力资源管理表格”，使用工具栏上的【答复】按钮答复(R)，进入撰写邮件界面，如图 1.164 所示，将邮件内容写入邮件正文中。

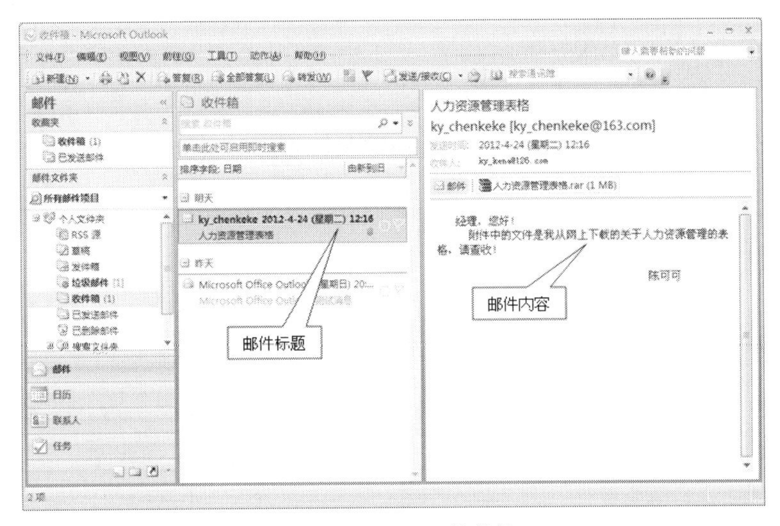

图 1.163　Outlook 收件箱

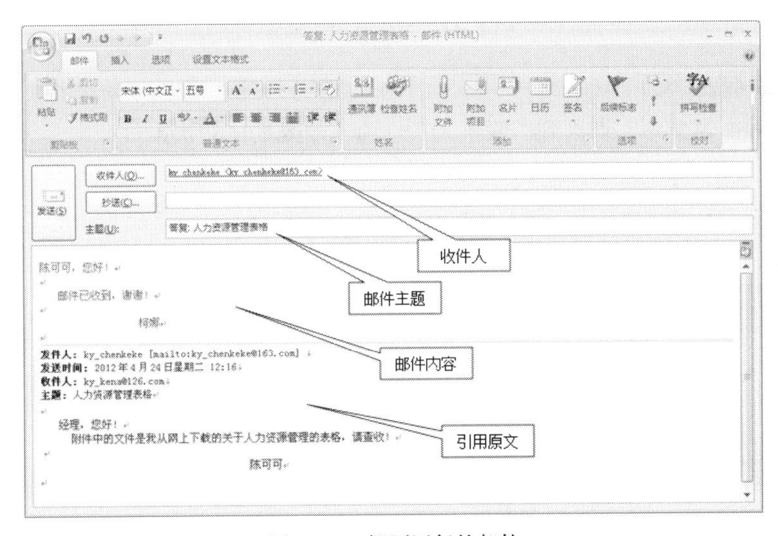

图 1.164　撰写回复的邮件

若无需原文，则可将原文删去。

在邮件中可以做如下进一步的设置。

单击【附件文件】按钮选择文件或将 Outlook 中的项目作为邮件附件；单击“通讯簿”按钮，在弹出的“通讯簿”中选择需要同时发送的联系人的邮址，可将邮件发送给多人；单击“检查姓名”按钮，可检查本人的姓名内容是否正确；单击“重要性-高”按钮 重要性 - 高，可标识重要性为高的邮件；单击“重要性-低”按钮 重要性 - 低，可标识重要性为低的邮件；单击“后续标志”按钮，可为邮件作后继标记。

② 单击【发送】按钮 发送(S)，发送已经写好的邮件，则可以在发件箱中看到你发送的邮件，如图 1.165 所示。

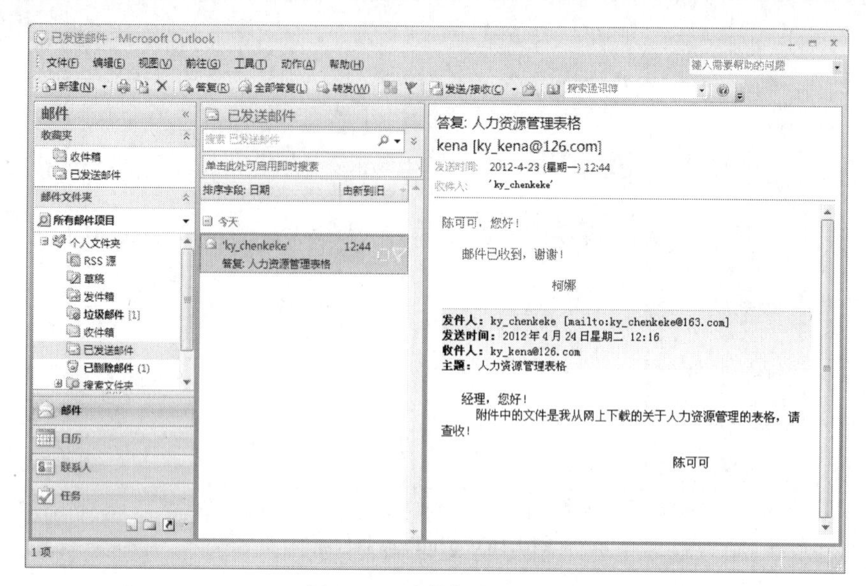

图 1.165　发件箱中的邮件

（4）添加联系人。

① 在 Outlook 窗口中，切换到“联系人”选项，如图 1.166 所示。

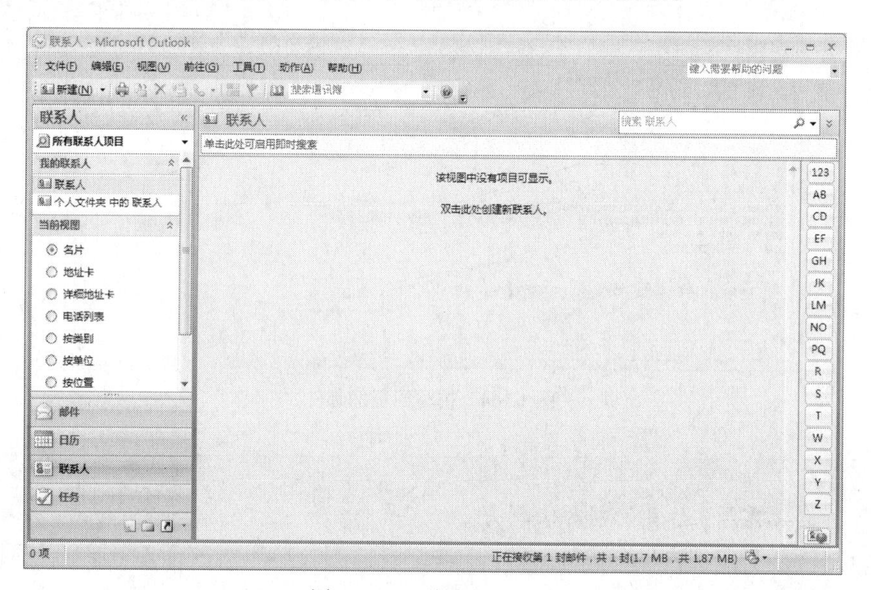

图 1.166　“联系人”选项

② 此时可双击窗口中心处添加联系人，在弹出的“联系人”对话框中输入相应信息，如图 1.167 所示为添加陈可可的联系人信息。

③ 可以单击“详细信息”按钮切换到“详细信息”选项卡，在其中为联系人设置更加详细的信息，如图 1.168 所示。

④ 还可以切换到“活动”、“证书”和“所有字段”选项卡，查看该联系人的相应信息，这里不做相关的设置。

⑤ 完成所有设置后，单击【保存并关闭】按钮即可完成该联系人的设置，得到如图 1.169 所示的结果。

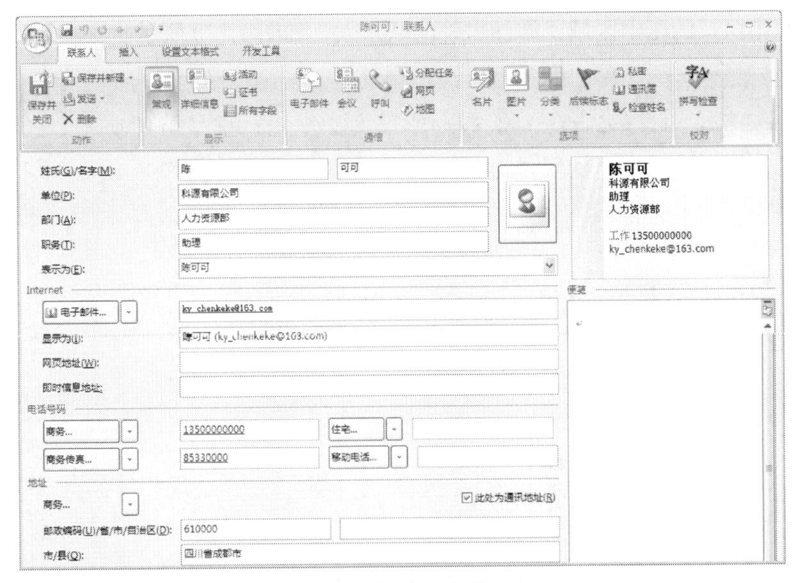

图 1.167 新建一个联系人

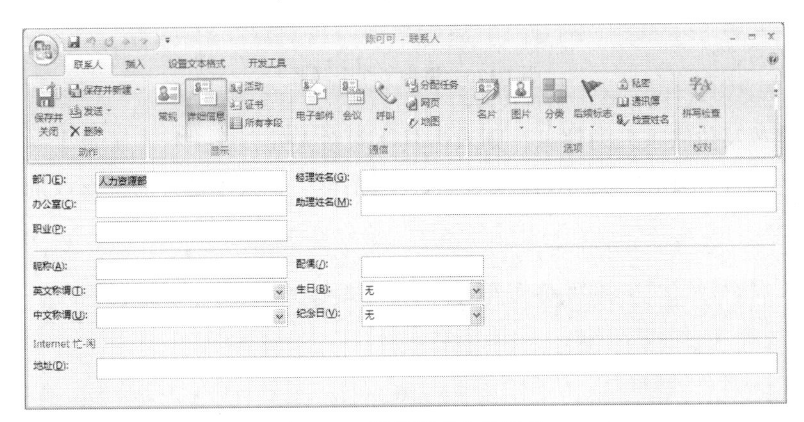

图 1.168 设置联系人的细节

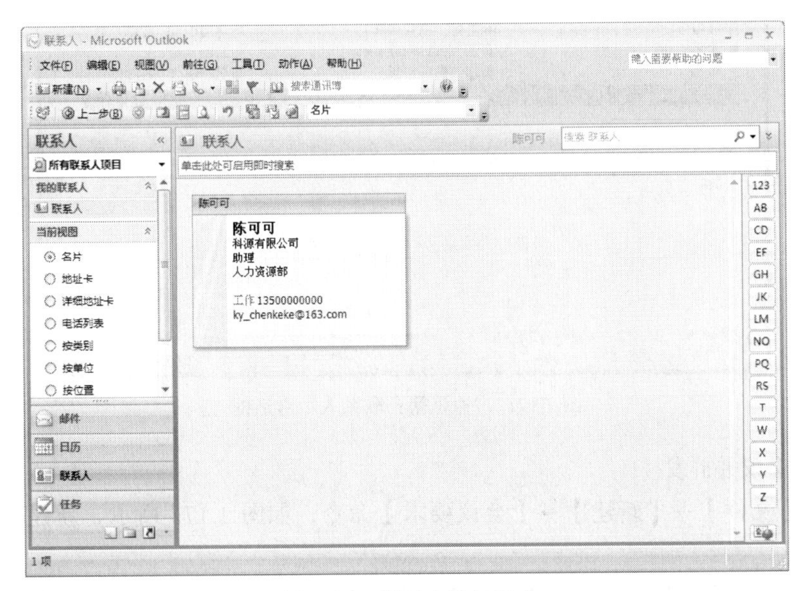

图 1.169 联系人添加完成

⑥ 继续双击窗口的正中区域，添加另外的联系人，如图 1.170 所示。

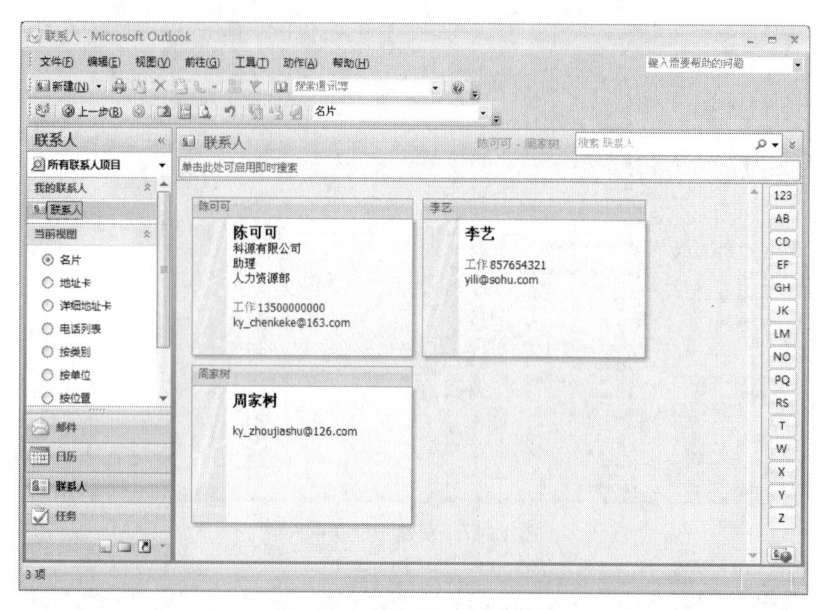

图 1.170　添加了 3 个联系人

⑦ 如需修改某位联系人的信息，则双击具体联系人处，或执行【工具】→【通讯簿】命令，弹出如图 1.171 所示的“通讯簿：联系人”对话框，在其中选择需要修改的联系人进行修改即可。

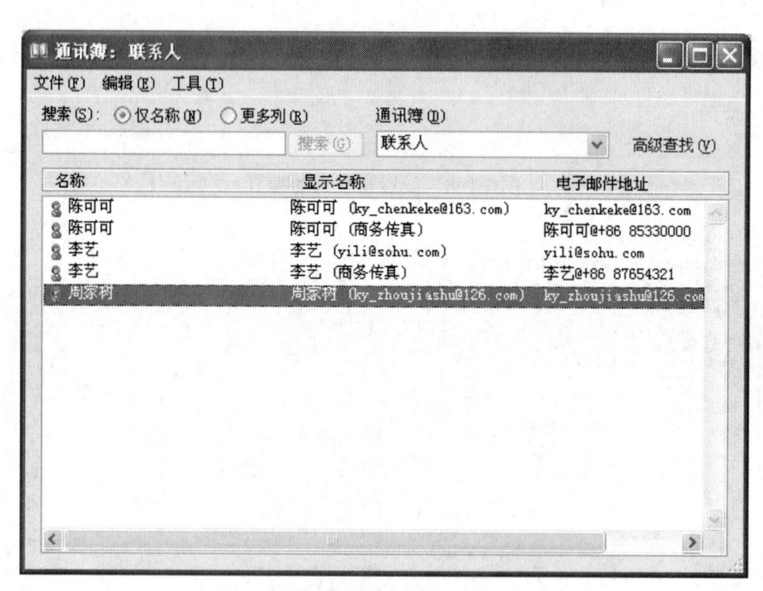

图 1.171　“通讯簿：联系人”对话框

（5）创建会议并群发。

① 执行【文件】→【新建】→【会议要求】命令，如图 1.172 所示，新建一个会议，如图 1.173 所示。

② 单击【收件人】按钮，选择相应的联系人，如图 1.174 所示。

图 1.172　新建“会议要求”

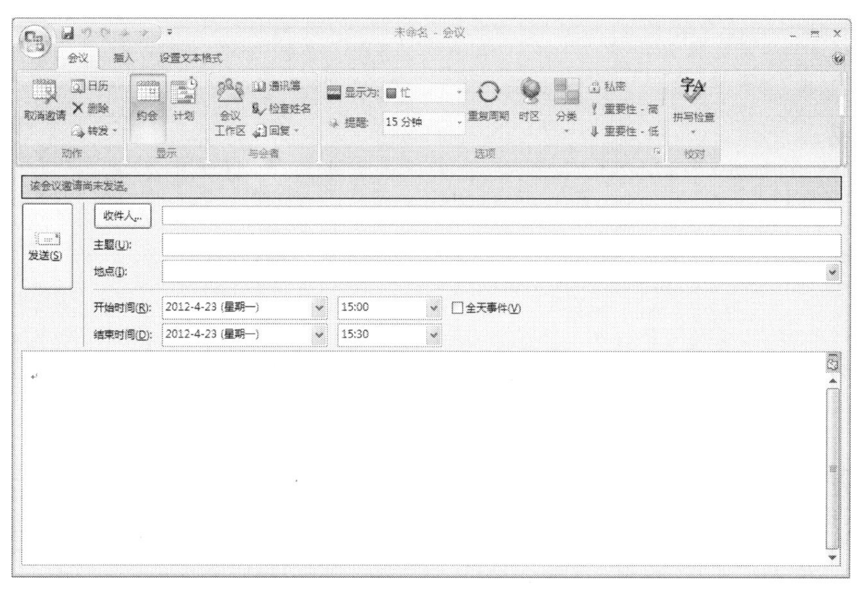

图 1.173　新建的未命名的会议

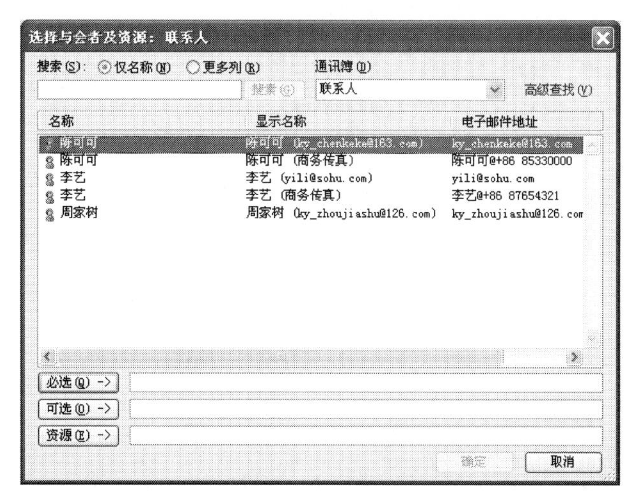

图 1.174　选择与会者

这里可以使用 Ctrl 键来选择多个不连续的对象。

③ 输入会议的主题“讨论行政部计算机维护工作外包的事宜”，地点“行政部 3 号会议室”，开始时间和结束时间可以通过单击日历和时间的下拉列表来确定，如图 1.175 所示。

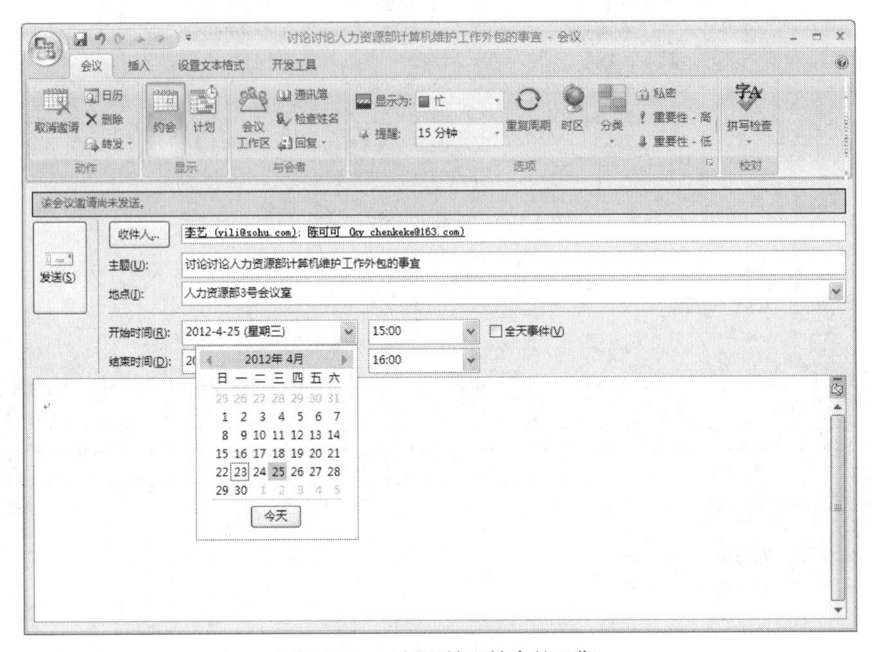

图 1.175　选择开始和结束的日期

④ 选择提前 1 天提醒我，并输入会议邀请的内容，如图 1.176 所示。

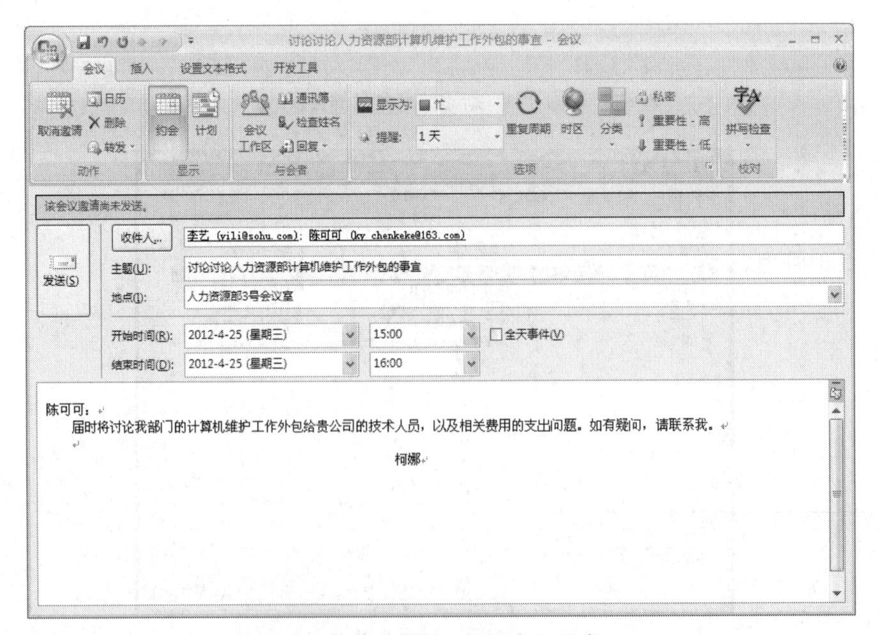

图 1.176　书写完内容的会议邀请

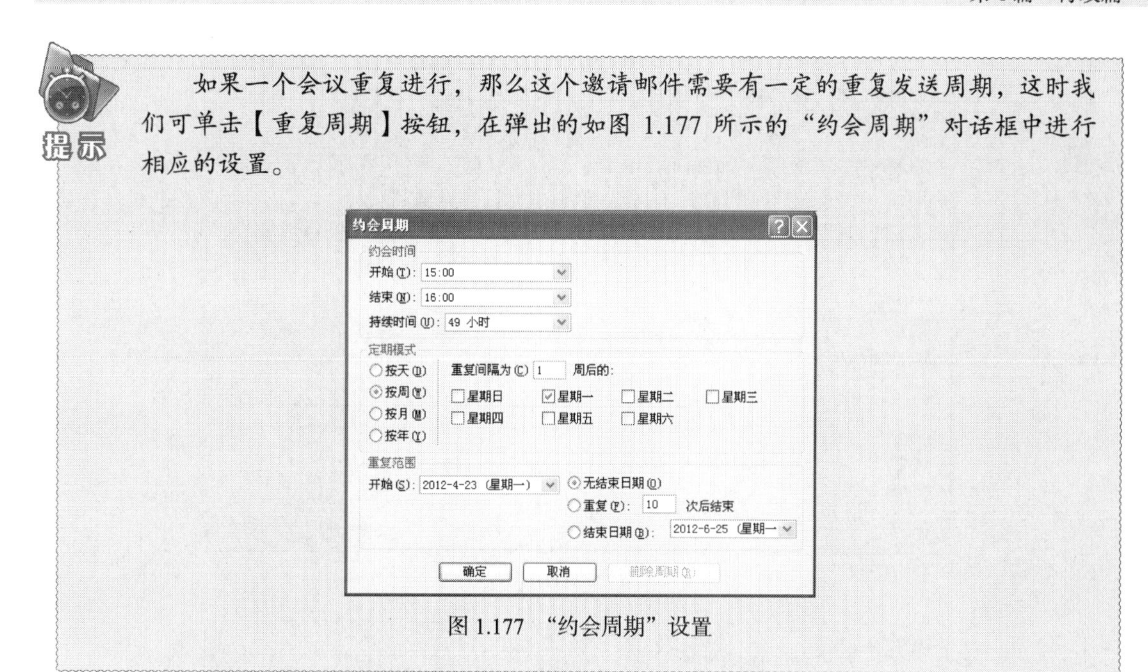

提示

如果一个会议重复进行，那么这个邀请邮件需要有一定的重复发送周期，这时我们可单击【重复周期】按钮，在弹出的如图 1.177 所示的“约会周期”对话框中进行相应的设置。

图 1.177　“约会周期”设置

⑤ 会议的其他设置，如粘贴附件、重要性等，与邮件设置类似。

⑥ 单击【发送】按钮 发送(S)，将此会议邀请发送到所选的收件人邮箱中。

⑦ 当选择的时间到达，或未阅读而过期打开 Outlook 时，会自动弹出如图 1.178 所示的对话框，提示有会议或约会。

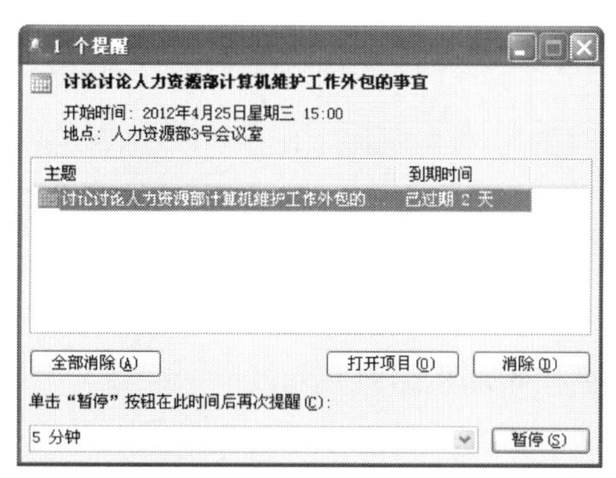

图 1.178　“提醒”对话框

（6）其他管理。

Outlook 2007 为电子邮件、日程、任务、便笺、联系人以及其他信息的组织和管理提供了一个集成化的解决方案。Outlook 2007 为管理通信、组织工作以及与他人更好地协作提供了诸多创新功能。这一切均可在一个地方完成。

① 日历管理：选择“日历”选项，可切换到日历管理中，进行每天的日历管理，在这里可以直接在某时刻处书写备忘录即约会，如图 1.179 所示；也可以在该时刻处双击，在弹出的“约会”对话框来定制约会，如图 1.180 所示。

② 快速访问联系人、日程和任务信息：可以使用新的导航窗格或者单击菜单栏上的相应按钮来访问联系人、日程、任务、文件夹、快捷方式和日记，以及查找需要回复的电子邮件、预定的约会和完成项目。

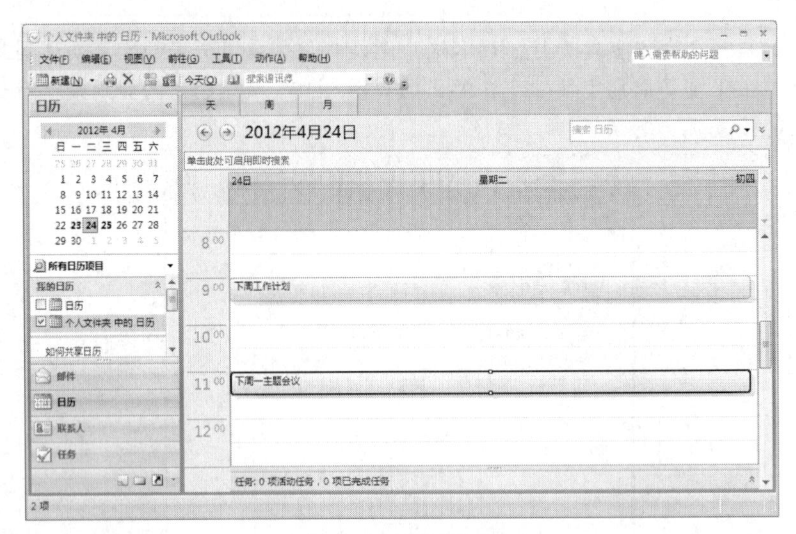

图 1.179　日历管理

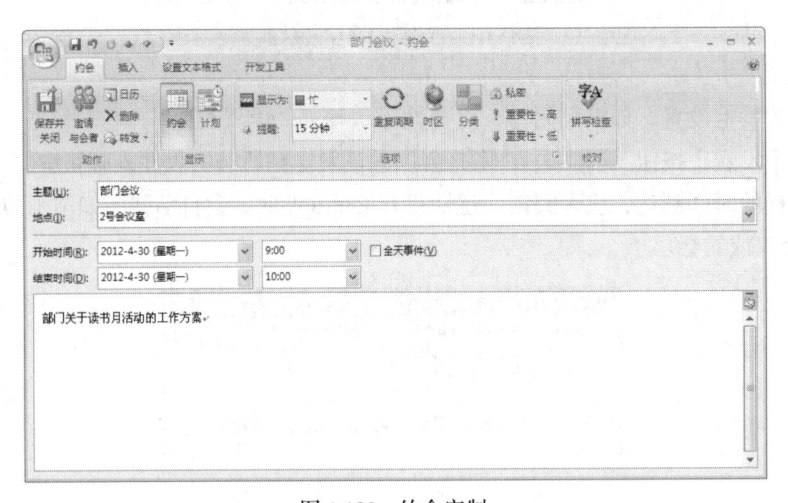

图 1.180　约会定制

定制的一个发给陈可可的任务如图 1.181 所示。

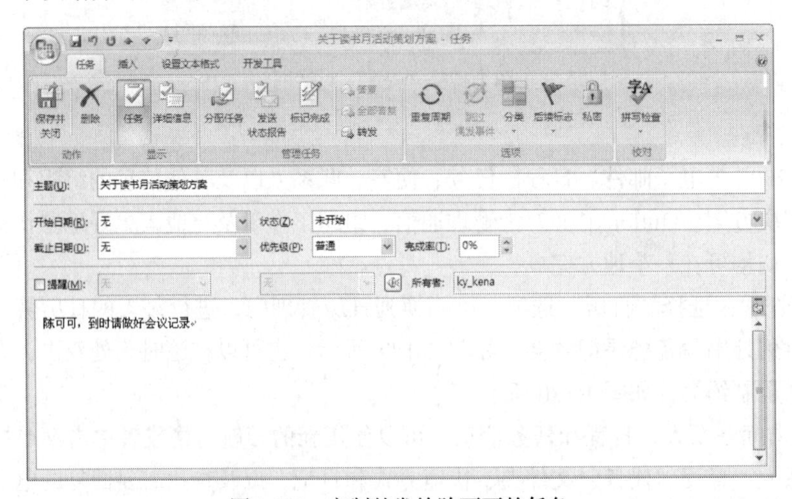

图 1.181　定制的发给陈可可的任务

【拓展案例】

1. 管理自己的 Outlook 账户

在计算机上，利用 Outlook 创建一个你自己使用的账户，用于收发你的某实际电子邮件服务器上的邮件并管理它们，同时在该账户中管理日历，定制一个约会，并发给一个或多个你的朋友。

2. 群发邮件合并产生的新文档

在上一个案例已经作好邮件合并的基础上选择“合并到邮件”，利用 Outlook 将它们发送给收件人。

【拓展训练】

利用 Outlook 创建一个邮件账户，定制一个将举办公司五周年庆典的约会，并备份柯娜的账户数据文件。

操作步骤如下。

（1）启动 Outlook，新建一个邮件账户。

可参考前面内容。

（2）执行【文件】→【新建】→【约会】命令，在如图 1.182 所示的对话框中设置约会的各项内容。

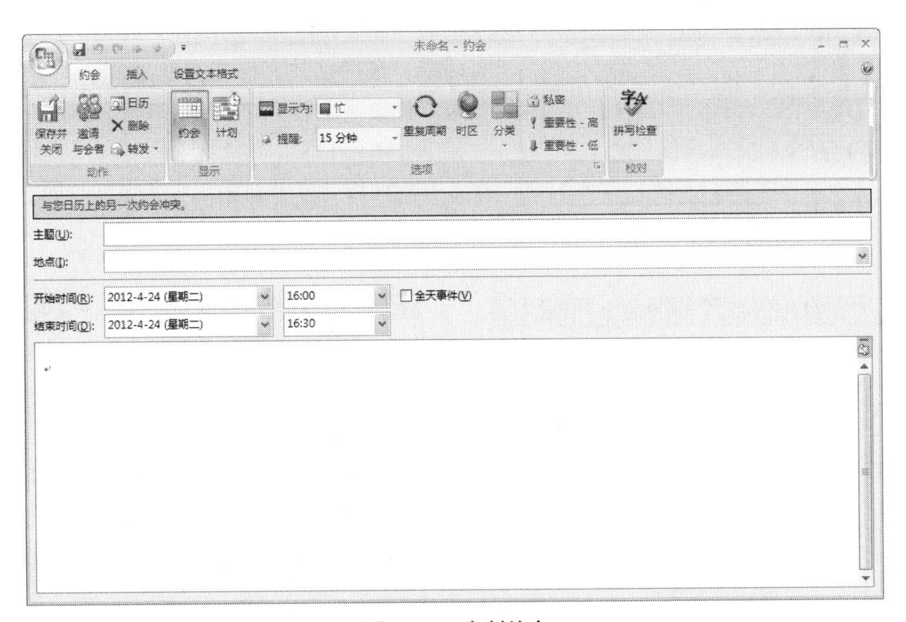

图 1.182　定制约会

（3）单击【邀请与会者】按钮，选择“柯娜”和“周家树”为收件人，主题为“关于公司五周年庆典的参加事宜”，地点是“我的办公室”，将约会设置为“重要性-高”，时间为 2012 年 5

月 7 日 15：00 至 16：00，提前 1 周通知，时间显示为“暂定”，则该约会的内容如图 1.183 所示。

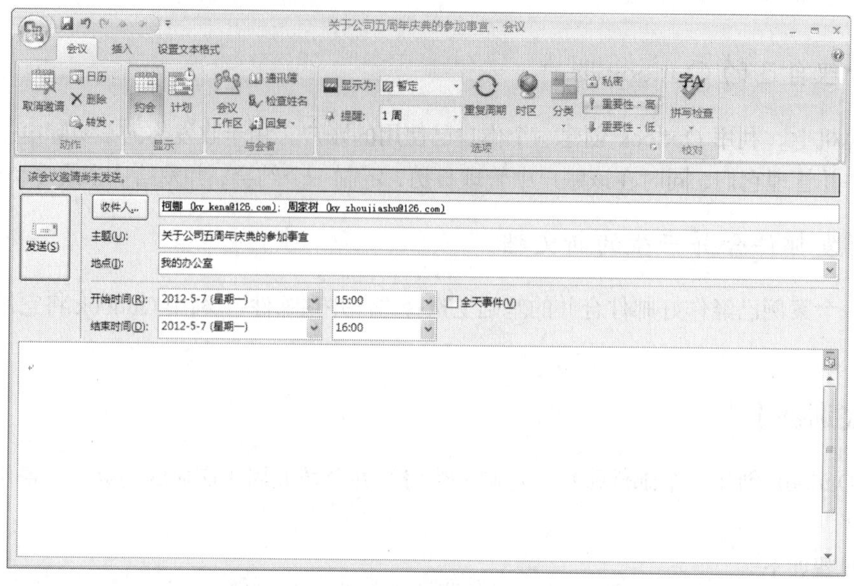

图 1.183　约会的内容

（4）单击【发送】按钮 发送(S)，将定制好的约会发送给与会者。

（5）备份柯娜的账户数据文件。

① 执行【文件】→【导入和导出】命令，启动“导入和导出向导”，如图 1.184 所示，选择要执行的操作是“导出到文件”。

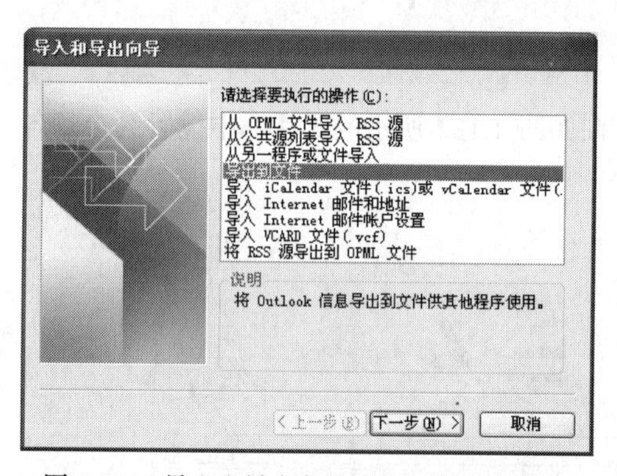

图 1.184　导入和导出向导-选择要执行的操作

② 单击【下一步】按钮，弹出“导出到文件”对话框，选择创建文件的类型为“个人文件夹文件(.pst)”，如图 1.185 所示。

③ 单击【下一步】按钮，打开“导出个人文件夹”对话框，选定导出的文件夹为“联系人”，如图 1.186 所示。

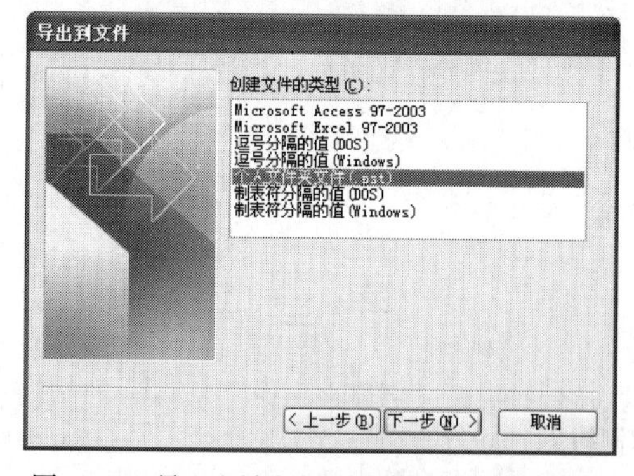

图 1.185　导入和导出向导-选择创建文件的类型

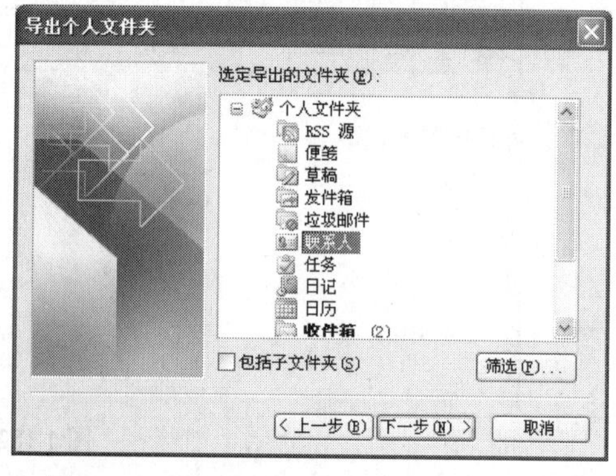

图 1.186　导入和导出向导-选择导出的文件夹

④ 选择导出文件的保存路径，如图 1.187 所示。

⑤ 单击【完成】按钮，弹出如图 1.188 所示的“创建 Microsoft 个人文件夹”对话框，在其中可以对导出的文件作加密设置等，设置好后单击【确定】按钮，即可完成保存，再次确认个人文件夹的密码。然后可在资源管理器中看到所保存的文件。

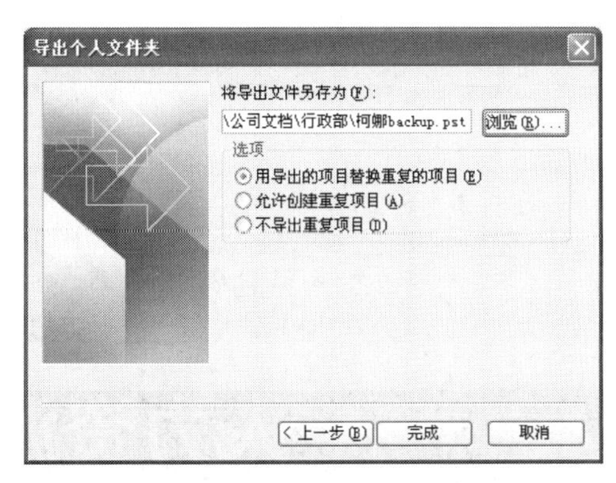

图 1.187　导出个人文件的保存路径

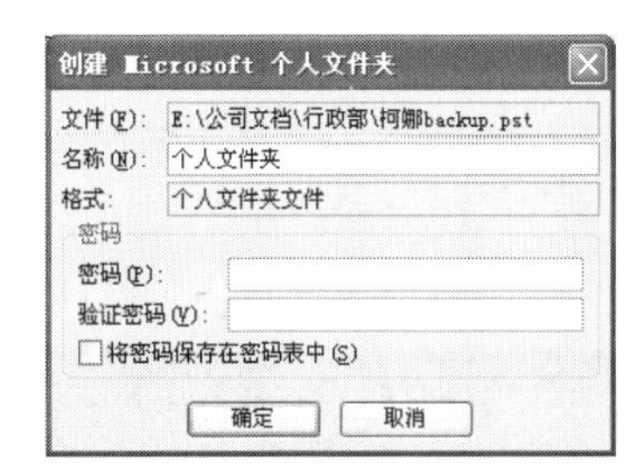

图 1.188　“创建 Microsoft 个人文件夹”对话框

【案例小结】

本案例通过使用 Outlook 来完成收发位于网易 126 上的一个具体邮箱中的邮件、回复邮件、新建和管理联系人信息、定制会议并发送至多人、日历管理，备份文件等操作，使读者了解了 Outlook 的常用操作，使人们对 Outlook 中的邮件管理、联系人管理、会议、约会、任务、日记等功能有了进一步的了解，从而使学习者能在计算机上有序地管理日常工作。

学习总结

本案例所用软件	
案例中包含的知识和技能	
你已熟知或掌握的知识和技能	
你认为还有哪些知识或技能需要强化	
案例中可使用的 Office 技巧	
学习本案例之后的体会	

第2篇 人力资源篇

人力资源部门在企业中的地位至关重要，如何按照制度严格管理员工，如何激发员工的创造力，如何为员工提供各种保障，都是人力资源部门重点关注的问题。本篇针对人力资源部门在工作中遇到的各种Office应用问题，提炼出人力资源部门最需要的Office应用案例，以帮助人事管理人员用高效的方法处理人事管理的各方面事务，从而快速、准确地为企业人力资源的调配提供帮助。

学习目标

1. 利用 Word 软件中的图形、图示等工具展示公司组织结构图、员工绩效评估指标等图例。

2. 运用 Word 表格制作个人简历、员工档案表、员工工作态度评估表、部门年度招聘计划报批表等常用人事管理表格。

3. 利用 Word 制作劳动用工合同、担保书、业绩报告等常见文档。

4. 运用 PowerPoint 制作常见的会议、培训、演示等幻灯片。

5. 使用 Excel 电子表格记录、分析和管理公司员工人事档案以及员工的工资等基本信息。

2.1 案例6 制作公司组织结构图

【案例分析】

组织结构图是用来表示一个机构、企业或组织中人员结构关系的图表，它采用一种由上而下的树状结构，由一系列图框和连线组成，显示一个机构的等级和层次。制作组织结构图之前，要先搞清楚组织结构的层次关系，再利用 Word 提供的图片或图示工具来完成组织结构图的创造、编辑和修饰。本案例所制作的科源有限公司组织结构图效果如图 2.1 所示。

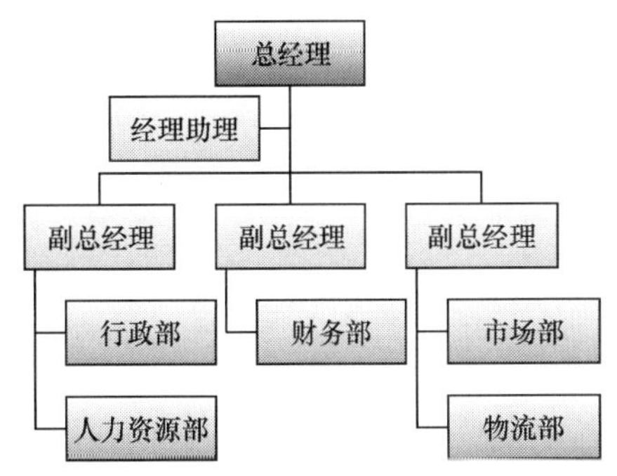

图 2.1　科源有限公司组织结构图

【解决方案】

（1）启动 Word 2007，新建一份空白文档。

（2）将创建的新文档以“科源有限公司组织结构图”为名保存到“E:\公司文档\人力资源部”文件夹中。

（3）选择【插入】→【插图】→【SmartArt】选项，打开如图 2.2 所示的“选择 SmartArt 图形”对话框。

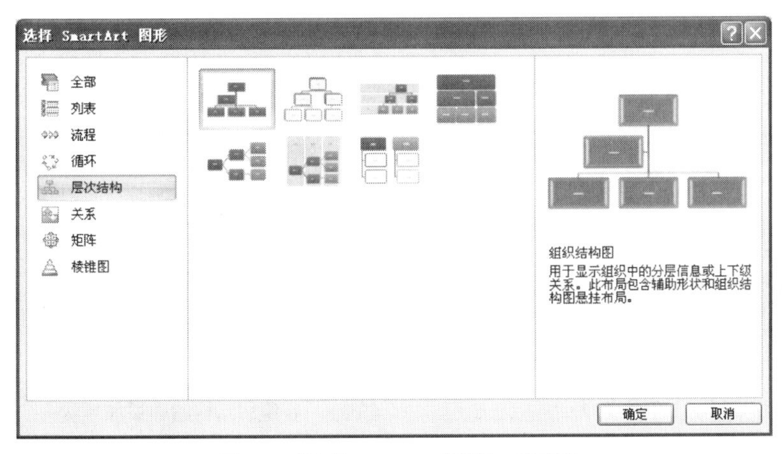

图 2.2　“选择 SmartArt 图形”对话框

（4）在“选择 SmartArt 图形”对话框左侧的列表中选择“层次结构”选项，在中间区域选择“组织结构图”选项，在右侧可以看到其示例图形和说明信息。

（5）单击【确定】按钮，即可在文档中插入选择的 SmartArt 图形，如图 2.3 所示。

（6）单击第 1 行图形区域，在其中将显示光标插入点，输入“总经理”，如图 2.4 所示。

（7）类似地，分别在框图中输入如图 2.5 所示的内容。

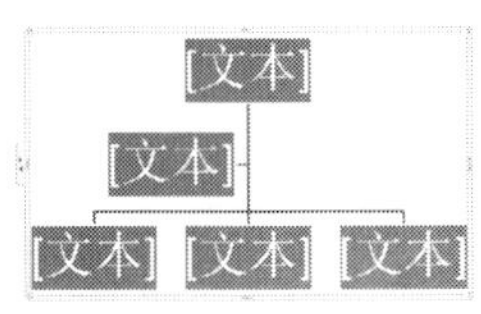

图 2.3　在文档中插入选择的 SmartArt 图形

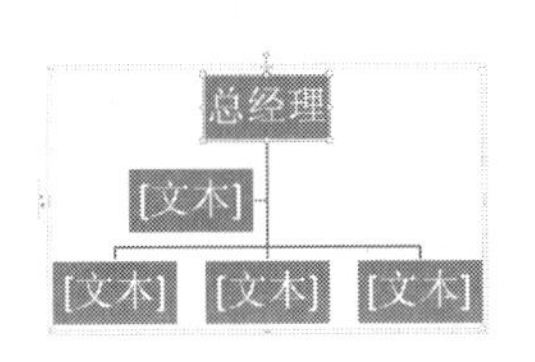

图 2.4　输入“总经理”

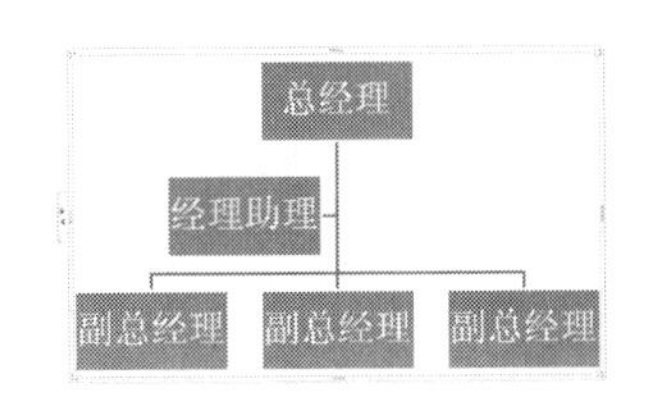

图 2.5　在组织结构图中输入其他内容

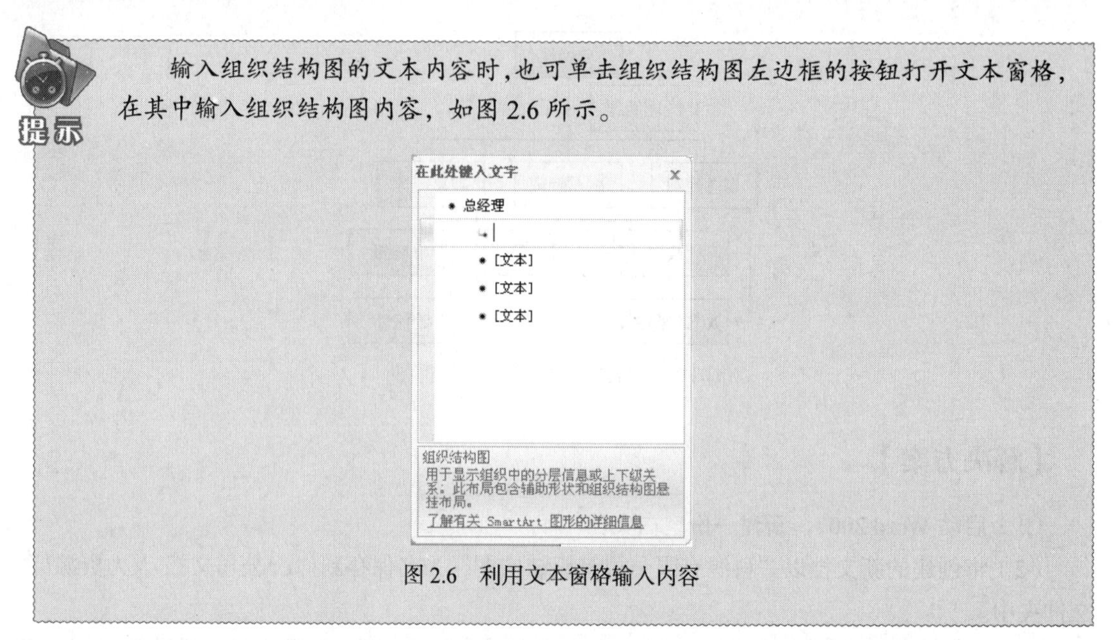

提示　输入组织结构图的文本内容时，也可单击组织结构图左边框的按钮打开文本窗格，在其中输入组织结构图内容，如图 2.6 所示。

图 2.6　利用文本窗格输入内容

（8）分别选中各个“副总经理”，选择【SmartArt 工具】→【设计】→【创建图形】→【添加形状】选项，打开如图 2.7 所示的下拉菜单，选择【在下方添加形状】选项，添加如图 2.8 所示的形状。

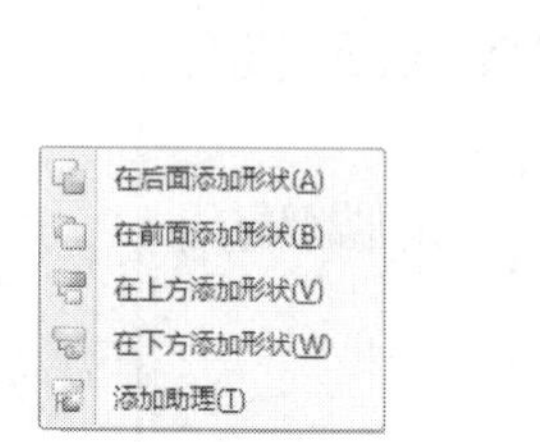

图 2.7　“添加形状”下拉菜单

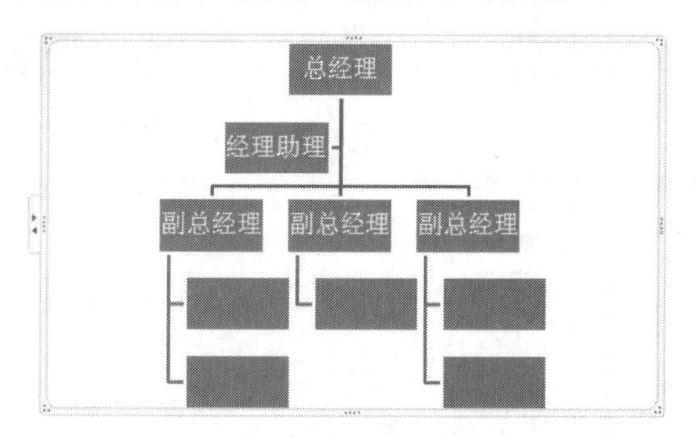

图 2.8　在组织结构图中添加形状

（9）在“副总经理”的各下属框中分别输入如图 2.9 所示的内容。

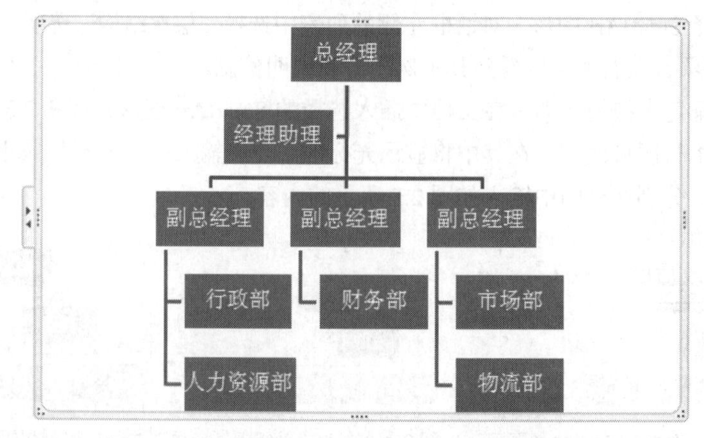

图 2.9　添加“副总经理”下属内容后的组织结构图

（10）修饰组织结构图。

① 选中组织结构图。

② 选择【SmartArt 工具】→【设计】→【SmartArt 样式】→【更改颜色】选项，打开如图 2.10 所示的下拉列表，选择“彩色”中的第 2 种颜色“彩色范围-强调文字颜色 2 至 3”，设置整个组织结构图的配色方案，效果如图 2.11 所示。

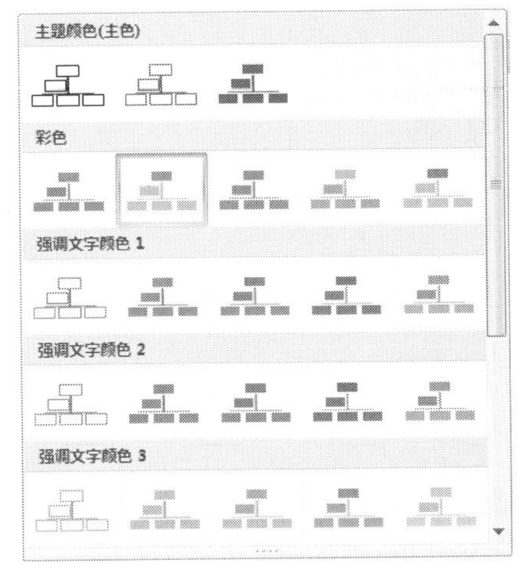

图 2.10　“更改颜色”下拉列表

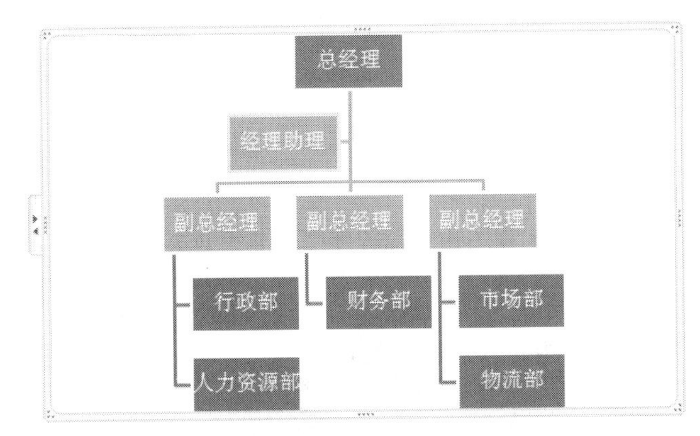

图 2.11　设置整个组织结构图的配色方案

③ 选择【SmartArt 工具】→【设计】→【SmartArt 样式】→【其他】选项，打开如图 2.12 所示的“SmartArt 样式”列表，选择“三维”中的“优雅”选项，对整个组织结构图应用新的样式，效果如图 2.13 所示。

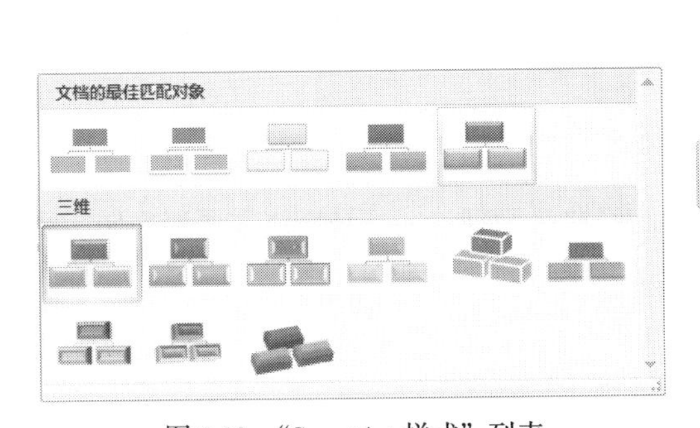

图 2.12　“SmartArt 样式”列表

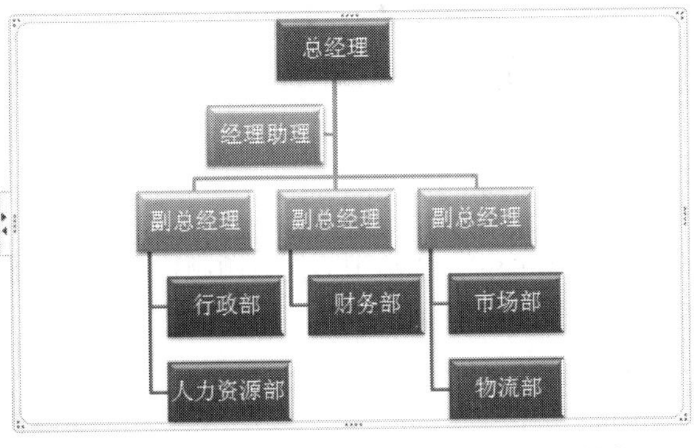

图 2.13　对整个组织结构图应用“优雅”样式

④ 选中整个组织结构图，将所有文本字体加粗。

⑤ 选中组织结构图中所有形状，适当增加各形状的宽度。

（11）保存修改后的组织结构图。

【拓展案例】

1. 制作事业构成要素图，要求效果如图 2.14 所示。
2. 制作公司员工绩效评估指标图，要求效果如图 2.15 所示。

事业有成三要素：TOP 模式

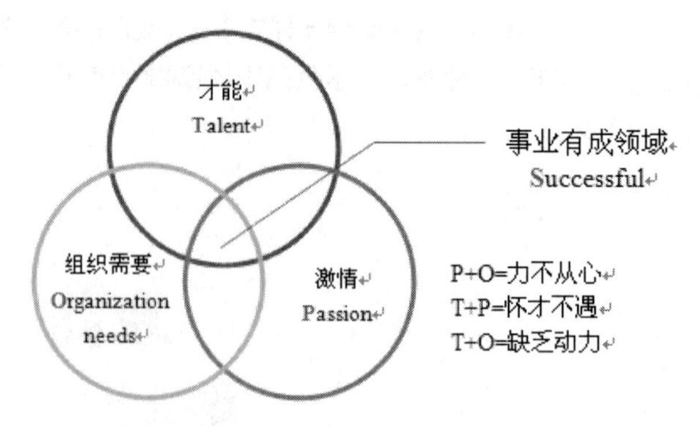

图 2.14　事业构成要素图

3. 制作实现工作目标程序图，要求效果如图 2.16 所示。

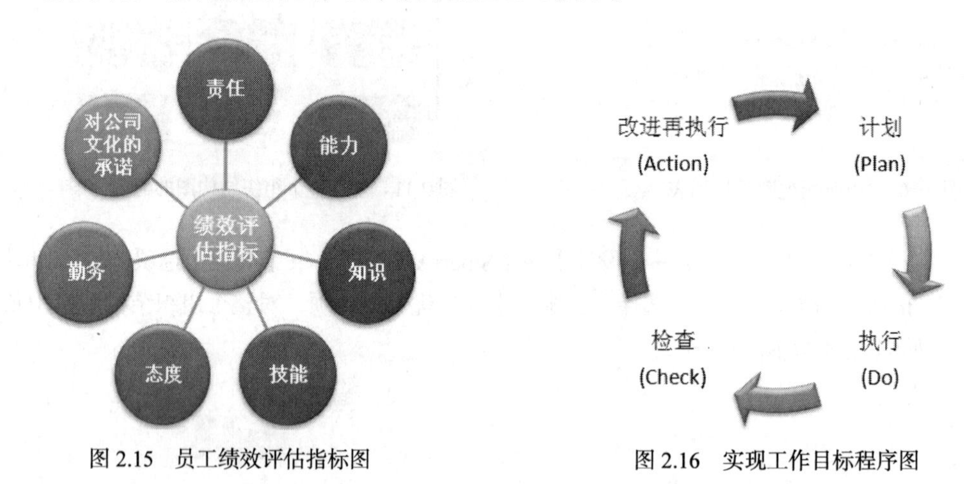

图 2.15　员工绩效评估指标图

图 2.16　实现工作目标程序图

【拓展训练】

利用 SmartArt 图形中的棱锥图制作人力资源管理的经典激励理论——马斯洛需要层次图，要求效果如图 2.17 所示。

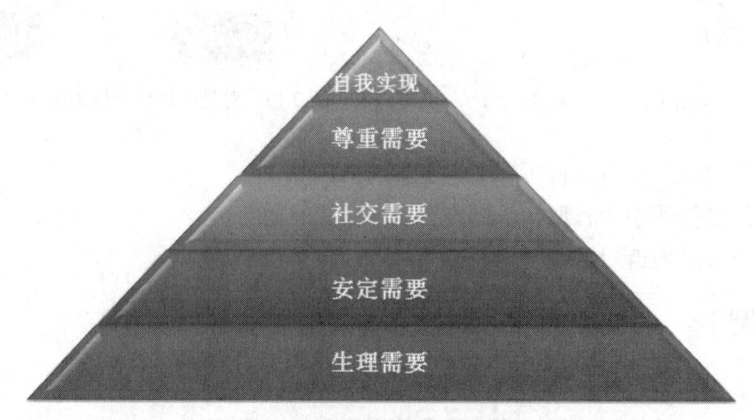

图 2.17　马斯洛需要层次图

操作步骤如下。

（1）启动 Word 2007，新建一份空白文档，以“马斯洛需要层次图”为名保存该文档。

（2）选择【插入】→【插图】→【SmartArt】选项，打开“选择 SmartArt 图形”对话框。

（3）在“选择 SmartArt 图形”对话框中选择如图 2.18 所示的“棱锥图”后单击“确定”按钮。

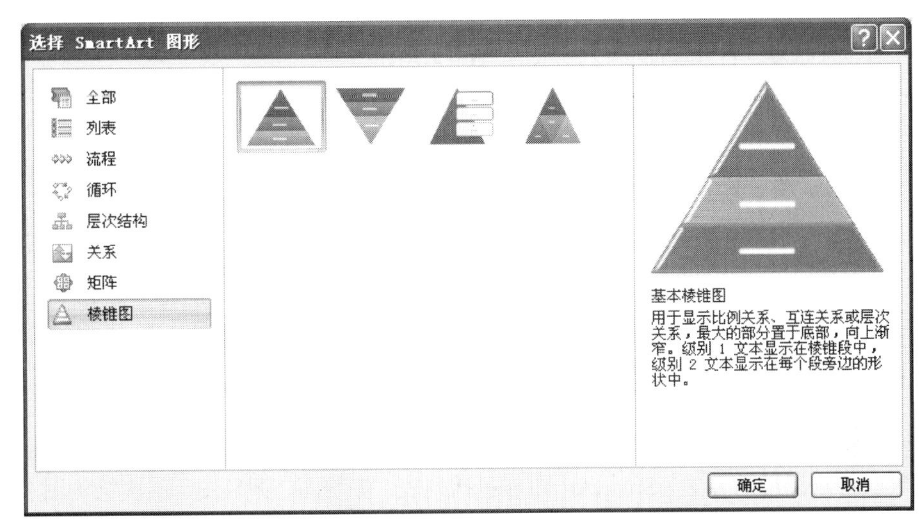

图 2.18 选择“基本棱锥图”

（4）此时在文档中出现如图 2.19 所示的基本棱锥图。

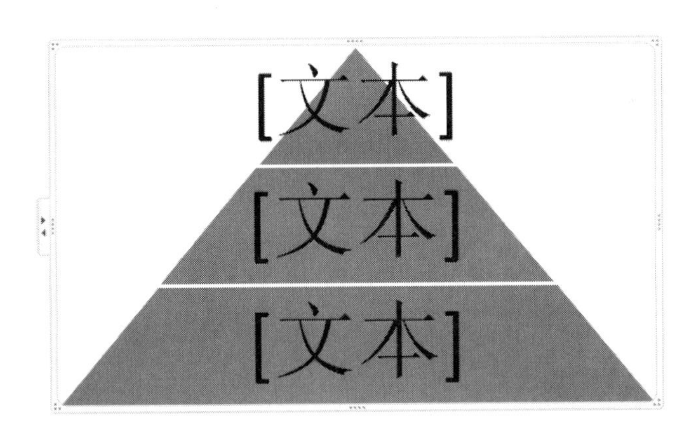

图 2.19 插入的基本棱锥图

（5）选中任一形状，选择【SmartArt 工具】→【设计】→【创建图形】→【添加形状】选项，按需要添加相应的形状。

（6）分别在框图中输入图 2.17 所示的相应的文字内容。

由于随着图示形状的添加，位于顶部的形状中的字符将会超出形状外。这里，我们可适当地采用一些小技巧来进行处理。如，先在顶端的框中以一个空格字符将占位符占去，然后借助“文本框”工具来输入顶部的“自我实现”，适当地调整文本框位置来适应形状；再将文本框的填充色和线条颜色均设置为“无”。

（7）选择【SmartArt 工具】→【设计】→【SmartArt 样式】→【更改颜色】选项，打开如图 2.20 所示的下拉列表，选择“彩色”中的第 2 种颜色“彩色范围-强调文字颜色 3 至 4”，设置整个组织结构图的配色方案。

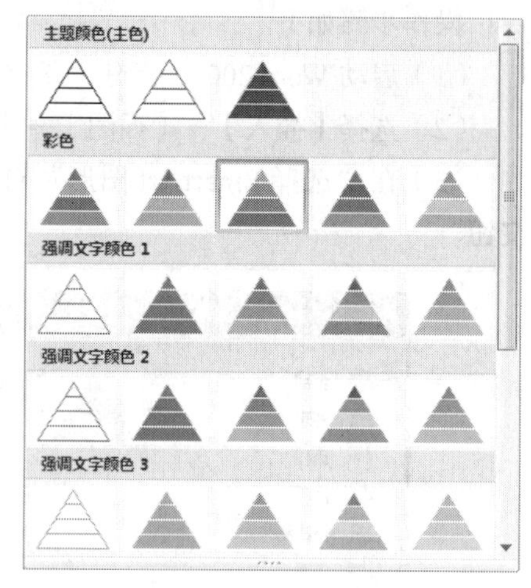

图 2.20　更改棱锥图颜色

（8）选择【SmartArt 工具】→【设计】→【SmartArt 样式】→【其他】选项，打开如图 2.12 所示的“SmartArt 样式”列表，选择“三维”中的“嵌入”选项，对整个组织结构图应用新的样式。

（9）选中棱锥图，设置适当的字体、字号和文字颜色。

（10）调整好后的图示如图 2.17 所示，保存并关闭文件。

【案例小结】

本案例通过制作“公司组织结构图”和“马斯洛需要层次图”介绍了在 Word 中插入 SmartArt 图形，编辑和修饰图形的方法。SmartArt 图形包括列表、流程图、循环图、层次结构图、关系图、矩阵图和棱锥图等类型。

SmartArt 图形可用来说明各种概念性的材料以直观地交流信息，这比纯粹的文字说明更有说服力，也能使文档更加生动。

学习总结

本案例所用软件	
案例中包含的知识和技能	
你已熟知或掌握的知识和技能	
你认为还有哪些知识或技能需要强化	
案例中可使用的 Office 技巧	
学习本案例之后的体会	

2.2　案例 7　制作个人简历

【案例分析】

随着社会竞争的日益加剧，一份好的工作可能有成百上千的竞争者，这时一份专业而个性的个人简历便会帮助您在激烈的竞争中脱颖而出，成为您成功的起点。本案例将教会您利用 Word 制作个人简历的方法，要求个人简历的效果如图 2.21 所示。

个人简历

个人概况				
姓名		性别		照片
目前所在地		民族		
户口所在地		身高		
婚姻状况		出生年月		
邮政编码		联系电话		
通信地址				
E-mail				
求职意向及工作经历				
人才类型		应聘职位		
工作年限		职称		
求职类型		月薪要求		
个人工作经历				
教育背景				
毕业院校				
最高学历		毕业时间		
所学专业一		所学专业二		

受教育培训经历			
语言能力			
外语语种及能力			
国语水平		普通话水平	
专业能力及专长			
个人爱好及志趣			
详细个人自传			

图 2.21　个人简历效果图

【解决方案】

（1）启动 Word 2007，新建一个空白文档，以“个人简历”为名保存在“E:\公司文档\人力资源部”文件夹中。

（2）输入表格标题“个人简历”，按 Enter 键换行。

（3）创建表格。

① 选择【插入】→【表格】选项，打开“表格”下拉菜单，从菜单中选择【插入表格】选项，打开“插入表格”对话框。

② 在“插入表格”对话框中设置要创建的表格列数为“4”，行数为“27”，然后单击【确定】按钮，在文档中插入一个空白表格。

当表格的行数较多时，可先设置大概的行列数，然后在操作过程中根据需要进行行列的增加和删除。

（4）在表格中输入如图 2.22 所示的内容。

个人概况			
姓名		性别	
目前所在地		民族	
户口所在地		身高	
婚姻状况		出生年月	
邮政编码		联系电话	
通信地址			
E-mail			
求职意向及工作经历			
人才类型		应聘职位	
工作年限		职称	
求职类型		月薪要求	
个人工作经历			
教育背景			
毕业院校			
最高学历		毕业时间	
所学专业一		所学专业二	
受教育培训经历			
语言能力			
外语语种及能力			
国语水平		普通话水平	
专业能力及专长			
个人爱好及志趣			
详细个人自传			

图 2.22　输入表格的内容

（5）合并单元格。

① 选定表格第一行“个人概况”所在行的所有单元格，如图 2.23 所示。

个人概况			
姓名		性别	
目前所在地		民族	
户口所在地		身高	

图 2.23　选定需合并的区域

② 选择【表格工具】→【布局】→【合并单元格】选项，将选定的单元格合并为 1 个单元格。

若要合并单元格，还可以先选定要合并的单元格右击，然后从弹出的快捷菜单中选择“合并单元格”选项。

③ 同样，对“求职意向及工作经历”、“教育背景”、“语言能力”、“专业能力及专长”、“个人爱好及志趣”及“详细个人自传”所在的行进行相应的合并操作。

④ 分别将“专业能力及专长”、“个人爱好及志趣”及“详细个人自传”下面的行合并。

⑤ 将“通信地址”右侧的 3 个单元格合并为 1 个。类似地，分别将“E-mail”、“个人工作经历”、“毕业院校”、“受教育培训经历”右侧的 3 个单元格合并为 1 个。合并单元格后的表格如图 2.24 所示。

（6）拆分单元格。

① 将如图 2.25 所示的单元格区域选定。

② 选择【表格工具】→【布局】→【合并单元格】选项，弹出如图 2.26 所示的“拆分单元格”对话框，在对话框中设置列数为“2”，行数为“5”。

个人概况			
姓名		性别	
目前所在地		民族	
户口所在地		身高	
婚姻状况		出生年月	
邮政编码		联系电话	
通信地址			
E-mail			
求职意向及工作经历			
人才类型		应聘职位	
工作年限		职称	
求职类型		月薪要求	
个人工作经历			
教育背景			
毕业院校			
最高学历		毕业时间	
所学专业一		所学专业二	
受教育培训经历			
语言能力			
外语语种及能力			
国语水平		普通话水平	
专业能力及专长			
个人爱好及志趣			
详细个人自传			

图 2.24　合并处理后的表格

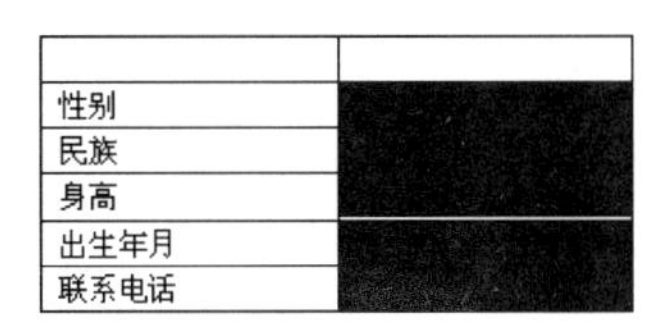

图 2.25　选定需拆分的区域

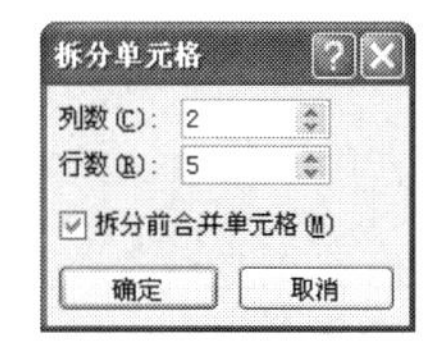

图 2.26　“拆分单元格”对话框

当拆分单个单元格时，还可以在选定的单元格区域中右击，在弹出的快捷菜单中选择“拆分单元格”命令，对单元格进行拆分操作。

要注意拆分单元格和拆分表格两个命令的区别。

③ 拆分后的表格如图 2.27 所示，再将如图 2.28 所示的选定区域合并，并在合并后的单元格中输入文字“照片”。

性别		
民族		
身高		
出生年月		
联系电话		

图 2.27　拆分后的表格

性别		
民族		
身高		
出生年月		
联系电话		

图 2.28　选定要合并的区域

（7）设置表格的行高。

① 选中整个表格。

② 选择【表格工具】→【布局】→【表】→【属性】选项，打开如图 2.29 所示的“表格属性”对话框。

选择整个表格有以下两种操作方法。

① 常规的选定方法：按住鼠标左键不放，通过拖曳鼠标进行选择。

② 将光标置于表格中，在表格左上角将出现“⊞”符号，单击此符号即可选中整张表格。

③ 在“表格属性”对话框中单击“行”选项卡，选中“指定高度”选项，将行高设置为“0.8 厘米”，如图 2.30 所示。

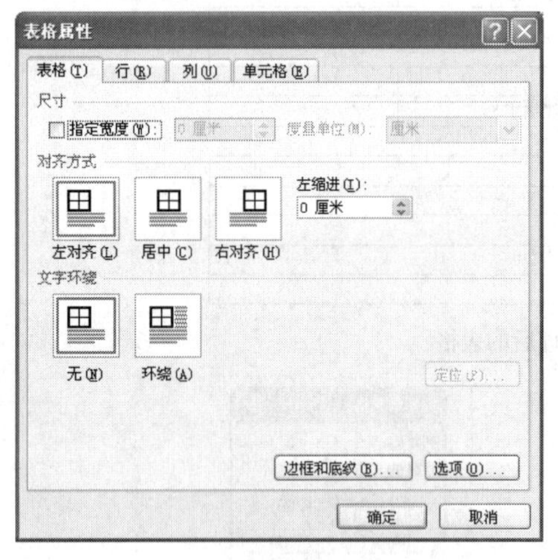

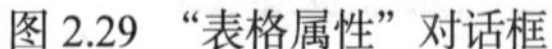
图 2.29 “表格属性”对话框

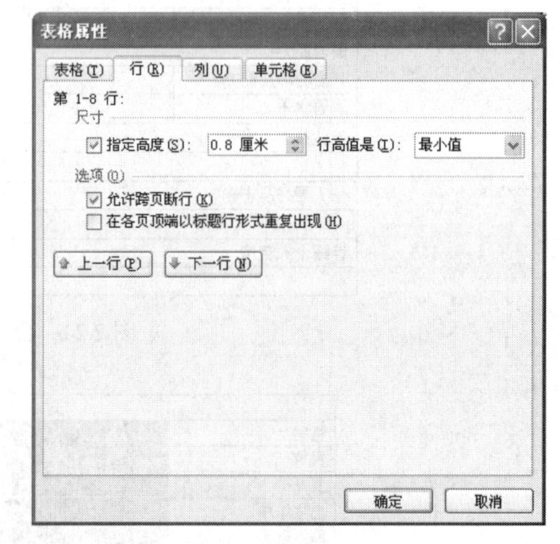

图 2.30 设置表格行高

（8）设置表格标题格式。

选中表格标题“个人简历”，将其格式设置为宋体、二号、加粗、居中，段后间距 1 行。

（9）设置表格内文字格式。

① 选中整张表格，将表格内所有文字的对齐方式设置为“水平居中”。

② 选中表格中的“个人概况”单元格，将字体设置为“华文行楷”，字号设置为“三号”，对齐。

③ 选择【表格工具】→【设计】→【表样式】→【底纹】选项，打开“底纹颜色”下拉列表，设置单元格底纹为“白色 背景 1，深色 15%”，设置后效果如图 2.31 所示。

个人概况				
姓名		性别		照片
目前所在地		民族		
户口所在地		身高		
婚姻状况		出生年月		

图 2.31 设置字体和底纹后的效果

④ 用同样的方法将“求职意向及工作经历”、“教育背景”、“语言能力”、“专业能力及专长”、

“个人爱好及志趣”及“详细个人自传”所在单元格的字体和底纹设置或相同的格式。

（10）设置文字方向。

① 选定“个人工作经历”单元格。

② 选择【表格工具】→【布局】→【对齐方式】→【文字方向】选项，将原来默认的横排方向改为竖排文字方向。

③ 用同样的方法将“受教育培训经历”单元格的文字方向改为竖排。

（11）设置表格边框。

① 选中整个表格。

② 选择【表格工具】→【设计】→【表样式】→【边框】下拉按钮选项，从弹出的菜单中选择【边框和底纹】命令，打开“边框和底纹”对话框，将表格边框设置为外边框 1.5 磅、内框线 0.75 磅，如图 2.32 所示。

图 2.32　“边框和底纹”对话框

（12）调整表格整体效果。

① 调整部分单元格的行高和列宽。

将“个人工作经历”单元格的行高和列宽调整为如图 2.33 所示的效果，使其竖排文字刚好容纳。用同样的方法处理“受教育培训经历”单元格格式。

工作年限		职称	
求职类型		月薪要求	
个人工作经历			
教育背景			

图 2.33　调整单元格行高和列宽

② 根据单元格中文本的实际情况，适当地对整个表格作一些调整，一份专业而个性的简历就制作完成了。

（13）保存做好的表格。

【拓展案例】

1. 员工档案表（如图 2.34 所示）。

员工档案表

姓名		性别		出生日期		照片
户籍地址				联系电话		
现在通讯地址				身份证号码		
最高学历	年 系		学校 专业	婚姻状况		
职称		工作岗位		档案所在地		
主要简历 （就读学校，工作单位的起止时间，公司名称等）						
工作经验及职业技能：						
兴趣、爱好、特长						

填表人：　　　　　　　　年　月　日

图 2.34　员工档案表

2. 员工培训计划表（如图 2.35 所示）。

员 工 培 训 计 划 表

单位____________　　编号____________

工号	培 训 类 别										备注
	培 训 名 称										
	姓名	工作类别									

批准________　　审核________　　拟订________

图 2.35　员工培训计划表

3. 员工面试表（如图 2.36 所示）。

面 试 表

面试职位		姓名		年龄		面试编号	
居住地			联系方式				
时间		毕业学校			专　业		
学历		期望月薪			专　长		
工作经历							
问　　题		回　　答			评价（分数）		
1					5　4　3　2　1		
					理由		
2					5　4　3　2　1		
					理由		
3					5　4　3　2　1		
					理由		
综合议价（分数） A　B　C　D　E		考官评语			分数总计		

图 2.36　员工面试表

4. 员工工作业绩考核表（如图 2.37 所示）。

工作业绩考核表

重点工作项目	目标衡量标准	关键策略	权重(%)	资源支持承诺	参与评价者评分	自评得分	上级评分
1.							
2.							
3.							
4.							
5.							
合计	评价得分=Σ（评分*权重）		100%				

图 2.37　员工工作业绩考核表

【拓展训练】

利用 Word 表格制作一份如图 2.38 所示的员工工作态度评估表。

员工工作态度评估表

时间 / 姓名	第一季度	第二季度	第三季度	第四季度	平均分
慕容上	91	92	95	96	93.5
柏国力	88	84	80	82	83.5
全清晰	80	82	87	87	84.0
文留念	83	88	78	80	82.3
皮未来	90	80	70	70	77.5
段齐	84	83	82	85	83.5
费乐	84	84	83	84	83.8
高玲珑	85	83	84	82	83.5
黄信念	80	79	90	81	82.5

图 2.38　员工工作态度评估表

操作步骤如下。

（1）启动 Word 2007，新建一个空白文档，以“员工工作态度评估表”为名保存在“E:\公司文档\人力资源部”文件夹中。

（2）输入表格标题文字“员工工作态度评估表”。

（3）选择【插入】→【表格】选项，打开“表格”下拉菜单，从菜单中选择【插入表格】选项，打开“插入表格”对话框，插入一个 6 列、10 行的表格。

（4）绘制斜线表头。将光标置于表格中的任意单元格，选择【表格工具】→【布局】→【表】→【绘制斜线表头】选项，打开 “插入斜线表头”对话框，在其中选择需要的表头样式，设置表头字体大小，再分别输入所需的行、列等标题，如图 2.39 所示，最后单击【确定】按钮。

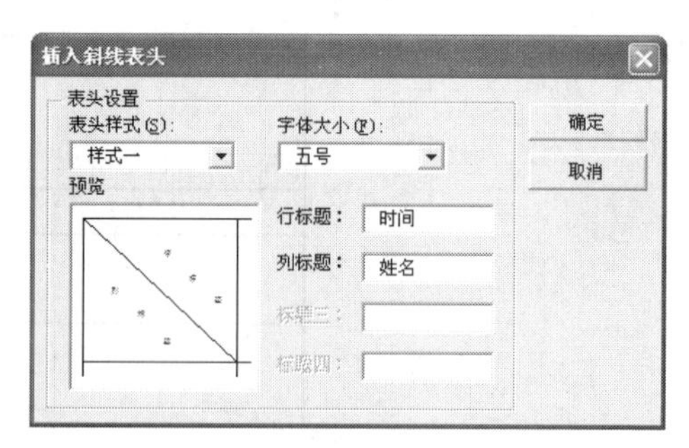

图 2.39 “插入斜线表头”对话框

绘制斜线表头还有以下操作方法。

① 在“边框和底纹”对话框中选择“预览”区域的“斜下框线”按钮或“斜上框线”按钮，可以设置表格的斜线。

② 选择【表格工具】→【设计】→【表样式】→【边框】下拉按钮选项，从弹出的菜单中选择“斜下框线”按钮或“斜上框线”按钮，可以设置表格的斜线。

③ 选择【表格工具】→【设计】→【绘制边框】→【绘制表格】按钮选项，自己画出斜线。

（5）根据图 2.38 输入表格中的数据（除“平均分”列）。

（6）计算平均分。

① 将光标置于第二行的“平均分”列单元格中，选择【表格工具】→【布局】→【数据】→【公式】按钮 f_x 选项，打开如图 2.40 所示的“公式”对话框。

② 在“公式”框中输入计算平均分的公式或从“粘贴函数”列表中选择需要的函数，输入参与计算的单元格，再在“编号格式”组合框中输入“0.0”的格式，将计算结果设置为 1 位小数，如图 2.41 所示，最后单击【确定】按钮。

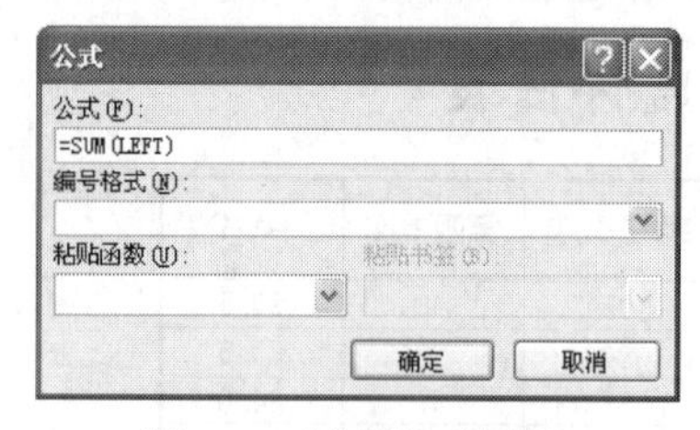

图 2.40 “公式”对话框

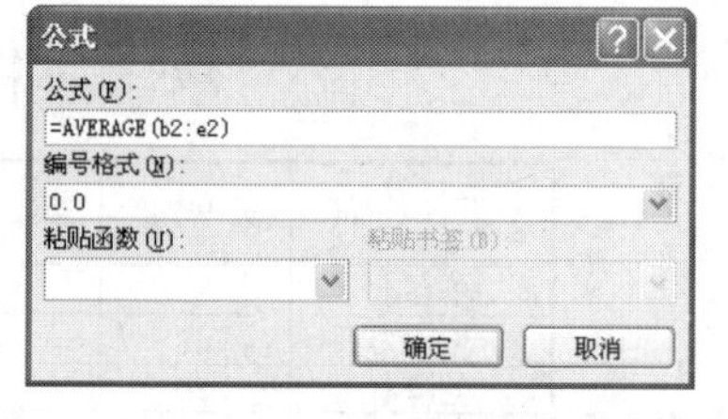

图 2.41 在“公式”对话框中输入所需函数

在公式或函数中一般引用单元格的名称来表示参与运算的参数。单元格名称的表示方法是：列标采用字母 A、B、C……来表示，行号采用数字 1、2、3……来表示。因此，若表示第二列第三行的单元格时，其名称为“B3”。

（7）依次计算出其他行的平均分。

（8）选中表格标题“员工工作态度评估表”，将其设置为黑体、二号、加粗、居中，段后间距 1 行。

（9）选定整个表格，设置表格的边框为外粗内细的边框线。

（10）将表格中除斜线表头外的其他单元格的字符对齐方式设置为“中部居中”。

（11）适当地对整个表格作一些调整后，就完成了如图 2.38 所示的“员工工作态度评估表”。

用 Word 制作表格时，当表格中的数据量较大时，表格长度往往会超过一页，Word 提供了重复标题行的功能，即让标题行反复出现在每一页表格的首行或数行，这样便于表格内容的理解，也能满足某些时候表格打印的要求。操作方法如下。

① 选择一行或多行标题行，选定内容必须包括表格的第一行。

② 选择【表格工具】→【布局】→【数据】→【重复标题行】选项。

要重复的标题行必须是该表格的第一行或开始的连续数行，否则“标题行重复”命令将处于禁止状态。在每一页重复出现表格的表头，给阅读、使用表格带来了很大方便。

小知识

对于已经编辑好的 Word 文档来说，如果想把文本转换成表格的形式，或者想把表格转换成文本，也很容易实现。

（1）文本转换成表格。

① 插入分隔符（分隔符：将表格转换为文本时，用分隔符标识文字分隔的位置，或在将文本转换为表格时，用其标识新行或新列的起始位置，如逗号或制表符），以指示将文本分成列的位置。使用段落标记指示要开始新行的位置。如图 2.42 或图 2.43 所示。

第一季度,第二季度,第三季度,第四季度
A,B,C,D

图 2.42　使用逗号作为分隔符

第一季度 → 第二季度 → 第三季度 → 第四季度
A → B → C → D

图 2.43　使用制表符作为分隔符

② 选择要转换为表格的文本。

③ 选择【插入】→【表格】选项，打开“表格”下拉菜单，从菜单中选择【文本转换为表格】选项，打开如图 2.44 所示的“将文字转换成表格”对话框。

④ 在“将文本转换成表格”对话框的“文字分隔位置”下单击要在文本中使用的分隔符对应的选项。

⑤ 在“列数”后面的文本框中选择列数。

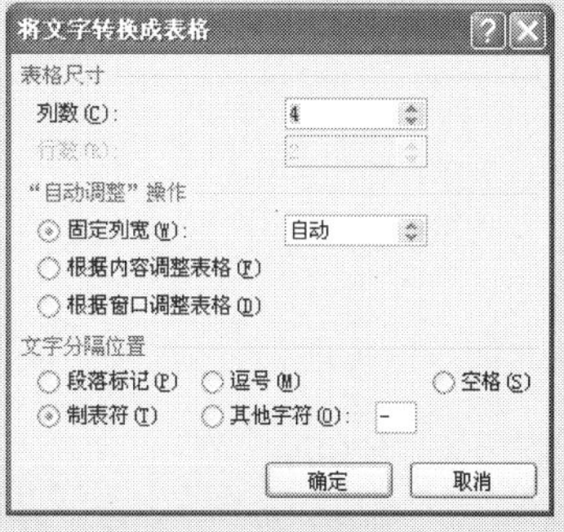

图 2.44　“将文字转换成表格”对话框

如果未看到预期的列数，则可能是文本中的一行或多行缺少分隔符。这里的行数由文本的段落标记决定，因此为默认值。

⑥ 选择需要的任何其他选项，然后单击【确定】按钮，可将文本转换成如图 2.45 所示的表格。

第一季度	第二季度	第三季度	第四季度
A	B	C	D

图 2.45　由文本转换成的表格

（2）表格转换成文本。

① 选择要转换成文本的表格。

② 选择【表格工具】→【布局】→【数据】→【转换为文本】选项，打开如图 2.46 所示的“表格转换成文本”对话框。

③ 在“文字分隔符”下单击要用于代替列边界的分隔符对应的选项，单击【确定】按钮即可将表格转换成文本。

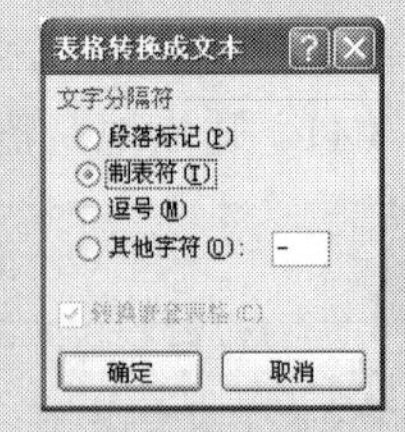

图 2.46　“表格转换成文本”对话框

【案例小结】

本案例通过制作“个人简历”、“员工档案表”、“面试表”、“工作业绩考核表”和“员工工作态度评估表”等人力资源部门的常用表格，讲解了在 Word 中表格的创建和插入、设置表格的行高和列宽、插入和删除表格等基本操作，同时介绍了斜线表头的绘制、表格数据的计算处理。此外，还介绍了表格中单元格的合并和拆分、表格内字符的格式化处理、表格的边框和底纹设置等美化和修饰操作。

学习总结

本案例所用软件	
案例中包含的知识和技能	
你已熟知或掌握的知识和技能	
你认为还有哪些知识或技能需要强化	
案例中可使用的 Office 技巧	
学习本案例之后的体会	

2.3　案例 8　制作劳动用工合同

【案例分析】

劳动用工合同是劳动者和用工单位之间签订的书面合同，它用于明确用工单位和受雇者双方的权利和义务，实行责、权、利相结合的原则。本案例将利用 Word 文档制作通用的劳动用工合同文书，要求效果如图 2.47 所示。

图 2.47　“劳动合同书”效果图

【解决方案】

（1）打开“E:\公司文档\人力资源部\素材”文件夹中的“劳动合同书（原文）.docx”文档。

（2）单击【Office 按钮】，选择【另存为】→【Word 模板】选项，打开“另存为”对话框，将文件以“劳动合同书”为名、以“Word 模板”为保存类型，保存在“E:\公司文档\人力资源部”文件夹中，如图 2.48 所示。

图 2.48　另存文件

（3）应用“标题 3”样式。

① 按住 Ctrl 键，依次选中文档中的一级标题，如图 2.49 所示。

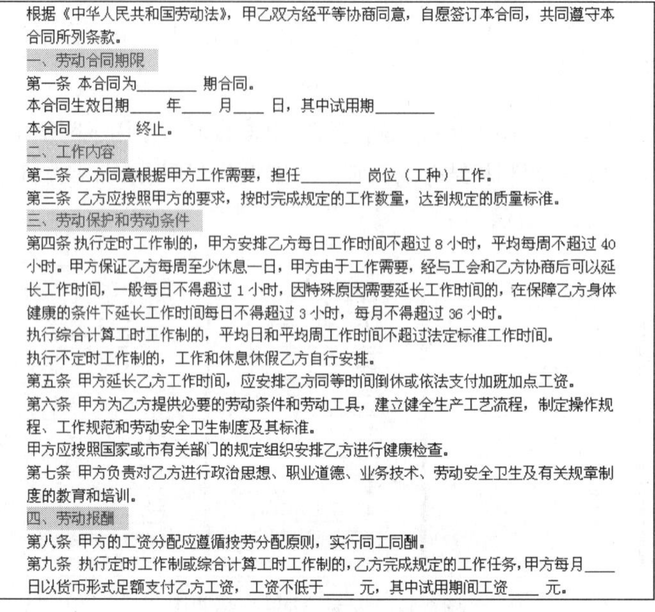

根据《中华人民共和国劳动法》，甲乙双方经平等协商同意，自愿签订本合同，共同遵守本合同所列条款。

一、劳动合同期限

第一条 本合同为_______ 期合同。

本合同生效日期____ 年___ 月___ 日，其中试用期_______

本合同_______ 终止。

二、工作内容

第二条 乙方同意根据甲方工作需要，担任_______ 岗位（工种）工作。

第三条 乙方应按照甲方的要求，按时完成规定的工作数量，达到规定的质量标准。

三、劳动保护和劳动条件

第四条 执行定时工作制的，甲方安排乙方每日工作时间不超过 8 小时，平均每周不超过 40 小时。甲方保证乙方每周至少休息一日，甲方由于工作需要，经与工会和乙方协商后可以延长工作时间，一般每日不得超过 1 小时，因特殊原因需要延长工作时间的，在保障乙方身体健康的条件下延长工作时间每日不得超过 3 小时，每月不得超过 36 小时。

执行综合计算工时工作制的，平均日和平均周工作时间不超过法定标准工作时间。

执行不定时工作制的，工作和休息休假乙方自行安排。

第五条 甲方延长乙方工作时间，应安排乙方同等时间倒休或依法支付加班加点工资。

第六条 甲方为乙方提供必要的劳动条件和劳动工具，建立健全生产工艺流程，制定操作规程、工作规范和劳动安全卫生制度及其标准。

甲方应按照国家或市有关部门的规定组织安排乙方进行健康检查。

第七条 甲方负责对乙方进行政治思想、职业道德、业务技术、劳动安全卫生及有关规章制度的教育和培训。

四、劳动报酬

第八条 甲方的工资分配应遵循按劳分配原则，实行同工同酬。

第九条 执行定时工作制或综合计算工时工作制的，乙方完成规定的工作任务，甲方每月____ 日以货币形式足额支付乙方工资，工资不低于____ 元，其中试用期间工资____ 元。

图 2.49 选中所有的一级标题

② 选择【开始】→【样式】选项，打开如图 2.50 所示的“样式”任务窗格，在其中显示了当前文档中的样式。

③ 显示所有样式。单击图 2.50 所示的“样式”窗格中的“选项”，打开“样式窗格选项”对话框，从“选择要显示的样式”下拉列表中选择“所有样式”，如图 2.51 所示。

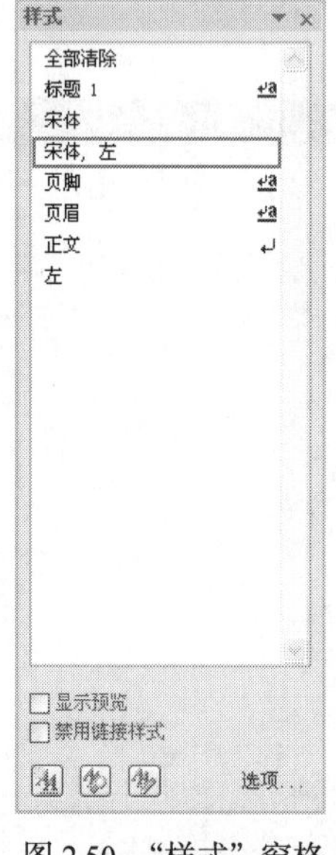

图 2.50 “样式”窗格

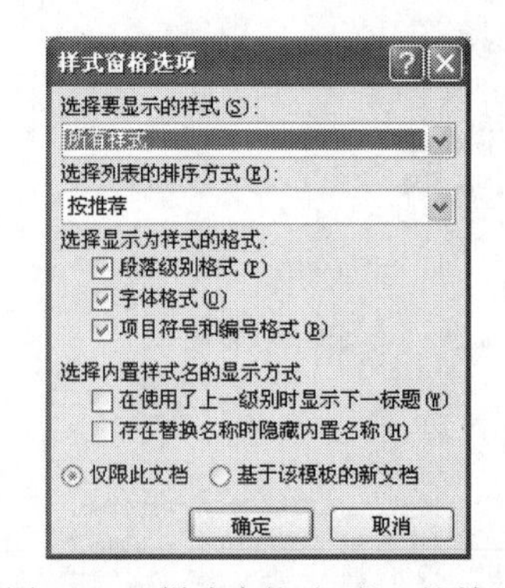

图 2.51 “样式窗格选项”对话框

④ 单击【确定】按钮，将在“样式”窗格中显示 Word 提供的所有样式，如图 2.52 所示。

⑤ 单击“样式”窗格中的“标题 3”，使所有选中的内容应用“标题 3”的样式，如图 2.53 所示。

图 2.52　显示所有样式的“样式”窗格

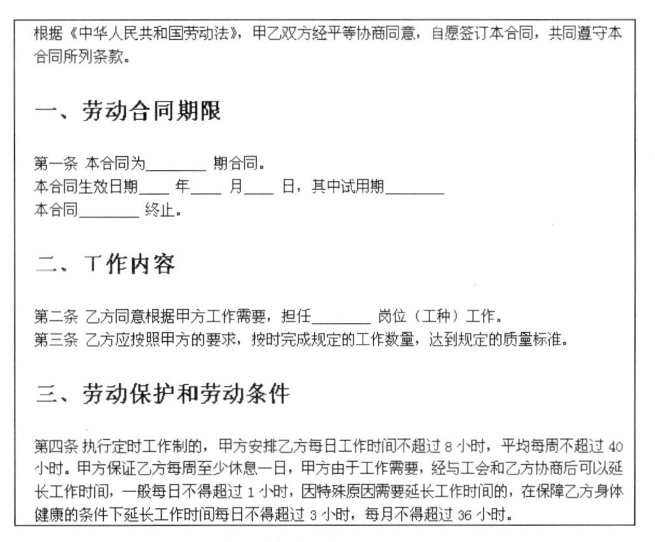

根据《中华人民共和国劳动法》，甲乙双方经平等协商同意，自愿签订本合同，共同遵守本合同所列条款。

一、劳动合同期限

第一条 本合同为_______ 期合同。
本合同生效日期____ 年____ 月____ 日，其中试用期_______
本合同_______ 终止。

二、工作内容

第二条 乙方同意根据甲方工作需要，担任_______ 岗位（工种）工作。
第三条 乙方应按照甲方的要求，按时完成规定的工作数量，达到规定的质量标准。

三、劳动保护和劳动条件

第四条 执行定时工作制的，甲方安排乙方每日工作时间不超过 8 小时，平均每周不超过 40 小时。甲方保证乙方每周至少休息一日，甲方由于工作需要，经与工会和乙方协商后可以延长工作时间，一般每日不得超过 1 小时，因特殊原因需要延长工作时间的，在保障乙方身体健康的条件下延长工作时间每日不得超过 3 小时，每月不得超过 36 小时。

图 2.53　应用样式“标题 3”后的标题文本

选择【开始】→【样式】选项中的“样式”列表，也可为选中的内容设置样式。

（4）修改并应用“标题 1”样式。

① 用鼠标指向“样式”窗格中的“标题 1”，然后单击其右侧的下拉按钮，弹出如图 2.54 所示的菜单。

② 执行【修改】命令，打开“修改样式”对话框，在该对话框中可对“标题 1”样式的字体、段落等进行修改。在此，将其字体设置为黑体、初号、居中，如图 2.55 所示，然后单击【确定】按钮。

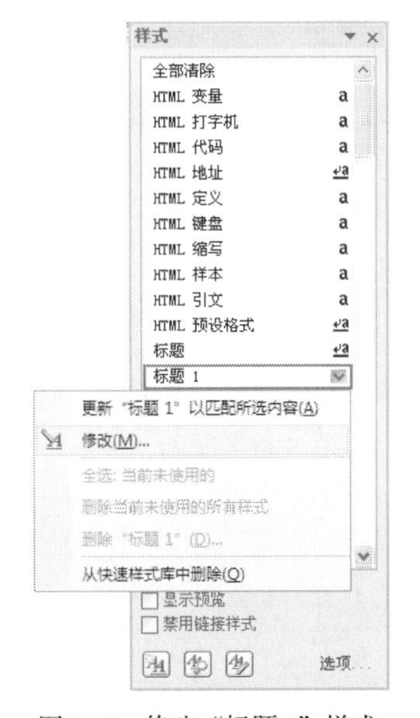

图 2.54　修改“标题 1”样式

图 2.55　“修改样式”对话框

③ 选中文档标题“劳动合同书”，从“样式”窗格中单击修改后的“标题 1”，将该样式应用于文档标题。

（5）制作合同封面。

① 在标题“劳动合同书”前键入一行空行，并分别在标题“劳动合同书”后、“乙方”之前以及“××市劳动和社会保障局监制”之前键入两行空行。

② 将“甲方……”至“××市劳动和社会保障局监制”之前的段落设置为 2 倍行距，并增加该部分的段落缩进量，再将“××市劳动和社会保障局监制”和“__年__月__日”两行设置为居中。

③ 将光标置于“根据《中华人民共和国劳动法》”之前，选择【页面布局】→【页面设置】→【分隔符】选项，打开如图 2.56 所示的“分隔符”下拉菜单，选择“分页符”选项，将光标之后的文本分隔到下一页，生成的劳动合同书封面如图 2.57 所示。

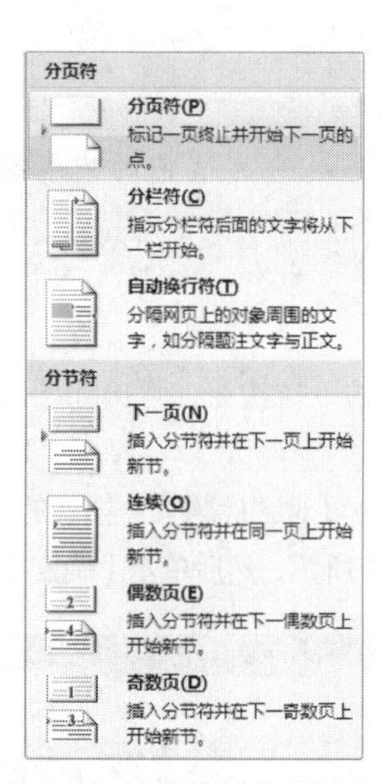

图 2.56 “分隔符”下拉菜单

劳动合同书

甲 方：____________________________

地 址：____________邮码：____________电话：_________

法定代表人或委托代表人：__________________ 职务：_________

乙 方：____________________________

性 别：____________年龄：_________

居民身份证号码：______________________

××市劳动和社会保障局监制

____ 年____月____日

图 2.57 生成的“劳动合同书”封面

（6）设置劳动合同书正文。

① 选中正文中除标题行外的其他段落，将其设置为“首行缩进”2 字符。

② 将文档中的“第一条”字符设置为宋体、五号、加粗。

③ 选中设置格式后的“第一条”字符，单击【开始】选项卡，然后双击“剪贴板”工具栏上的【格式刷】按钮 格式刷，分别将该样式复制给文档中的其他“第×条”字符。

（7）设置劳动合同书落款格式。选中文档的末尾，即从“甲方（盖章）”到“__年__月__日”，将其与正文空两行，行距设置为 1.5 倍行距。

（8）保存并关闭文档。

【拓展案例】

1. 人事录用通知书（如图 2.58 所示）。

2. 培训合约（如图 2.59 所示）。

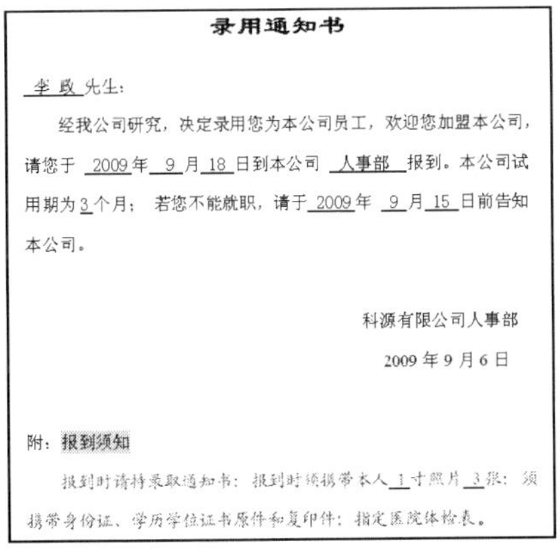

录用通知书

李政 先生：

经我公司研究，决定录用您为本公司员工，欢迎您加盟本公司，请您于 2009 年 9 月 18 日到本公司 人事部 报到。本公司试用期为 3 个月；若您不能就职，请于 2009 年 9 月 15 日前告知本公司。

科源有限公司人事部

2009 年 9 月 6 日

附：报到须知

报到时请持录取通知书；报到时须携带本人 1 寸照片 3 张；须携带身份证、学历学位证书原件和复印件；指定医院体检表。

图 2.58　人事录用通知书

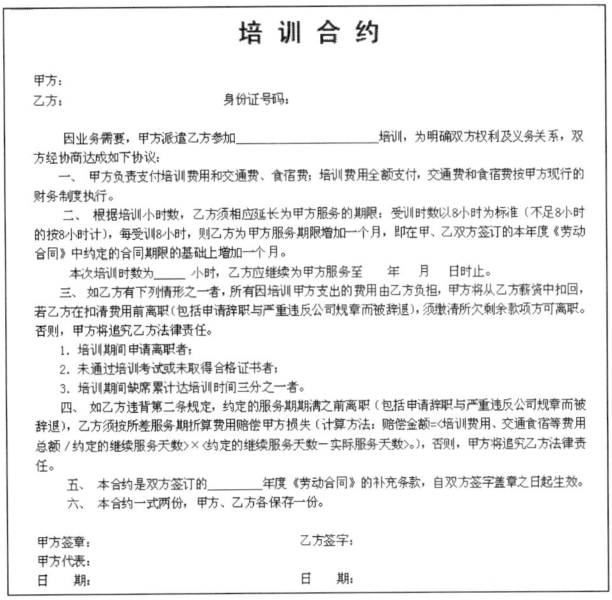

培 训 合 约

甲方：

乙方：　　　　身份证号码：

因业务需要，甲方派遣乙方参加________________培训，为明确双方权利及义务关系，双方经协商达成如下协议：

一、 甲方负责支付培训费用和交通费、食宿费；培训费用全额支付，交通费和食宿费按甲方现行的财务制度执行。

二、 根据培训小时数，乙方须相应延长为甲方服务的期限：受训时数以8小时为标准（不足8小时的按8小时计），每受训8小时，则乙方为甲方服务期限增加一个月，即在甲、乙双方签订的本年度《劳动合同》中约定的合同期限的基础上增加一个月。

本次培训时数为_____ 小时，乙方应继续为甲方服务至　　年　　月　　日时止。

三、 如乙方有下列情形之一者，所有因培训甲方支出的费用由乙方负担，甲方将从乙方薪资中扣回，若乙方在扣清费用前离职（包括申请辞职与严重违反公司规章而被辞退），须缴清所欠剩余款项方可离职。否则，甲方将追究乙方法律责任。

1. 培训期间申请离职者；
2. 未通过培训考试或未取得合格证书者；
3. 培训期间缺席累计达培训时间三分之一者。

四、 如乙方违背第二条规定，约定的服务期期满之前离职（包括申请辞职与严重违反公司规章而被辞退），乙方须按所差服务期折算费用赔偿甲方损失（计算方法：赔偿金额=〈培训费用、交通食宿等费用总额 / 约定的继续服务天数〉×〈约定的继续服务天数－实际服务天数〉。），否则，甲方将追究乙方法律责任。

五、 本合约是双方签订的________年度《劳动合同》的补充条款，自双方签字盖章之日起生效。

六、 本合约一式两份，甲方、乙方各保存一份。

甲方签章：　　　　乙方签字：

甲方代表：

日　期：　　　　日　期：

图 2.59　培训合约

3. 部门岗位职责说明书（如图 2.60 所示）。

4. 担保书（如图 2.61 所示）。

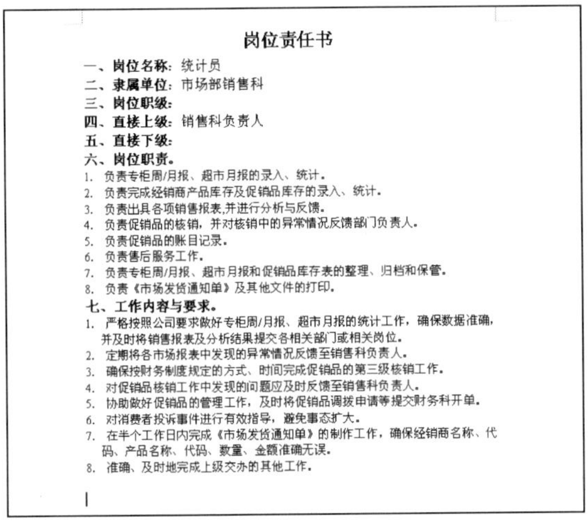

岗位责任书

一、岗位名称： 统计员

二、隶属单位： 市场部销售科

三、岗位职级：

四、直接上级： 销售科负责人

五、直接下级：

六、岗位职责。

1. 负责专柜周/月报、超市月报的录入、统计。
2. 负责完成经销商产品库存及促销品库存的录入、统计。
3. 负责出具各项销售报表,并进行分析与反馈。
4. 负责促销品的核销，并对核销中的异常情况反馈部门负责人。
5. 负责促销品的账目记录。
6. 负责售后服务工作。
7. 负责专柜周/月报、超市月报和促销品库存表的整理、归档和保管。
8. 负责《市场发货通知单》及其他文件的打印。

七、工作内容与要求。

1. 严格按照公司要求做好专柜周/月报、超市月报的统计工作，确保数据准确，并及时将销售报表及分析结果提交各相关部门或相关岗位。
2. 定期将各市场报表中发现的异常情况反馈至销售科负责人。
3. 确保按财务制度规定的方式、时间完成促销品的第三级核销工作。
4. 对促销品核销工作中发现的问题应及时反馈至销售科负责人。
5. 协助做好促销品的管理工作，及时将促销品调拨申请等提交财务科开单。
6. 对消费者投诉事件进行有效指导，避免事态扩大。
7. 在半个工作日内完成《市场发货通知单》的制作工作，确保经销商名称、代码、产品名称、代码、数量、金额准确无误。
8. 准确、及时地完成上级交办的其他工作。

图 2.60　部门岗位职责说明书

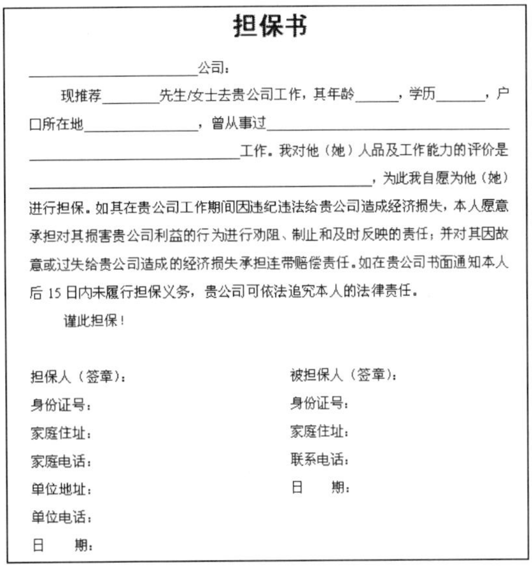

担保书

____________________公司：

现推荐________先生/女士去贵公司工作，其年龄______，学历______，户口所在地____________，曾从事____________________________工作。我对他（她）人品及工作能力的评价是________________________________，为此我自愿为他（她）进行担保。如其在贵公司工作期间因违纪违法给贵公司造成经济损失，本人愿意承担对其损害贵公司利益的行为进行劝阻、制止和及时反映的责任；并对其因故意或过失给贵公司造成的经济损失承担连带赔偿责任。如在贵公司书面通知本人后 15 日内未履行担保义务，贵公司可依法追究本人的法律责任。

谨此担保！

担保人（签章）：　　　　被担保人（签章）：

身份证号：　　　　身份证号：

家庭住址：　　　　家庭住址：

家庭电话：　　　　联系电话：

单位地址：　　　　日　期：

单位电话：

日　期：

图 2.61　担保书

【拓展训练】

利用 Word 制作“业绩报告”模板，并利用模板制作一份“物流部 2011 年度业绩报告”，如图 2.62 所示。

操作步骤如下。

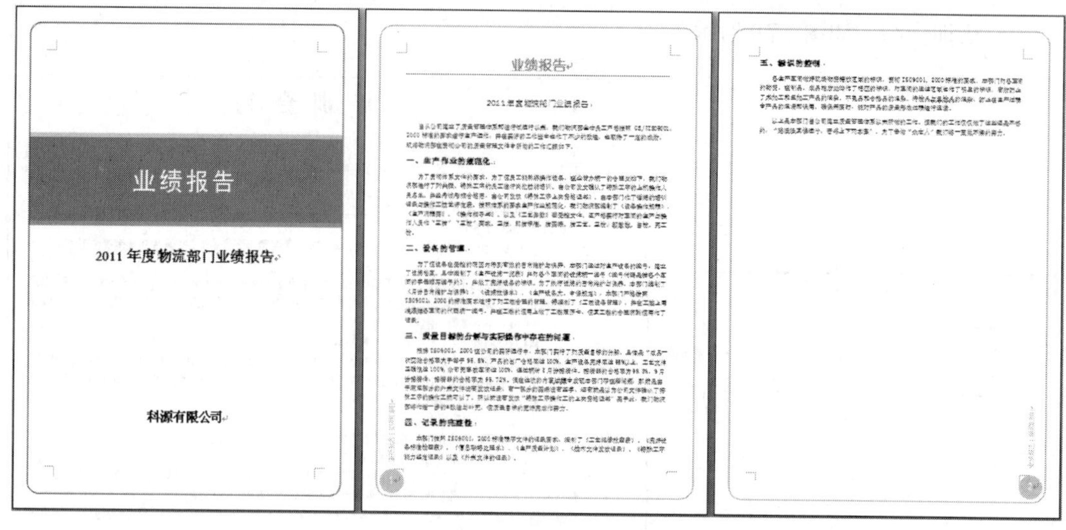

图 2.62 “业绩报告”效果

（1）启动 Word 2007。

（2）制作“业绩报告”模板。

① 单击【Office 按钮】，执行【新建】命令，打开如图 2.63 所示的“新建文档”对话框。

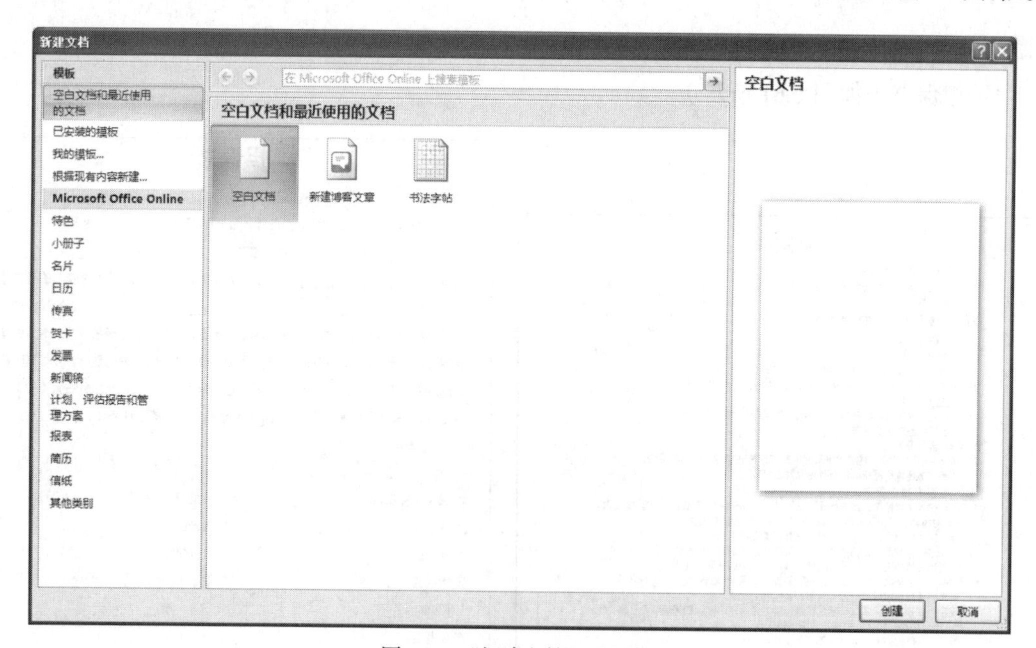

图 2.63 “新建文档”对话框

② 在“新建文档”对话框左侧的“模板”列表中选择“已安装的模板”，在对话框中间的“已安装的模板”列表中会显示出如图 2.64 所示的模板文件，选择“平衡报告”。

提示

若使用的计算机连接了 Internet，在使用模板时，可选择“Microsoft Office Online”，使用在线方式下载相关的模板。

③ 在右侧的“新建”中选择【文档】单选按钮，单击【创建】按钮，便以“平衡报告”模

板为基准创建了一个模板。接下来我们修改其中的文字和样式，从而得到适合自己需要的模板。

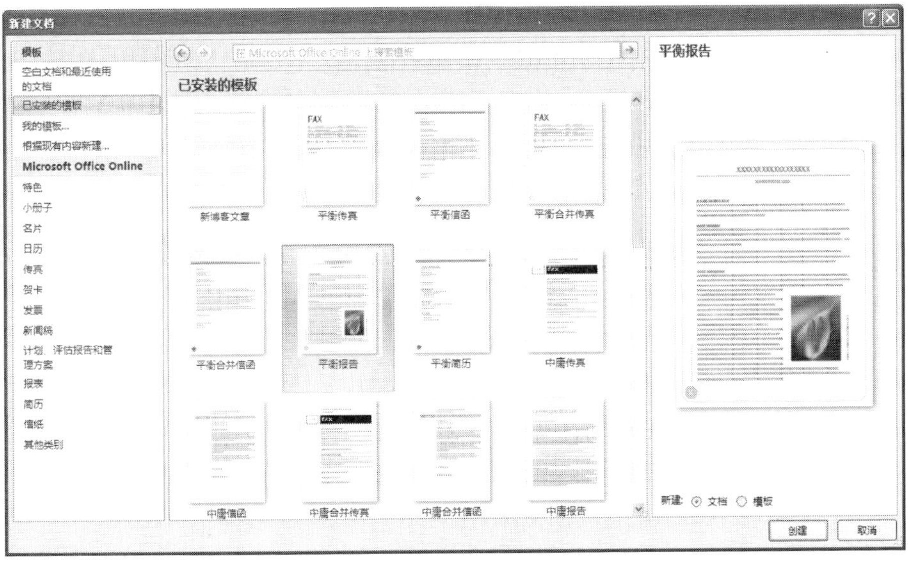

图 2.64　已安装的模板

④ 修改模板文字内容。在“键入文档标题”处输入“业绩报告”，在“键入文档副标题”处输入“××年度××部门业绩报告”。这样，第二页中的标题也按此更改，以后用此模板新建文档时就不必再重新输入了。

⑤ 将第一页下方默认的“MICROSOFT”名称修改为“科源有限公司”。

⑥ 删除第一页下方的“选取日期”和“作者”两行，并将第二页中的“键入报告正文”部分的文本内容删除，完成后的效果如图 2.65 所示。

图 2.65　模板的初步效果

（3）利用“样式”进一步修改模板，以满足公司企业对文档外观的需要。

① 选择【开始】→【样式】选项，打开“样式”窗格。

② 新建“封面标题”样式并应用于封面标题“业绩报告”。从“样式”窗格中单击【新建样式】按钮，打开“根据格式设置创建新样式”对话框，以“标题”为基准样式新建“封面标题”样式，将封面标题的样式设置为黑体、初号、加粗、居中、白色、字符间距加宽量为 5 磅，段前段后间距各为 3 行，如图 2.66 所示；选中封面标题“业绩报告”，并将新建好的“封面标题”样式应用于“业绩报告”文字。

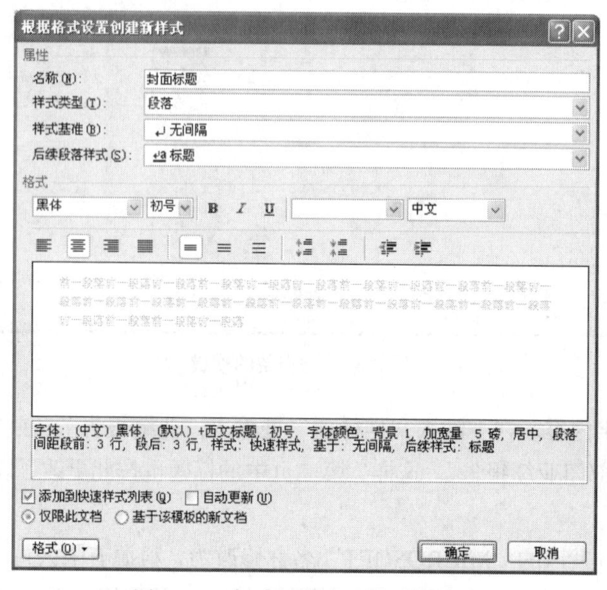

图 2.66　创建新样式“封面标题”

③ 新建“封面副标题”样式并应用于封面副标题“××年度××部门业绩报告”。类似于“封面标题”样式的创建，以“副标题”为基准样式新建“封面副标题”样式，将封面副标题的样式设置为宋体、一号、加粗、居中、段前间距 2 行；选中封面副标题“××年度××部门业绩报告”，并将新建好的“封面副标题”样式应用于“××年度××部门业绩报告”文字。

④ 新建样式“公司名”并应用于封面中的公司名称“科源有限公司”。类似于“封面标题”样式的创建，以“正文”为基准样式新建“公司名”样式，将“公司名”的样式修改为宋体、二号、加粗、居中；选中封面中的公司名称“科源有限公司”，并将新建好的“公司名”样式应用于“科源有限公司”文字。

（4）以“公司业绩报告”为名保存所作的模板。

① 单击【Office 按钮】，选择【另存为】→【Word 模板】选项，打开“另存为”对话框，将文档以“Word 模板”为保存类型、“公司业务报告”为名保存到“C:\Documents and Settings\××（用户账号）\Application Data\Microsoft\Templates”文件夹中。

② 单击【保存】按钮保存模板文件，然后退出 Word 程序。

Word 用户创建模板的默认保存位置为：C:\Documents and Settings\××（用户账号）\Application Data\Microsoft\Templates 文件夹。你当然也可以把自己创建的模板保存到其他位置，但是建议保存在这个默认位置，因为保存在这里的模板会在“模板”对话框的“我的模板”对话框中显示，以后利用该模板新建文档时方便选用。

（5）应用“业绩报告模板”创建业绩报告。

① 启动 Word 2007。

② 单击【Office 按钮】，选择【新建】选项，打开“新建文档”对话框，在“新建文档”对话框左侧的“模板”列表中选择“我的模板”，打开“新建”对话框。

③ 在对话框中显示出如图 2.67 所示的模板文件，选择“公司业绩报告”，然后选中“新建”区的“文档”单选按钮，再单击【确定】按钮。

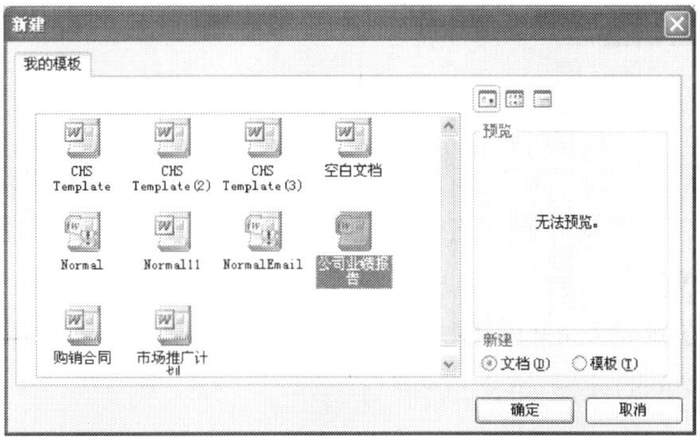

图 2.67　选择自己创建的“公司业绩报告”模板

④ 创建物流部 2011 年度业绩报告。

⑤ 以“物流部 2011 年度业绩报告”为名将新建的 Word 文档保存在“E:\公司文档\人力资源部”文件夹中。

【案例小结】

本案例通过制作“劳动用工合同”、“公司业绩报告”等人力资源管理部门的常用文档，介绍了 Word 文档的基本创建、编辑和文本的格式化处理等基本操作，同时讲解了利用样式、模板、格式刷等对文档进行修饰处理的方法。

此外，通过“人事录用通知书”、“培训合约”、“部门岗位职责说明书”、“担保书”、“业绩报告”等多个拓展案例，可以让读者举一反三，掌握 Word 在人力资源管理中的应用。

学习总结

本案例所用软件	
案例中包含的知识和技能	
你已熟知或掌握的知识和技能	
你认为还有哪些知识或技能需要强化	
案例中可使用的 Office 技巧	
学习本案例之后的体会	

2.4 案例 9 制作员工培训讲义

【案例分析】

企业对员工的培训是人力资源开发的重要途径。通过对员工培训不仅能提高员工的思想认识和技术水平，也有助于培养公司员工的团队精神，增强员工的凝聚力和向心力，满足企业发展对高素质人才的需要。本案例运用 PowerPoint 制作培训讲义，以提高员工培训的效果。员工培训讲义的效果图如图 2.68 所示。

图 2.68 员工培训讲义效果图

【解决方案】

（1）启动 PowerPoint 2007，新建一份空白演示文稿，出现一张“标题幻灯片”版式的幻灯片，如图 2.69 所示。

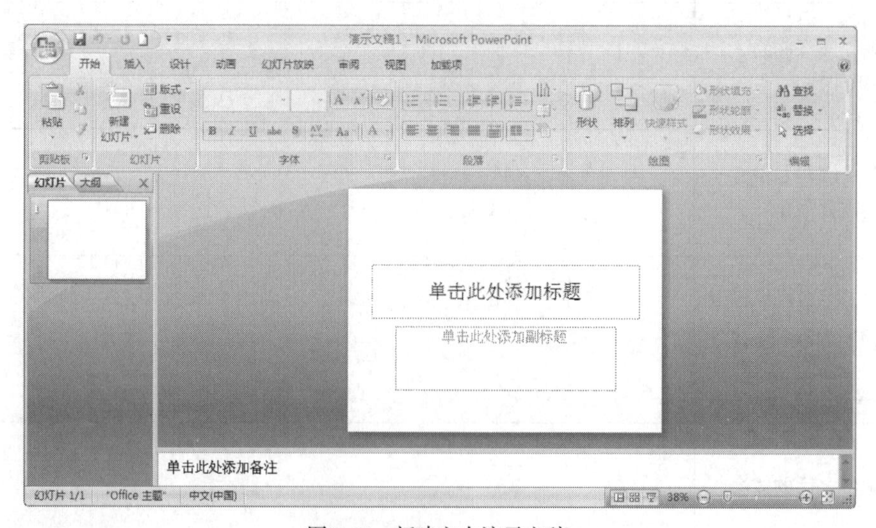

图 2.69 新建空白演示文稿

（2）将演示文稿按文件类型“演示文稿”，以“新员工培训”为名保存在“E:\公司文档\人力资源部”文件夹中。

（3）制作第一张幻灯片。

① 单击“单击此处添加标题”占位符，输入标题“新员工培训”，并将其字体设置为隶书、72 磅。

② 单击“单击此处添加副标题”占位符，输入副标题“——职业素质篇”，并将其字体设置为楷体 GB_2312、32 磅。

（4）制作第二张幻灯片。

① 选择【开始】→【幻灯片】→【新建幻灯片】选项，插入一张版式为“标题和内容”的新幻灯片，如图 2.70 所示。

② 选择【开始】→【幻灯片】→【版式】选项，打开如图 2.71 所示的幻灯片版式列表，在“Office 主题”列表中选择“两栏内容”版式，将插入的新幻灯片应用选择的版式，如图 2.72 所示。

图 2.70　插入版式为“标题和内容”的新幻灯片

图 2.71　幻灯片版式列表

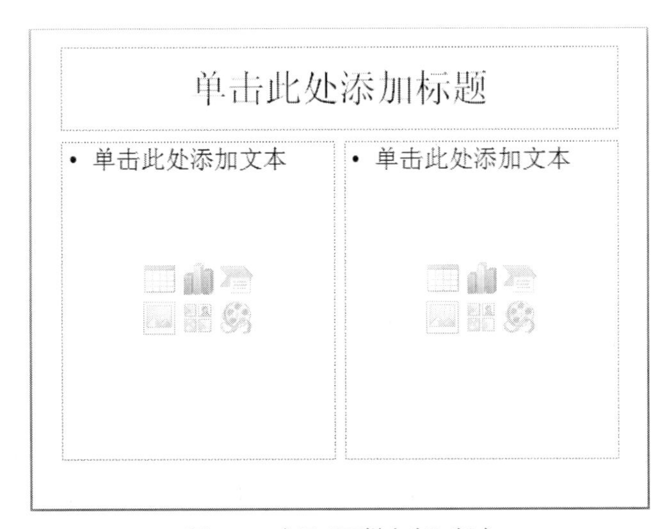

图 2.72　应用“两栏内容”版式

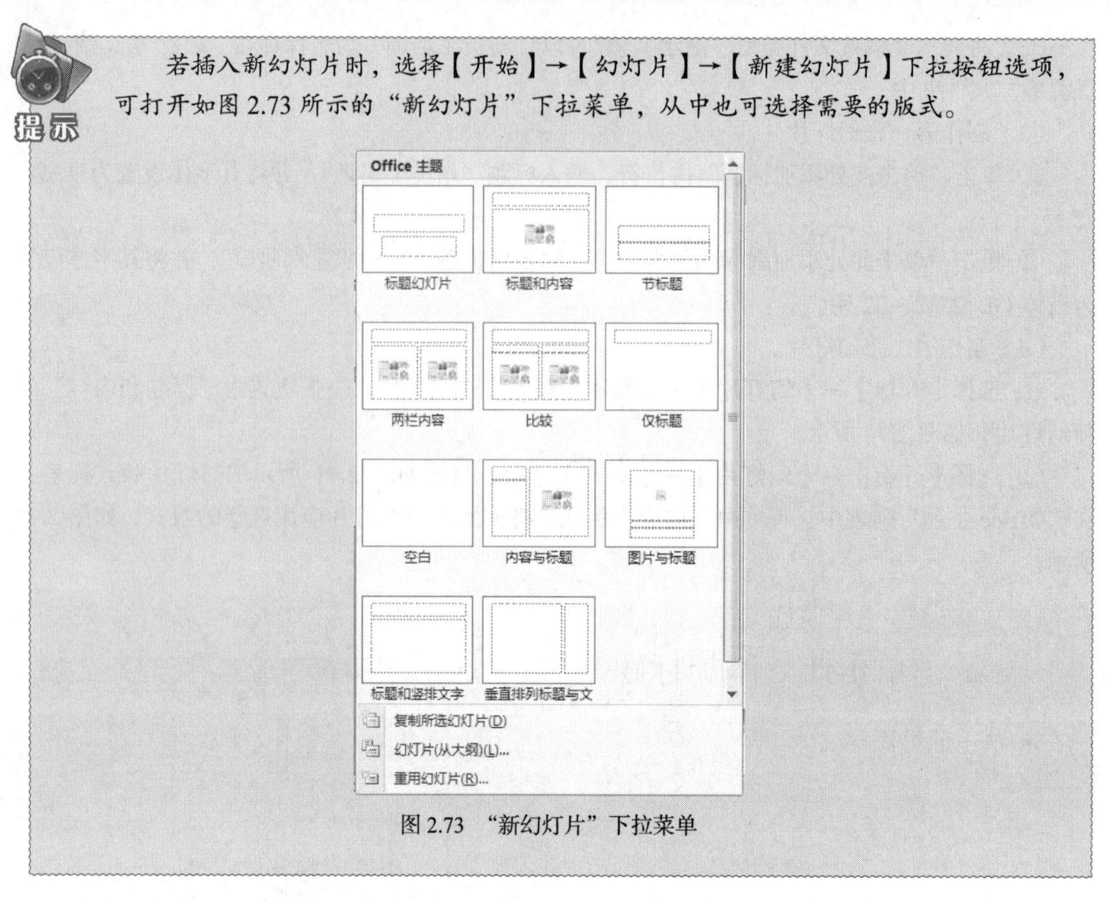

若插入新幻灯片时，选择【开始】→【幻灯片】→【新建幻灯片】下拉按钮选项，可打开如图 2.73 所示的“新幻灯片”下拉菜单，从中也可选择需要的版式。

图 2.73　“新幻灯片”下拉菜单

③ 在幻灯片的标题中输入“欢迎加入科源公司”以及“WELCOME　TO KEYUAN”文本。

④ 在左侧的内容框中输入如图 2.74 所示的文本。

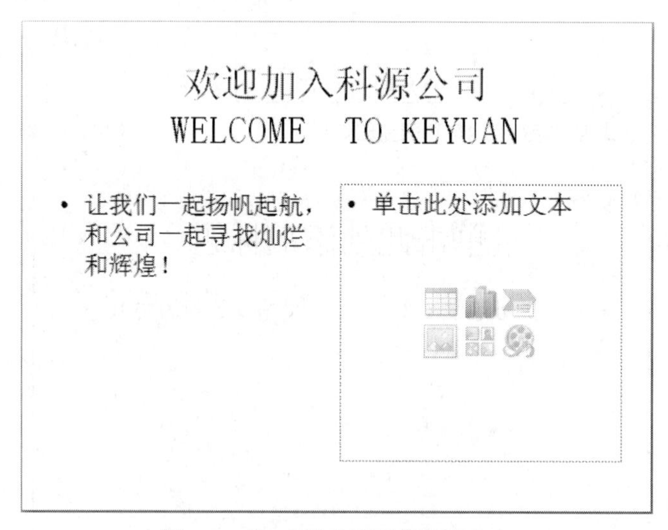

图 2.74　第 2 张幻灯片的标题和文本

⑤ 在右侧的内容框中单击“剪贴画”，打开如图 2.75 所示的“剪贴画”任务窗格。在“搜索文字”文本框中输入关键字“帆船”后，单击【搜索】按钮，搜索出如图 2.76 所示的关于帆船的剪贴画。单击需要的剪贴画，将选择的剪贴画插入到右侧的内容框中。

图 2.75　“剪贴画”任务窗格

图 2.76　搜索到“帆船”的剪贴画

⑥ 对幻灯片中的字体、颜色等进行适当的设置，取消左侧文本的项目符号，再适当地调整剪贴画的位置和大小，完成如图 2.77 所示的第 2 张幻灯片。

（5）制作第 3 张新幻灯片，创建如图 2.78 所示的演示文稿的第 3 张幻灯片。

（6）制作第 4 张新幻灯片，利用 SmartArt 图形创建如图 2.79 所示的演示文稿的第 4 张幻灯片。

（7）制作第 5 张新幻灯片，利用 SmartArt 图形创建如图 2.80 所示的演示文稿的第 5 张幻灯片。

图 2.77　第 2 张幻灯片效果图

图 2.78　演示文稿的第 3 张幻灯片

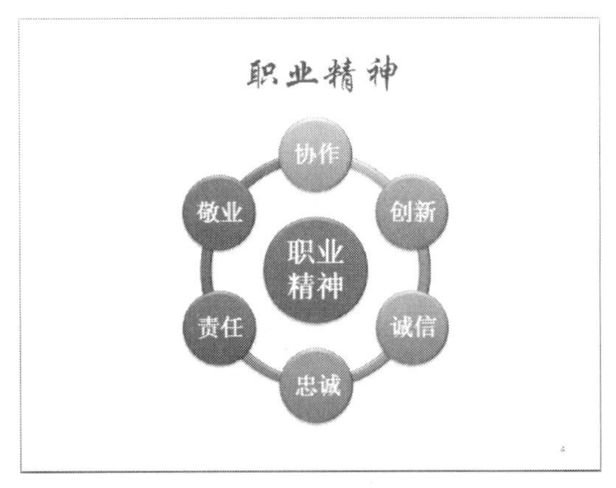

图 2.79　演示文稿的第 4 张幻灯片

（8）制作第六张幻灯片。插入一张版式为“空白”的幻灯片，在幻灯片中插入一个文本框，输入文本“成功从这里开始!”，将文本字体设置为华文行楷、75 磅、倾斜、下画线、红色。在文字左侧插入一幅图片，如图 2.81 所示。至此，幻灯片的内容就制作完毕。

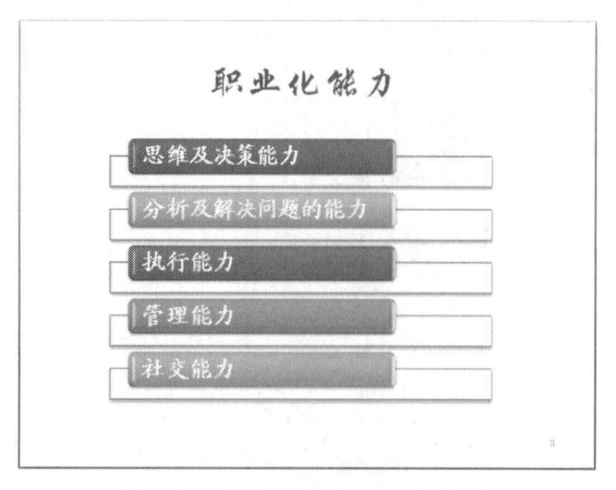

图 2.80　演示文稿的第五张幻灯片

图 2.81　演示文稿的第六张幻灯片

（9）应用幻灯片主题。

① 选择【设计】→【主题】→【其他】选项，打开如图 2.82 所示的“主题”下拉菜单。

图 2.82　“主题”下拉菜单

② 在 PowerPoint 的内置主题列表中单击“聚合”主题，将选中的主题应用到所有幻灯片，图 2.83 所示为应用了“聚合”主题后的标题幻灯片的效果。

若使用的计算机连接了 Internet，在使用模板时可选择“Microsoft Office Online 上的其他主题”选项，使用在线方式下载相关的主题。

（10）设置背景样式。

① 选择【设计】→【背景】→【背景样式】选项，打开如图2.84所示的“背景样式”下拉菜单。

图2.83　应用了“聚合”主题后的标题幻灯片的效果

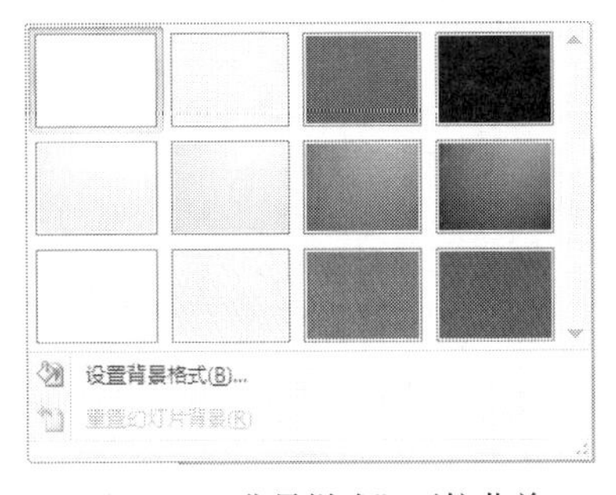

图2.84　“背景样式”下拉菜单

② 从样式列表中单击“样式2”，将选中的样式应用到所有幻灯片中。

提示

设置背景样式时，若只想将选定的样式应用于所选幻灯片中，可右击该样式，弹出如图2.85所示的快捷菜单，选择【应用于所选幻灯片】选项即可。

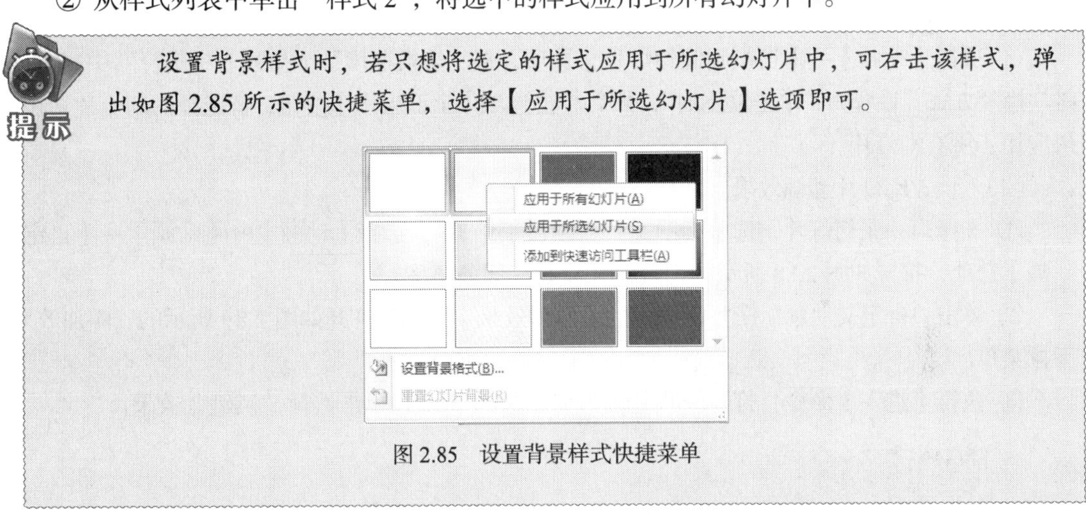

图2.85　设置背景样式快捷菜单

（11）插入幻灯片编号。选择【插入】→【文本】→【幻灯片编号】选项，打开如图2.86所示的“页眉和页脚”对话框，选择“幻灯片”选项卡，选中其中的“幻灯片编号”和“标题幻灯片中不显示”两项，然后单击【全部应用】按钮，在幻灯片中插入幻灯片编号。

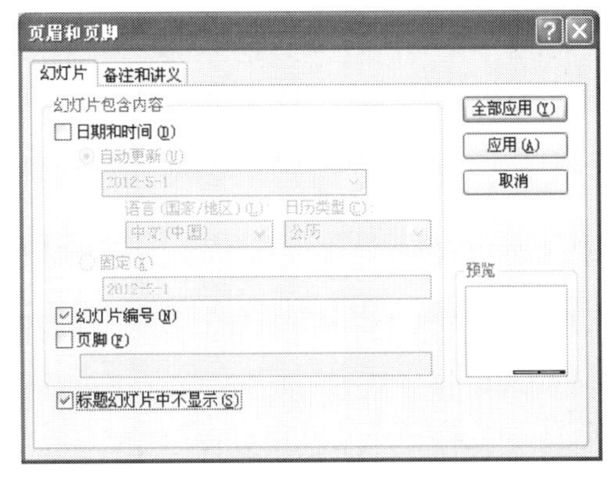

图2.86　“页眉和页脚”对话框

（12）设置幻灯片切换效果。

① 选中演示文稿中的任意一张幻灯片，选择【动画】→【切换到此幻灯片】→【切换方案（其他）】选项，打开如图2.87所示的“幻灯片切换效果”下拉列表。

② 从“随机”列表中选择“随机切换效果”。

图 2.87 “幻灯片切换效果”下拉列表

③ 选择【动画】→【切换到此幻灯片】选项，从“切换速度”下拉列表中选择“中速”，再将“换片方式”设置为“单击鼠标时”，然后单击选项【全部应用】按钮，将选择的幻灯片切换效果应用于所有幻灯片。

（13）设置幻灯片动画效果。

① 选择第一张幻灯片，选中标题文本“新员工培训”，选择【动画】→【动画】→【自定义动画】选项，打开如图 2.88 所示的“自定义动画”任务窗格。

② 单击“自定义动画”任务窗格中的【添加效果】按钮，打开如图 2.89 所示的“添加效果”下拉菜单。

③ 执行【进入】命令，打开级联菜单，如图 2.90 所示，单击选择“棋盘”效果。

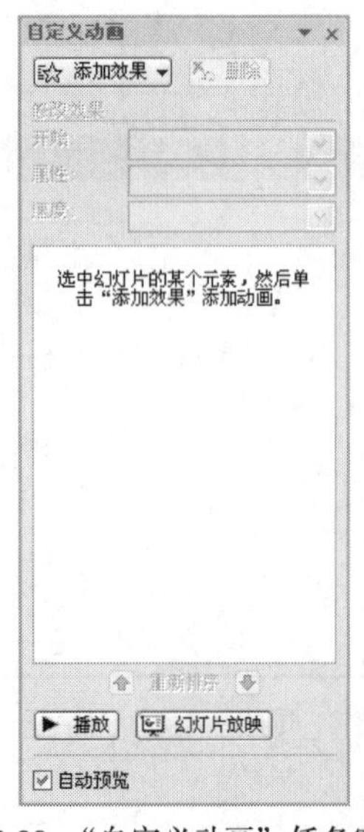

图 2.88 “自定义动画”任务窗格

图 2.89 “添加效果”下拉菜单

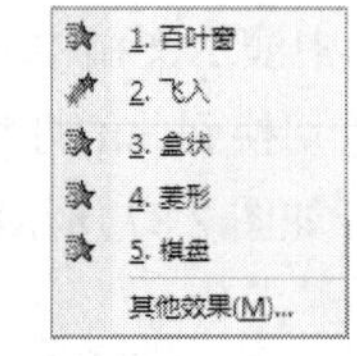

图 2.90 “进入”级联菜单

① 若需要设置其他动画效果，可单击【其他效果】按钮，打开如图 2.91 所示的“添加进入效果”对话框，选择其他效果。

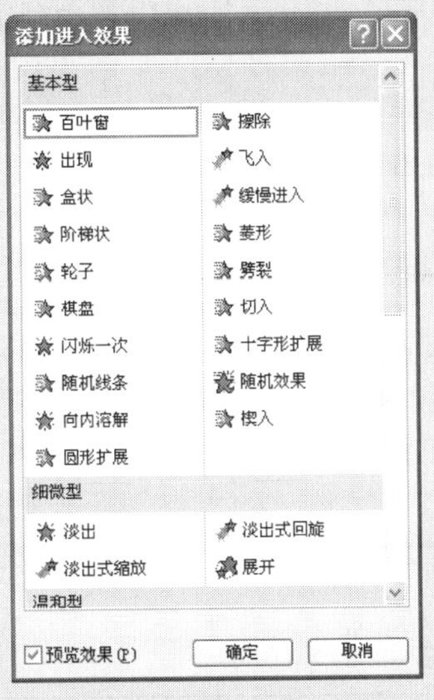

图 2.91　“添加进入效果”对话框

② 若选中了“自定义动画”任务窗格中的【预览效果】复选框，则可以预览所设置的动画效果。

④ 同样，选中幻灯片副标题，将其进入效果设置为“百叶窗”。

⑤ 选中其他幻灯片中的对象，为其定义适当的动画效果。

（14）设置演示文稿的放映。选择【幻灯片放映】→【设置幻灯片放映】选项，打开如图 2.92 所示的“设置放映方式”对话框，在其中可对幻灯片的放映方式进行设置。

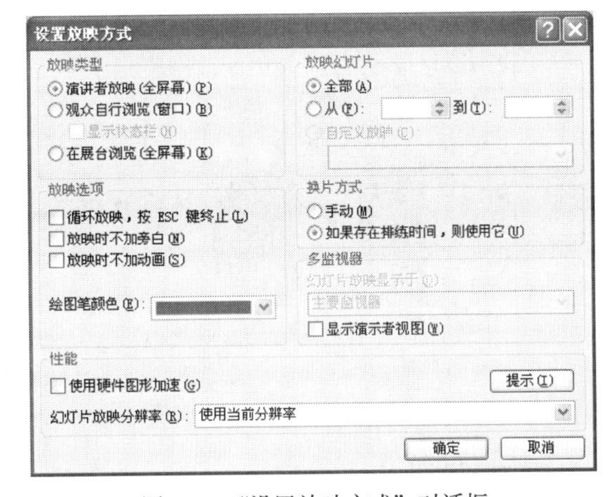

图 2.92　“设置放映方式”对话框

（15）放映幻灯片。演示文稿设置完毕，选择【幻灯片放映】→【开始放映幻灯片】→【从头开始】或者【从当前幻灯片开始】选项，可进入幻灯片放映视图，观看幻灯片。

（16）保存演示文稿后关闭 PowerPoint 程序。

若用户需要将演示文稿直接用于播放，也可将文件类型保存为“PowerPoint 放映”格式，即文件以“.ppsx”格式保存。但需注意的是，“PowerPoint 放映”格式的演示文稿不能再进行编辑。

【拓展案例】

1. 公司年度总结报告演示文稿（如图 2.93 所示）。

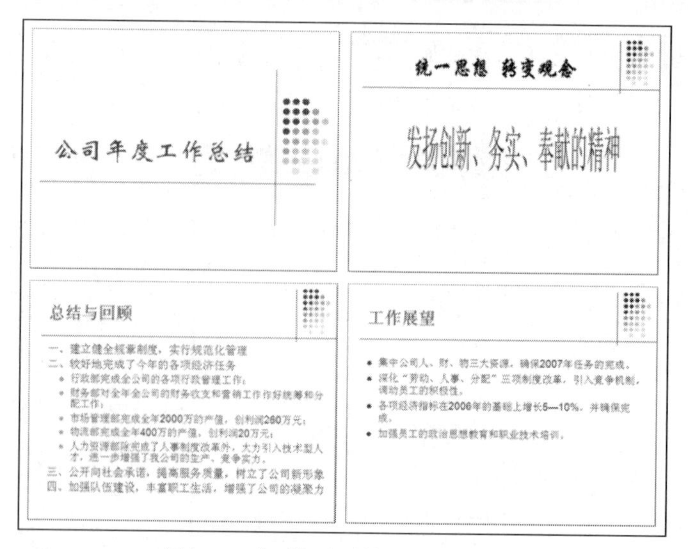

图 2.93　公司年度总结报告演示文稿

2. 述职报告演示文稿（如图 2.94 所示）。

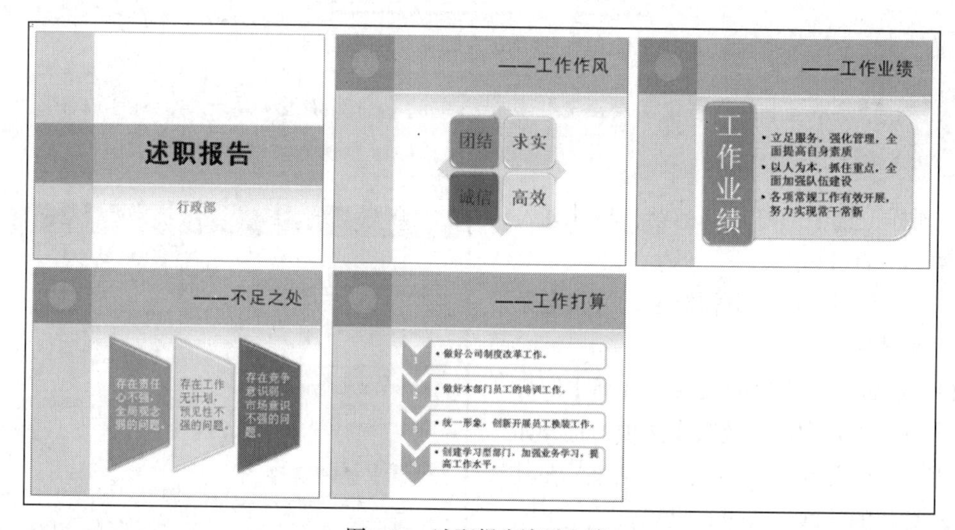

图 2.94　述职报告演示文稿

【拓展训练】

利用 PowerPoint 制作"职位竞聘演示报告"，用于职位竞聘时播放，如图 2.95 所示。

操作步骤如下。

（1）启动 PowerPoint，新建一份空白演示文稿，出现一张"标题幻灯片"版式的幻灯片。

（2）单击"单击此处添加标题"文本框，输入标题"市场部主管"，并将其字体设置为宋体、60 磅、加粗、居中。

（3）单击"单击此处添加副标题"文本框，输入副标题"——职位竞聘"，并将其字体设置为华文行楷、32 磅、右对齐，如图 2.96 所示。

（4）选择【开始】→【幻灯片】→【新建幻灯片】选项，插入一张版式为"标题和文本"的新幻灯片，在右侧的"幻灯片版式"任务窗格中选择"其他版式"中的"标题，剪贴画与文本"

选项，新插入的幻灯片就套用了该版式。

（5）在该幻灯片的相应位置上分别输入如图 2.97 所示的内容，并对字体、颜色等进行适当的设置。

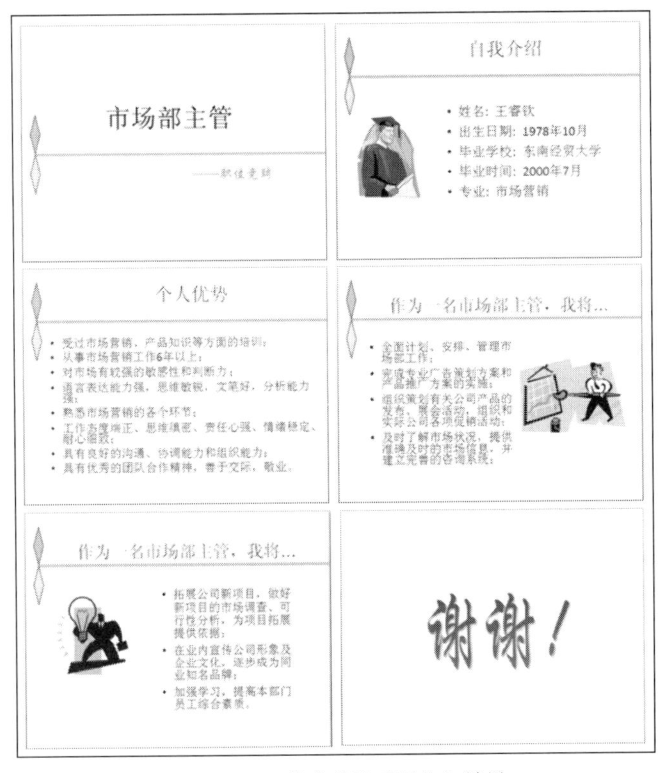

市场部主管
——职位竞聘
自我介绍
• 姓名：王睿钦
• 出生日期：1978年10月
• 毕业学校：东南经贸大学
• 毕业时间：2000年7月
• 专业：市场营销
个人优势
• 受过市场营销、产品知识等方面的培训；
• 从事市场营销工作6年以上；
• 对市场有较强的敏感性和判断力；
• 语言表达能力强，思维敏锐，文笔好，分析能力强；
• 熟悉市场营销的各个环节；
• 工作态度端正、思维缜密、责任心强、情绪稳定、耐心细致；
• 具有良好的沟通、协调能力和组织能力；
• 具有优秀的团队合作精神，善于交际，敬业。
作为一名市场部主管，我将…
• 全面计划、安排、管理市场部工作；
• 完成专业广告策划方案和产品推广方案的实施；
• 组织策划有关公司产品的发布、展会活动，组织和实际公司各项促销活动；
• 及时了解市场状况，提供准确及时的市场信息，并建立完善的咨询系统；
作为一名市场部主管，我将…
• 拓展公司新项目，做好新项目的市场调查，可行性分析，为项目拓展提供依据；
• 在业内宣传公司形象及企业文化，逐步成为同业知名品牌；
• 加强学习，提高本部门员工综合素质。
谢谢！

图 2.95　“职位竞聘演示报告”效果

市场部主管
——职位竞聘

图 2.96　第一张幻灯片

自我介绍
• 姓名：王睿钦
• 出生日期：1978年10月
• 毕业学校：东南经贸大学
• 毕业时间：2000年7月
• 专业：市场营销

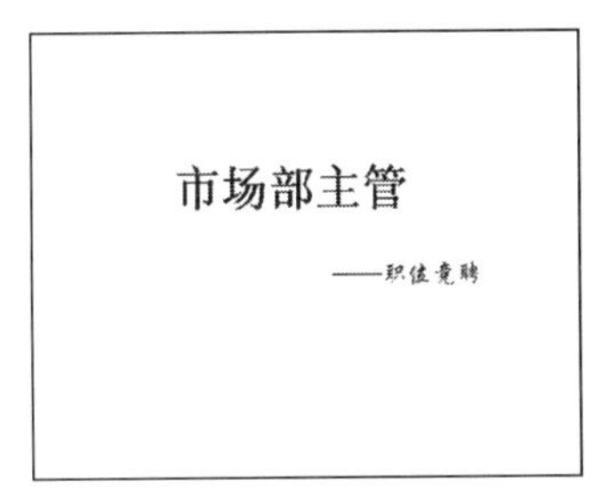

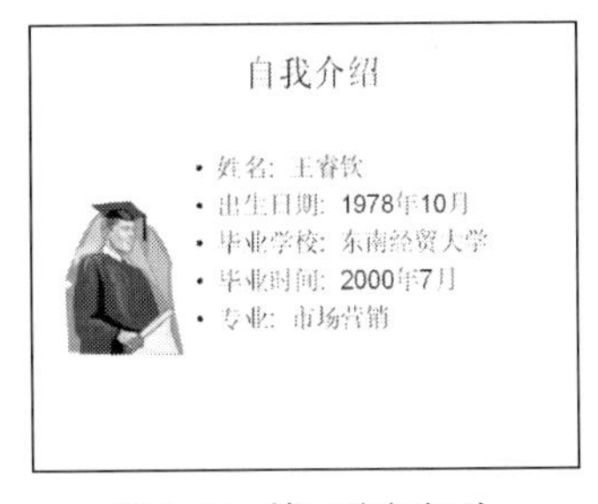

图 2.97　第二张幻灯片

（6）插入新的幻灯片，创建第三张、第四张幻灯片，如图 2.98 和图 2.99 所示。

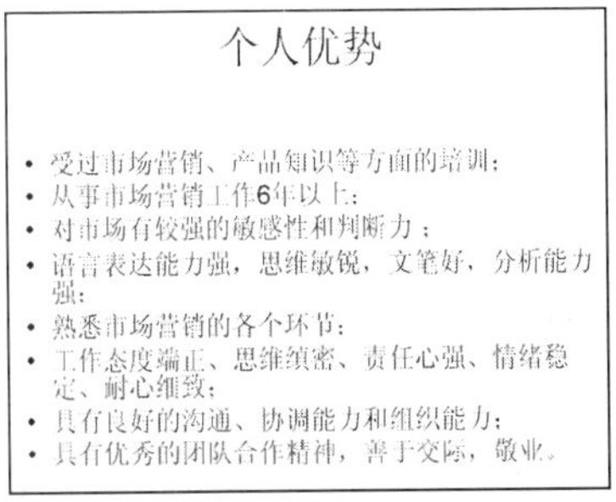

个人优势
• 受过市场营销、产品知识等方面的培训；
• 从事市场营销工作6年以上；
• 对市场有较强的敏感性和判断力；
• 语言表达能力强，思维敏锐，文笔好，分析能力强；
• 熟悉市场营销的各个环节；
• 工作态度端正、思维缜密、责任心强、情绪稳定、耐心细致；
• 具有良好的沟通、协调能力和组织能力；
• 具有优秀的团队合作精神，善于交际，敬业。

图 2.98　第三张幻灯片

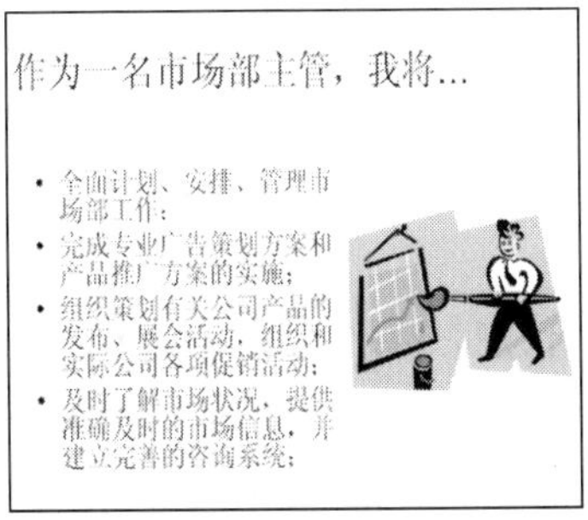

作为一名市场部主管，我将…
• 全面计划、安排、管理市场部工作；
• 完成专业广告策划方案和产品推广方案的实施；
• 组织策划有关公司产品的发布、展会活动，组织和实际公司各项促销活动；
• 及时了解市场状况，提供准确及时的市场信息，并建立完善的咨询系统；

图 2.99　第四张幻灯片

（7）选中第四张幻灯片，执行“编辑”菜单中的“复制”命令，再执行“粘贴”命令，将第四张幻灯片复制一份。

（8）在复制出来的第五张幻灯片中输入如图 2.100 所示的内容，重新插入所需的图片，并移动、调整文本框和剪贴画的位置。

（9）最后，插入一张版式为“空白”的幻灯片，在幻灯片中插入艺术字“谢谢!”，并适当地调整艺术字的大小和位置，如图 2.101 所示。

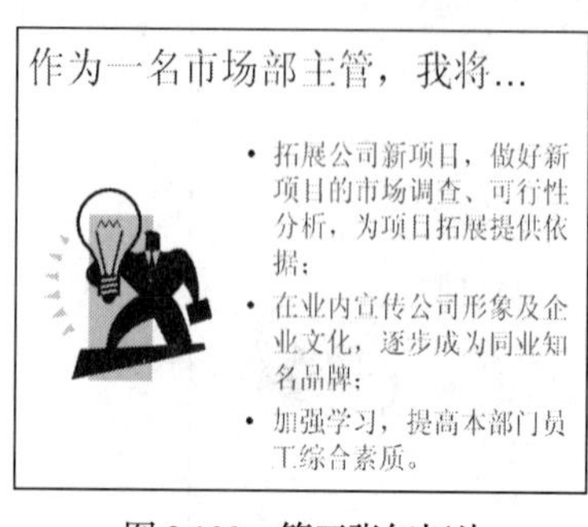

图 2.100　第五张幻灯片

图 2.101　第六张幻灯片

（10）设计幻灯片母版。

① 选择【视图】→【演示文稿视图】→【幻灯片母版】选项，切换到“幻灯片母版”视图，如图 2.102 所示。

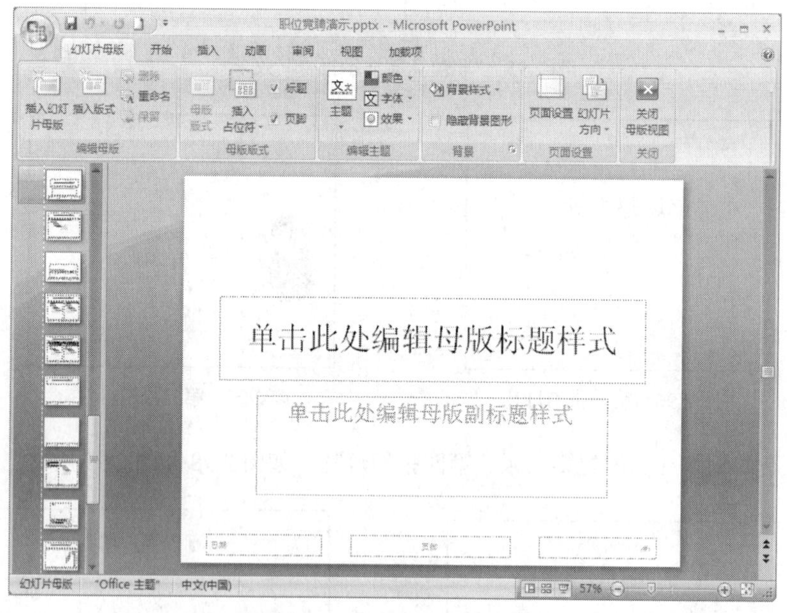

图 2.102　“幻灯片母版”视图

② 在“标题幻灯片”版式中插入两个菱形和一条直线，并适当地设置它们的格式，将这三个图形进行组合后，移至如图 2.103 所示的位置。

③ 复制标题幻灯片母版中的自绘图形，单击窗口左侧的“标题和内容”幻灯片版式，将复制的自绘图形粘贴至如图 2.104 所示的位置。

图 2.103　在“标题幻灯片”版式中插入自绘图形

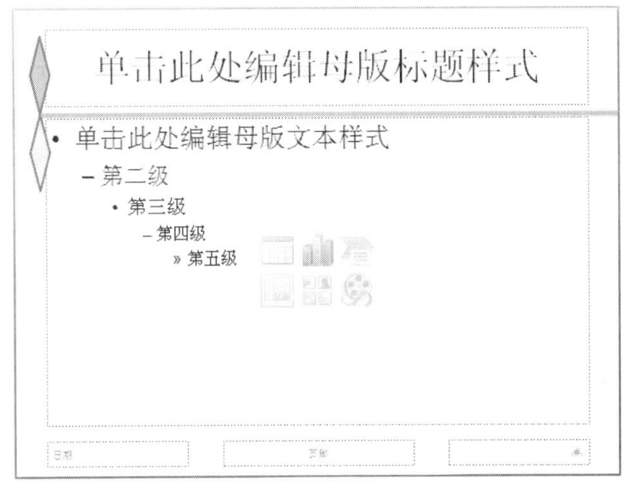

图 2.104　在“标题和内容”版式中插入自绘图形

④ 选择【幻灯片母版】→【关闭】→【关闭母版视图】选项，返回普通视图。

（11）分别为幻灯片中的对象设置适当的动画效果。

（12）将演示文稿中的幻灯片切换方式设置为“随机”的。

（13）观看幻灯片放映，浏览所创建的演示文稿。

（14）以“职位竞聘演示报告”为名保存文档。

【案例小结】

本案例以制作“员工培训讲义”、“年度总结报告”、“述职报告”和“职位竞聘演示报告”等常见的幻灯片演示文稿为例，讲解了利用 PowerPoint 创建和编辑演示文稿、复制和移动幻灯片等相关操作，然后介绍了利用模板和幻灯片母版对演示文稿进行美化和修饰的操作方法。

幻灯片演示文稿的另外一个重要功能是实现了演示文稿的动画播放。本案例通过介绍演示文稿中对象的进入动画，讲解了自定义动画方案、幻灯片切换以及幻灯片播放等知识。

📖 学习总结

本案例所用软件	
案例中包含的知识和技能	
你已熟知或掌握的知识和技能	
你认为还有哪些知识或技能需要强化	
案例中可使用的 Office 技巧	
学习本案例之后的体会	

2.5 案例 10　制作员工人事档案和工资管理表

【案例分析】

人事档案、工资管理是企业人力资源部门的主要工作之一，它涉及对企业所有员工的基本信息、基本工资、津贴、薪级工资等数据进行整理分类、计算以及汇总等比较复杂的处理。在本案例中，使用 Excel 可以使管理变得简单、规范，并且提高工作效率。

【解决方案】

（1）启动 Excel 2007，新建一份工作簿，将文件以“Excel 工作簿（.xlsx）”为类型、“员工人事档案和工资管理表”为名保存在“E:\公司文档\人力资源部”文件夹中。

（2）在 Sheet1 工作表中输入如图 2.105 所示的员工人事基本信息数据。

关于数据的录入技巧有以下几个。

① “序号”录入。对于连续的序列填充，可首先输入序号“1”、“2”，然后选中填有“1”、“2”的两个单元格，拖动填充句柄进行填充；或者，先输入数字序号“1”，然后选定填有“1”的单元格，先按住【Ctrl】键，再拖动填充句柄进行填充。

② “部门”、“职称”、“学历”、“性别”等列的录入。由于需要在多个区域输入同一数据（例如，在同一列的不同单元格中输入性别“男”），因此可以一次性输入：在按住【Ctrl】键的同时，分别点选需要输入同一数据的多个单元格区域，然后直接输入数据，输入完成后，按下【Ctrl】+【Enter】组合键确认即可。

	A	B	C	D	E	F	G	H	I	J	K	L	M	N
1	公司人事档案管理表													
2														
3	序号	姓名	部门	职务	职称	学历	参加工作时间	性别	籍贯	出生日期	婚否	联系电话	基本工资	
4	1	赵力	人力资源部	统计	高级经济师	本科	1992-6-6	男	北京	1971-10-23	已婚	64000872	3300	
5	2	桑南	人力资源部	统计	助理统计师	大专	1986-10-31	男	山东	1964-4-1	已婚	65034080	1600	
6	3	陈可可	人力资源部	部长	高级经济师	硕士	1996-7-15	男	四川	1970-8-25	已婚	63035376	3500	
7	4	刘光利	人力资源部	科员	无	中专	1996-8-1	女	陕西	1973-7-13	已婚	64654756	1900	
8	5	钱新	财务部	财务总监	高级会计师	本科	1999-7-20	男	甘肃	1976-7-4	未婚	66018871	2800	
9	6	曾思杰	财务部	会计	会计师	本科	1998-5-16	女	南京	1975-9-10	已婚	66032221	2600	
10	7	李莫薷	财务部	出纳	助理会计师	本科	1997-6-10	男	北京	1974-12-15	已婚	69244765	1400	
11	8	周树家	行政部	部长	工程师	本科	2004-7-30	女	湖北	1981-8-30	已婚	63812307	1680	
12	9	林帝	行政部	副部长	经济师	本科	1995-12-7	男	山东	1973-9-13	已婚	68874344	2100	
13	10	柯娜	行政部	科员	无	大专	2000-9-11	男	陕西	1976-10-12	已婚	65910605	2000	
14	11	司马勤	行政部	科员	助理工程师	本科	1998-7-17	女	天津	1975-3-8	已婚	62175686	1600	
15	12	令狐克	行政部	内勤	无	高中	2004-2-22	女	北京	1983-2-16	未婚	64366059	1350	
16	13	慕容上	物流部	外勤	无	中专	2010-4-10	女	北京	1986-11-3	未婚	67225427	1400	
17	14	柏国力	物流部	部长	高级工程师	硕士	2003-7-31	男	哈尔滨	1979-3-15	未婚	67017027	2100	
18	15	全泉	物流部	项目监察	工程师	本科	2009-8-14	女	北京	1985-4-18	未婚	63267813	1680	
19	16	文路南	物流部	项目主管	高级工程师	硕士	1998-3-17	男	四川	1974-7-16	已婚	65257851	2800	
20	17	尔阿	物流部	业务员	工程师	本科	1998-9-18	女	安徽	1974-5-24	已婚	65761446	1600	
21	18	英冬	物流部	业务员	无	大专	2003-4-3	女	北京	1978-6-13	已婚	67624956	1500	
22	19	皮维	物流部	业务员	助理工程师	大专	1993-12-8	男	湖北	1973-3-21	已婚	63021549	1680	
23	20	段齐	物流部	项目主管	工程师	本科	2005-5-6	女	北京	1983-4-16	未婚	64272883	2100	
24	21	费乐	物流部	项目监察	工程师	本科	2009-7-13	男	四川	1984-8-9	未婚	65922950	1680	
25	22	高玲珑	物流部	业务员	助理经理师	本科	2003-11-21	男	北京	1980-11-30	已婚	65966501	1600	
26	23	黄信念	物流部	内勤	无	高中	1989-12-15	女	陕西	1968-12-10	已婚	68190028	1350	
27	24	江庹来	物流部	项目主管	高级经济师	本科	1994-7-15	男	天津	1972-5-8	已婚	64581924	3000	
28	25	王睿钦	市场部	主管	经济师	本科	1998-7-6	男	重庆	1976-1-6	已婚	63661547	3150	
29	26	张梦	市场部	业务员	助理经济师	中专	2000-8-9	女	四川	1978-5-9	已婚	65897823	1600	
30	27	夏蓝	市场部	业务员	无	高中	2004-12-10	女	湖南	1986-5-23	未婚	64789321	1300	
31	28	白俊伟	市场部	外勤	工程师	本科	1995-6-30	男	四川	1973-8-5	已婚	68794651	2200	
32	29	牛婷婷	市场部	主管	经济师	硕士	2003-7-18	女	重庆	1978-3-15	已婚	69712546	3200	
33	30	米思亮	市场部	部长	高级经济师	本科	2000-8-1	男	山东	1978-10-18	已婚	67584251	4800	
34														

图 2.105　公司人事档案管理表

（3）重命名工作表 Sheet1。选中工作表 Sheet1，选择【开始】→【单元格】→【格式】选项，从打开的菜单中执行【重命名工作表】命令，输入新的工作表名称“员工档案”，再按【Enter】键。

工作表重命名的方法还有下面两种。

① 选中要重命名的工作表，右击工作表标签，从弹出的快捷菜单中选择【重命名】，输入新的工作表名称，再按【Enter】键确认。

② 双击工作表标签，输入新的工作表名称，再按【Enter】键确认。

（4）添加列。单击 H 列，选择【开始】→【单元格】→【列】选项，从打开的菜单中选择【插入工作表列】选项，在 H 列上插入一个空列，原来 H 列的数据后移。单击 H3 单元格，输入“年龄”。

（5）计算员工年龄。

① 选择 H4 单元格，输入年龄的计算公式“ = year(today())-year(K4)”，再按下【Enter】键。其中“year(today())”表示取当前系统日期的年份，“year(K4)”表示对出生日期取年份，两者之差即为员工年龄。

若年龄的计算结果不是一个常规数据，而是一个日期数据，则可选择【开始】→【数字】→【数字格式】下拉按钮选项，从下拉列表中选择“常规”选项。

② 填充其他员工的年龄。选中 H4 单元格，拖动单元格右下角的填充句柄进行自动填充，计算出所有员工的年龄。

（6）复制工作表的数据。

① 选中工作表“员工档案”中的“A3:C33”以及“N3:N33”单元格。

② 选择【开始】→【剪贴板】→【复制】选项。

③ 选择 Sheet2 工作表中的 A1 单元格，然后选择【开始】→【剪贴板】→【粘贴】选项，将选中的内容复制到 Sheet2 工作表中。

选择【开始】→【剪贴板】→【粘贴】下拉按钮选项，从“粘贴”下拉菜单中选择“选择性粘贴”命令，将弹出如图 2.106 所示的“选择性粘贴”对话框，用户可根据需要选择相应的粘贴选项进行粘贴。

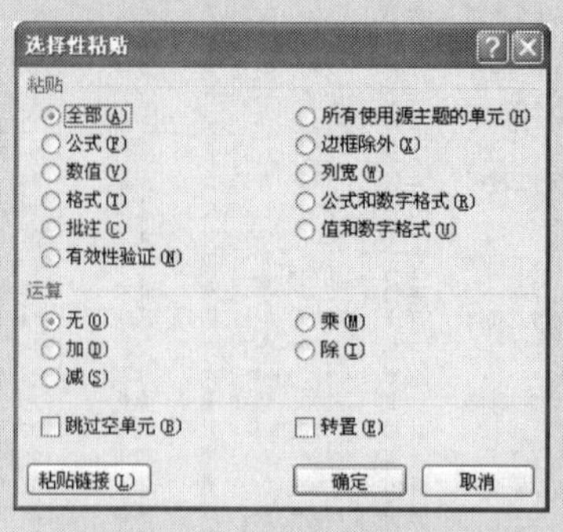

图 2.106 “选择性粘贴”对话框

（7）添加行。

① 选中 Sheet2 工作表的第 1、2 行。

② 选择【开始】→【单元格】→【插入】选项，在 Sheet2 工作表最上方插入两行空行。

③ 在 A1 中输入“公司员工工资管理表”。

（8）重命名 Sheet2 工作表。双击 Sheet2 工作表标签，输入“员工工资”后按【Enter】键，将工作表 Sheet2 重命名为“员工工资”。

（9）构建“员工工资”表。

① 在“员工工资”表的 E3、F3 和 G3 单元格中，分别输入“薪级工资”、“津贴”和“应发工资”。

② 在“薪级工资”一列中输入如图 2.107 所示的数据。

	A	B	C	D	E	F	G
1	公司员工工资管理表						
2							
3	序号	姓名	部门	基本工资	薪级工资	津贴	应发工资
4	1	赵力	人力资源部	3300	1300		
5	2	桑南	人力资源部	1600	950		
6	3	陈可可	人力资源部	3500	1320		
7	4	刘光利	人力资源部	1900	1100		
8	5	钱新	财务部	2800	1350		
9	6	曾思杰	财务部	2600	1250		
10	7	李莫薷	财务部	1400	950		
11	8	周树家	行政部	1680	1200		
12	9	林帝	行政部	2100	1280		
13	10	柯娜	行政部	2000	1150		
14	11	司马勤	行政部	1600	920		
15	12	令狐克	行政部	1350	920		
16	13	慕容上	物流部	1400	900		
17	14	柏国力	物流部	2100	1280		
18	15	全泉	物流部	1680	1100		
19	16	文路南	物流部	2800	1300		
20	17	尔阿	物流部	1600	1100		
21	18	英冬	物流部	1500	950		
22	19	皮维	物流部	1680	1150		
23	20	段齐	物流部	2100	1280		
24	21	费乐	物流部	1680	1100		
25	22	高玲珑	物流部	1600	950		
26	23	黄信念	物流部	1350	890		
27	24	江庹来	物流部	3000	1300		
28	25	王睿钦	市场部	3150	1320		
29	26	张梦	市场部	1600	1100		
30	27	夏蓝	市场部	1300	950		
31	28	白俊伟	市场部	2200	1280		
32	29	牛婷婷	市场部	3200	1320		
33	30	米思亮	市场部	4800	1450		

图 2.107 “员工工资”表

③ 计算“津贴”数据。

这里，津贴的值为“基本工资*0.3”。单击 F4 单元格，输入“＝D4*0.3”，再按下 Enter 键，再利用自动填充的方法计算出其他员工的津贴。

④ 计算“应发工资”。单击选中 G4 单元格，然后选择【开始】→【编辑】→【Σ自动求和】按钮 Σ 自动求和，在单元格中出现如图 2.108 所示的公式，按【Enter】键，可计算出“应发工资”数据，利用自动填充，计算出其他员工的应发工资。

	A	B	C	D	E	F	G	H	I
1	公司员工工资管理表								
2									
3	序号	姓名	部门	基本工资	薪级工资	津贴	应发工资		
4		1 赵力	人力资源部	3300	1300	990	=SUM(D4:F4)		
5		2 桑南	人力资源部	1600	950	480	SUM(number1, [number2], ...)		
6		3 陈可可	人力资源部	3500	1320	1050			
7		4 刘光利	人力资源部	1900	1100	570			
8		5 钱新	财务部	2800	1350	840			

图 2.108　计算“应发工资”

（10）设置“员工档案”表格式。

① 选择“员工档案”工作表，选定 A1:N1 单元格。选择【开始】→【对齐方式】→【合并后居中】选项，将选定的单元格合并，并使对齐方式设置为居中。

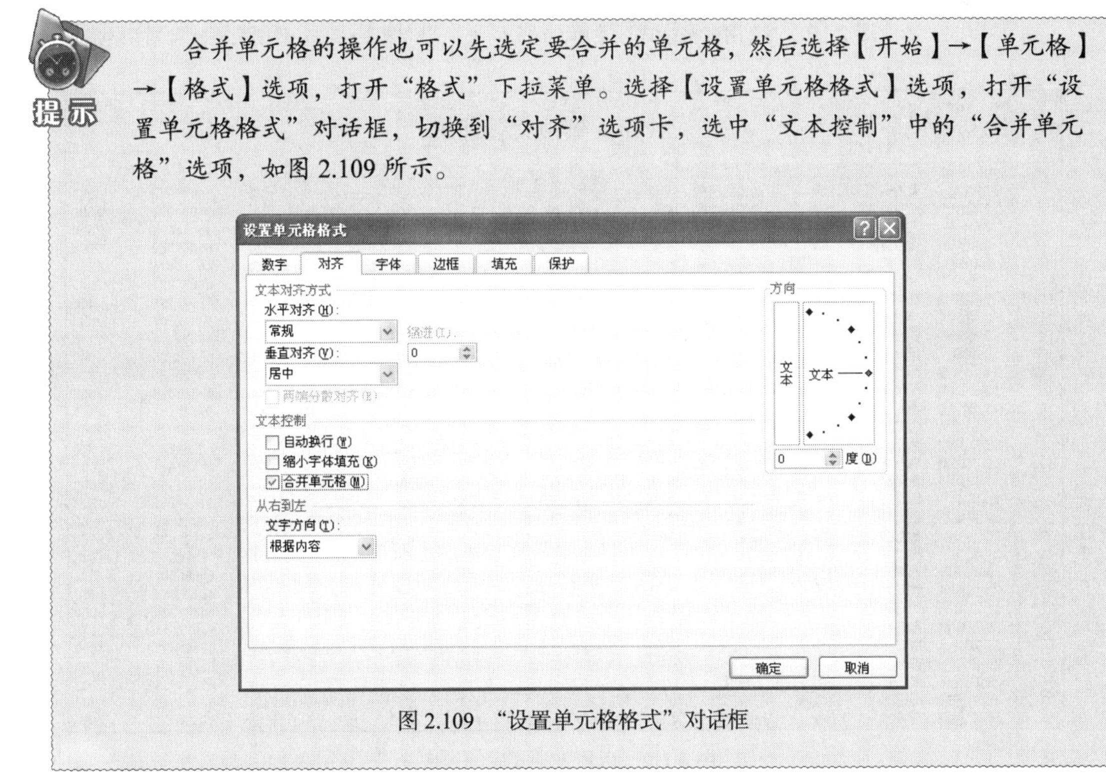

合并单元格的操作也可以先选定要合并的单元格，然后选择【开始】→【单元格】→【格式】选项，打开“格式”下拉菜单。选择【设置单元格格式】选项，打开“设置单元格格式”对话框，切换到“对齐”选项卡，选中“文本控制”中的“合并单元格”选项，如图 2.109 所示。

图 2.109　“设置单元格格式”对话框

② 将合并后的标题格式设置为黑体、20 磅、深蓝色。

③ 为数据区域自动套用格式。选中 A3:N33 单元格区域，选择【开始】→【样式】→【套用表格格式】选项，打开如图 2.110 所示的“套用表格格式”菜单，选择格式“表样式中等深浅 11”，弹出如图 2.111 所示的“套用表格式”对话框，在“表数据的来源”文本框中自动输入选定的表格区域，单击【确定】按钮，将为表格套用表样式，如图 2.112 所示。

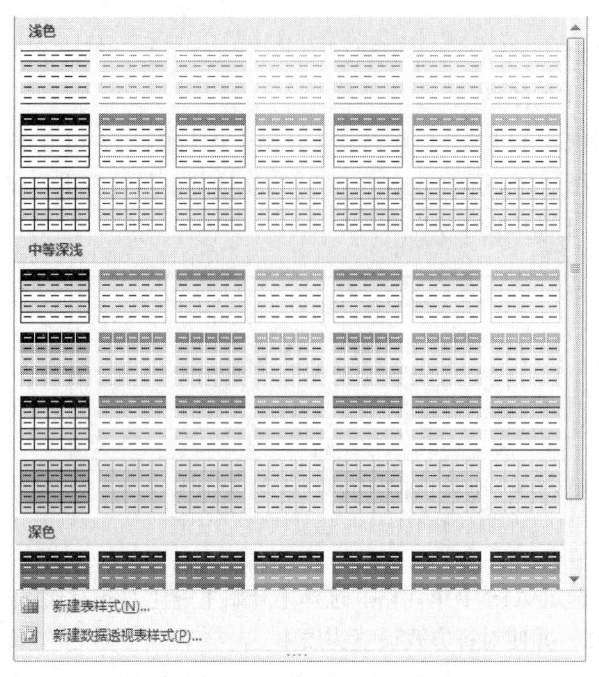

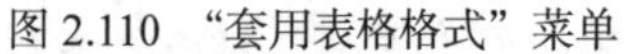
图 2.110 “套用表格格式”菜单

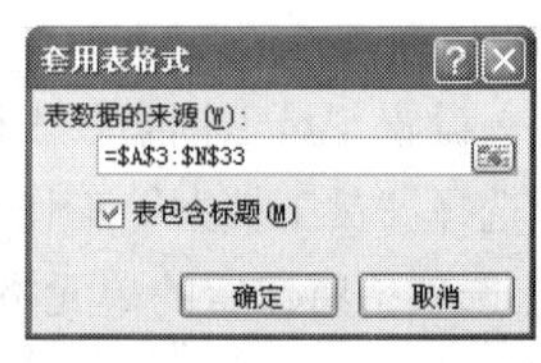

图 2.111 “套用表格式”对话框

公司人事档案管理表

序号	姓名	部门	职务	职称	学历	参加工作时间	年龄	性别	籍贯	出生日期	婚否	联系电话	基本工资
1	赵力	人力资源部	统计	高级经济师	本科	1992-6-6	41	男	北京	1971-10-23	已婚	64000872	3300
2	桑南	人力资源部	统计	助理统计师	大专	1986-10-31	48	男	山东	1964-4-1	已婚	65034080	1600
3	陈可可	人力资源部	部长	高级经济师	硕士	1996-7-15	42	男	四川	1970-8-25	已婚	63035376	3500
4	刘光利	人力资源部	科员	无	中专	1996-8-1	39	女	陕西	1973-7-13	已婚	64654756	1900
5	钱新	财务部	财务总监	高级会计师	本科	1999-7-20	36	男	甘肃	1976-7-4	未婚	66018871	2800
6	曾思杰	财务部	会计	会计师	本科	1998-5-16	37	女	南京	1975-9-10	已婚	66032221	2600
7	李莫薷	财务部	出纳	助理会计师	本科	1997-6-10	38	男	北京	1974-12-15	已婚	69244765	1400
8	周树家	行政部	部长	工程师	本科	2004-7-30	31	女	湖北	1981-8-30	已婚	63812307	1680
9	林帝	行政部	副部长	经济师	本科	1995-12-7	39	男	山东	1973-9-13	已婚	68874344	2100
10	柯娜	行政部	科员	无	大专	2000-9-11	36	男	陕西	1976-10-12	已婚	65910605	2000
11	司马勤	行政部	科员	助理工程师	本科	1998-7-17	37	女	天津	1975-3-8	已婚	62175686	1600
12	令狐克	行政部	内勤	无	高中	2004-2-22	29	女	北京	1983-2-16	未婚	64366059	1350
13	慕容上	物流部	外勤	无	中专	2010-4-10	26	女	北京	1986-11-3	未婚	67225427	1400
14	柏国力	物流部	部长	高级工程师	硕士	2003-7-31	33	男	哈尔滨	1979-3-15	未婚	67017027	2100
15	全泉	物流部	项目监察	工程师	本科	2009-8-14	27	女	北京	1985-4-18	未婚	63267813	1680
16	文路南	物流部	项目主管	高级工程师	硕士	1998-3-17	38	男	四川	1974-7-16	已婚	65257851	2800
17	尔阿	物流部	业务员	工程师	本科	1998-9-18	38	女	安徽	1974-5-24	已婚	65761446	1600
18	英冬	物流部	业务员	无	大专	2003-4-3	34	女	北京	1978-6-13	已婚	67624956	1500
19	皮维	物流部	业务员	助理工程师	大专	1993-12-8	39	男	湖北	1973-3-21	已婚	63021549	1680
20	段齐	物流部	项目主管	工程师	本科	2005-5-6	29	女	北京	1983-4-16	未婚	64272883	2100
21	费乐	物流部	项目监察	工程师	本科	2009-7-13	28	男	四川	1984-8-9	未婚	65922950	1680
22	高玲珑	物流部	业务员	助理经理师	本科	2003-11-21	32	男	北京	1980-11-30	已婚	65966501	1600
23	黄信念	物流部	内勤	无	高中	1989-12-15	44	女	陕西	1968-12-10	已婚	68190028	1350
24	江庹来	物流部	项目主管	高级经济师	本科	1994-7-15	40	男	天津	1972-5-8	已婚	64581924	3000
25	王睿钦	市场部	主管	经济师	本科	1998-7-6	36	男	重庆	1976-1-6	已婚	63661547	3150
26	张梦	市场部	业务员	助理经济师	中专	2000-8-9	34	女	四川	1978-5-9	已婚	65897823	1600
27	夏蓝	市场部	业务员	无	高中	2004-12-10	26	女	湖南	1986-5-23	未婚	64789321	1300
28	白俊伟	市场部	外勤	工程师	本科	1995-6-30	39	男	四川	1973-8-5	已婚	68794651	2200
29	牛婷婷	市场部	主管	经济师	硕士	2003-7-18	34	女	重庆	1978-3-15	已婚	69712546	3200
30	米思亮	市场部	部长	高级经济师	本科	2000-8-1	34	男	山东	1978-10-18	已婚	67584251	4800

图 2.112 套用表样式后的表格

① 套用表格格式后，选择【表工具】→【设计】→【表样式选项】选项，在其中可以通过选中或取消选中不同的复选框设置表格的各种显示效果。

② 套用表格格式后将出现自动筛选按钮，若不想显示此按钮，可选择【开始】→【编辑】→【排序和筛选】选项，从打开的下拉菜单中单击【筛选】选项，取消筛选。

由于 Excel 2007 套用表格格式过程中自动嵌套了“创建列表”的功能，如图 2.113 所示，在编辑栏的名称框列表中可见已创建了“表 1”。

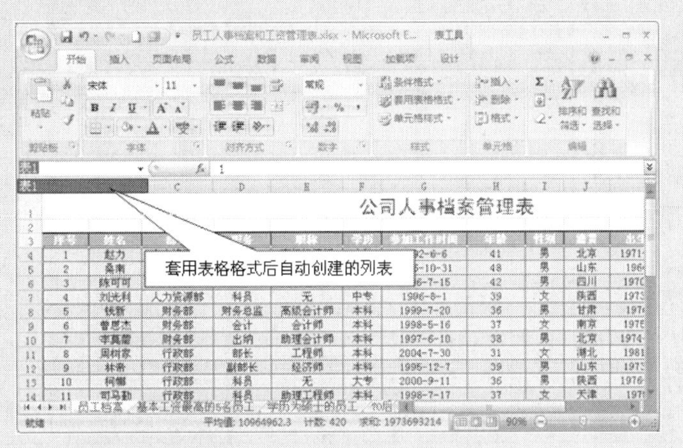

图 2.113　套用表格格式后自动创建列表

套用表格格式后，若想使表格除了套用的格式外，还具备普通区域的功能（如“分类汇总”），需将套用了表格格式的表格转换为区域后则可按普通数据区域。操作方法为：选中套用了表格格式的单元格区域右击，从快捷菜单中选择【表格】→【转换为区域】选项，弹出如图 2.114 所示的提示框，单击【是】按钮，完成转换。

图 2.114　“是否将表转换为普通区域”提示框

④ 设置数据区域边框。选中 A3:N33 单元格区域，选择【开始】→【单元格】→【格式】选项，打开如图 2.115 所示的“格式”下拉菜单。选择【设置单元格格式】选项，打开“设置单元格格式”对话框，切换到“边框”选项卡，为表格设置内细外粗的边框线，如图 2.116 所示。

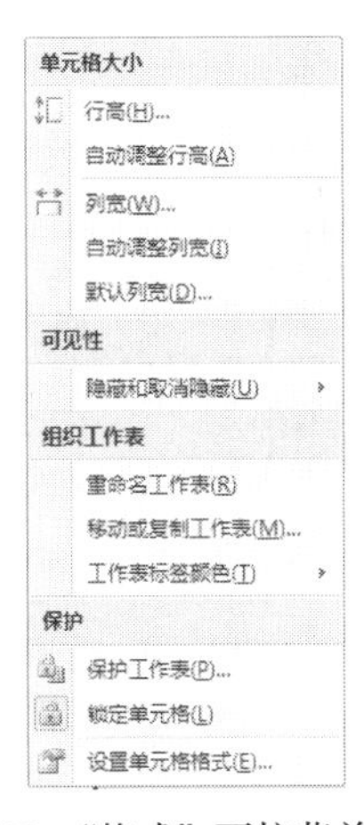

图 2.115　“格式”下拉菜单

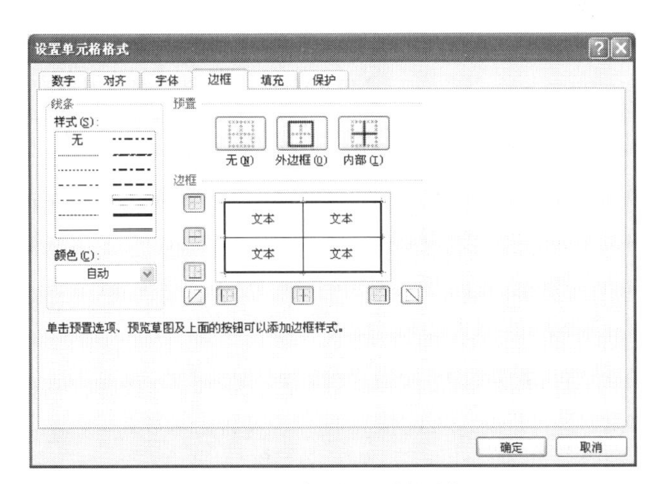

图 2.116　设置单元格区域的边框

⑤ 将 A3:N33 单元格区域的对齐方式设置为水平居中，设置后的格式如图 2.117 所示。

（11）同样，可设置员工工资表的格式，效果如图 2.118 所示。

（12）保存所做的文件。

公司人事档案管理表

序号	姓名	部门	职务	职称	学历	参加工作时间	年龄	性别	籍贯	出生日期	婚否	联系电话	基本工资
1	赵力	人力资源部	统计	高级经济师	本科	1992-6-6	41	男	北京	1971-10-23	已婚	64000872	3300
2	桑南	人力资源部	统计	助理统计师	大专	1986-10-31	48	男	山东	1964-4-1	已婚	65034080	1600
3	陈可可	人力资源部	部长	高级经济师	硕士	1996-7-15	42	男	四川	1970-8-25	已婚	63035376	3500
4	刘光利	人力资源部	科员	无	中专	1996-8-1	39	女	陕西	1973-7-13	已婚	64654756	1900
5	钱新	财务部	财务总监	高级会计师	本科	1999-7-20	36	男	甘肃	1976-7-4	未婚	66018871	2800
6	曾思杰	财务部	会计	会计师	本科	1998-5-16	37	女	南京	1975-9-10	已婚	66032221	2600
7	李莫薷	财务部	出纳	助理会计师	本科	1997-6-10	38	男	北京	1974-12-15	已婚	69244765	1400
8	周树家	行政部	部长	工程师	本科	2004-7-30	31	女	湖北	1981-8-30	已婚	63812307	1680
9	林帝	行政部	副部长	经济师	本科	1995-12-7	39	男	山东	1973-9-13	已婚	68874344	2100
10	柯娜	行政部	科员	无	大专	2000-9-11	36	男	陕西	1976-10-12	已婚	65910605	2000
11	司马勤	行政部	科员	助理工程师	本科	1998-7-17	37	女	天津	1975-3-8	已婚	62175686	1600
12	令狐克	行政部	内勤	无	高中	2004-2-22	29	女	北京	1983-2-16	未婚	64366059	1350
13	慕容上	物流部	外勤	无	中专	2010-4-10	26	女	北京	1986-11-3	未婚	67225427	1400
14	柏国力	物流部	部长	高级工程师	硕士	2003-7-31	33	男	哈尔滨	1979-3-15	未婚	67017027	2100
15	全泉	物流部	项目监察	工程师	本科	2009-8-14	27	女	北京	1985-4-18	未婚	63267813	1680
16	文路南	物流部	项目主管	高级工程师	硕士	1998-3-17	38	男	四川	1974-7-16	已婚	65257851	2800
17	尔阿	物流部	业务员	工程师	本科	1998-9-18	38	女	安徽	1974-5-24	已婚	65761446	1600
18	英冬	物流部	业务员	无	大专	2003-4-3	34	女	北京	1978-6-13	已婚	67624956	1500
19	皮维	物流部	业务员	助理工程师	大专	1993-12-8	39	男	湖北	1973-3-21	已婚	63021549	1680
20	段齐	物流部	项目主管	工程师	本科	2005-5-6	29	女	北京	1983-4-16	未婚	64272883	2100
21	费乐	物流部	项目监察	工程师	本科	2009-7-13	28	男	四川	1984-8-9	未婚	65922950	1680
22	高玲珑	物流部	业务员	助理经理师	本科	2003-11-21	32	男	北京	1980-11-30	已婚	65966501	1600
23	黄信念	物流部	内勤	无	高中	1989-12-15	44	女	陕西	1968-12-10	已婚	68190028	1350
24	江度来	物流部	项目主管	高级经济师	本科	1994-7-15	40	男	天津	1972-5-8	已婚	64581924	3000
25	王睿钦	市场部	主管	经济师	本科	1998-7-6	36	男	重庆	1976-1-6	已婚	63661547	3150
26	张梦	市场部	业务员	助理经济师	中专	2000-8-9	34	女	四川	1978-5-9	已婚	65897823	1600
27	夏蓝	市场部	业务员	无	高中	2004-12-10	26	女	湖南	1986-5-23	未婚	64789321	1300
28	白俊伟	市场部	外勤	工程师	本科	1995-6-30	39	男	四川	1973-8-5	已婚	68794651	2200
29	牛婷婷	市场部	主管	经济师	硕士	2003-7-18	34	女	重庆	1978-3-15	已婚	69712546	3200
30	米思亮	市场部	部长	高级经济师	本科	2000-8-1	34	男	山东	1978-10-18	已婚	67584251	4800

图 2.117　设置完成后的员工档案表

公司员工工资管理表

序号	姓名	部门	基本工资	薪级工资	津贴	应发工资
1	赵力	人力资源部	3300	1300	990	5590
2	桑南	人力资源部	1600	950	480	3030
3	陈可可	人力资源部	3500	1320	1050	5870
4	刘光利	人力资源部	1900	1100	570	3570
5	钱新	财务部	2800	1350	840	4990
6	曾思杰	财务部	2600	1250	780	4630
7	李莫薷	财务部	1400	950	420	2770
8	周树家	行政部	1680	1200	504	3384
9	林帝	行政部	2100	1280	630	4010
10	柯娜	行政部	2000	1150	600	3750
11	司马勤	行政部	1600	920	480	3000
12	令狐克	行政部	1350	920	405	2675
13	慕容上	物流部	1400	900	420	2720
14	柏国力	物流部	2100	1280	630	4010
15	全泉	物流部	1680	1100	504	3284
16	文路南	物流部	2800	1300	840	4940
17	尔阿	物流部	1600	1100	480	3180
18	英冬	物流部	1500	950	450	2900
19	皮维	物流部	1680	1150	504	3334
20	段齐	物流部	2100	1280	630	4010
21	费乐	物流部	1680	1100	504	3284
22	高玲珑	物流部	1600	950	480	3030
23	黄信念	物流部	1350	890	405	2645
24	江度来	物流部	3000	1300	900	5200
25	王睿钦	市场部	3150	1320	945	5415
26	张梦	市场部	1600	1100	480	3180
27	夏蓝	市场部	1300	950	390	2640
28	白俊伟	市场部	2200	1280	660	4140
29	牛婷婷	市场部	3200	1320	960	5480
30	米思亮	市场部	4800	1450	1440	7690

图 2.118　设置完成后的“员工工资”表

（13）导出“员工工资”表的数据。

为方便财务部进行工资的核算而不必重新输入数据，这里，我们将生成的员工工资数据导出备用。

① 选中“员工工资”工作表。

② 单击【Office 按钮】，执行【另存为】→【其他格式】命令，打开“另存为”对话框。

③ 将文件的保存类型设置为“CSV（逗号分隔）”类型，以“员工工资”为名保存在“E:\公司文档\人力资源部”文件夹中，如图 2.119 所示。

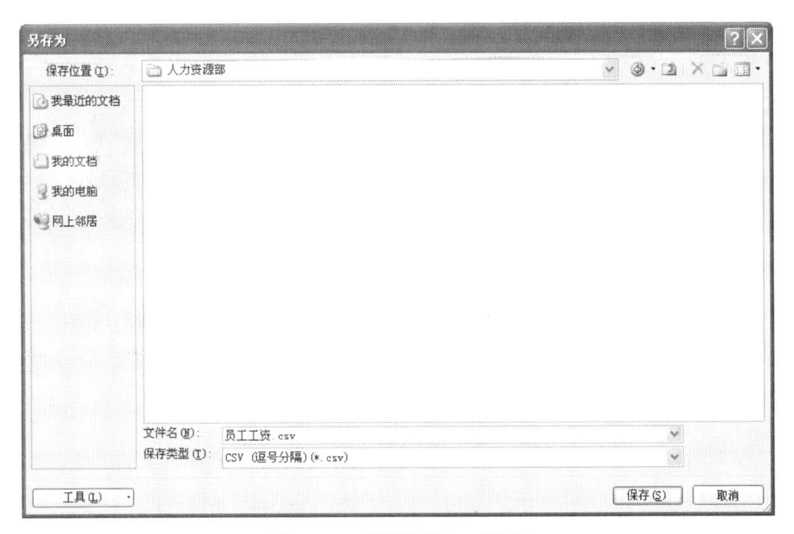

图 2.119　“另存为”对话框

.xlsx 文件是 Microsoft Excel 2007 表格的文件格式，CSV（Comma Separated Value 的缩写）是最通用的一种文件格式，它可以非常容易地被导入于各种 PC 表格及数据库中，这种文件格式经常用来作为不同程序之间的数据交互的格式。

CSV(*.csv) 文件格式只能保存活动工作表中的单元格所显示的文本和数值。工作表中所有的数据行和字符都将保存。数据列以逗号分隔，每一行数据都以回车符结束。如果单元格中包含逗号，则该单元格中的内容以双引号引起。如果单元格显示的是公式而不是数值，该公式将转换为文本方式，所有格式、图形、对象和工作表的其他内容将全部丢失，欧元符号将转换为问号。

.csv 是逗号分割的文本文件，可以用文本编辑器和电子表格如 Excel 等打开；.xlsx 是 Excel 专用格式，只能用 Excel 打开。

④ 单击【保存】按钮，弹出如图 2.120 所示的提示框。

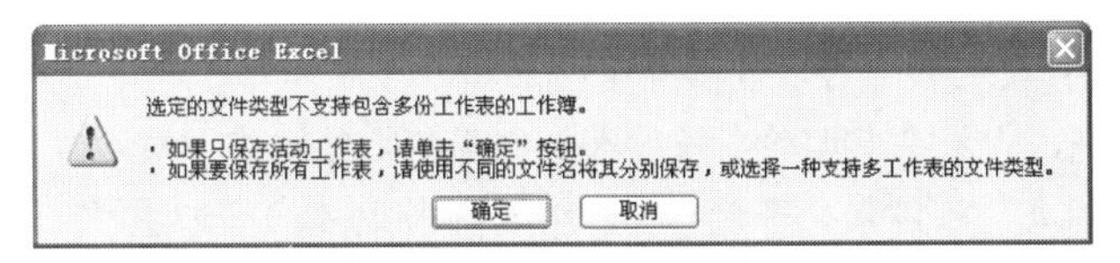

图 2.120　保存为“CSV（逗号分隔）”类型的提示框

⑤ 单击【确定】按钮，弹出如图 2.121 所示的提示框。

⑥ 单击【是】按钮，完成文件的导出，导出的文件图标为。

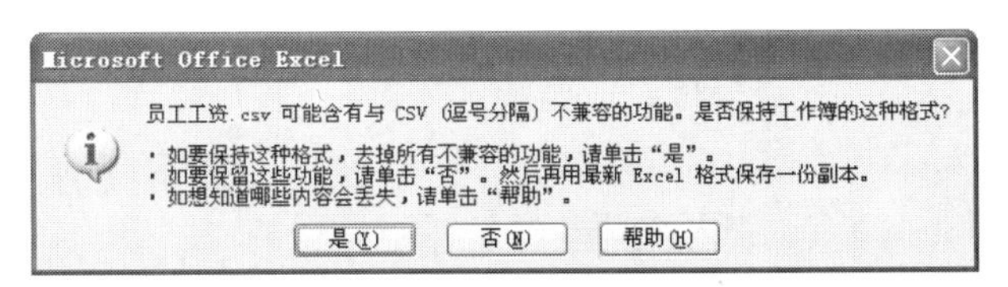

图 2.121　确认格式提示框

（14）关闭另存为“CSV（逗号分隔）”类型的文件。

很多时候，我们也会导出 Excel 的数据为文本格式，以便以最节省的空间来存放数据文件。

① 保存格式为文本文件时，只能保存一张工作表——活动工作表，故需要先确保“员工工资”为活动工作表。

由于一个工作簿中有多张工作表，Excel 会自动给出如图 2.122 所示的提示框，单击【确定】按钮后，得到一个文本文件。

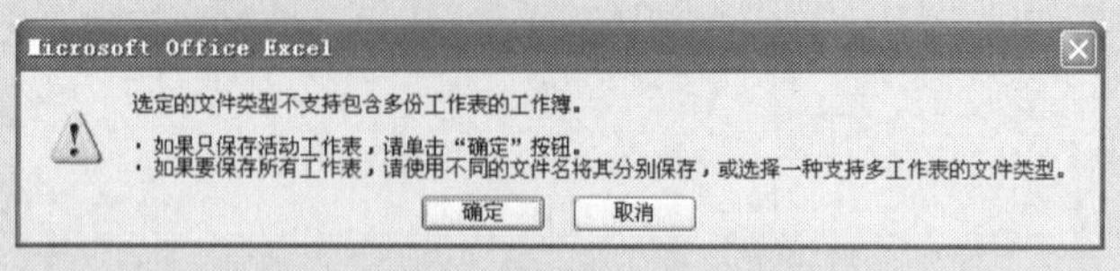

图 2.122　保存为文本文件时的提示框

② 有些格式会不被文本文件兼容，文本文件只会保存为文本数据，Excel 会弹出如图 2.123 所示的提示框，让用户来选择保存时是否保留这些功能。

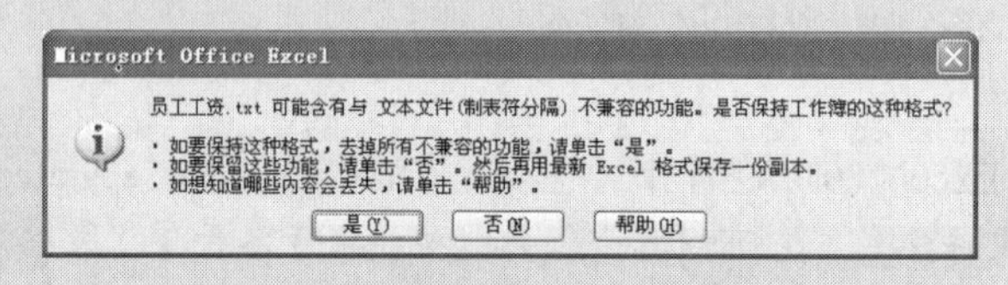

图 2.123 选择保持格式的提示框

③ 由于要用来做外部数据，很可能用到数据库中去，因此最好是一个完整的数据清单，可以将原来的标题“公司员工工资管理表”删掉。

当然，即使未删除标题，Excel 在导入外部数据时也会自动识别数据清单和标题部分。

（15）打开“E:\公司文档\人力资源部”文件夹中的“员工人事档案和工资管理表.xlsx”文件。

（16）复制工作表。

① 选定“员工档案”工作表，将该工作表复制 4 份。

② 分别将复制的工作表重命名为“基本工资最高的 5 名员工”、“学历为硕士的员工”、“70 后的男员工”和“汇总各学历的平均基本工资”。

复制工作表的方法有以下三种。

① 选中要复制的工作表，选择【开始】→【单元格】→【格式】选项，打开“格式”下拉菜单，从菜单中选择【移动或复制工作表】选项，打开如图 2.124 所示的“移动或复制工作表”对话框，单击“下列选定工作表之前”列表中的“员工工资”，选中“建立副本”选项，然后单击【确定】按钮。

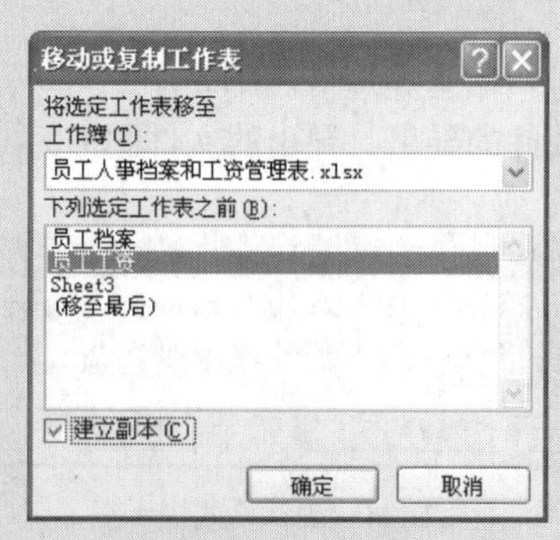

图 2.124　“移动或复制工作表”对话框

② 右击工作表标签，从快捷菜单中选择“移动或复制工作表”命令。

③ 按下 Ctrl 键，拖动要复制的工作表标签，到达新的位置后释放鼠标和 Ctrl 键（此方法只适用于在同一工作簿中复制工作表）。

（17）筛选“基本工资最高的 5 名员工”。

① 选定“基本工资最高的 5 名员工”工作表。

② 单击数据区域中任一单元格，选择【数据】→【排序和筛选】→【筛选】选项，系统将在每个字段上添加一个下拉按钮，如图 2.125 所示。

公司人事档案管理表

序号	姓名	部门	职务	职称	学历	参加工作时间	年龄	性别	籍贯	出生日期	婚否	联系电话	基本工资
1	赵力	人力资源部	统计	高级经济师	本科	1992-6-6	41	男	北京	1971-10-23	已婚	64000872	3300
2	桑南	人力资源部	统计	助理统计师	大专	1986-10-31	48	男	山东	1964-4-1	已婚	65034080	1600
3	陈可可	人力资源部	部长	高级经济师	硕士	1996-7-15	42	男	四川	1970-8-25	已婚	63035376	3500
4	刘光利	人力资源部	科员	无	中专	1996-8-1	39	女	陕西	1973-7-13	已婚	64654756	1900
5	钱新	财务部	财务总监	高级会计师	本科	1999-7-20	36	男	甘肃	1976-7-4	未婚	66018871	2800
6	曾思杰	财务部	会计	会计师	本科	1998-5-16	37	女	南京	1975-9-10	已婚	66032221	2600
7	李莫薷	财务部	出纳	助理会计师	本科	1997-6-10	38	男	北京	1974-12-15	已婚	69244765	1400

图 2.125　自动筛选工作表

③ 设置筛选条件。单击“基本工资”右边的下拉按钮，打开如图 2.126 所示的菜单，选择【数字筛选】级联菜单中的【10 个最大的值】选项，打开如图 2.127 所示的“自动筛选前 10 个”对话框。

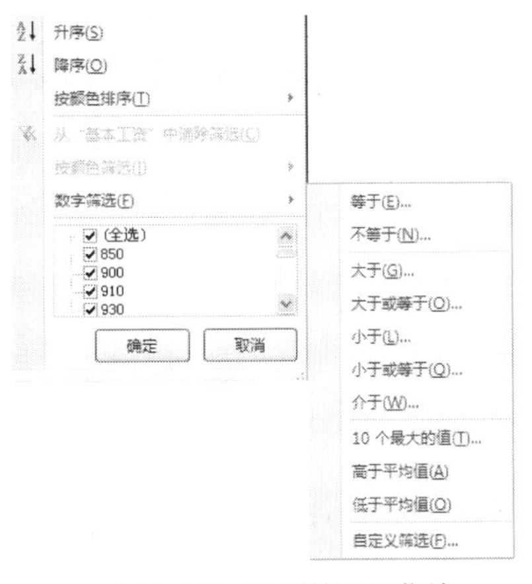

图 2.126　设置筛选的菜单

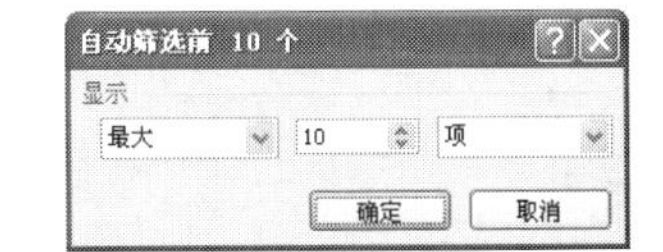

图 2.127　“自动筛选前 10 个”对话框

④ 将筛选项的值设置为“5”，单击【确定】按钮后，筛选出基本工资最高的 5 名员工的数据。筛选结果如图 2.128 所示。

公司人事档案管理表

序号	姓名	部门	职务	职称	学历	参加工作时间	年龄	性别	籍贯	出生日期	婚否	联系电话	基本工资
1	赵力	人力资源部	统计	高级经济师	本科	1992-6-6	41	男	北京	1971-10-23	已婚	64000872	3300
3	陈可可	人力资源部	部长	高级经济师	硕士	1996-7-15	42	男	四川	1970-8-25	已婚	63035376	3500
25	王睿钦	市场部	主管	经济师	本科	1998-7-6	36	男	重庆	1976-1-6	已婚	63661547	3150
29	牛婷婷	市场部	主管	经济师	硕士	2003-7-18	34	女	重庆	1978-3-15	已婚	69712546	3200
30	米思亮	市场部	部长	高级经济师	本科	2000-8-1	34	男	山东	1978-10-18	已婚	67584251	4800

图 2.128　筛选出基本工资最高的 5 名员工的数据

（18）筛选“学历为硕士的员工”。

① 选定“学历为硕士的员工”工作表。

② 选择【数据】→【排序和筛选】→【筛选】选项，构建自动筛选。单击“学历”右边的下拉按钮，打开筛选菜单，在“学历”的值列表中选择“硕士”，如图 2.129 所示，单击【确定】按钮，则可得到如图 2.130 所示的数据。

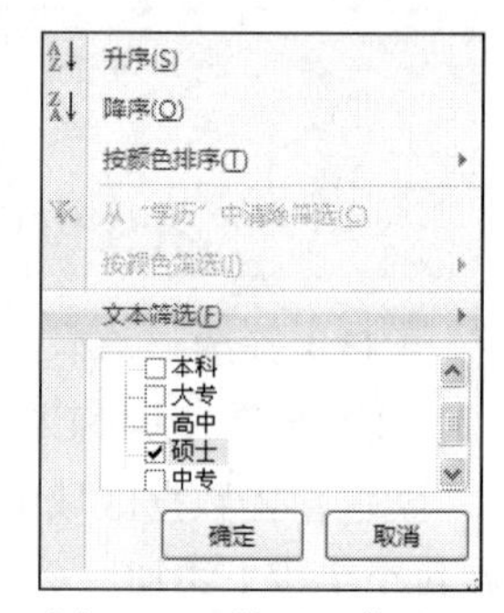

图 2.129 设置“学历”筛选条件

（19）筛选“70 后的男员工”数据。

① 选中“70 后的男员工”工作表。

② 选择【数据】→【排序和筛选】→【筛选】选项，构建自动筛选。单击“出生日期”右边的下拉按钮，打开如图 2.131 所示的筛选菜单，选择【日期筛选】级联菜单中的【介于】选项，打开“自定义自动筛选方式”对话框。

公司人事档案管理表

	A	B	C	D	E	F	G	H	I	J	K	L	M	N
3	序号	姓名	部门	职务	职称	学历	参加工作时间	年龄	性别	籍贯	出生日期	婚否	联系电话	基本工资
6	3	陈可可	人力资源部	部长	高级经济师	硕士	1996-7-15	42	男	四川	1970-8-25	已婚	63035376	3500
17	14	柏国力	物流部	部长	高级工程师	硕士	2003-7-31	33	男	哈尔滨	1979-3-15	未婚	67017027	2100
19	16	文路南	物流部	项目主管	高级工程师	硕士	1998-3-17	38	男	四川	1974-7-16	已婚	65257851	2800
32	29	牛婷婷	市场部	主管	经济师	硕士	2003-7-18	34	女	重庆	1978-3-15	已婚	69712546	3200

图 2.130 筛选出学历为“硕士”的员工数据

③ 按图 2.132 所示在【自定义自动筛选方式】对话框中设置筛选条件。

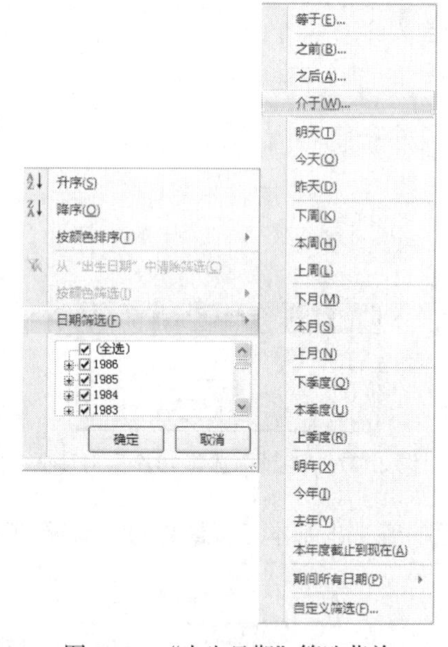

图 2.131 “出生日期”筛选菜单

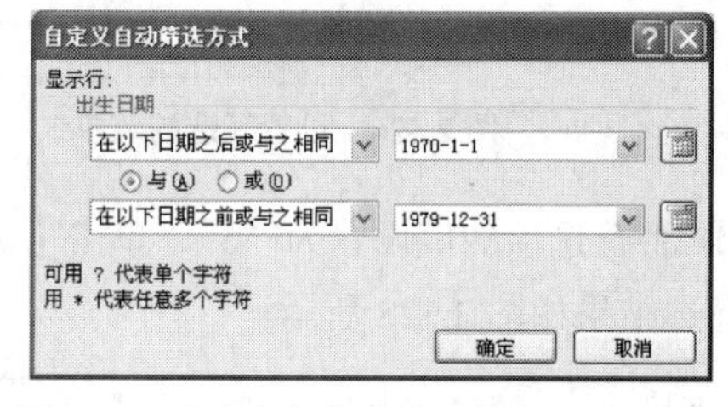

图 2.132 “自定义自动筛选方式”对话框

④ 单击【确定】按钮，完成条件“70 后”的筛选。

⑤ 从“性别”的下拉列表中选择“男”，则可得到如图 2.133 所示的数据。

（20）汇总各学历的平均基本工资。

① 选中“汇总各学历的平均基本工资”工作表。

② 选择【数据】→【排序和筛选】→【排序】选项，打开“排序”对话框。设置“主要关键字”为“学历”，如图 2.134 所示，单击【确定】按钮。

公司人事档案管理表

	序号	姓名	部门	职务	职称	学历	参加工作时间	年龄	性别	籍贯	出生日期	婚否	联系电话	基本工资
4	1	赵力	人力资源部	统计	高级经济师	本科	1992-6-6	41	男	北京	1971-10-23	已婚	64000872	3300
6	3	陈可可	人力资源部	部长	高级经济师	硕士	1996-7-15	42	男	四川	1970-8-25	已婚	63035376	3500
8	5	钱新	财务部	财务总监	高级会计师	本科	1999-7-20	36	男	甘肃	1976-7-4	未婚	66018871	2800
10	7	李莫薷	财务部	出纳	助理会计师	本科	1997-6-10	38	男	北京	1974-12-15	已婚	69244765	1400
12	9	林帝	行政部	副部长	经济师	本科	1995-12-7	39	男	山东	1973-9-13	已婚	68874344	2100
13	10	柯娜	行政部	科员	无	大专	2000-9-11	36	男	陕西	1976-10-12	已婚	65910605	2000
17	14	柏国力	物流部	部长	高级工程师	硕士	2003-7-31	33	男	哈尔滨	1979-3-15	未婚	67017027	2100
19	16	文路南	物流部	项目主管	高级工程师	硕士	1998-3-17	38	男	四川	1974-7-16	已婚	65257851	2800
22	19	皮维	物流部	业务员	助理工程师	大专	1993-12-8	39	男	湖北	1973-3-21	已婚	63021549	1680
27	24	江庹来	物流部	项目主管	高级经济师	本科	1994-7-15	40	男	天津	1972-5-8	已婚	64581924	3000
28	25	王睿钦	市场部	主管	经济师	本科	1998-7-6	36	男	重庆	1976-1-6	已婚	63661547	3150
31	28	白俊伟	市场部	外勤	工程师	本科	1995-6-30	39	男	四川	1973-8-5	已婚	68794651	2200
33	30	米思亮	市场部	部长	高级经济师	本科	2000-8-1	34	男	山东	1978-10-18	已婚	67584251	4800

图 2.133　筛选“70 后的男员工”数据

进行分类汇总时，应先对要分类的字段值进行排序，使分类字段中相同的值排列在一起，再进行分类汇总。

③ 选择【数据】→【分级显示】→【分类汇总】选项，打开“分类汇总”对话框。

由于前面我们已经将套用了表格格式的“员工档案”工作表转换为了区域，复制产生的“汇总各学历的平均基本工资”工作表也为普通区域，因此，这里的【分类汇总】按钮变为可用，否则，则需要进行表格转换为区域的操作后方可使用分类汇总。

④ 在“分类汇总”对话框的“分类字段”下拉列表中选择“学历”，在“汇总方式”下拉列表中选择“平均值”，在“选定汇总项”中选择“基本工资”，如图 2.135 所示。

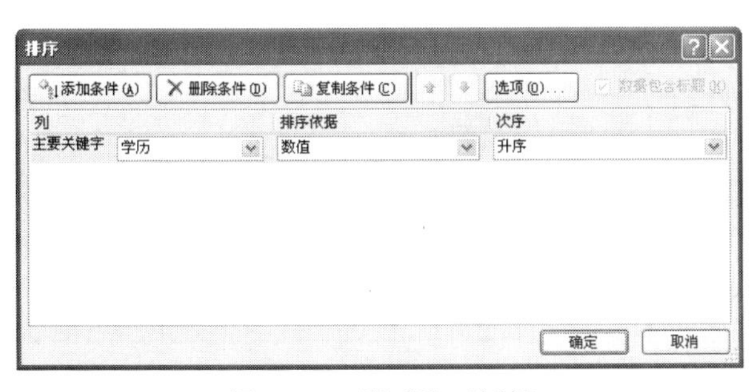

图 2.134　“排序”对话框

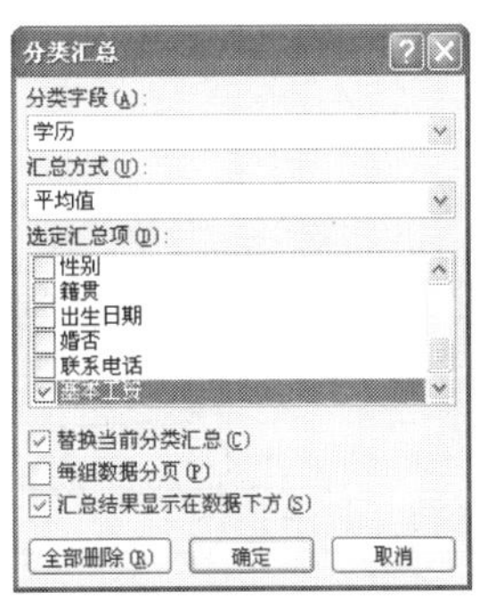

图 2.135　“分类汇总”对话框

⑤ 单击【确定】按钮，可生成各学历的平均基本工资汇总数据，如图 2.136 所示。

公司人事档案管理表

	序号	姓名	部门	职务	职称	学历	参加工作时间	年龄	性别	籍贯	出生日期	婚否	联系电话	基本工资
20						本科 平均值								2113.125
25						大专 平均值								1720
29						高中 平均值								1543.33333
34						硕士 平均值								2262.5
38						中专 平均值								3400
39						总计平均值								2152.33333

图 2.136　各学历的平均基本工资汇总数据

（21）统计各学历人数。

① 插入新工作表“统计各学历人数”。选中“员工工资”工作表，右击“员工工资”工作表标签，从弹出的快捷菜单中选择【插入】选项，打开如图 1.137 所示的“插入”对话框，选择“工

作表”后单击【确定】按钮，在所选工作表之前插入一张新的工作表，将新插入的工作表命名为“统计各学历人数”。

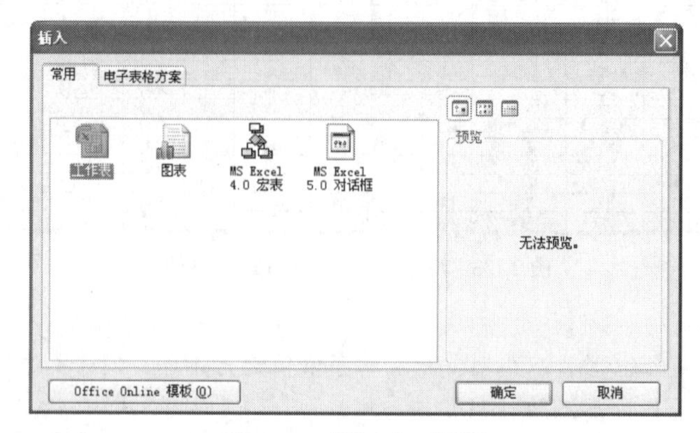

图 2.137 “插入”对话框

② 在“统计各学历人数”工作表中创建如图 2.138 所示的表格框架。

③ 选中 C4 单元格。

④ 选择【公式】→【函数库】→【插入函数】选项，打开如图 2.139 所示的“插入函数”对话框，从“或选择类别”下拉列表中选择“统计”类别，再从“选择函数”列表中选择“COUNTIF”函数。

公司各学历人数统计表

部门	人数
硕士	
本科	
大专	
中专	
高中	

图 2.138 “统计各学历人数”表格框架

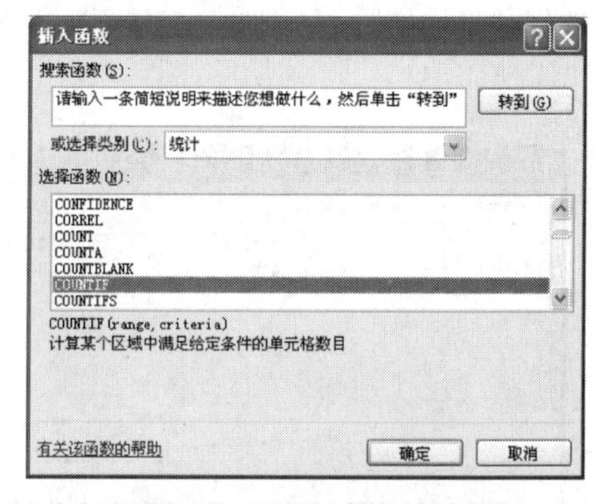

图 2.139 “插入函数”对话框

⑤ 单击【确定】按钮，打开“函数参数”对话框，设置如图 2.140 所示的参数。

⑥ 单击【确定】按钮，得到“硕士”人数。

⑦ 利用自动填充可统计出各学历的人数，如图 2.141 所示。

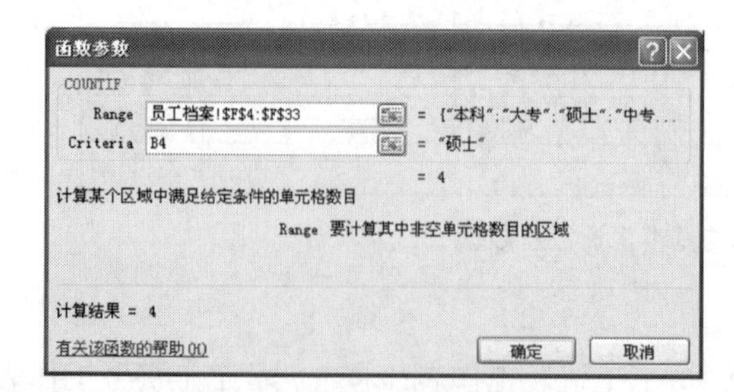

图 2.140 “函数参数”对话框

公司各学历人数统计表

部门	人数
硕士	4
本科	16
大专	4
中专	3
高中	3

图 2.141 各学历人数统计结果

【拓展案例】

1. 员工业绩评估表（如图 2.142 所示）。

物流部员工业绩评估表

编号	员工姓名	第一季度销售额	奖金比例	业绩奖金	第二季度销售额	奖金比例	业绩奖金	第三季度销售额	奖金比例	业绩奖金	第四季度销售额	奖金比例	业绩奖金
1	慕容上	51250	5%	2562.5	62000	5%	3100	112130	8%	8970.4	145590	13%	18926.7
2	柏国力	31280	0%	0	43210	5%	2160.5	99065	8%	7925.2	40000	5%	2000
3	全泉	76540	5%	3827	65435	5%	3271.75	56870	5%	2843.5	44350	5%	2217.5
4	文路南	55760	5%	2788	50795	5%	2539.75	41000	5%	2050	20805	0%	0
5	尔阿	56780	5%	2839	43265	5%	2163.25	78650	5%	3932.5	28902	0%	0
6	英冬	34250	0%	0	45450	5%	2272.5	26590	0%	0	41000	5%	2050
7	皮维	189050	15%	28357.5	65080	5%	3254	35480	0%	0	29080	0%	0
8	段齐	67540	5%	3377	59800	5%	2990	50005	5%	2500.25	21000	0%	0
9	费乐	45605	5%	2280.25	55580	5%	2779	43080	5%	2154	35080	0%	0
10	高玲珑	80870	5%	4043.5	25790	0%	0	60860	5%	3043	33450	0%	0
11	黄信念	22000	0%	0	54300	5%	2715	60005	5%	3000.25	50000	5%	2500
12	江庹来	43680	5%	2184	88805	5%	4440.25	65409	5%	3270.45	34520	0%	0

图 2.142　员工业绩评估表

2. 员工培训管理表（如图 2.143 所示）。

员工培训方案管理表

编号	员工姓名	培训项目	开始日期	结束日期	考核时间
0001	桑南	Word文字处理	2007-3-1	2007-3-3	2007-3-12
0001	桑南	Excel电子表格分析	2007-3-4	2007-3-5	2007-3-12
0001	桑南	PowerPoint幻灯片演示	2007-3-6	2007-3-8	2007-3-12
0002	刘光利	Word文字处理	2007-3-1	2007-3-3	2007-3-12
0002	刘光利	Excel电子表格分析	2007-3-4	2007-3-5	2007-3-12
0003	李莫薷	Word文字处理	2007-3-1	2007-3-3	2007-3-12
0003	李莫薷	Excel电子表格分析	2007-3-4	2007-3-5	2007-3-12
0004	慕容上	Excel电子表格分析	2007-3-4	2007-3-5	2007-3-12
0005	尔阿	Word文字处理	2007-3-1	2007-3-3	2007-3-12
0005	尔阿	Excel电子表格分析	2007-3-4	2007-3-5	2007-3-12
0006	英冬	Word文字处理	2007-3-1	2007-3-3	2007-3-12
0006	英冬	Excel电子表格分析	2007-3-4	2007-3-5	2007-3-12
0006	英冬	PowerPoint幻灯片演示	2007-3-6	2007-3-8	2007-3-12
0007	段齐	Word文字处理	2007-3-1	2007-3-3	2007-3-12
0007	段齐	Excel电子表格分析	2007-3-4	2007-3-5	2007-3-12
0008	牛婷婷	Excel电子表格分析	2007-3-4	2007-3-5	2007-3-12
0009	黄信念	Word文字处理	2007-3-1	2007-3-3	2007-3-12
0009	黄信念	Excel电子表格分析	2007-3-4	2007-3-5	2007-3-12
0010	皮维	Excel电子表格分析	2007-3-4	2007-3-5	2007-3-12
0010	皮维	PowerPoint幻灯片演示	2007-3-6	2007-3-8	2007-3-12
0011	夏蓝	PowerPoint幻灯片演示	2007-3-6	2007-3-8	2007-3-12
0012	费乐	PowerPoint幻灯片演示	2007-3-7	2007-3-8	2007-3-12

图 2.143　员工培训管理表

3. 员工培训成绩表（如图 2.144 所示）。

员工培训成绩表

员工编号	员工姓名	Word文字处理	Excel电子表格分析	PowerPoint幻灯片演示	平均分	结果
0001	桑南	93	98	88	93	合格
0002	刘光利	90	80		85	合格
0003	李莫薷	82	90		86	合格
0004	慕容上		88		88	合格
0005	尔阿	76	78		77	不合格
0006	英冬	70	70	88	76	不合格
0007	段齐	90	88		89	合格
0008	牛婷婷		90		90	合格
0009	黄信念	65	67		66	不合格
0010	皮维		88	90	89	合格
0011	夏蓝			78	78	不合格
0012	费乐			90	90	合格
各科平均成绩		80.9	83.7	86.8	83.9	

图 2.144　员工培训成绩表

【拓展训练】

利用前面创建的“员工人事档案和工资管理表”文件，计算员工工龄、筛选出 2000 年以后参加工作的员工、基本工资在 1500 元以上或职称为工程师的员工，统计出各部门的人数。

操作步骤如下。

（1）打开所制作的“员工人事档案和工资管理表”。

（2）复制工作表。选择“员工档案”工作表，将其复制 3 份，分别命名为“员工工龄”、“2000 年以后参加工作的员工”、“基本工资在 1500 元以上或职称为工程师的员工”。

（3）计算员工工龄。选择“员工工龄”工作表，在“籍贯”字段列前插入一列为“工龄”，并计算出员工的工龄，公式为“ = year(today())-year(参加工作时间)”。

（4）筛选 2000 年以后参加工作的员工。

① 选择“2000 年以后参加工作的员工”工作表，选择【数据】→【排序和筛选】→【筛选】选项，构建自动筛选。

② 将“参加工作时间”字段设置为条件字段，单击“参加工作时间”右边的下拉按钮，打开筛选菜单，选择【日期筛选】级联菜单中的【之后】选项，打开“自定义自动筛选方式”对话框。

③ 按图 2.145 所示构造筛选条件，然后单击【确定】按钮，得到如图 2.146 所示的筛选结果。

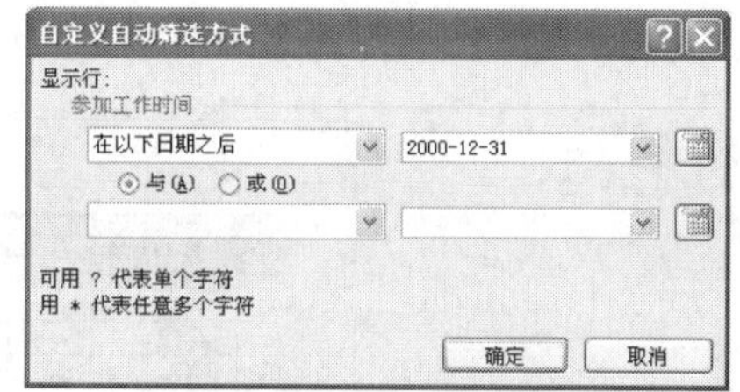

图 2.145　构造筛选条件

公司人事档案管理表

	序号	姓名	部门	职务	职称	学历	参加工作时间	年龄	性别	籍贯	出生日期	婚否	联系电话	基本工资
11	8	周树家	行政部	部长	工程师	本科	2004-7-30	31	女	湖北	1981-8-30	已婚	63812307	1680
15	12	令狐克	行政部	内勤	无	高中	2004-2-22	29	女	北京	1983-2-16	未婚	64366059	1350
16	13	慕容上	物流部	外勤	无	中专	2010-4-10	26	女	北京	1986-11-3	未婚	67225427	1400
17	14	柏国力	物流部	部长	高级工程师	硕士	2003-7-31	33	男	哈尔滨	1979-3-15	未婚	67017027	2100
18	15	全泉	物流部	项目监察	工程师	本科	2009-8-14	27	女	北京	1985-4-18	未婚	63267813	1680
21	18	英冬	物流部	业务员	无	大专	2003-4-3	34	女	北京	1978-6-13	已婚	67624956	1500
23	20	段齐	物流部	项目主管	工程师	本科	2005-5-6	29	女	北京	1983-4-16	未婚	64272883	2100
24	21	费乐	物流部	项目监察	工程师	本科	2009-7-13	28	男	四川	1984-8-9	未婚	65922950	1680
25	22	高玲珑	物流部	业务员	助理经理师	本科	2003-11-21	32	男	北京	1980-11-30	已婚	65966501	1600
30	27	夏蓝	市场部	业务员	无	高中	2004-12-10	26	女	湖南	1986-5-23	未婚	64789321	1300
32	29	牛婷婷	市场部	主管	经济师	硕士	2003-7-18	34	女	重庆	1978-3-15	已婚	69712546	3200

图 2.146　筛选出 2000 年以后参加工作的员工

（5）筛选基本工资在 1500 元以上或职称为工程师员工。

① 输入筛选条件。选择“基本工资在 1500 元以上或职称为工程师员工”工作表，在 C36:D38 单元格中输入筛选条件，如图 2.147 所示。

此处的筛选为“高级筛选”。作“高级筛选”时，应先建立筛选条件，条件区域可根据需要在“数据区域”外自行选择。

② 选中数据区域的任一单元格，选择【数据】→【排序和筛选】→【高级】选项，弹出如图 2.148 所示的“高级筛选”对话框。

③ 选择“方式”为“在原有区域显示筛选结果”，设置列表区域和条件区域，如图 2.146 所示，单击【确定】按钮，得到如图 2.149 所示的筛选结果。

（6）统计各部门的人数。

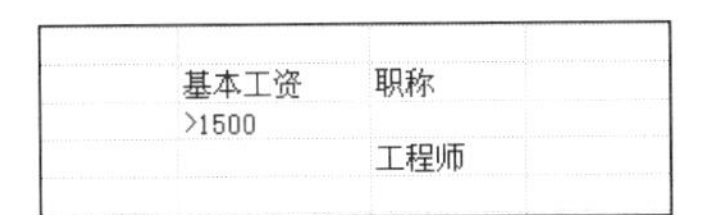

基本工资	职称
>1500	
	工程师

图 2.147　高级筛选的条件区域

图 2.148　“高级筛选”对话框

公司人事档案管理表

序号	姓名	部门	职务	职称	学历	参加工作时间	年龄	性别	籍贯	出生日期	婚否	联系电话	基本工资
1	赵力	人力资源部	统计	高级经济师	本科	1992-6-6	41	男	北京	1971-10-23	已婚	64000872	3300
3	陈可可	人力资源部	部长	高级经济师	硕士	1996-7-15	42	男	四川	1970-8-25	已婚	63035376	3500
5	钱新	财务部	财务总监	高级会计师	本科	1999-7-20	36	男	甘肃	1976-7-4	未婚	66018871	2800
6	曾思杰	财务部	会计	会计师	本科	1998-5-16	37	女	南京	1975-9-10	已婚	66032221	2600
8	周树家	行政部	部长	工程师	本科	2004-7-30	31	女	湖北	1981-8-30	已婚	63812307	1680
9	林帝	行政部	副部长	经济师	本科	1995-12-7	39	男	山东	1973-9-13	已婚	68874344	2100
14	柏国力	物流部	部长	高级工程师	硕士	2003-7-31	33	男	哈尔滨	1979-3-15	未婚	67017027	2100
15	全泉	物流部	项目监察	工程师	本科	2009-8-14	27	女	北京	1985-4-18	未婚	63267813	1680
16	文路南	物流部	项目主管	高级工程师	硕士	1998-3-17	38	男	四川	1974-7-16	已婚	65257851	2800
17	尔阿	物流部	业务员	工程师	本科	1998-9-18	38	女	安徽	1974-5-24	已婚	65761446	1600
20	段齐	物流部	项目主管	工程师	本科	2005-5-6	29	女	北京	1983-4-16	未婚	64272883	2100
21	费乐	物流部	项目监察	工程师	本科	2009-7-13	28	男	四川	1984-8-9	未婚	65922950	1680
24	江庹来	物流部	项目主管	高级经济师	本科	1994-7-15	40	男	天津	1972-5-8	已婚	64581924	3000
25	王睿钦	市场部	主管	经济师	本科	1998-7-6	36	男	重庆	1976-1-6	已婚	63661547	3150
28	白俊伟	市场部	外勤	工程师	本科	1995-6-30	39	男	四川	1973-8-5	已婚	68794651	2200
29	牛婷婷	市场部	主管	经济师	硕士	2003-7-18	34	女	重庆	1978-3-15	已婚	69712546	3200
30	米思亮	市场部	部长	高级经济师	本科	2000-8-1	34	男	山东	1978-10-18	已婚	67584251	4800

图 2.149　筛选出基本工资在 1500 以上或职称为工程师的员工

① 插入新工作表“统计各部门人数”。在“员工工资”工作表前插入一张新的工作表，将插入的工作表重命名为“统计各部门人数”。

② 在“统计各部门人数”工作表中创建如图 2.150 所示的表格框架。

③ 选中 C4 单元格。

④ 选择【公式】→【函数库】→【插入函数】选项，打开“插入函数”对话框，从“或选择类别”下拉列表中选择“统计”类别，再从“选择函数”列表中选择“COUNTIF”函数。

⑤ 单击【确定】按钮，打开“函数参数”对话框，设置如图 2.151 所示的参数。

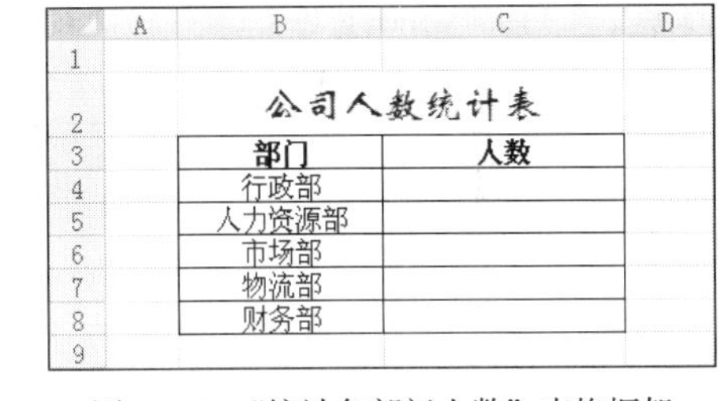

公司人数统计表

部门	人数
行政部	
人力资源部	
市场部	
物流部	
财务部	

图 2.150　“统计各部门人数”表格框架

⑥ 单击【确定】按钮，得到“行政部”人数。

⑦ 利用自动填充，可统计出各部门的人数，如图 2.152 所示。

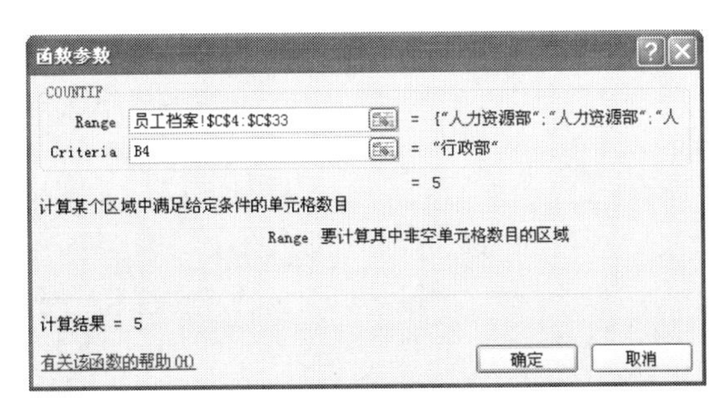

图 2.151　“函数参数”对话框

公司人数统计表

部门	人数
行政部	5
人力资源部	4
市场部	6
物流部	12
财务部	3

图 2.152　各部门人数统计结果

【案例小结】

本案例以制作“员工人事档案和工资管理表”、“员工业绩评估表”、“员工工作态度评估表”、“员工培训管理表”和“员工培训成绩表”等多个常见的人事管理表格，讲解了利用 Excel 电子表格创建和编辑工作表、工作表的移动和复制、数据的格式设置、工作表的重命名等基本操作。此外，通过讲解公式和函数应用，介绍了 Year、Today、IF、Sum 和 COUNTIF 等几个常用函数的用法以及公式中单元格的引用。

通过数据排序、筛选、分类汇总等高级应用，讲解了 Excel 在数据分析方面的高级功能。

学习总结

本案例所用软件	
案例中包含的知识和技能	
你已熟知或掌握的知识和技能	
你认为还有哪些知识或技能需要强化	
案例中可使用的 Office 技巧	
学习本案例之后的体会	

第3篇 市场篇

任何一个公司，要发展、成长、壮大，都离不开市场。在开发市场的过程中，会用到各种各样的电子文档来诠释公司的发展思路。其中，经常使用的是用 Word 软件来进行常规文档文件的处理，使用 Excel 电子表格软件来制作市场销售的表格，使用 PowerPoint 制作宣传文档来展示市场发展的情况。

📖 学习目标

1. 应用 Word 软件中的大纲视图、文档结构、主控文档、子文档（删除、合并、拆除），自动生成目录页，进行页眉、页脚的设置。
2. 应用 Excel 软件的公式和函数进行汇总、统计。
3. 掌握 Excel 软件中数据格式的设置、条件格式的应用。
4. 应用 Excel 软件的分类汇总、数据透视表、图表等功能进行数据分析。
5. 应用 PowerPoint 软件中的自选图形、SmartArt 图形等制作幻灯片，以及懂得图形操作中的对齐和分布操作。

3.1 案例 11 制作投标书

【案例分析】

投标书是根据招标方提供的招标书中的要求所制作的文件，投标书文件通常都包含了详细的应对方案及投标方公司的一些相关资料，内容多，是典型的长文档。要正确方便地制作投标书的内容，就应当使用大纲视图来完成长文档的结构。

大纲视图：用缩进文档标题的形式代表标题在文档中的级别，Word 简化了文本格式的设置，以便于用户将精力集中在文档结构上。

大纲级别：用于为文档中的段落指定等级结构（1 级至 9 级）的段落格式。例如，指定了大纲级别后，就可以在大纲视图或文档结构图中处理文档。

以下内容描述了大纲视图中出现的以及可以更改的格式。

（1）每一级标题都已经设置为对应的内置标题样式（“标题 1”至“标题 9”）或大纲级别，可以在标题中使用这些样式或级别。在大纲视图中也可以将标题拖至相应级别，从而自动设置标题样式。如果想改变标题样式的外观，可以通过更改其格式设置来实现。

（2）Word 按照标题级别缩进该标题。该缩进只在大纲视图中出现，切换到其他视图时，Word 将取消该缩进。

（3）在大纲视图中不显示段落格式，而且不能使用标尺和段落格式命令。虽然可能看不到所有的样式格式，但是可以使用样式。要查看或修改段落格式，请切换到其他视图。

（4）如果发现字符（如大号字或斜体字）分散注意力，可以使用纯文本方式显示大纲。在“大纲”选项卡上，可取消【显示文本格式】复选框。

（5）在大纲视图中编辑文档时，如果要查看文档的真实格式，可以拆分文档窗口，在一个窗格中使用大纲视图，而在其他窗格中使用页面视图或普通视图。在大纲视图中对文档所作的修改会自动显示在其他窗格中。

（6）如果要在大纲视图中插入制表符，可以按 Ctrl+Tab 快捷键。

案例效果如图 3.1 所示。

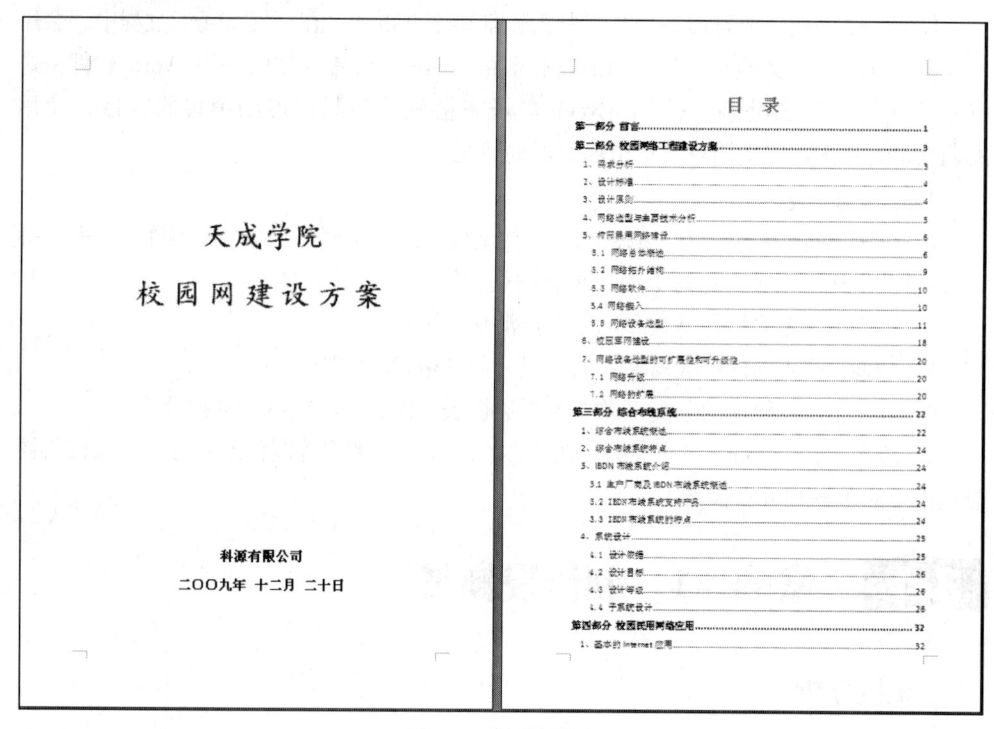

天成学院

校园网建设方案

科源有限公司

二OO九年 十二月 二十日

目 录

图 3.1 案例效果图

【解决方案】

（1）利用大纲视图创建投标书纲目结构。

文档的纲目结构是评价一篇文档好坏的重要标准之一。同时，若要高效率地完成一篇长文档，应该首先完成文档的纲目结构，而大纲视图是构建文档纲目结构的最佳途径。在大纲视图中创建文档纲目结构的操作步骤如下所述。

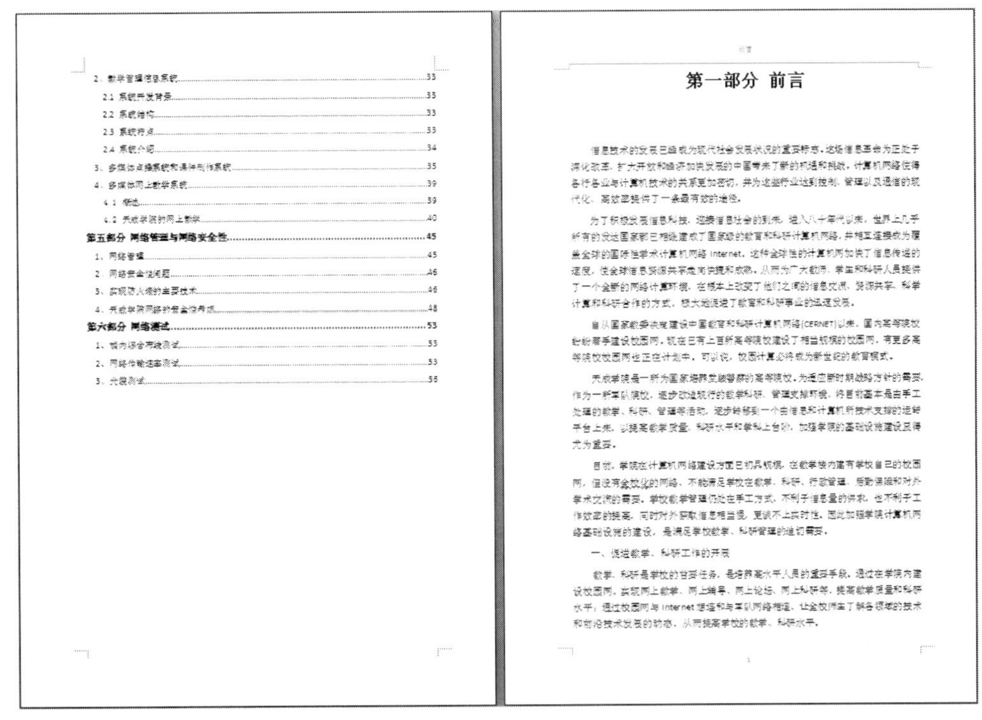

第一部分 前言

信息技术的发展已经成为现代社会发展状况的重要标志。这场信息革命为正处于深化改革、扩大开放和经济加快发展的中国带来了新的机遇和挑战。计算机网络使得各行各业与计算机技术的关系更加密切，并为这些行业达到控制、管理以及通信的现代化、高效率提供了一条最有效的途径。

为了积极发展信息科技，迎接信息社会的到来，进入八十年代以来，世界上几乎所有的发达国家都已相继建成了国家级的教育和科研计算机网络，并相互连接成为覆盖全球的国际性学术计算机网络 Internet。这种全球性的计算机网加快了信息传递的速度，使全球信息资源共享走向快捷和成熟，从而为广大教师、学生和科研人员提供了一个全新的网络计算环境，在根本上改变了他们之间的信息交流、资源共享、科学计算和科研合作的方式，极大地促进了教育和科研事业的迅速发展。

自从国家教委决定建设中国教育和科研计算机网络(CERNET)以来，国内高等院校纷纷着手建设校园网，现在已有上百所高等院校建设了相当规模的校园网，有更多高等院校校园网也正在计划中。可以说，校园计算必将成为新世纪的教育模式。

天成学院是一所为国家培养武装警察的高等院校，为适应新时期战略方针的需要，作为一所军队院校，逐步改造现行的教学科研、管理支撑环境，将目前基本是由手工处理的教学、科研、管理等活动，逐步转移到一个由信息和计算机所技术支撑的运转平台上来，以提高教学质量、科研水平和学科上台阶，加强学院的基础设施建设尤为重要。

目前，学院在计算机网络建设方面已初具规模，在教学楼内建有学校自己的校园网，但没有全校化的网络，不能满足学校在教学、科研、行政管理、后勤保障和对外学术交流的需要。学校教学管理仍处在手工方式，不利于信息量的供求，也不利于工作效率的提高，同时对外获取信息相当慢，更谈不上实时性。因此加强学院计算机网络基础设施的建设，是满足学校教学、科研管理的迫切需要。

一、促进教学、科研工作的开展

教学、科研是学校的首要任务，是培养高水平人员的重要手段。通过在学院内建设校园网，实现网上教学、网上辅导、网上论坛、网上科研等，提高教学质量和科研水平；通过校园网与 Internet 相连和与军队网络相连，让全校师生了解各领域的技术和前沿技术发展的动态，从而提高学校的教学、科研水平。

图 3.1　案例效果图（续）

① 启动 Word 2007，新建一空白文档，选择【视图】→【文档视图】→【大纲视图】选项，将文档切换到大纲视图。

② 此时屏幕上将显示大纲视图方式，如图 3.2 所示。

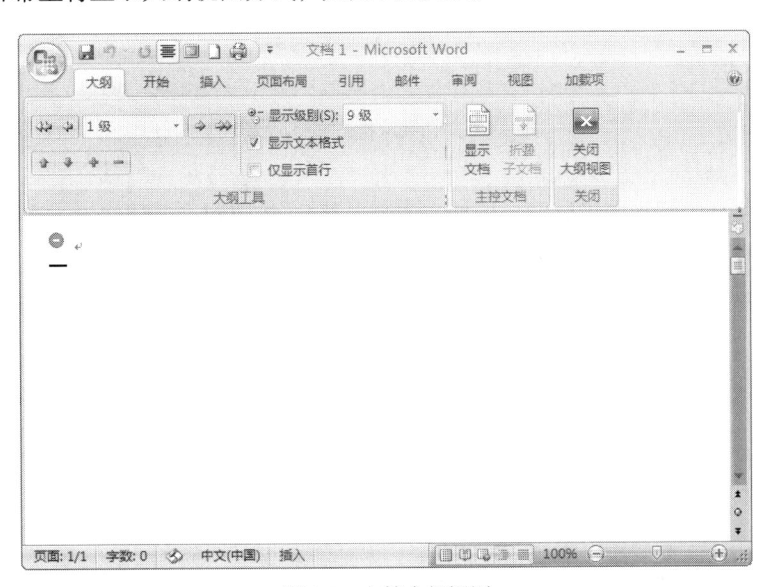

图 3.2　文档大纲视图

③ 在文档中的插入点输入内容。首先，输入一级标题，用户会发现输入的文字在“大纲”工具栏中的等级被自动默认为“1 级”，而且所输入的文字被自动应用了内建样式“标题 1”。

④ 输入其余所有的一级标题，内容如图 3.3 所示。

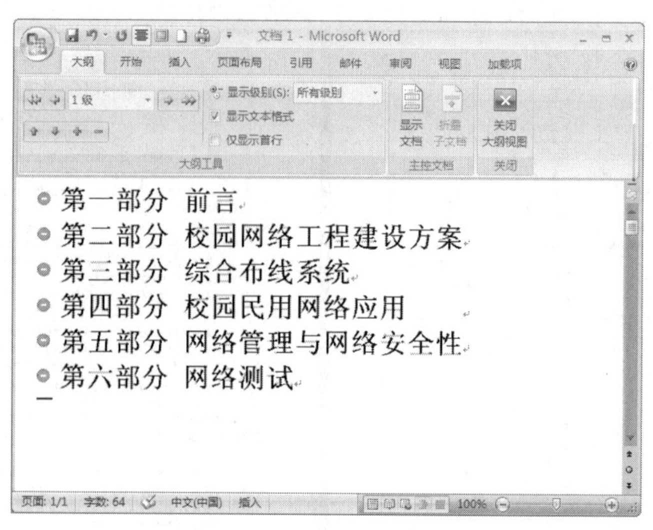

图 3.3 文档的一级标题

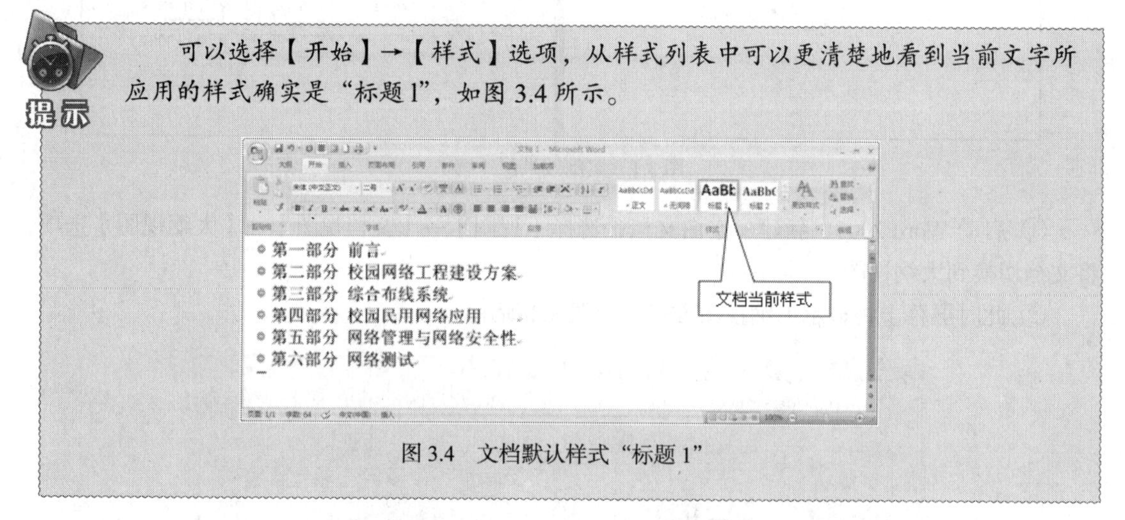

提示

可以选择【开始】→【样式】选项，从样式列表中可以更清楚地看到当前文字所应用的样式确实是“标题 1”，如图 3.4 所示。

图 3.4 文档默认样式“标题 1”

⑤ 继续向文档中添加二级标题。例如在“第二部分 校园网络工程建设方案”后按【Enter】键，在下一行中输入“1、需求分析”，如图 3.5 所示，Word 仍然把它当作一级标题。

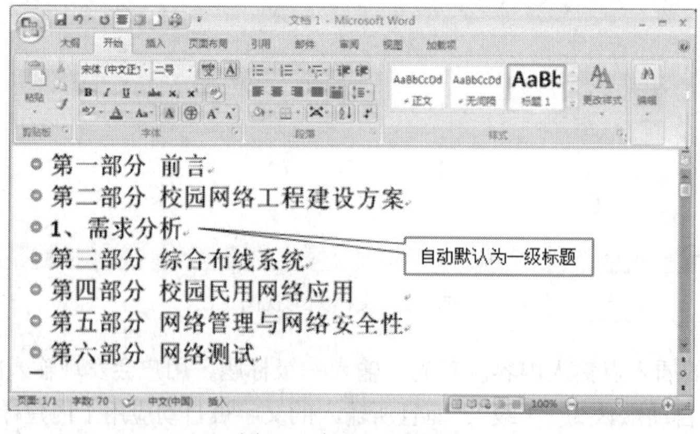

图 3.5 插入二级标题

⑥ 选择【大纲】→【大纲工具】→【降级】按钮 ➡ 选项，将它降一级，如图 3.6 所示，在屏幕上方的【大纲工具】的“大纲级别”文本框中显示“2 级”，该段落前的段落控制符向右移动一位，表示该标题降了一级。

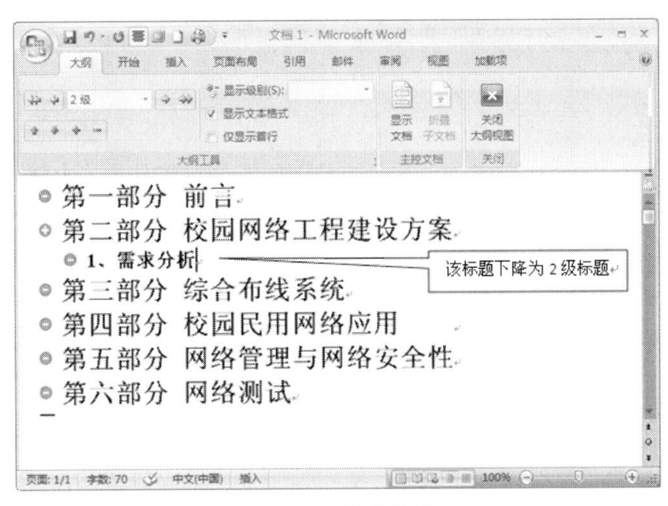

图 3.6　降低标题级别

⑦ 输入所有的二级标题，并将它们的级别设置为“2 级”，如图 3.7 所示。

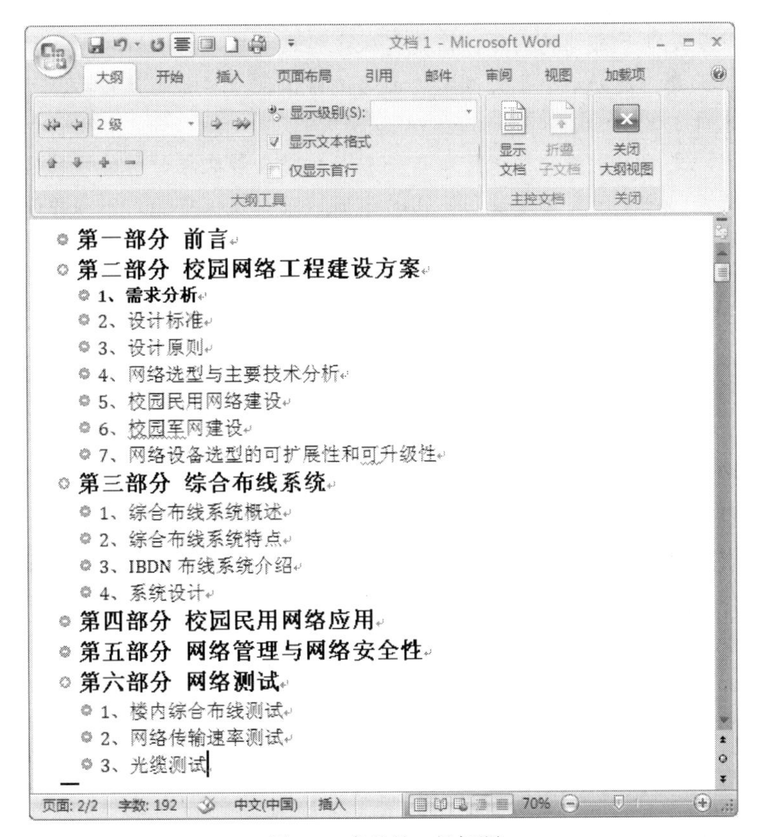

图 3.7　完整的二级标题

⑧ 以“投标书”为名将文件保存在“E:\公司文档\市场部”文件夹中。

提示

输入完二级标题后，如果想尽量将提纲结构细化，可输入三级标题、四级标题等。要完成三级、四级等各级标题，操作方法类似于二级标题。只需要单击“大纲工具”栏中的“降级”按钮；要提升标题的级别，只需要单击“大纲工具”栏中的“升级”按钮，并且在“样式”列表中能看到标题的级别。

小知识

关于主控文档和子文档。

主控文档是一组单独文件（或子文档）的容器。使用主控文档可以创建并管理多个文档，例如，包含几章内容的一本书。主控文档包含与一系列相关子文档关联的链接，可以使用主控文档将长文档分成较小的、更易于管理的子文档，从而便于组织和维护。在工作组中，可以将主控文档保存在网络上，并将文档划分为独立的子文档，从而共享文档的所有权。

创建主控文档需要从大纲着手，然后将大纲中的标题指定为子文档；也可以将当前文档添加到主控文档，使其成为子文档。

在主控文档中，用户可以利用子文档创建目录、索引、交叉引用以及页眉和页脚，可使用大纲视图来处理主控文档。例如，可以进行以下操作。

① 扩展或折叠子文档或者更改视图，以显示或隐藏详细信息。

② 通过添加、删除、组合、拆分、重命名和重新排列子文档，可以快速更改文档的结构。

如果要处理子文档的内容，请将其从主控文档中打开。如果子文档已在主控文档中进行了折叠，则每一个子文档都作为超链接出现。单击超链接后，子文档将在单独的文档窗口中显示。

在主控文档中使用的模板控制着查看和打印全部文档时所使用的样式。用户也可在主控文档和每个子文档中使用不同的模板，或在模板中使用不同的设置。

如果某人正在处理某一子文档，则该文档对于用户和其他人来说处于“锁定”状态，只能查看，除非此人关闭了子文档，否则不能进行修改。

如果希望防止未经授权的用户查看或更改主控文档或子文档，可以打开该文档，指定一个限制对文档的访问权的密码；也可以设置一个选项，将文件以只读方式打开（注意：如果用户将文件共享方式设置为只读，则对于其他人，子文档是“锁定”的）。

（2）创建主控文档和子文档。

这里，我们利用大纲视图创建主控文档和子文档。

若要创建主控文档，则应从大纲视图开始，并创建新的子文档或添加原有文档。将“第四部分校园民用网络应用”和“第五部分 网络管理与网络安全性”单独创建为子文档，其操作步骤如下。

① 分别选中这两个标题，选择【大纲】→【主控文档】→【创建子文档】按钮 创建 选项，如图 3.8 所示。

② Word 为每个子文档之前和之后插入了连续的分节符，同时，在子文档标题的前面还显示了子文档图标。

③ 单击【Office 按钮】，选择【另存为】→【Word 文档】选项，选择好主控文档和子文档的保存位置“E:\公司文档\市场部”后，在“文件名”文本框中输入主控文档的名称“投标书”，

然后单击【保存】按钮。

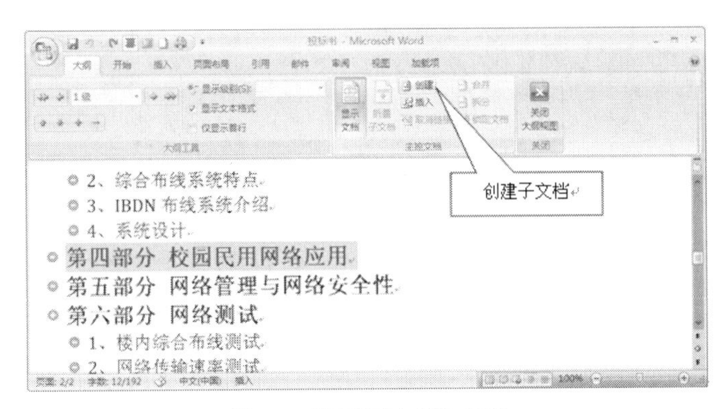

图3.8　“创建子文档”按钮

④ Word将会根据主控文档大纲中子文档标题的起始字符，自动为每个新的子文档指定文件名，并与主控文档保存在同一目录下。例如，打开上一步存放主控文档的文件夹，就会发现该文件夹中自动创建了2个子文档，名称正好是大纲视图中的二级标题名称，如图3.9和图3.10所示。

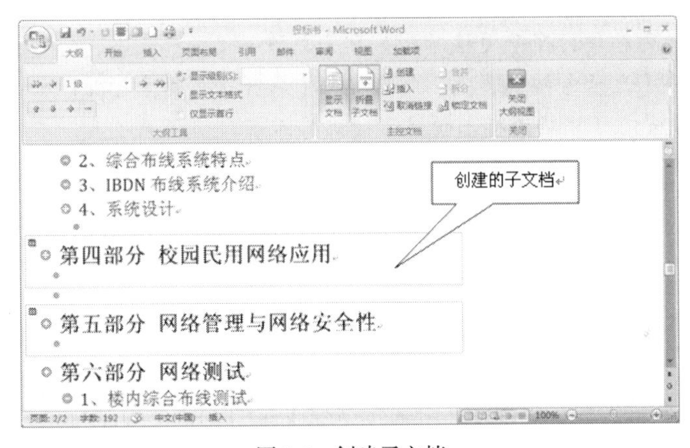

图3.9　创建子文档

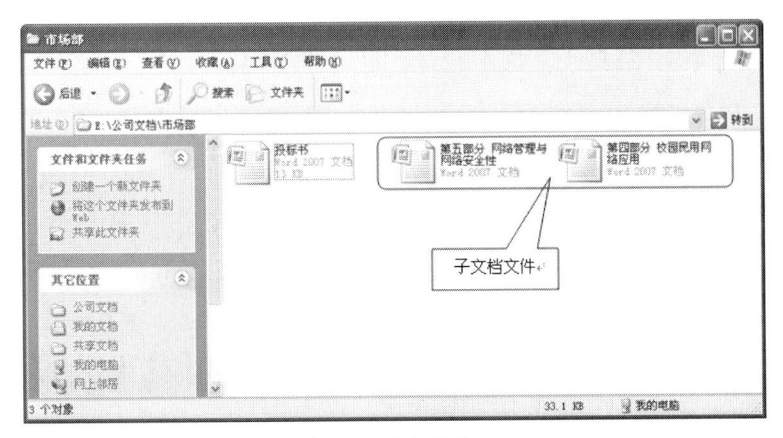

图3.10　子文档文件

⑤ 单击主控文档图标，再次打开它，切换到页面视图，此时用户会发现子文档已自动变为超链接的形式，如图3.11所示，然后分别在主控文档和子文档中完成相应的内容。

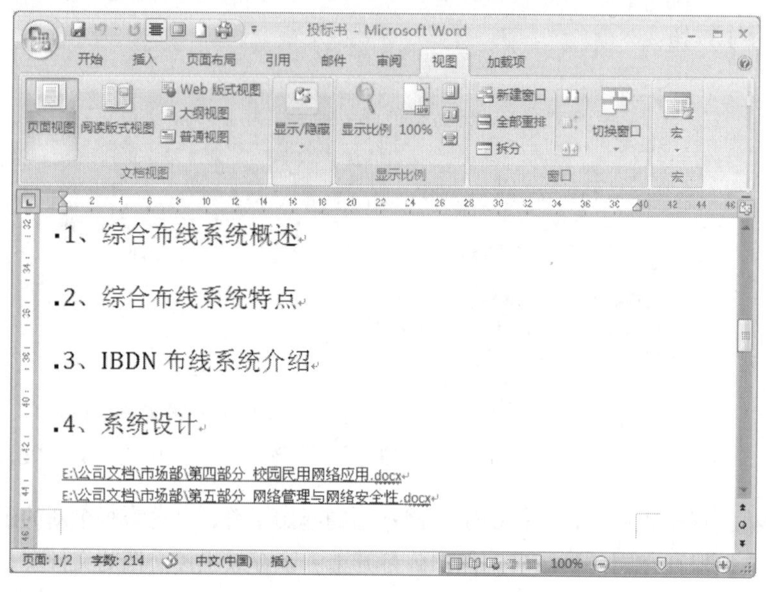

图 3.11 页面视图下的子文档

在主控文档中打开子文档时，如果子文档处于折叠状态，可选择【大纲】→【主控文档】→【显示文档】选项，然后单击【展开子文档】按钮；如果子文档处于锁定状态（也就是在子文档图标下面显示锁状图标），那么要先解除锁定，方法是将光标置于需解除锁定的位置，然后单击【锁定文档】按钮，再双击要打开的子文档图标；若要关闭子文档并返回到主控文档，请单击 Word 2007 程序窗口右上角的【关闭】按钮。

从主控文档中删除子文档。

如果不再需要某个文档作为子文档，可以直接从主控文档中将其删除，操作步骤如下。

① 打开主控文档，并切换到大纲视图中。

② 如果子文档处于折叠状态，请选择【大纲】→【主控文档】→【展开子文档】选项将其展开。

③ 如果要删除的是锁定的子文档，请先解除锁定。

④ 单击要删除的子文档的图标，按下【Delete】键即可。

当从主控文档中删除子文档时，只是将它们之间的关系删除，并没有删除该文档本身，子文档文件还是存放在原来的位置。

合并和拆分子文档。

如果要合并或拆分的子文档处于锁定状态，请先按照前面介绍的方法解除锁定，确定此时大纲视图中显示了子文档的图标。

① 合并子文档。

a. 如果要合并的子文档在主控文档中处于分散位置，请先移动要合并的子文档并使其两两相邻。单击子文档的图标，拖动鼠标就可以将它移到任意位置。

b. 选择【大纲】→【主控文档】→【展开子文档】选项，再单击第一个要合并的子文档图标，选中第一个子文档。

c. 在按住【Shift】键的同时，单击要合并的另一个子文档的图标，选中第二个子文档。

d. 选择【大纲】→【主控文档】→【合并子文档】按钮 合并 选项，如图 3.12 所示。

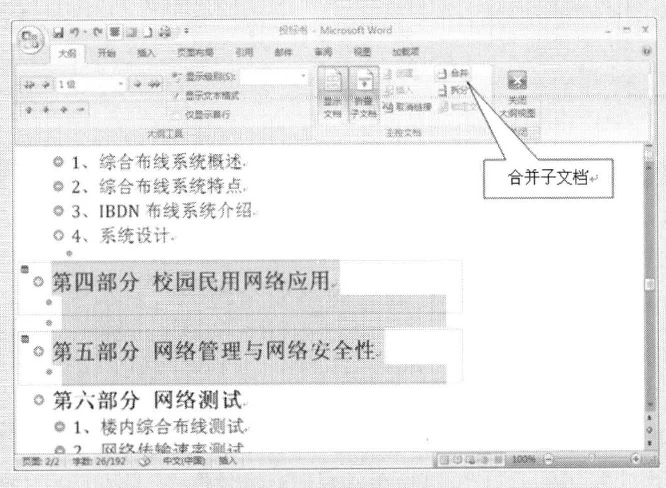

图 3.12　合并子文档

e. 此时，用户会看到两个文档合并为一个子文档，“第五部分 网络管理与网络安全性”前面的子文档图标消失了，如图 3.13 所示。

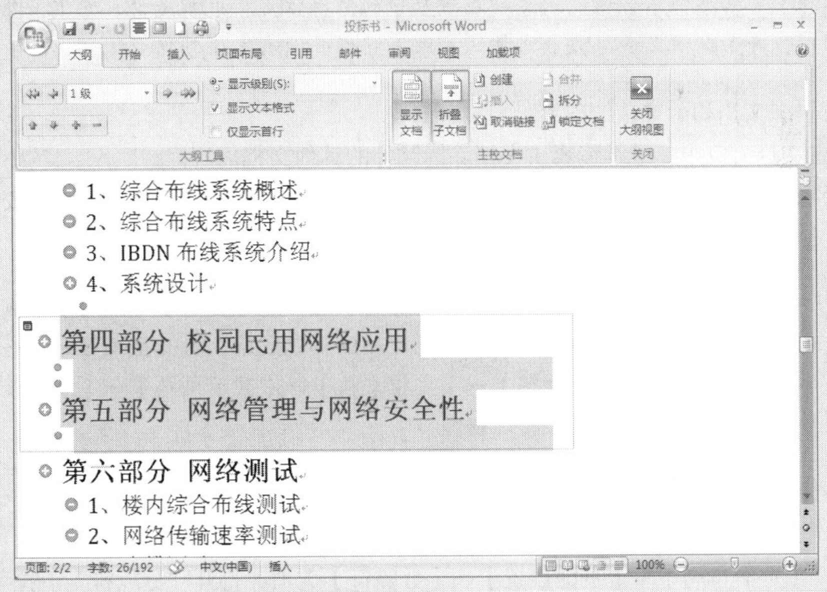

图 3.13　合并子文档后的效果

② 拆分子文档。

子文档除了可以合并外还可以拆分，接下来以前面合并的子文档为例介绍如何拆分子文档。同样，在拆分之前，如果要拆分的子文档处于锁定状态，请先按照前面介绍的方法解除锁定，确定此时大纲视图中显示了子文档图标。

选择该段落，选择【大纲】→【主控文档】→【拆分子文档】按钮 拆分 选项，拆分后的效果如图 3.14 所示，此时“第五部分 网络管理与网络安全性”又成为一个独立的子文档。

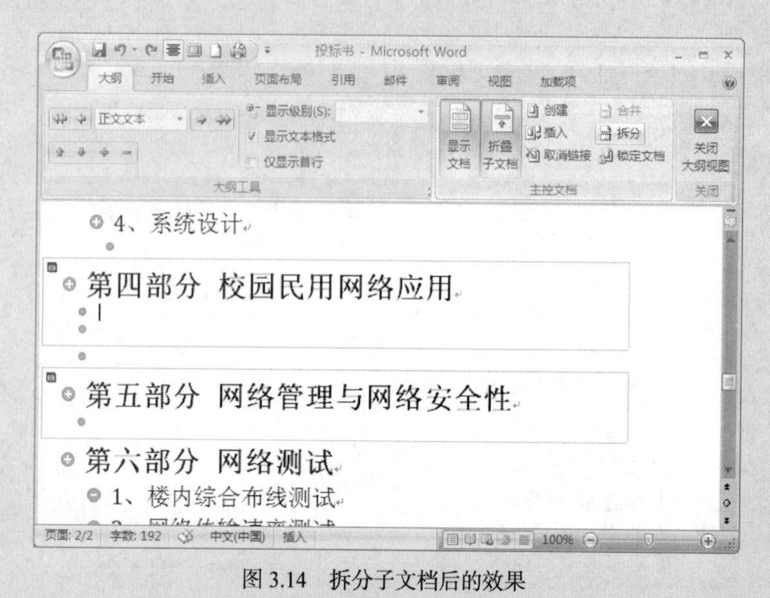

图 3.14 拆分子文档后的效果

提示

在大纲视图中，Word 会以合并的第一个子文档的文件名作为新的文件名来保存合并的子文档，但不会影响到文档在磁盘中的保存位置；也就是说，它们虽然在主控文档中合并了，但是在存放该文件的目录下它们并没有发生任何变化。

（3）编辑主文档和子文档的内容。

① 在主文档窗口中，继续编辑主文档除标题外的其他文档内容。

② 分别打开“第四部分 校园民用网络应用”和“第五部分 网络管理与网络安全性”子文档窗口，完善子文档的内容。

在公司的实际工作中，像投标书这类的长文档通常会由项目组的多个成员一起协作完成编辑。当整个文档的主文档和子文档编辑完成后，打开主文档时，一般只显示出子文档的链接，选择【大纲】→【主控文档】→【显示文档】→【展开子文档】选项，可在主文档中显示子文档的内容。

（4）制作“投标书”封面。

① 将光标置于文档的最前面，即“第一部分 前言”之前。

② 选择【页面布局】→【页面设置】→【分隔符】选项，打开“分隔符”下拉菜单。

③ 选择“分节符”中的【下一页】选项，在文档前空出一页作为封面页。

④ 在封面页中，制作如图 3.15 所示的内容。

（5）分章节设置页眉、页脚。

在长文档的实际使用中，会有不少的章节，应该在不同的章节使用不同的页眉，以方便阅读时可以知道当前页面属于哪一部分内容。

① 将光标置于“第二部分 校园网络工程建设方案”之前，选择【页面布局】→【页面设置】→【分隔符】→【分节符】→【下一页】选项，使“第二部分 校园网络工程建设方案”新起一页。

② 类似地，在其余五个部分的标题位置插入分节符，使各部分单独成立一节。

③ 将光标移至“第一部分 前言”所在位置，选择【插入】→【页眉和页脚】→【页眉】选项，打开如图 3.16 所示的“页眉”菜单，选择“空白”样式的页眉。

图 3.15 “投标书”封面

图 3.16 “页眉”菜单

④ 在页眉文本区中输入“前言”，如图 3.17 所示，完成第一部分的页眉。

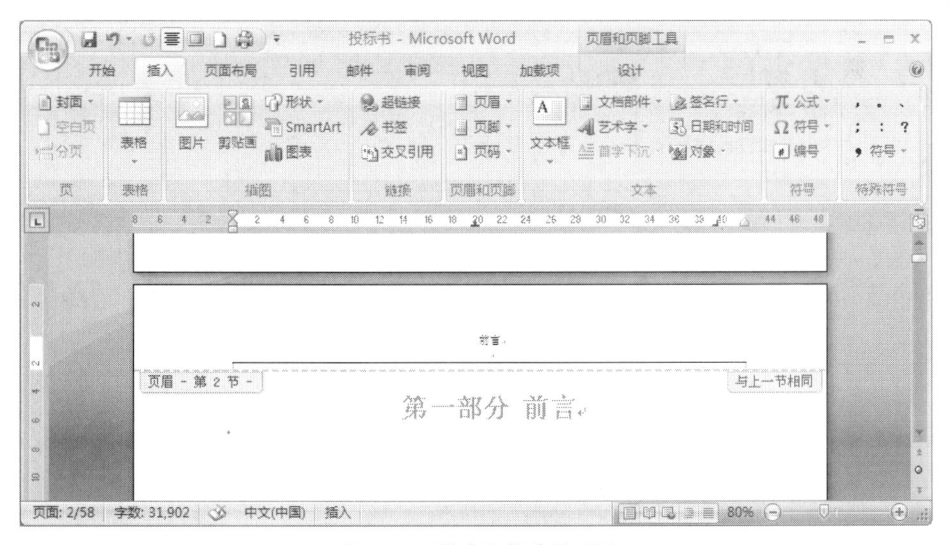

图 3.17 “前言”部分的页眉

⑤ 将光标移动到“第二部分 校园网络工程建设方案”所在的页面，选择【页眉和页脚工具】→【设计】→【导航】→【链接到前一条页眉】按钮 链接到前一条页眉 选项，取消本节与上一节的链接关系，再输入页眉的内容“校园网络工程建设方案”，如图 3.18 所示。

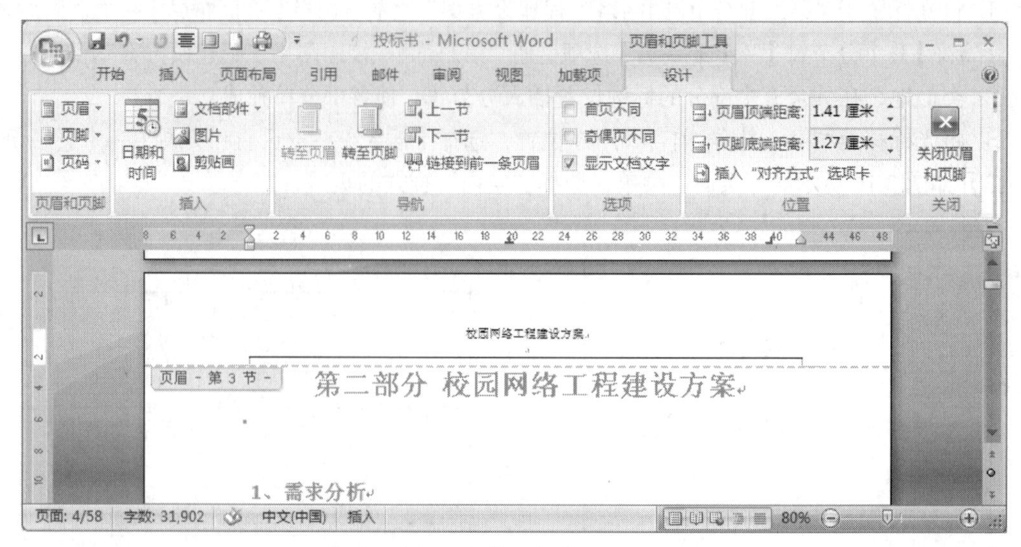

图 3.18　第二部分页眉

⑥ 类似地，依次设置第三部分到第六部分的页眉。

⑦ 完成各部分的页眉之后，再将光标移动到“第一部分”所在位置，选择【页眉和页脚工具】→【设计】→【导航】→【转至页脚】选项，将光标从页眉跳转至页脚区。

⑧ 选择【页眉和页脚工具】→【设计】→【导航】→【链接到前一条页眉】按钮选项，取消本节与上一节的链接关系，再选择【页眉和页脚工具】→【设计】→【页眉和页脚】→页码】选项，打开如图 3.19 所示的“页码”菜单，选择“页面底端”中的“普通数字 2”样式。

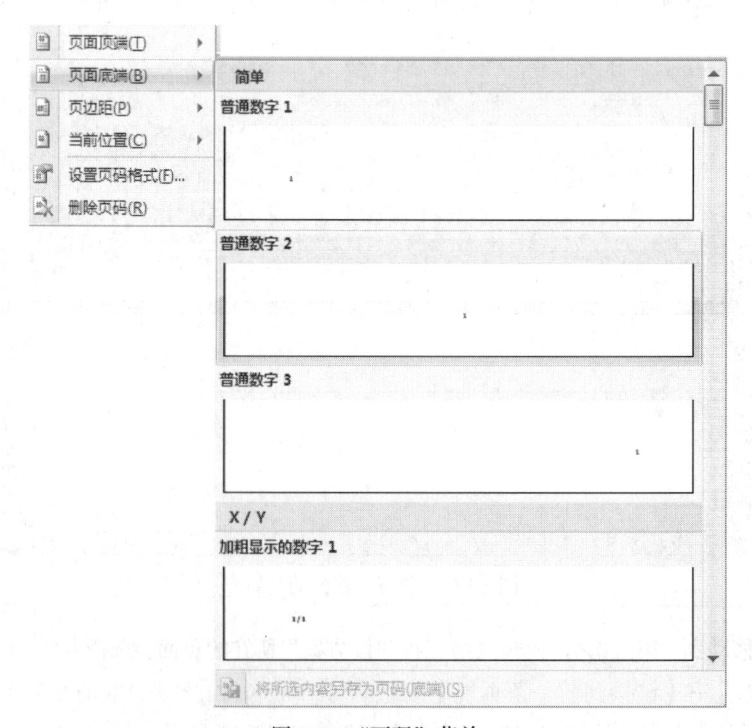

图 3.19　“页码”菜单

⑨ 单击【关闭页眉和页脚】按钮，结束页脚的设置。

设置页码时，由于正文部分的页码需要连续编号，只需要在“第一部分 前言”的页脚中插入页码，后面几部分只要不断开与第一部分的链接，则可生成连续的页码。

（6）自动生成目录页。

当文档较长时，如果没有目录，文档阅读起来比较困难，会使读者失去阅读的兴趣。为此，可以为长文档制作目录，操作如下。

① 将插入点定位于第2页的最前面，选择【页面布局】→【页面设置】→【分隔符】→【分节符】→【下一页】选项，预留出目录页。

② 将光标置于预留的目录页中，选择【引用】→【目录】→【目录】选项，打开如图3.20所示的“目录”菜单。

③ 选择“自动目录1”样式，插入如图3.21所示的目录。

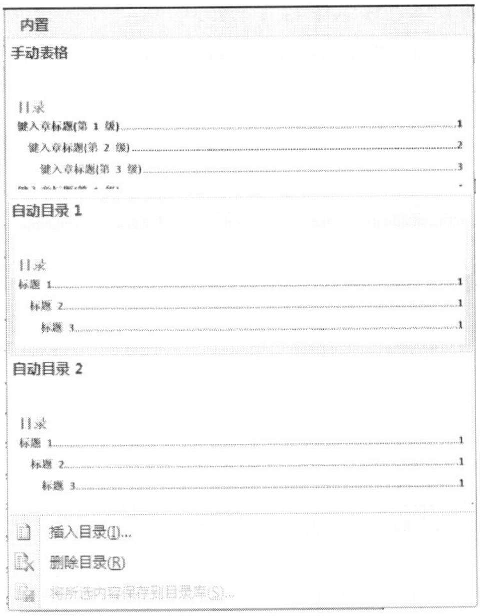

内置
手动表格
目录
键入章标题(第 1 级)........1
键入章标题(第 2 级)........2
键入章标题(第 3 级)........3
自动目录 1
目录
标题 1........1
标题 2........1
标题 3........1
自动目录 2
目录
标题 1........1
标题 2........1
标题 3........1
插入目录(I)...
删除目录(R)
将所选内容保存到目录库(S)...

图3.20 “目录”菜单

更新目录...
目录
第一部分 前言........1
第二部分 校园网络工程建设方案........3
1、需求分析........3
2、设计标准........4
3、设计原则........4
4、网络选型与主要技术分析........5
5、校园民用网络建设........6
5.1 网络总体概述........6
5.2 网络拓扑结构........9
5.3 网络软件........10
5.4 网络接入........10
5.5 网络设备选型........11
6、校园军网建设........18
7、网络设备选型的可扩展性和可升级性........20
7.1 网络升级........20
7.2 网络的扩展........20
第三部分 综合布线系统........22
1、综合布线系统概述........22
2、综合布线系统特点........24
3、IBDN 布线系统介绍........24
3.1 生产厂商及 IBDN 布线系统概述........24
3.2 IBDN 布线系统支持产品........24
3.3 IBDN 布线系统的特点........24
4、系统设计........25

图3.21 插入自动目录后的效果图

④ 将文本“目录”设置为宋体、二号、加粗、居中。

如果文档中还有4级标题（也就是应用内建样式“标题4”的段落）甚至更多，而且希望在目录中也显示出来，那么可在如图3.20所示的“目录”菜单中选择【插入目录】选项，打开如图3.22所示的“目录”对话框，在“目录级别”中设置显示级别为“4”，即可生成4级目录。

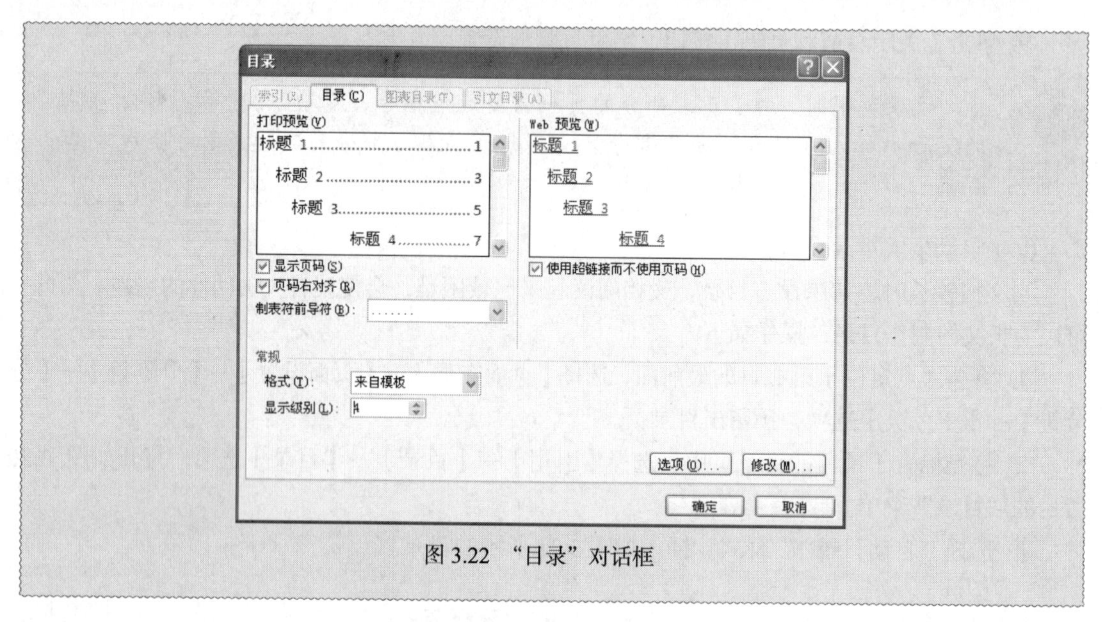

图 3.22 “目录”对话框

⑤ 选择【引用】→【目录】→【目录】选项，打开“目录”菜单，执行【插入目录】命令，打开“目录”对话框，在“目录”选项卡中单击【修改】按钮，打开如图 3.23 所示“样式”对话框，在“样式”列表框中可以选择不同的目录样式，对于每种样式中包含的格式，在“样式”对话框底部都有详细的说明，并且在“预览”区域还可以看到每种样式的预览效果。通常，系统默认的目录样式是“目录 1”，它采用的字体格式是宋体、11 磅。

⑥ 修改“目录 1”的样式。选择“目录 1”，单击【修改】按钮，打开如图 3.24 所示的“修改样式”对话框。和前面介绍过的修改样式的方法一样，在这里修改“目录 1”的字体为宋体、小四号、加粗。

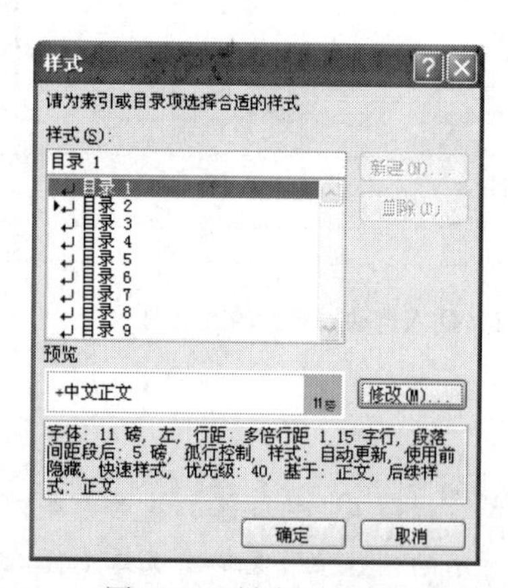

图 3.23 “样式”对话框

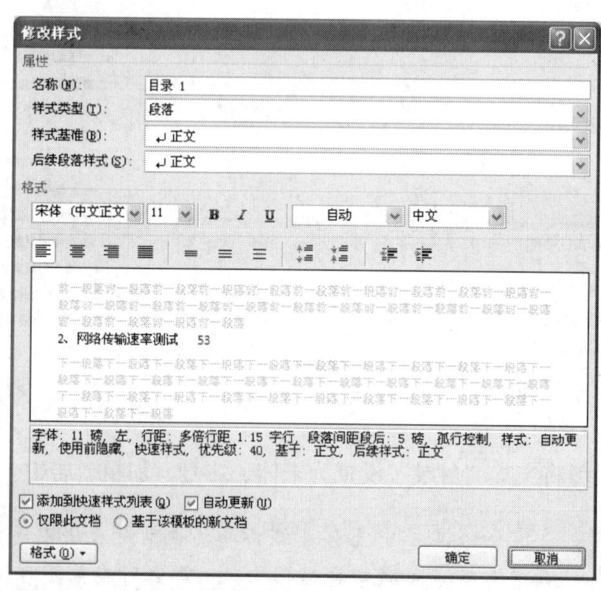

图 3.24 “修改样式”对话框

⑦ 修改好后，依次返回“目录”对话框，然后单击【确定】按钮，修改后的目录如图 3.25 所示。

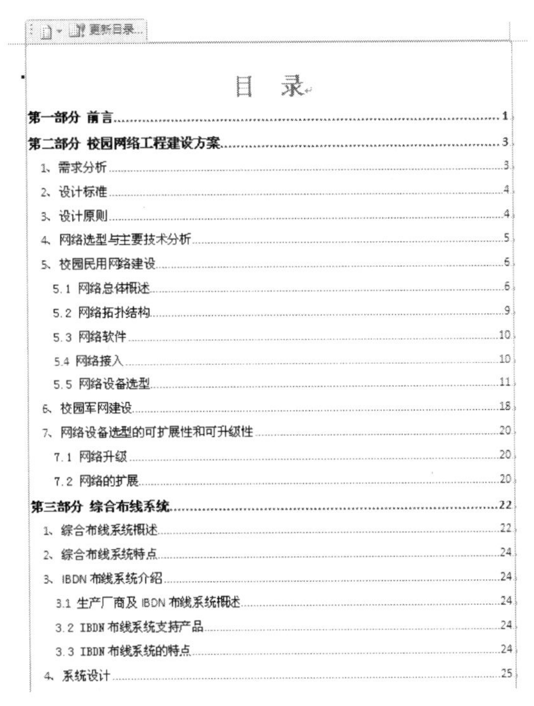
更新目录...

目　录

第一部分 前言......1
第二部分 校园网络工程建设方案......3
1、需求分析......3
2、设计标准......4
3、设计原则......4
4、网络选型与主要技术分析......5
5、校园民用网络建设......6
5.1 网络总体概述......6
5.2 网络拓扑结构......9
5.3 网络软件......10
5.4 网络接入......10
5.5 网络设备选型......11
6、校园军网建设......18
7、网络设备选型的可扩展性和可升级性......20
7.1 网络升级......20
7.2 网络的扩展......20
第三部分 综合布线系统......22
1、综合布线系统概述......22
2、综合布线系统特点......24
3、IBDN 布线系统介绍......24
3.1 生产厂商及 IBDN 布线系统概述......24
3.2 IBDN 布线系统支持产品......24
3.3 IBDN 布线系统的特点......24
4、系统设计......25

图 3.25　修改目录样式后的效果

⑧ 插入的目录页自动应用“超链接”格式，将鼠标放在目录文字上，屏幕会显示黄色的提示信息。按照提示内容，按住键盘上的【Ctrl】键，单击目录会链接到相应的内容页面。

【拓展案例】

制作销售管理手册，效果如图 3.26 所示。

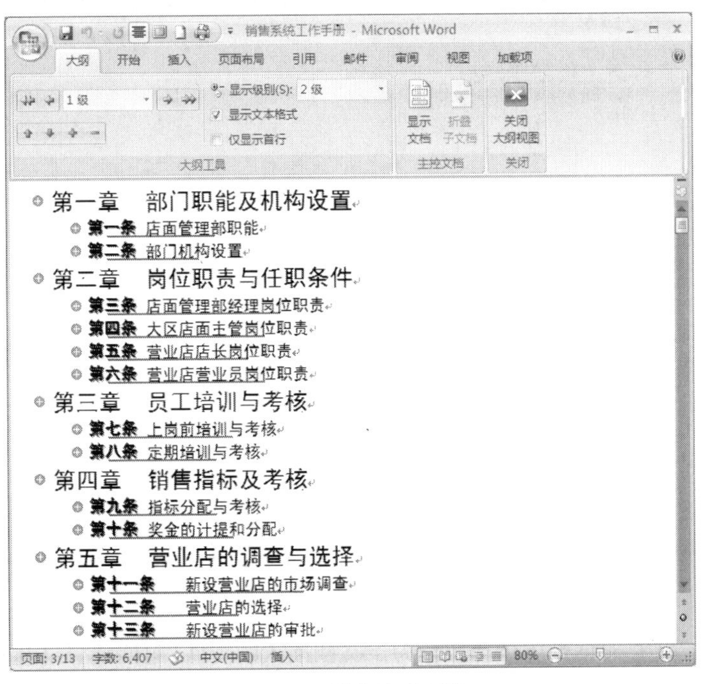

图 3.26　销售管理手册

【拓展训练】

除了前面所讲到的利用大纲视图创建主控文档和子文档外，还可以利用已有文件创建主控文档和子文档；可将已有的文档转换为主控文档，并在其中插入一些已经存在的文档，将其作为子文档。假如现在已有制作好的文档“第四部分 校园民用网络应用”及“第五部分 网络管理与网络安全性”存放在相应文件夹下，将其转换为主控文档的操作步骤如下。

① 首先打开需要用做主控文档的文档，这里打开“投标书”文档。

② 选择【视图】→【文档视图】→【大纲视图】选项，将文档切换到大纲视图。

③ 选中“第四部分 校园民用网络应用”，选择【大纲】→【主控文档】→【插入子文档】选项，如图 3.27 所示，打开如图 3.28 所示的“插入子文档”对话框。

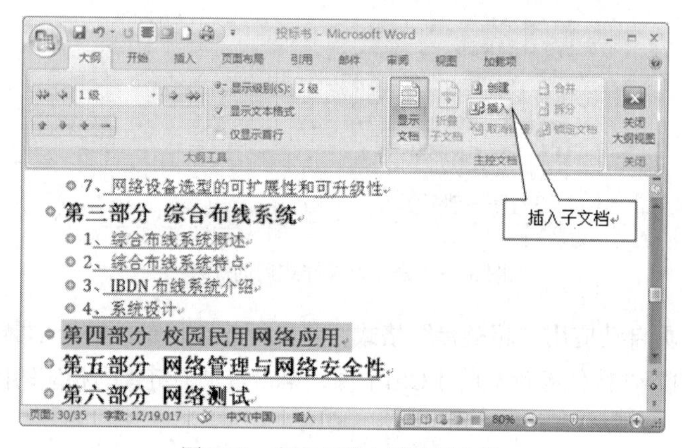

图 3.27 在主文档中插入子文档

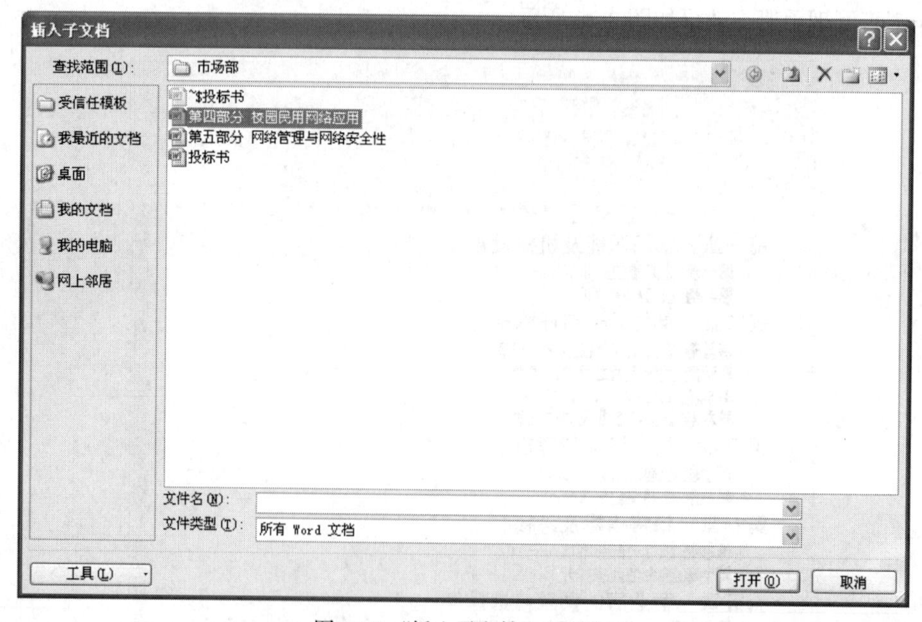

图 3.28 “插入子文档”对话框

④ 在“插入子文档”对话框中选择要作为子文档插入的文件“第四部分 校园民用网络应用”，然后单击【打开】按钮，该文档作为子文档插入到了主文档中，如图 3.29 所示。

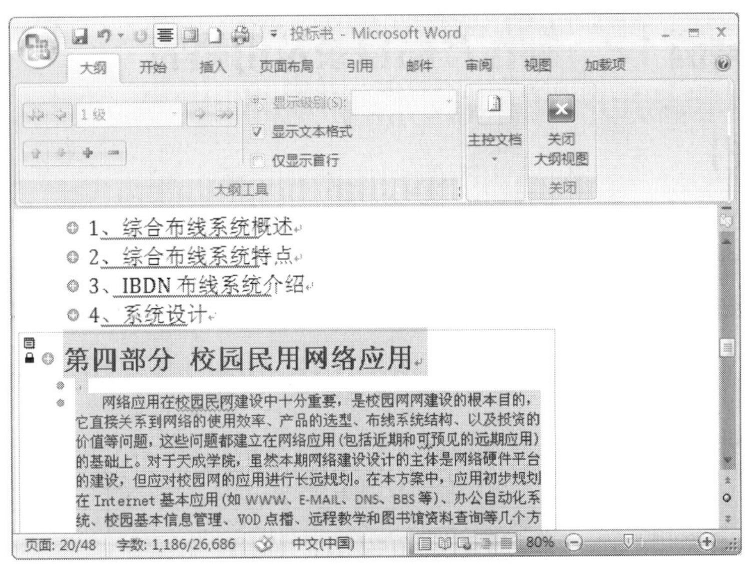

图 3.29 插入“第四部分”子文档效果图

⑤ 同上面的操作，将文件“第五部分 网络管理与网络安全性”作为子文档插入到主控文档中。

【案例小结】

通过本案例的学习，您将学会利用 Word 创建和编辑长文档，学会使用大纲视图，并能够学会创建长文档的索引和目录，能够设置不同的页眉和页脚。

学习总结

本案例所用软件	
案例中包含的知识和技能	
你已熟知或掌握的知识和技能	
你认为还有哪些知识或技能需要强化	
案例中可使用的 Office 技巧	
学习本案例之后的体会	

3.2 案例 12 制作产品目录及价格表

【案例分析】

产品是企业的核心，是了解企业的窗口，而客户除了了解企业信息之外，对企业的产品和价格也很感兴趣。这里制作的产品目录及价格表，就是希望通过产品目录及价格使客户能清楚地了解到企业信息，从而赢得商机，为企业带来经济效益。“产品目录及价格表”的效果图如图 3.30 所示。

	A	B	C	D	E	F	G	H	I
1	产品目录及价格表								
2	公司名称:						零售价加价率:	20%	
3	公司地址:						批发价加价率:	10%	
4	序号	产品编号	产品类型	产品型号	单位	出厂价	建议零售价	批发价	备注
5	000001	C10001001	CPU	Celeron E1200 1.6GHz(盒)	颗	￥275.00	￥330.00	￥302.50	
6	000002	C10001002	CPU	Pentium E2210 2.2GHz(盒)	颗	￥390.00	￥468.00	￥429.00	
7	000003	C10001003	CPU	Pentium E5200 2.5GHz(盒)	颗	￥480.00	￥576.00	￥528.00	
8	000004	R10001002	内存条	宇瞻 经典2GB	根	￥175.00	￥210.00	￥192.50	
9	000005	R20001001	内存条	威刚 万紫千红2GB	根	￥180.00	￥216.00	￥198.00	
10	000006	R30001001	内存条	金士顿 1GB	根	￥100.00	￥120.00	￥110.00	
11	000007	D10001001	硬盘	希捷酷鱼7200.12 320GB	块	￥340.00	￥408.00	￥374.00	
12	000008	D20001001	硬盘	西部数据320GB(蓝版)	块	￥305.00	￥366.00	￥335.50	
13	000009	D30001001	硬盘	日立 320GB	块	￥305.00	￥366.00	￥335.50	
14	000010	V10001001	显卡	昂达 魔剑P45+	块	￥699.00	￥838.80	￥768.90	
15	000011	V20001002	显卡	华硕 P5QL	块	￥569.00	￥682.80	￥625.90	
16	000012	V30001001	显卡	微星 X58M	块	￥1,399.00	￥1,678.80	￥1,538.90	
17	000013	M10001004	主板	华硕 9800GT冰刃版	块	￥799.00	￥958.80	￥878.90	
18	000014	M10001005	主板	微星 N250GTS-2D暴雪	块	￥798.00	￥957.60	￥877.80	
19	000015	M10001006	主板	盈通 GTX260+游戏高手	块	￥1,199.00	￥1,438.80	￥1,318.90	
20	000016	LCD001001	显示器	三星 943NW+	台	￥899.00	￥1,078.80	￥988.90	
21	000017	LCD002002	显示器	优派 VX1940w	台	￥990.00	￥1,188.00	￥1,089.00	
22	000018	LCD003003	显示器	明基 G900HD	台	￥760.00	￥912.00	￥836.00	

图 3.30 “产品目录及价格表”效果图

【解决方案】

（1）启动 Excel 2007，将工作簿以“产品目录及价格表”为名保存在“E:\公司文档\市场部”文件夹中。

（2）录入如图 3.31 所示的表中的所有数据。

	A	B	C	D	E	F	G	H	I
1	产品目录及价格表								
2	公司名称:						零售价加价率	20%	
3	公司地址:						批发价加价率	10%	
4	序号	产品编号	产品类型	产品型号	单位	出厂价	建议零售价	批发价	备注
5	1	C10001001	CPU	Celeron E1200 1.6GHz(盒)	颗	275			
6	2	C10001002	CPU	Pentium E2210 2.2GHz(盒)	颗	390			
7	3	C10001003	CPU	Pentium E5200 2.5GHz(盒)	颗	480			
8	4	R10001002	内存条	宇瞻 经典2GB	根	175			
9	5	R20001001	内存条	威刚 万紫千红2GB	根	180			
10	6	R30001001	内存条	金士顿 1GB	根	100			
11	7	D10001001	硬盘	希捷酷鱼7200.12 320GB	块	340			
12	8	D20001001	硬盘	西部数据320GB(蓝版)	块	305			
13	9	D30001001	硬盘	日立 320GB	块	305			
14	10	V10001001	显卡	昂达 魔剑P45+	块	699			
15	11	V20001002	显卡	华硕 P5QL	块	569			
16	12	V30001001	显卡	微星 X58M	块	1399			
17	13	M10001004	主板	华硕 9800GT冰刃版	块	799			
18	14	M10001005	主板	微星 N250GTS-2D暴雪	块	798			
19	15	M10001006	主板	盈通 GTX260+游戏高手	块	1199			
20	16	LCD001001	显示器	三星 943NW+	台	899			
21	17	LCD002002	显示器	优派 VX1940w	台	990			
22	18	LCD003003	显示器	明基 G900HD	台	760			

图 3.31 “产品目录及价格表”数据

（3）使用绝对引用，计算“建议零售价”和“批发价”。

这里，设定“建议零售价＝出厂价*（1+零售价加价率）”，“批发价＝出厂价*（1+批发价加价率）”。

① 选中G5单元格，输入公式“＝F5*（1+$H$2）”，按【Enter】键，可计算出相应的“建议零售价”；

② 选中H5单元格，输入公式“＝F5*（1+$H$3）”，按【Enter】键，可计算出相应的“批发价”。

③ 选中G5单元格，拖动其填充句柄至G22单元格，可计算出所有的“建议零售价”数据。

④ 类似地，拖动H5的填充句柄至H22单元格，可计算出所有的“批发价”数据。生成的结果如图3.32所示。

	A	B	C	D	E	F	G	H	I
1	产品目录及价格表								
2	公司名称:						零售价加价率	20%	
3	公司地址:						批发价加价率	10%	
4	序号	产品编号	产品类型	产品型号	单位	出厂价	建议零售价	批发价	备注
5	1	C10001001	CPU	Celeron E1200 1.6GHz(盒)	颗	275	330	302.5	
6	2	C10001002	CPU	Pentium E2210 2.2GHz(盒)	颗	390	468	429	
7	3	C10001003	CPU	Pentium E5200 2.5GHz(盒)	颗	480	576	528	
8	4	R10001002	内存条	宇瞻 经典2GB	根	175	210	192.5	
9	5	R20001001	内存条	威刚 万紫千红2GB	根	180	216	198	
10	6	R30001001	内存条	金士顿 1GB	根	100	120	110	
11	7	D10001001	硬盘	希捷酷鱼7200.12 320GB	块	340	408	374	
12	8	D20001001	硬盘	西部数据320GB(蓝版)	块	305	366	335.5	
13	9	D30001001	硬盘	日立 320GB	块	305	366	335.5	
14	10	V10001001	显卡	昂达 魔剑P45+	块	699	838.8	768.9	
15	11	V20001002	显卡	华硕 P5QL	块	569	682.8	625.9	
16	12	V30001001	显卡	微星 X58M	块	1399	1678.8	1538.9	
17	13	M10001004	主板	华硕 9800GT冰刃版	块	799	958.8	878.9	
18	14	M10001005	主板	微星 N250GTS-2D暴雪	块	798	957.6	877.8	
19	15	M10001006	主板	盈通 GTX260+游戏高手	块	1199	1438.8	1318.9	
20	16	LCD001001	显示器	三星 943NW+	台	899	1078.8	988.9	
21	17	LCD002002	显示器	优派 VX1940w	台	990	1188	1089	
22	18	LCD003003	显示器	明基 G900HD	台	760	912	836	

图3.32　计算“建议零售价”和“批发价”后的结果

① 绝对引用的概念。

有时候，在公式中需要引用的单元格，无论在哪个结果单元格中，它都固定使用某单元格的数据，不能随着公式的位置变化而变化，这种引用单元格的方式叫做绝对引用。

② 绝对引用的书写方法。

引用单元格时有同时固定列号和行号、只固定列号、只固定行号这三种方法。直接在输入单元格名称时，在要固定的列号或行号前面直接输入“$”符号。或者，在编辑栏中将光标置于需要设置为绝对引用的单元格名称处，按功能键【F4】，可分别在列号和行号、行号、列号前添加绝对引用符号“$”。

（4）设置数据格式。

① 设置“序号”数据格式。选中序号所在列数据区域A5:A22，选择【开始】→【单元格】→【格式】选项，打开【设置单元格格式】对话框。在“数字”选项卡左侧的“分类”列表中选择“自定义”，在右侧“类型”下方的文本框中输入“000000”，如图3.33所示，然后单击【确定】按钮。

② 设置货币格式。选中“出厂价”、“建议零售价”和“批发价”对应三列的数据，再选择【开始】→【数字】→【数字格式】下拉按钮选项，打开如图3.34所示的“数字格式”下拉列表，选择“货币”样式，则完成选定单元格的货币样式的设置，效果如图3.35所示。

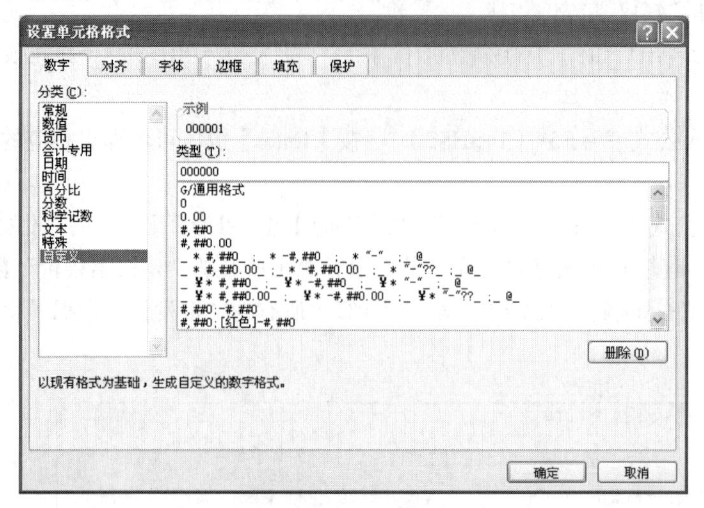

图 3.33 “设置单元格格式”对话框

图 3.34 “数字格式”下拉列表

	A	B	C	D	E	F	G	H	I
1	产品目录及价格表								
2	公司名称:						零售价加价率:	20%	
3	公司地址:						批发价加价率:	10%	
4	序号	产品编号	产品类型	产品型号	单位	出厂价	建议零售价	批发价	备注
5	000001	C10001001	CPU	Celeron E1200 1.6GHz（盒）	颗	￥275.00	￥330.00	￥302.50	
6	000002	C10001002	CPU	Pentium E2210 2.2GHz（盒）	颗	￥390.00	￥468.00	￥429.00	
7	000003	C10001003	CPU	Pentium E5200 2.5GHz（盒）	颗	￥480.00	￥576.00	￥528.00	
8	000004	R10001002	内存条	宇瞻 经典2GB	根	￥175.00	￥210.00	￥192.50	
9	000005	R20001001	内存条	威刚 万紫千红2GB	根	￥180.00	￥216.00	￥198.00	
10	000006	R30001001	内存条	金士顿 1GB	根	￥100.00	￥120.00	￥110.00	
11	000007	D10001001	硬盘	希捷酷鱼7200.12 320GB	块	￥340.00	￥408.00	￥374.00	
12	000008	D20001001	硬盘	西部数据320GB(蓝版)	块	￥305.00	￥366.00	￥335.50	
13	000009	D30001001	硬盘	日立 320GB	块	￥305.00	￥366.00	￥335.50	
14	000010	V10001001	显卡	昂达 魔剑P45+	块	￥699.00	￥838.80	￥768.90	
15	000011	V20001002	显卡	华硕 P5QL	块	￥569.00	￥682.80	￥625.90	
16	000012	V30001001	显卡	微星 X58M	块	￥1,399.00	￥1,678.80	￥1,538.90	
17	000013	M10001004	主板	华硕 9800GT冰刃版	块	￥799.00	￥958.80	￥878.90	
18	000014	M10001005	主板	微星 N250GTS-2D暴雪	块	￥798.00	￥957.60	￥877.80	
19	000015	M10001006	主板	盈通 GTX260+游戏高手	块	￥1,199.00	￥1,438.80	￥1,318.90	
20	000016	LCD001001	显示器	三星 943NW+	台	￥899.00	￥1,078.80	￥988.90	
21	000017	LCD002002	显示器	优派 VX1940w	台	￥990.00	￥1,188.00	￥1,089.00	
22	000018	LCD003003	显示器	明基 G900HD	台	￥760.00	￥912.00	￥836.00	

图 3.35 设置数据格式的效果图

当设置货币样式之后，随着货币符号和小数位数的增加，部分单元格将出现“###”符号，则只需适当地调整列宽即可。

（5）设置条件格式。

这里，我们将突显出价格在 500～1000 元的产品的批发价数据，即采用红色、加粗、倾斜的格式显示。

① 选定要设置条件格式的单元格区域 H5:H22。

② 选择【开始】→【样式】→【条件格式】选项，打开如图 3.36 所示的“条件格式”下拉菜单。

在设置条件格式时，可以选择预定义的条件规则，也可以自己新建规则，最终的效果是符合条件的单元格按照设置的格式来显示。

③ 从菜单中选择【突出显示单元格规则】→【介于】选项，弹出如图3.37所示的“介于”对话框。

④ 在“介于”对话框中分别输入数值“500”和“1000”作为条件，如图3.38所示，然后单击“设置为”右侧的下拉按钮，从下拉列表中选择【自定义格式】选项，打开“设置单元格格式”对话框。

⑤ 在“设置单元格格式”对话框的“字体”选项卡中，选择字形为“加粗 倾斜”，颜色为“红色”，如图3.39所示。单击【确定】按钮完成格式的设置，返回“介于”对话框，再次单击【确定】按钮完成条件格式的设置，得到如图3.40的结果。

图3.36 “条件格式”下拉菜单

图3.37 “介于”对话框

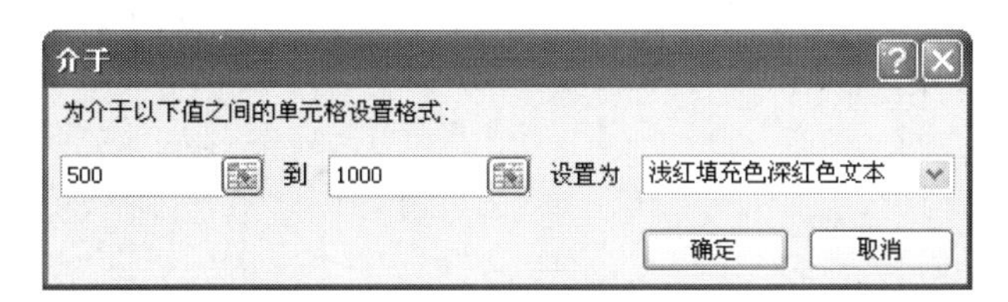

图3.38 设置条件

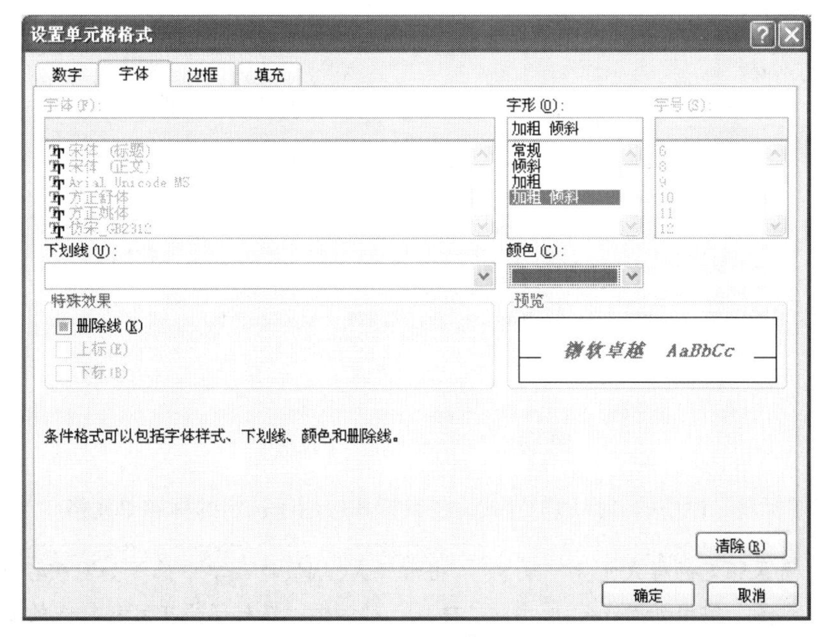

图3.39 设置字体格式

	A	B	C	D	E	F	G	H	I
1	产品目录及价格表								
2	公司名称:						零售价加价率:	20%	
3	公司地址:						批发价加价率:	10%	
4	序号	产品编号	产品类型	产品型号	单位	出厂价	建议零售价	批发价	备注
5	000001	C10001001	CPU	Celeron E1200 1.6GHz（盒）	颗	￥275.00	￥330.00	￥302.50	
6	000002	C10001002	CPU	Pentium E2210 2.2GHz（盒）	颗	￥390.00	￥468.00	￥429.00	
7	000003	C10001003	CPU	Pentium E5200 2.5GHz（盒）	颗	￥480.00	￥576.00	***￥528.00***	
8	000004	R10001002	内存条	宇瞻 经典2GB	根	￥175.00	￥210.00	￥192.50	
9	000005	R20001001	内存条	威刚 万紫千红2GB	根	￥180.00	￥216.00	￥198.00	
10	000006	R30001001	内存条	金士顿 1GB	根	￥100.00	￥120.00	￥110.00	
11	000007	D10001001	硬盘	希捷酷鱼7200.12 320GB	块	￥340.00	￥408.00	￥374.00	
12	000008	D20001001	硬盘	西部数据320GB(蓝版)	块	￥305.00	￥366.00	￥335.50	
13	000009	D30001001	硬盘	日立 320GB	块	￥305.00	￥366.00	￥335.50	
14	000010	V10001001	显卡	昂达 魔剑P45+	块	￥699.00	￥838.80	***￥768.90***	
15	000011	V20001002	显卡	华硕 P5QL	块	￥569.00	￥682.80	***￥625.90***	
16	000012	V30001001	显卡	微星 X58M	块	￥1,399.00	￥1,678.80	￥1,538.90	
17	000013	M10001004	主板	华硕 9800GT冰刃版	块	￥799.00	￥958.80	***￥878.90***	
18	000014	M10001005	主板	微星 N250GTS-2D暴雪	块	￥798.00	￥957.60	***￥877.60***	
19	000015	M10001006	主板	盈通 GTX260+游戏高手	块	￥1,199.00	￥1,438.80	￥1,318.90	
20	000016	LCD001001	显示器	三星 943NW+	台	￥899.00	￥1,078.80	***￥988.90***	
21	000017	LCD002002	显示器	优派 VX1940w	台	￥990.00	￥1,188.00	￥1,089.00	
22	000018	LCD003003	显示器	明基 G900HD	台	￥760.00	￥912.00	***￥836.00***	

图 3.40　设置条件格式后的效果图

（6）设置工作表格式。

① 设置表格标题格式。

a. 选中 A1:I1 单元格区域，将表格标题“产品目录及价格表”设置为“合并及居中”。

b. 选中标题单元格，选择【开始】→【样式】→【单元格样式】选项，打开如图 3.41 所示的“单元格样式”下拉菜单。

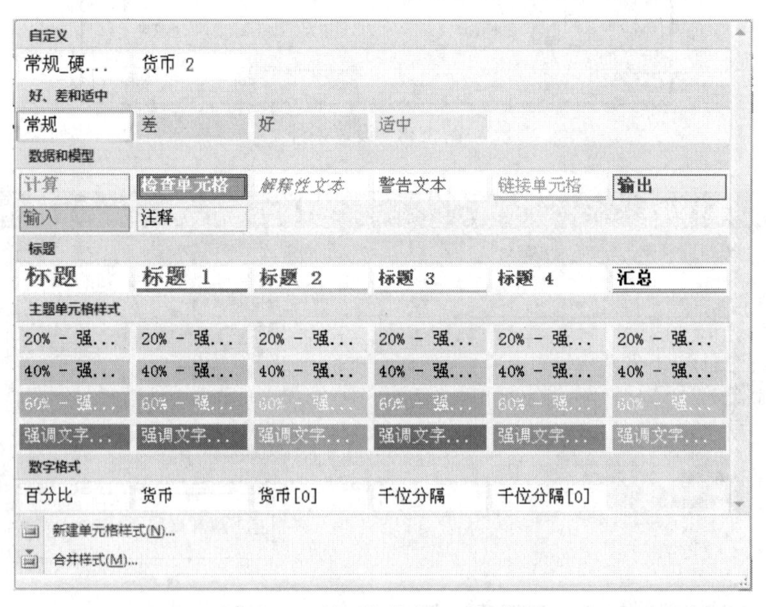

图 3.41　“单元格样式”下拉菜单

c. 单击“标题”栏中的“标题”样式，将其样式应用于选定的标题单元格。

如果预定的样式需要修改，可右击该样式，从快捷菜单中选择如图 3.42 所示的【修改】选项，弹出如图 3.43 所示的“样式”对话框，在对话框中可对样式的数字、对齐方式、字体、边框、填充等进行修改。

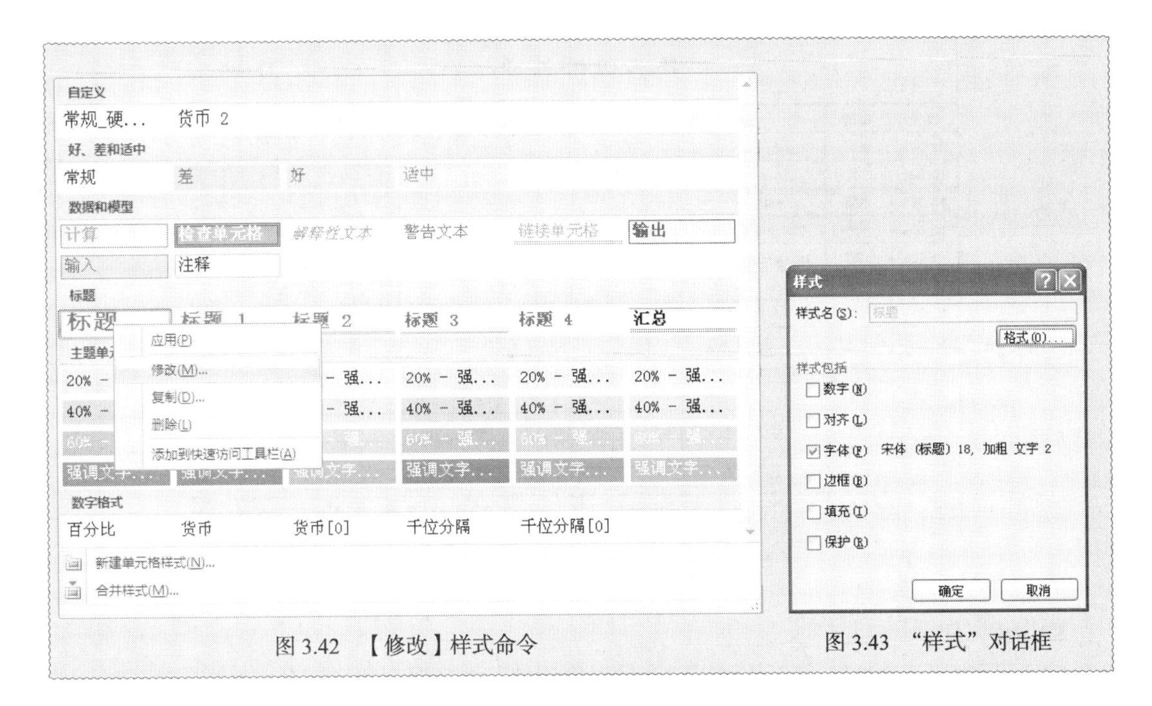

图 3.42　【修改】样式命令　　　　图 3.43　“样式”对话框

② 设置表格边框，为 A4:I22 单元格区域设置外粗内细的边框线。

③ 设置数据的居中对齐。

a. 将表格的列标题的格式设置为加粗、居中。

b. 将表格中“序号”、“产品编号”和“单位”列的数据设置为“水平居中”对齐。

④ 将表格中除标题行外的其他行高设置为 16。

【拓展案例】

制作出货单，效果如图 3.44 所示。

A	B	C	D	E	F	G	H	I
出货单								
买方公司								
地址								
出货日期								
序号	货品名称	货品号码	规格	数量	单位	单价	总价	备注
1	显示器	GB/T1393	飞利浦105E	5	台	￥2,000.00	￥4,000.00	
2	显示器	GB/F1059	飞利浦107F5	6	台	￥1,100.00	￥6,600.00	
3	显示器	GB/T1428	飞利浦107P4	4	台	￥1,200.00	￥4,800.00	
4	显示器	GB/T1547	飞利浦107T	2	台	￥1,350.00	￥2,700.00	
5	显示器	GB/F1064	飞利浦107X4	1	台	￥1,280.00	￥1,280.00	

图 3.44　“出货单”效果图

【拓展训练】

在产品的销售过程中，往往需要根据客户需求进行产品报价处理，最后生成一份美观、适用的产品报价清单。效果如图 3.45 所示。

产品报价清单						
序号	品牌	产品名称	单价	数量	金额	备注
12-001	联想	ThinkPad SL400 2743NCC 笔记本电脑	¥4,299	5	¥21,495	配置清单见附件
12-002	三星	Samsung R453-DS0E 笔记本电脑	¥3,788	3	¥11,364	
12-003	华硕	ASUS F6K42VE-SL 笔记本电脑	¥4,769	10	¥47,690	
12-004	东芝	Toshiba Satellite L332 笔记本电脑	¥3,999	2	¥7,998	
12-005	联想	ThinkPad X200S 7462-A14 笔记本电脑	¥6,288	7	¥44,016	
12-006	宏基	Acer AS4535G-652G32Mn 笔记本	¥4,099	2	¥8,198	
12-007	惠普	HP 4416s VH422PA#AB2	¥4,199	6	¥25,194	
12-008	清华同方	TongFang 锋锐K40笔记本	¥2,599	2	¥5,198	
12-009	苹果	Apple MacbookAir MB940CH/A 笔记本	¥19,999	1	¥19,999	
12-010	海尔	Haier A600-T3400G10160BGLJ 笔记本	¥2,799	1	¥2,799	
12-011	三星	Samsung N310-KA05 笔记本电脑	¥3,699	3	¥11,097	
12-012	微星	MSI Wind U100X-615CN 笔记本	¥2,299	5	¥11,495	
合计金额		¥216,543	大写金额：	贰拾壹万陆仟伍佰肆拾叁 元		

图 3.45 “产品报价清单”效果图

操作步骤如下。

（1）启动 Excel 2007，将工作簿以“产品报价清单”为名保存在“E:\公司文档\市场部”文件夹中。

（2）将 Sheet1 工作表重命名为“产品报价单”。

（3）在“产品报价单”工作表中录入如图 3.46 所示的数据。

	A	B	C	G	I	J	K
1	产品报价清单						
2	序号	品牌	产品名称	单价	数量	金额	备注
3	1	联想	ThinkPad SL400 2743NCC 笔记本电脑	4299	5		配置清单见附件
4	2	三星	Samsung R453-DS0E 笔记本电脑	3788	3		
5	3	华硕	ASUS F6K42VE-SL 笔记本电脑	4769	10		
6	4	东芝	Toshiba Satellite L332 笔记本电脑	3999	2		
7	5	联想	ThinkPad X200S 7462-A14 笔记本电脑	6288	7		
8	6	宏基	Acer AS4535G-652G32Mn 笔记本	4099	2		
9	7	惠普	HP 4416s VH422PA#AB2	4199	6		
10	8	清华同方	TongFang 锋锐K40笔记本	2599	2		
11	9	苹果	Apple MacbookAir MB940CH/A 笔记本	19999	1		
12	10	海尔	Haier A600-T3400G10160BGLJ 笔记本	2799	1		
13	11	三星	Samsung N310-KA05 笔记本电脑	3699	3		
14	12	微星	MSI Wind U100X-615CN 笔记本	2299	5		
15	合计金额：			大写金额：			

图 3.46 产品报价单初始数据

（4）计算各种产品的金额和合计金额。

① 计算各种产品的金额。选中 J3 单元格，输入公式“ = G3*I3”，按【Enter】键，计算出第一种产品的金额。拖动 J3 单元格的填充句柄至 J14 单元格，计算出所有产品的金额。

② 计算合计金额。选中 C15 单元格，选择【开始】→【编辑】→【∑自动求和】按钮 Σ 自动求和 选项，生成公式“ = SUM()”，使用鼠标拖动选取数据区域 J3:J14 作为函数 SUM 的参数，如图 3.47 所示。按【Enter】键，计算出合计金额数据。

（5）设置数据格式。

① 设置“序号”列的数据格式。

选中序号所在列数据区域 A3:A14，选择【开始】→【单元格】→【格式】→【设置单元格格式】选项，打开【设置单元格格式】对话框。在“数字”选项卡左侧的“分类”列表中选择“自定义”，在右侧“类型”下方的文本框中输入如图 3.48 所示的类型，然后单击【确定】按钮，即可将序号设置为形如“12-001”的格式。

	A	B	C	G	I	J	K
1	产品报价清单						
2	序号	品牌	产品名称	单价	数量	金额	备注
3	1	联想	ThinkPad SL400 2743NCC 笔记本电脑	4299	5	21495	配置清单见附件
4	2	三星	Samsung R453-DS0E 笔记本电脑	3788	3	11364	
5	3	华硕	ASUS F6K42VE-SL 笔记本电脑	4769	10	47690	
6	4	东芝	Toshiba Satellite L332 笔记本电脑	3999	2	7998	
7	5	联想	ThinkPad X200S 7462-A14 笔记本电脑	6288	7	44016	
8	6	宏基	Acer AS4535G-652G32Mn 笔记本	4099	2	8198	
9	7	惠普	HP 4416s VH422PA#AB2	4199	6	25194	
10	8	清华同方	TongFang 锋锐K40笔记本	2599	2	5198	
11	9	苹果	Apple MacbookAir MB940CH/A 笔记本	19999	1	19999	
12	10	海尔	Haier A600-T3400G10160BGLJ 笔记本	2799	1	2799	
13	11	三星	Samsung N310-KA05 笔记本电脑	3699	3	11097	
14	12	微星	MSI Wind U100X-615CN 笔记本	2299	5	11495	
15	合计金额：		=SUM(J3:J14)	大写金额：			
16			SUM(number1, [number2], ...)				
17							

图 3.47　计算合计金额数据

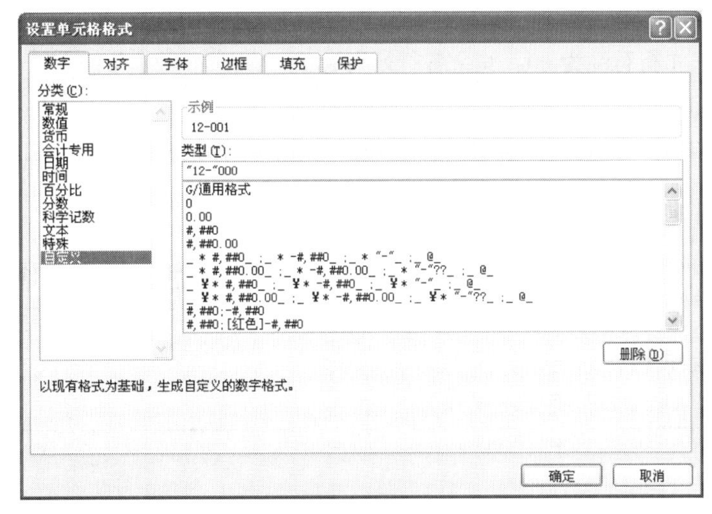

图 3.48　“设置单元格格式”对话框

② 将“单价”、“金额”以及“合计金额”数据格式设置为“货币”格式。

③ 设置“大写金额”数据格式。选中 I15 单元格，输入公式“＝C15”，按【Enter】键确认。再次选中 I15 单元格，选择【开始】→【单元格】→【格式】→【设置单元格格式】选项，打开【设置单元格格式】对话框。在“数字”选项卡左侧的“分类”列表中选择“特殊”，在右侧的“类型”列表中选择“中文大写数字”，如图 3.49 所示，然后单击【确定】按钮，将单元格中的数字设置为大写数字格式。

（6）设置工作表格式。

① 将表格标题格式设置为合并居中、华文行楷、26 磅。

② 将 A15 和 B15 单元格合并居中，将 I15 和 J15 单元格合并后设置为右对齐。

③ 在 K15 单元格中输入文本“元”，并将其设置为左对齐。

④ 将 K3:K14 单元格合并居中，并选择【开始】→【对齐方式】→【自动换行】按钮 自动换行 选项，实现该单元格自动换行。

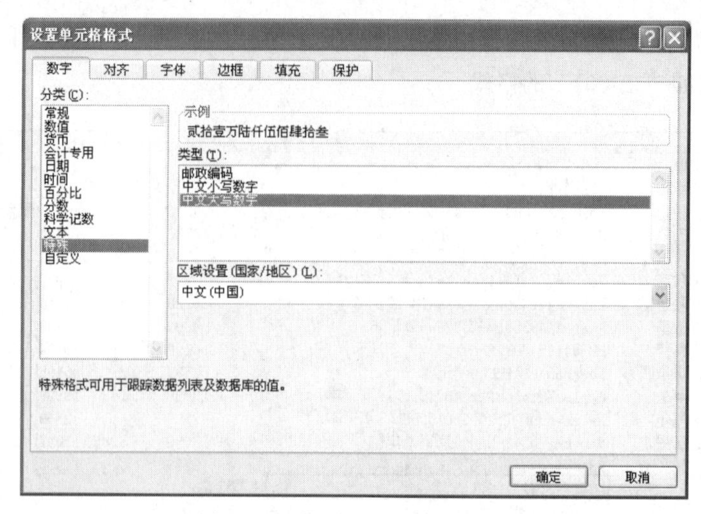

图 3.49　设置中文大写数字格式

⑤ 将表格第 2 行中的标题设置为加粗、居中。

⑥ 将 C15 单元格设置为左对齐。

⑦ 设置表格第 1 行行高为 60，其余各行行高为 22。

⑧ 将表格中除单价和金额列的数据居中对齐。

⑨ 设置表格边框，为 A2:K15 单元格区域设置外粗内细的边框线，取消 K15 单元格左框线。

【案例小结】

通过本案例的学习，您将学会利用 Excel 软件中的绝对引用进行计算，还能够应用数据有效性来进行数据处理，还可以学会应用条件格式，更改删除条件格式，查找条件格式的方法，利用部分特殊格式进行数据格式的设置。

学习总结

本案例所用软件	
案例中包含的知识和技能	
你已熟知或掌握的知识和技能	
你认为还有哪些知识或技能需要强化	
案例中可使用的 Office 技巧	
学习本案例之后的体会	

3.3 案例 13　制作销售统计分析

【案例分析】

在企业日常经营运转中，随时要注意公司的产品销售情况，了解各种产品的市场需求量以及生产计划，并分析地区性差异等各种因素，为公司领导者制定政策和决策提供依据。将这些数据制作成图表，就可以直观地表达所要说明数据的变化和差异。当数据以图形方式显示在图表中时，图表与相应的数据相链接，当更新工作表数据时，图表也会随之更新。案例效果如图 3.50 和图 3.51 所示。

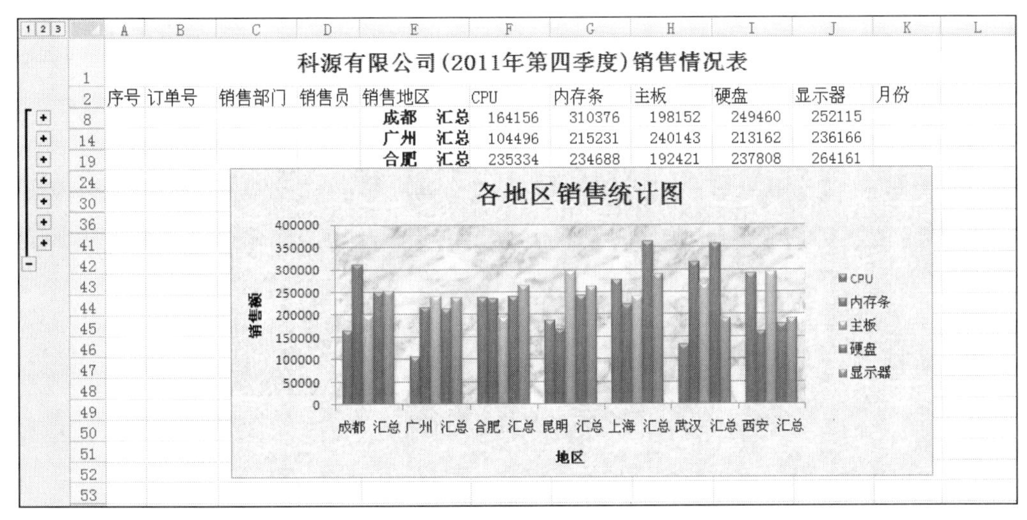

图 3.50　销售统计图

	列标签			
行标签	十月	十一月	十二月	总计
广州				
求和项:CPU	20884	31245	52367	104496
求和项:内存条	38102	63061	114068	215231
求和项:主板	84334	74979	80830	240143
求和项:硬盘	33265	45847	134050	213162
求和项:显示器	105773	63020	67373	236166
上海				
求和项:CPU	91215	96637	86856	274708
求和项:内存条	93284	23486	104994	221764
求和项:主板	105231	15642	117314	238187
求和项:硬盘	159544	74709	125839	360092
求和项:显示器	135211	68262	85079	288552
求和项:CPU汇总	**112099**	**127882**	**139223**	**379204**
求和项:内存条汇总	**131386**	**86547**	**219062**	**436995**
求和项:主板汇总	**189565**	**90621**	**198144**	**478330**
求和项:硬盘汇总	**192809**	**120556**	**259889**	**573254**
求和项:显示器汇总	**240984**	**131282**	**152452**	**524718**

图 3.51　销售数据透视表

【解决方案】

（1）启动 Excel 2007，将工作簿以“销售统计分析”为名保存在“E:\公司文档\市场部”文件夹中。

（2）录入数据。

① 在 Sheet1 工作表中录入如图 3.52 所示表格中的所有销售原始数据。

	A	B	C	D	E	F	G	H	I	J	K
1	科源有限公司(2011年第四季度)销售情况表										
2	序号	订单号	销售部门	销售员	销售地区	CPU	内存条	主板	硬盘	显示器	月份
3	1	2011100001	销售1部	张松	成都	8288	51425	66768	18710	26460	十月
4	2	2011100002	销售1部	李新亿	上海	19517	16259	91087	62174	42220	十月
5	3	2011100003	销售2部	王小伟	武汉	13566	96282	49822	80014	31638	十月
6	4	2011100004	销售2部	赵强	广州	12474	8709	52583	18693	22202	十月
7	5	2011100005	销售3部	孙超	合肥	68085	49889	59881	79999	41097	十月
8	6	2011100006	销售3部	周成武	西安	77420	73538	34385	64609	99737	十月
9	7	2011100007	销售4部	郑卫西	昆明	42071	19167	99404	99602	88099	十月
10	8	2011100008	销售1部	张松	成都	53674	63075	33854	25711	92321	十月
11	9	2011100009	销售1部	李新亿	上海	71698	77025	14144	97370	92991	十月
12	10	2011100010	销售2部	王小伟	武汉	29359	53482	3907	99350	4495	十月
13	11	2011100011	销售2部	赵强	广州	8410	29393	31751	14572	83571	十月
14	12	2011100012	销售3部	孙超	合肥	51706	38997	56071	32459	89328	十一月
15	13	2011100013	销售3部	周成武	西安	65202	1809	66804	33340	35765	十一月
16	14	2011100014	销售4部	郑卫西	昆明	57326	21219	92793	63128	71520	十一月
17	15	2011100015	销售1部	张松	成都	17723	56595	22205	67495	81653	十一月
18	16	2011100016	销售1部	李新亿	上海	96637	23486	15642	74709	68262	十一月
19	17	2011100017	销售2部	王小伟	武汉	16824	67552	86777	66796	45230	十一月
20	18	2011100018	销售2部	赵强	广州	31245	63061	74979	45847	63020	十一月
21	19	2011100019	销售3部	孙超	合肥	70349	54034	70650	42594	78449	十一月
22	20	2011100020	销售3部	周成武	西安	75798	35302	95066	77020	10116	十一月
23	21	2011100021	销售4部	郑卫西	昆明	72076	76589	95283	45520	11737	十二月
24	22	2011100022	销售1部	张松	成都	59656	82279	68639	91543	45355	十二月
25	23	2011100023	销售1部	李新亿	上海	27160	75187	73733	38040	39247	十二月
26	24	2011100024	销售2部	王小伟	武汉	966	25580	69084	13143	68285	十二月
27	25	2011100025	销售2部	赵强	广州	4732	59736	71129	47832	36725	十二月
28	26	2011100026	销售3部	孙超	合肥	45194	91768	5819	82756	55287	十二月
29	27	2011100027	销售3部	周成武	西安	73064	50697	95780	1907	43737	十二月
30	28	2011100028	销售4部	郑卫西	昆明	14016	47497	8214	32014	90393	十二月
31	29	2011100029	销售1部	张松	成都	24815	57002	6686	46001	6326	十二月
32	30	2011100030	销售1部	李新亿	上海	59696	29807	43581	87799	45832	十二月
33	31	2011100031	销售2部	王小伟	武汉	70638	72774	55735	97650	39928	十二月
34	32	2011100032	销售3部	孙超	广州	47635	54332	9701	86218	30648	十二月

图 3.52　销售原始数据

② 将表格标题选择设置为宋体、16 磅、加粗、跨列居中。

（3）复制、重命名工作表。

① 将 Sheet1 工作表重命名为“销售原始数据”，再将其复制 1 份。

② 将复制的工作表重命名为“分类汇总”。

③ 将 Sheet2 工作表重命名为“数据透视表”。

（4）汇总统计各地区的销售数据。

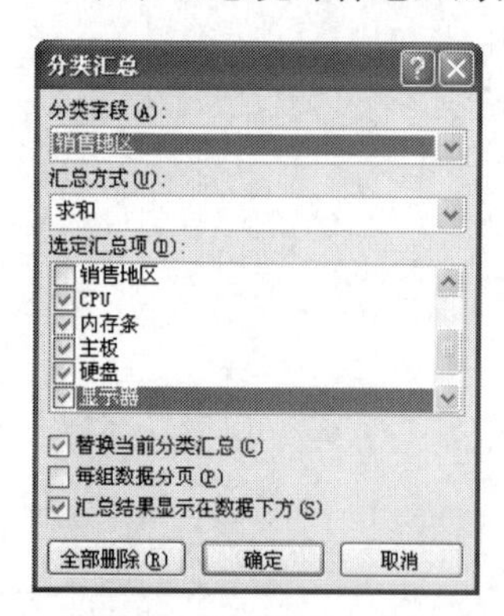

图 3.53　分类汇总选项

① 按“销售地区”排序。选定“分类汇总”工作表，选中“销售地区”所在列有数据的任一单元格，选择【数据】→【排序和筛选】→【升序】按钮选项，对销售地区按升序进行排序。

② 选择【数据】→【分级显示】→【分类汇总】选项，打开“分类汇总”对话框，在对话框中选择分类字段为“销售地区”，汇总方式为“求和”，选定汇总项为其他有数值数据的项目，如图 3.53 所示。

③ 单击【确定】按钮，生成如图 3.54 所示的分类汇总表。在出现的汇总数据表格中，选择显示 2 级汇总数据，将得到如图 3.55 所示的效果。

（5）创建图表。

① 利用分类汇总结果制作图表。在分类汇总 2 级数据表中，选择要创建图表的数据区域

E2:J41，即只选择了汇总数据所在区域，如图 3.56 所示。

科源有限公司(2011年第四季度)销售情况表

	订单号	销售部门	销售员	销售地区	CPU	内存条	主板	硬盘	显示器	月份
3	2011100001	销售1部	张松	成都	8288	51425	66768	18710	26460	十月
4	2011100008	销售1部	张松	成都	53674	63075	33854	25711	92321	十月
5	2011100015	销售1部	张松	成都	17723	56595	22205	67495	81653	十一月
6	2011100022	销售1部	张松	成都	59656	82279	68639	91543	45355	十二月
7	2011100029	销售1部	张松	成都	24815	57002	6686	46001	6326	十二月
8				成都　汇总	164156	310376	198152	249460	252115	
9	2011100004	销售2部	赵强	广州	12474	8709	52583	18693	22202	十月
10	2011100011	销售2部	赵强	广州	8410	29393	31751	14572	83571	十月
11	2011100018	销售2部	赵强	广州	31245	63061	74979	45847	63020	十一月
12	2011100025	销售2部	赵强	广州	4732	59736	71129	47832	36725	十二月
13	2011100032	销售3部	孙超	广州	47635	54332	9701	86218	30648	十二月
14				广州　汇总	104496	215231	240143	213162	236166	
15	2011100005	销售3部	孙超	合肥	68085	49889	59881	79999	41097	十月
16	2011100012	销售3部	孙超	合肥	51706	38997	56071	32459	89328	十一月
17	2011100019	销售3部	孙超	合肥	70349	54034	70650	42594	78449	十一月
18	2011100026	销售3部	孙超	合肥	45194	91768	5819	82756	55287	十二月
19				合肥　汇总	235334	234688	192421	237808	264161	
20	2011100007	销售4部	郑卫西	昆明	42071	19167	99404	99602	88099	十月
21	2011100014	销售4部	郑卫西	昆明	57326	21219	92793	63128	71520	十一月
22	2011100021	销售4部	郑卫西	昆明	72076	76589	95283	45520	11737	十二月
23	2011100028	销售4部	郑卫西	昆明	14016	47497	8214	32014	90393	十二月
24				昆明　汇总	185489	164472	295694	240264	261749	
25	2011100002	销售1部	李新亿	上海	19517	16259	91087	62174	42220	十月
26	2011100009	销售1部	李新亿	上海	71698	77025	14144	97370	92991	十月
27	2011100016	销售1部	李新亿	上海	96637	23486	15642	74709	68262	十一月
28	2011100023	销售1部	李新亿	上海	27160	75187	73733	38040	39247	十二月
29	2011100030	销售1部	李新亿	上海	59696	29807	43581	87799	45832	十二月
30				上海　汇总	274708	221764	238187	360092	288552	
31	2011100003	销售2部	王小伟	武汉	13566	96282	49822	80014	31638	十月
32	2011100010	销售2部	王小伟	武汉	29359	53482	3907	99350	4495	十月
33	2011100017	销售2部	王小伟	武汉	16824	67552	86777	66796	45230	十一月
34	2011100024	销售2部	王小伟	武汉	966	25580	69084	13143	68285	十二月
35	2011100031	销售2部	王小伟	武汉	70638	72774	55735	97650	39928	十二月
36				武汉　汇总	131353	315670	265325	356953	189576	
37	2011100006	销售3部	周成武	西安	77420	73538	34385	64609	99737	十月
38	2011100013	销售3部	周成武	西安	65202	1809	66804	33340	35765	十一月
39	2011100020	销售3部	周成武	西安	75798	35302	95066	77020	10116	十一月
40	2011100027	销售3部	周成武	西安	73064	50697	95780	1907	43737	十二月
41				西安　汇总	291484	161346	292035	176876	189355	
42				总计	1387020	1623547	1721957	1834615	1681674	

图 3.54　分类汇总表

科源有限公司(2011年第四季度)销售情况表

	序号	订单号	销售部门	销售员	销售地区	CPU	内存条	主板	硬盘	显示器	月份
8					成都　汇总	164156	310376	198152	249460	252115	
14					广州　汇总	104496	215231	240143	213162	236166	
19					合肥　汇总	235334	234688	192421	237808	264161	
24					昆明　汇总	185489	164472	295694	240264	261749	
30					上海　汇总	274708	221764	238187	360092	288552	
36					武汉　汇总	131353	315670	265325	356953	189576	
41					西安　汇总	291484	161346	292035	176876	189355	
42					总计	1387020	1623547	1721957	1834615	1681674	

图 3.55　显示 2 级汇总数据

科源有限公司(2011年第四季度)销售情况表

	序号	订单号	销售部门	销售员	销售地区	CPU	内存条	主板	硬盘	显示器	月份
8					成都　汇总	164156	310376	198152	249460	252115	
14					广州　汇总	104496	215231	240143	213162	236166	
19					合肥　汇总	235334	234688	192421	237808	264161	
24					昆明　汇总	185489	164472	295694	240264	261749	
30					上海　汇总	274708	221764	238187	360092	288552	
36					武汉　汇总	131353	315670	265325	356953	189576	
41					西安　汇总	291484	161346	292035	176876	189355	
42					总计	1387020	1623547	1721957	1834615	1681674	
43											

图 3.56　选定图表区域

② 选择【插入】→【图表】→【折线图】选项，打开如图 3.57 所示的“折线图”下拉菜单，选择“二维折线图”中的“带数据标记的折线图”类型，生成如图 3.58 所示的图表。

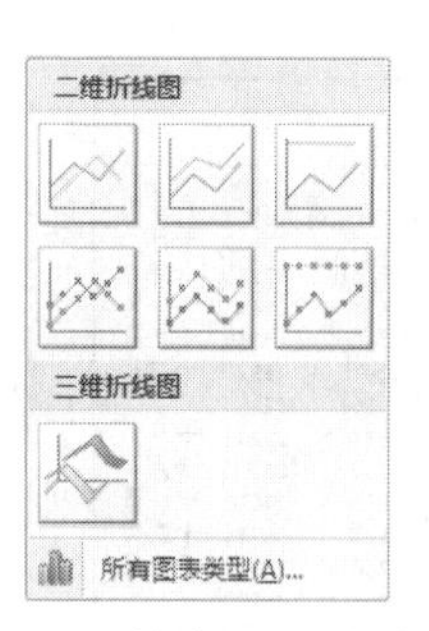

图 3.57 “折线图”下拉菜单

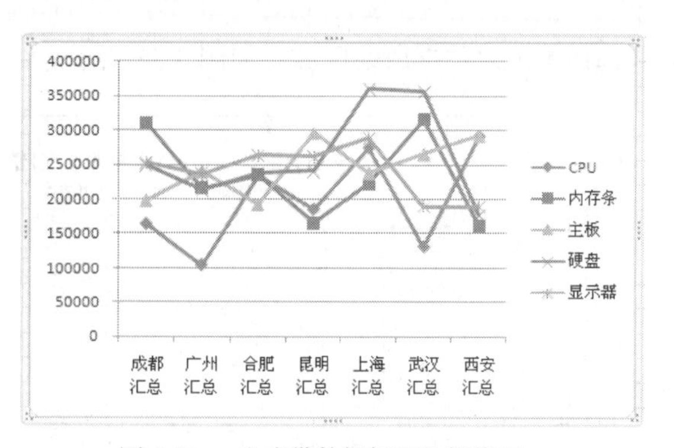

图 3.58 生成带数据标记的折线图

① 在创建图表之前，由于已经选定了数据区域，图表中将反映出该区域的数据。如果想改变图表的数据来源，可选择【图表工具】→【设计】→【数据】→【选择数据】选项，打开如图 3.59 所示的“选择数据源”对话框，在其中编辑数据源即可。

② 若要修改图表中的数据系列，则选中图表，选择【图表工具】→【设计】→【数据】→【切换行/列】选项，将 x 轴和 y 轴上的数据进行交换，如图 3.60 所示。

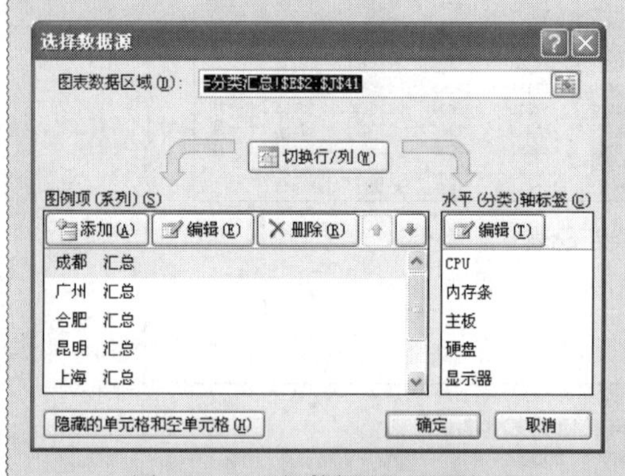

图 3.59 “选择数据源”对话框

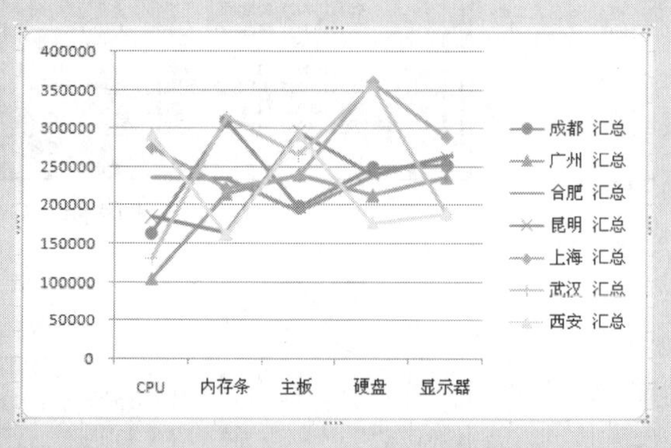

图 3.60 交换图表上 x 轴和 y 轴的数据

③ 默认情况下，生成的图表是位于所选数据的工作表中的，可根据实际需要，选择【图表工具】→【设计】→【位置】→【移动图表】选项，打开如图 3.61 所示的“移动图表”对话框，则可将图表作为新的工作表插入。

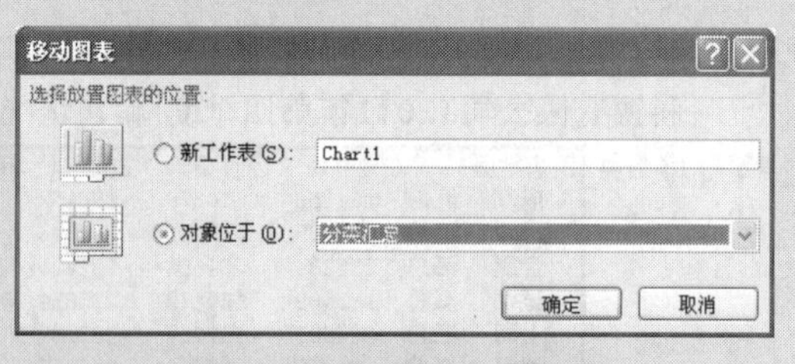

图 3.61 “移动图表”对话框

（6）修改图表。

① 修改图表类型。

选中图表，选择【图表工具】→【设计】→【类型】→【更改图表类型】选项，打开如图 3.62 所示的“更改图表类型”对话框。选择“柱形图”中的“簇状柱形图”，再单击【确定】按钮，将图标修改为如图 3.63 所示的簇状柱形图。

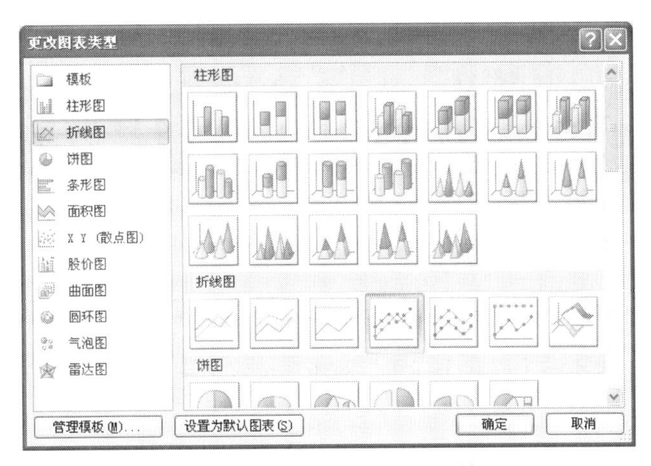

图 3.62　“更改图表类型”对话框

② 修改图标样式。选择【图表工具】→【设计】→【图表样式】→【其他】选项，显示如图 3.64 所示的图表样式列表，选择“样式 26”。

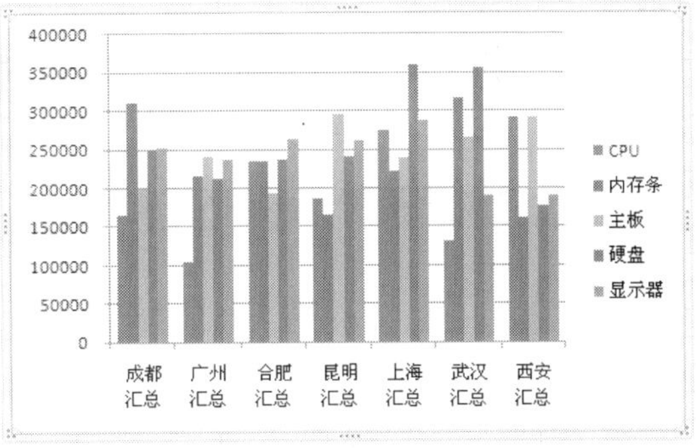

③ 添加图表标题。

选择【图表工具】→【布局】→【标签】→【图表标题】选项，打开如图 3.65 所示的“图表标题”菜单，选择“图标上方”选项，在图标上方添加“图表标题”占位符，如图 3.66 所示。输入图表标题“各地区销售统计图”。

④ 添加坐标轴标题。

选择【图表工具】→【布局】→【标签】→【坐标轴标题】选项，分别添加主要横坐标轴标题“地区”和主要纵坐标轴标题“销售额”，如图 3.67 所示。

图 3.63　将图表类型修改为簇状柱形图

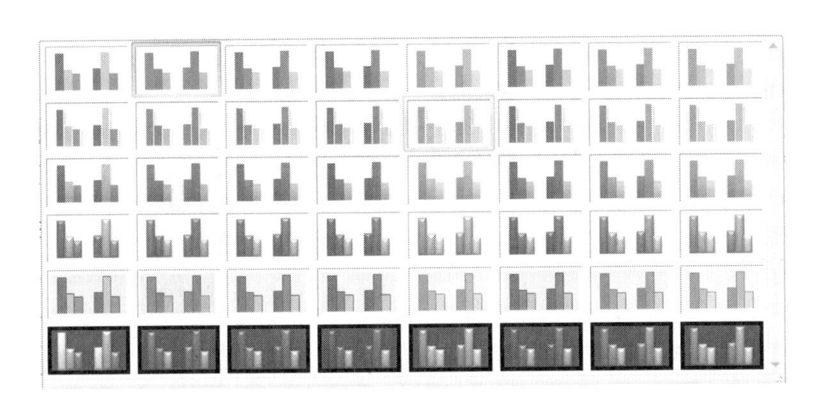

图 3.64　图表样式列表

图 3.65　“图表标题”菜单

（7）设置图表格式。

① 设置“绘图区”格式。

a. 选中图表。

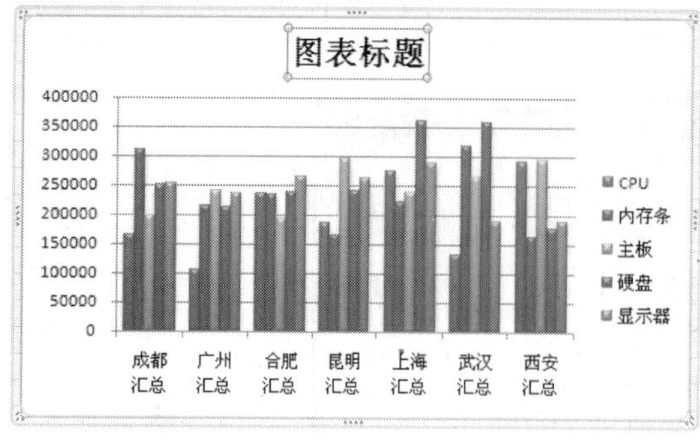

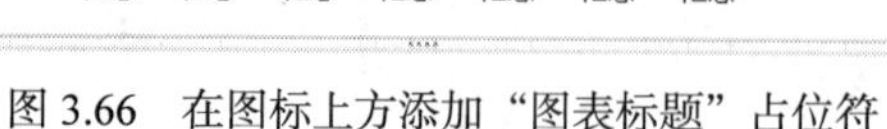
图 3.66　在图标上方添加“图表标题”占位符

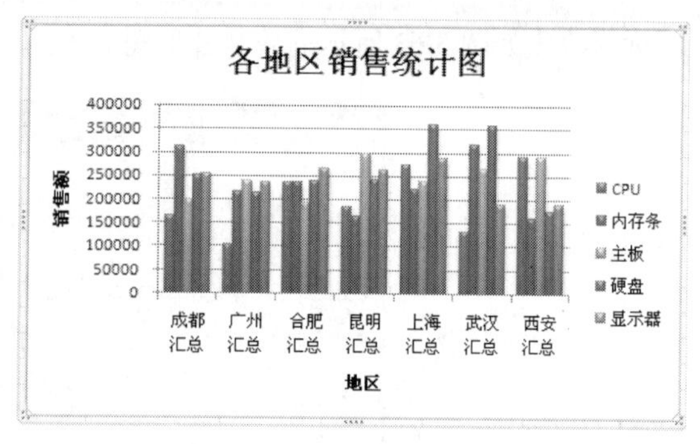

图 3.67　添加坐标轴标题

b. 选择【图表工具】→【格式】→【当前所选内容】→【图表元素】下拉按钮选项，从列表中选择“绘图区”。

c. 再选择【图表工具】→【格式】→【当前所选内容】→【设置所选内容格式】选项，打开“设置绘图区格式”对话框。

d. 从左侧的列表中选择“填充”，然后选择右侧的“图片或纹理填充”单选按钮，展开如图 3.68 所示的设置选项。

e. 单击“纹理”下拉按钮，打开如图 3.69 所示的“纹理”列表，选择“白色大理石”填充纹理。

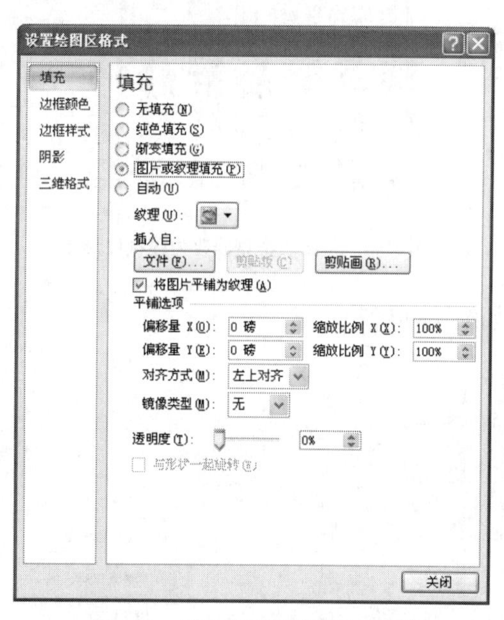

图 3.68　“设置绘图区格式”对话框

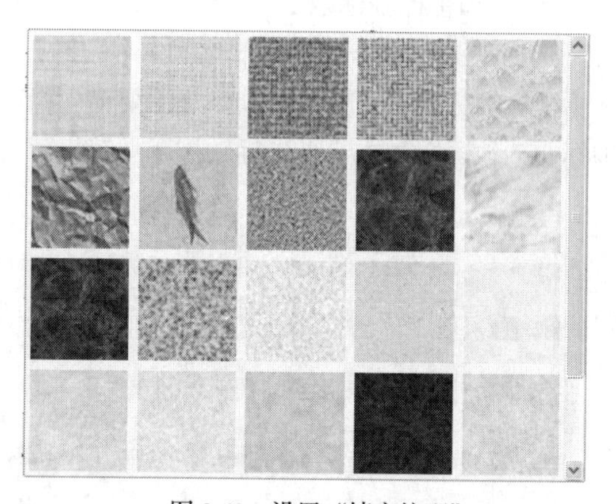

图 3.69　设置“填充纹理”

② 设置“图表区”格式。使用类似的方法，选择“图表区”，设置其填充纹理为“蓝色面巾纸”。效果如图 3.70 所示。

（8）制作销售数据透视表。

① 选中“销售原始数据”工作表。

② 用鼠标选中数据区域的任一单元格。

③ 选择【插入】→【表】→【数据透视表】选项，从弹出的菜单中选择【数据透视表】选

项，打开如图 3.71 所示的“创建数据透视表”对话框。

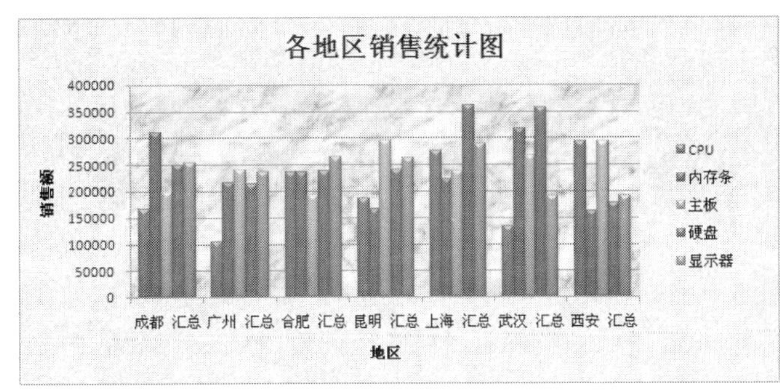

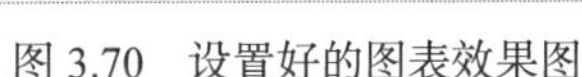
图 3.70　设置好的图表效果图

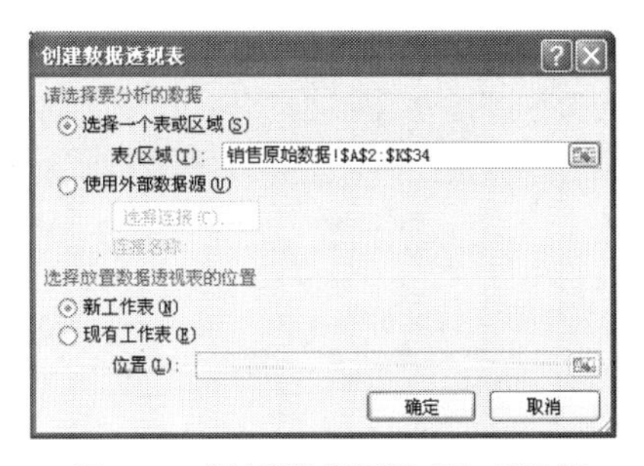

图 3.71　“创建数据透视表”对话框

④ 在“请选择要分析的数据”选项组中选中“选择一个表或区域”单选按钮，然后在工作表中选择要创建数据透视表的数据区域 A2:K34。

提示　一般情况下，如果用鼠标选中数据区域中任意单元格，在创建数据透视表时 Excel 将自动搜索并选定其数据区域，如果选定的区域与实际区域不同可重新选择。

⑤ 在“选择数据透视表的位置”选项组中选中“现有工作表”单选按钮，并选定“数据透视表”工作表的 A3 单元格作为数据透视表的起始位置。

⑥ 单击【确定】按钮，产生如图 3.72 所示的默认数据透视表，并在右侧显示“数据透视表字段列表”窗格。

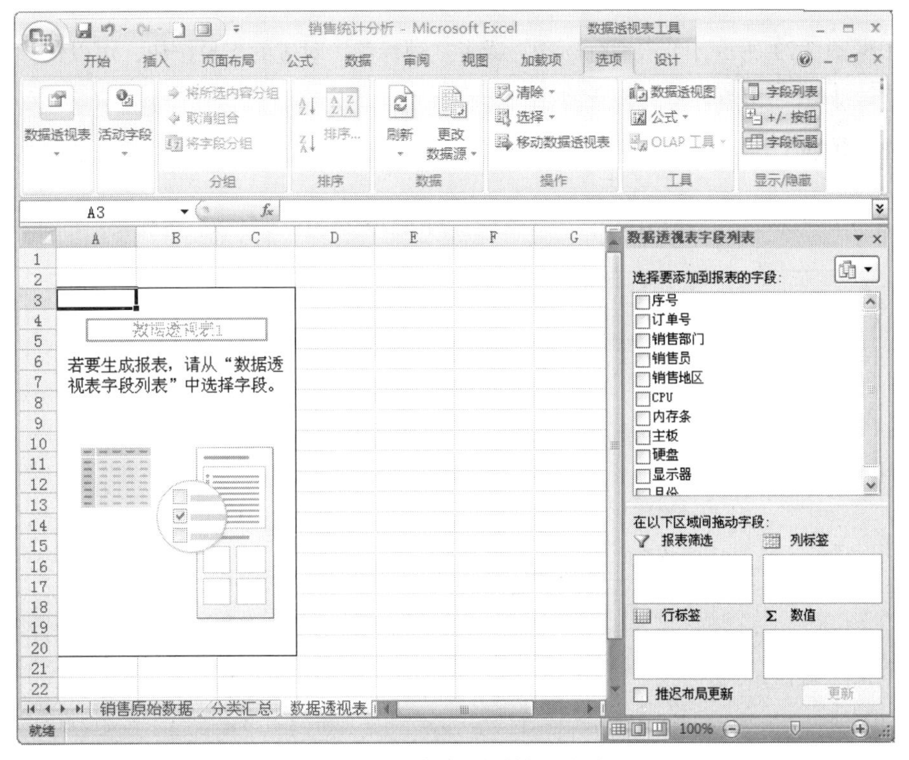

图 3.72　创建默认的数据透视表

⑦ 在“数据透视表字段列表”中将“月份”字段拖至“列标签”框中，成为列标题；将“销售地区”字段拖至“行标签”框中，成为行标题；依次拖动“CPU”、“内存条”、“主板”、“硬盘”、“显示器”字段至“∑ 数值”框，如图 3.73 所示。

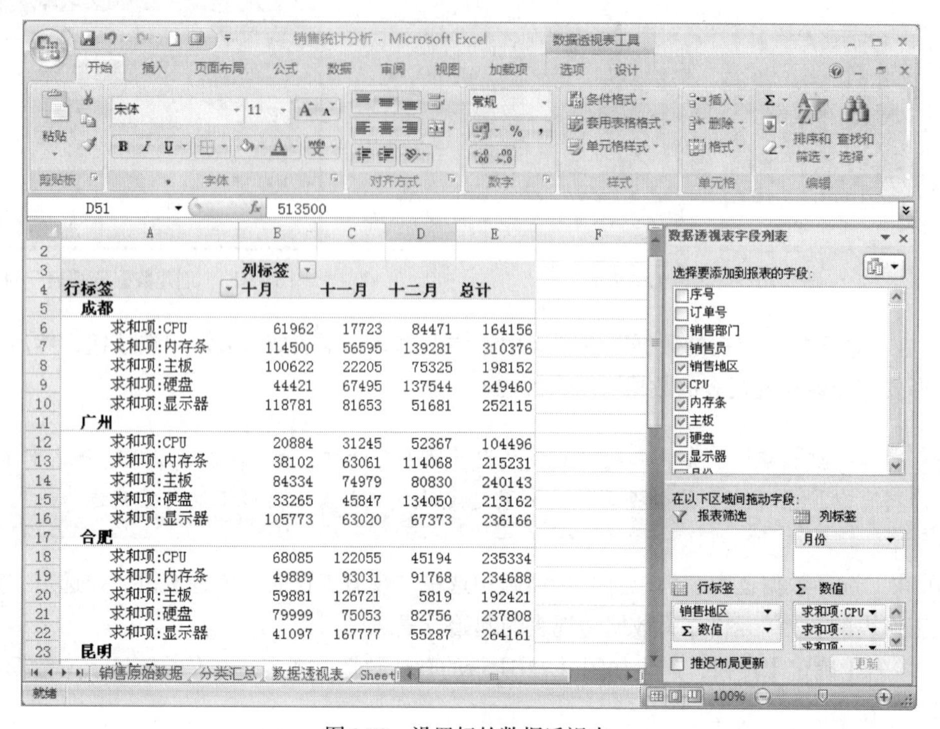

图 3.73 设置好的数据透视表

⑧ 根据图 3.73 所示，单击“行标签”或者“列标签”对应的下拉按钮，可以选择需要的数据进行查看，以达到对数据透视的目的。

【拓展案例】

利用图 3.74 所示的“产品销售情况表”数据，制作业务员销售业绩数据透视表，如图 3.75 所示。

产品销售情况表

订单编号	产品编号	产品类型	产品型号	销售日期	业务员	销售量	销售金额
12-04001	D20001001	硬盘	西部数据320GB(蓝版)	2012-4-2	杨立	14	￥5,124.00
12-04002	C10001002	CPU	Pentium E2210 2.2GHz（盒）	2012-4-5	白瑞林	3	￥1,404.00
12-04003	C10001003	CPU	Pentium E5200 2.5GHz（盒）	2012-4-5	杨立	7	￥4,032.00
12-04004	D30001001	硬盘	日立 320GB	2012-4-8	夏蓝	6	￥2,196.00
12-04005	V10001001	显卡	昂达 魔剑P45+	2012-4-8	方艳芸	2	￥1,677.60
12-04006	C10001001	CPU	Celeron E1200 1.6GHz（盒）	2012-4-12	夏蓝	1	￥330.00
12-04007	D10001001	硬盘	希捷酷鱼7200.12 320GB	2012-4-26	张勇	5	￥2,040.00
12-04008	R10001002	内存条	宇瞻 经典2GB	2012-4-29	方艳芸	4	￥840.00
12-05001	V20001002	显卡	华硕 P5QL	2012-5-5	白瑞林	8	￥5,462.40
12-05002	R20001001	内存条	威刚 万紫千红2GB	2012-5-12	李陵	2	￥432.00
12-05003	V30001001	显卡	微星 X58M	2012-5-16	夏蓝	3	￥5,036.40
12-05004	M10001004	主板	华硕 9800GT冰刃版	2012-5-16	李陵	20	￥19,176.00
12-05005	R30001001	内存条	金士顿 1GB	2012-5-16	张勇	3	￥360.00
12-05006	M10001006	主板	盈通 GTX260+游戏高手	2012-5-18	李陵	8	￥11,510.40
12-05007	LCD003003	显示器	明基 G900HD	2012-5-25	杨立	2	￥1,824.00
12-06001	M10001005	主板	微星 N250GTS-2D暴雪	2012-6-3	方艳芸	5	￥4,788.00
12-06002	LCD001001	显示器	三星 943NW+	2012-6-3	张勇	6	￥6,472.80
12-06003	LCD002002	显示器	优派 VX1940w	2012-6-4	李陵	1	￥1,188.00

图 3.74 原始数据

求和项:销售金额	业务员						
产品类型	白瑞林	方艳芸	李陵	夏蓝	杨立	张勇	总计
CPU	1404			330	4032		5766
内存条		840	432			360	1632
显卡	5462.4	1677.6		5036.4			12176.4
显示器			1188		1824	6472.8	9484.8
硬盘				2196	5124	2040	9360
主板		4788	30686.4				35474.4
总计	6866.4	7305.6	32306.4	7562.4	10980	8872.8	73893.6

图 3.75 业务员销售业绩数据透视表

【拓展训练】

消费者的购买行为通常分为消费者的行为习惯和消费者的购买力，它直接反映出产品或者服务的市场表现。通过对消费者的行为习惯和购买力进行分析，可以为企业的市场定位提供准确的依据。制作如图 3.76 和图 3.77 所示的消费者购买行为分析。

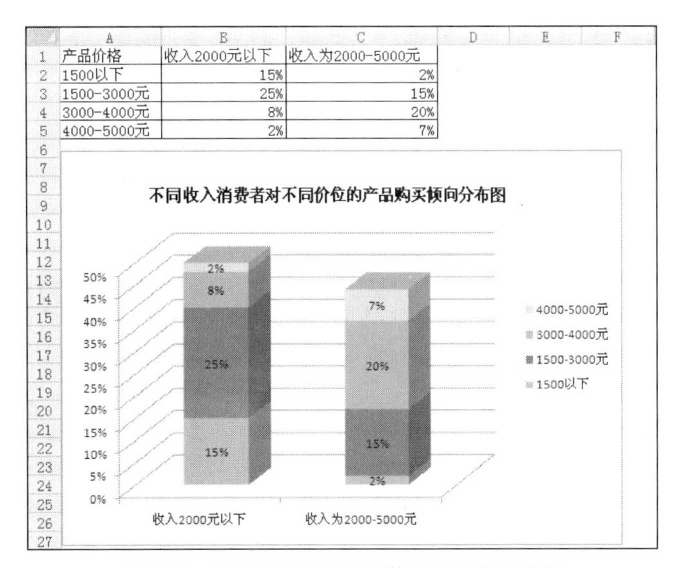

产品价格	收入2000元以下	收入为2000-5000元
1500以下	15%	2%
1500-3000元	25%	15%
3000-4000元	8%	20%
4000-5000元	2%	7%

图 3.76 不同收入消费者群体购买力特征分析

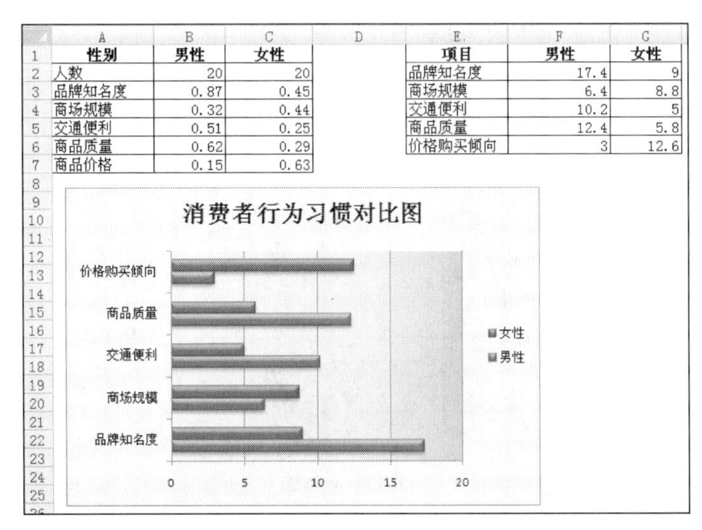

性别	男性	女性
人数	20	20
品牌知名度	0.87	0.45
商场规模	0.32	0.44
交通便利	0.51	0.25
商品质量	0.62	0.29
商品价格	0.15	0.63

项目	男性	女性
品牌知名度	17.4	9
商场规模	6.4	8.8
交通便利	10.2	5
商品质量	12.4	5.8
价格购买倾向	3	12.6

图 3.77 消费行为习惯分析

操作步骤如下。

（1）启动 Excel 2007，将工作簿以“消费者购买行为分析”为名保存在“E:\公司文档\市场部”文件夹中。

（2）分别将 Sheet1 和 Sheet2 工作表重命名为“不同收入消费者群体购买力特征分析”和“消费行为习惯分析”，并将其余的工作表删除。

（3）输入“不同收入消费者群体购买力特征分析”原始数据并设置单元格格式。

① 选中“不同收入消费者群体购买力特征分析”工作表，输入如图 3.78 所示的数据。

	A	B	C	D
1	产品价格	收入2000元以下	收入为2000-5000元	
2	1500以下	15%	2%	
3	1500-3000元	25%	15%	
4	3000-4000元	8%	20%	
5	4000-5000元	2%	7%	
6				

图 3.78　不同收入消费群体购买力原始数据

② 选中 A1:C5 单元格区域，为表格添加边框。

（4）创建“不同收入消费者对不同价位的产品购买倾向分布图”。

① 选中 A1:C5 单元格区域。

② 选择【插入】→【图表】→【柱形图】选项，打开“柱形图”下拉菜单，选择“三维柱形图”中的“三维堆积柱形图”类型，生成如图 3.79 所示的图表。

③ 选中图表，选择【图表工具】→【设计】→【数据】→【切换行/列】选项，将图表的数据系列的行列互换，如图 3.80 所示。

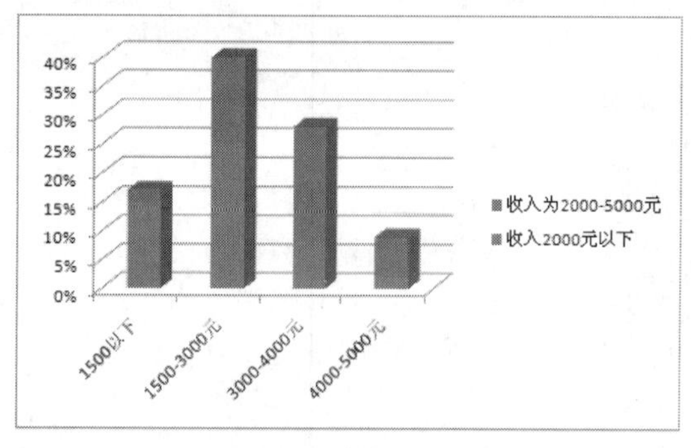

图 3.79　三维堆积柱形图

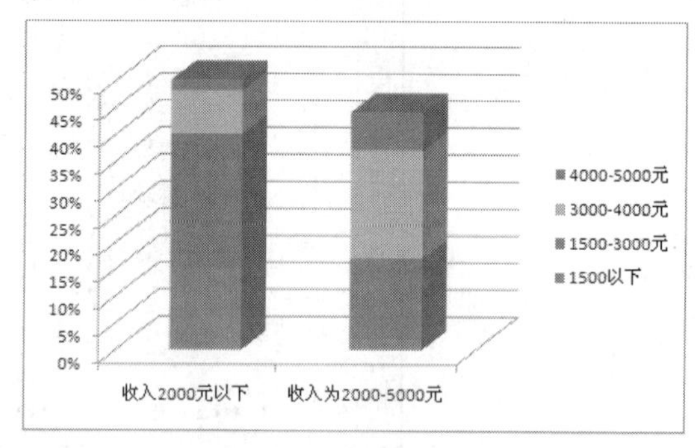

图 3.80　互换图表数据系列的行列

④ 为图表添加如图 3.81 所示的图表标题和数据标签。

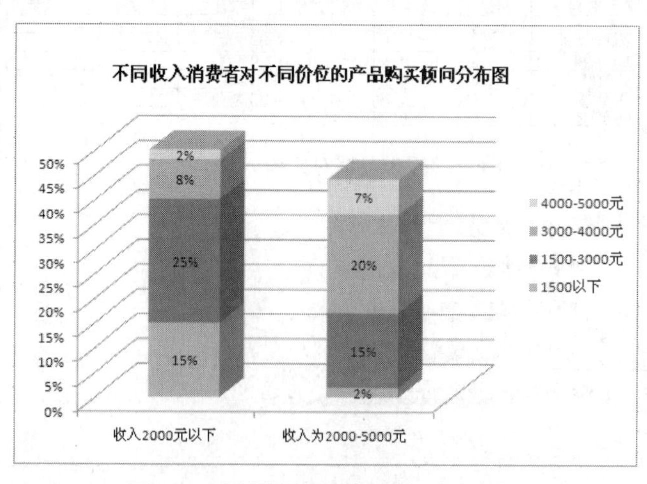

图 3.81　为图表添加图表标题和数据标签

（5）输入“消费行为习惯分析”原始数据，如图 3.82 所示。

	A	B	C	D	E	F	G
1	性别	男性	女性		项目	男性	女性
2	人数	20	20		品牌知名度		
3	品牌知名度	0.87	0.45		商场规模		
4	商场规模	0.32	0.44		交通便利		
5	交通便利	0.51	0.25		商品质量		
6	商品质量	0.62	0.29		价格购买倾向		
7	商品价格	0.15	0.63				
8							

图 3.82　“消费行为习惯分析”原始数据

（6）计算男女消费者的不同消费人数。

① 选中 F2 单元格，输入公式“= $B$2*B3”，按【Enter】键确认，使用填充柄将公式填充至 F3:F6 单元格区域。

② 选中 G2 单元格，输入公式“= $C$2*C3”，按【Enter】键确认，使用填充柄将公式填充至 G3:G6 单元格区域。

（7）按图 3.83 所示对数据表区域进行格式化设置。

	A	B	C	D	E	F	G
1	性别	男性	女性		项目	男性	女性
2	人数	20	20		品牌知名度	17.4	9
3	品牌知名度	0.87	0.45		商场规模	6.4	8.8
4	商场规模	0.32	0.44		交通便利	10.2	5
5	交通便利	0.51	0.25		商品质量	12.4	5.8
6	商品质量	0.62	0.29		价格购买倾向	3	12.6
7	商品价格	0.15	0.63				

图 3.83　设置工作表的数据区格式

（8）创建“消费行为习惯分析”图表。

① 选中 E1:G6 单元格区域。

② 选择【插入】→【图表】→【条形图】选项，打开“条形图”下拉菜单，选择“二维条形图”中的“簇状条形图”类型，生成如图 3.84 所示的图表。

③ 按照图 3.85 所示修改图表。

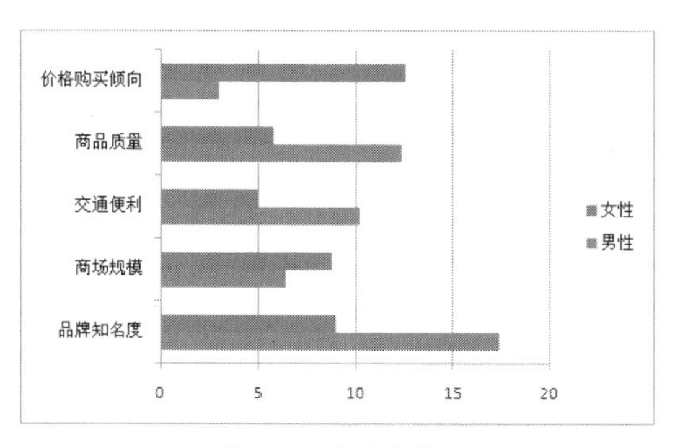

图 3.84　簇状条形图

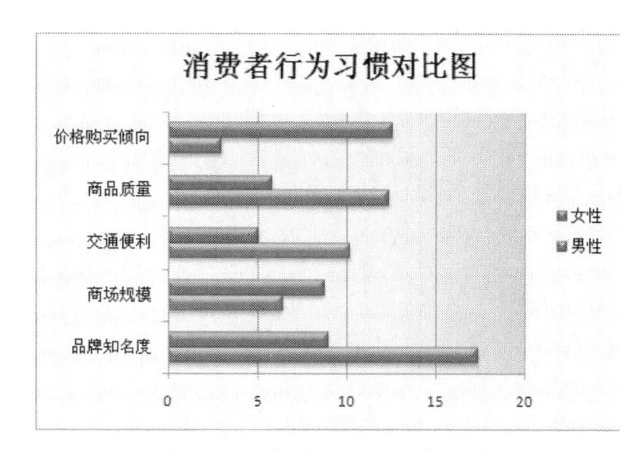

图 3.85　修改后的簇状条形图

【案例小结】

通过本案例的学习，您将学会利用 Excel 软件进行分类汇总，并能够根据要求制作图表，对图表进行不同的修改以达到需要的结果，还能够进行简单的数据透视表的操作以及方案的创建。

📖 学习总结

本案例所用软件	
案例中包含的知识和技能	
你已熟知或掌握的知识和技能	
你认为还有哪些知识或技能需要强化	
案例中可使用的 Office 技巧	
学习本案例之后的体会	

3.4 案例 14 制作产品销售数据分析模型

【案例分析】

在企业的经营过程中，营销管理是企业管理中一个非常重要的工作环节。在为企业进行销售数据分析时，通过对历史数据的分析，从产品线设置、价格制订、渠道分布等多角度分析客户营销体系中可能存在的问题，将为制订有针对性和便于实施的营销战略奠定良好的基础。本案例利用 PowerPoint 制作销售数据分析模型，效果如图 3.86 所示。

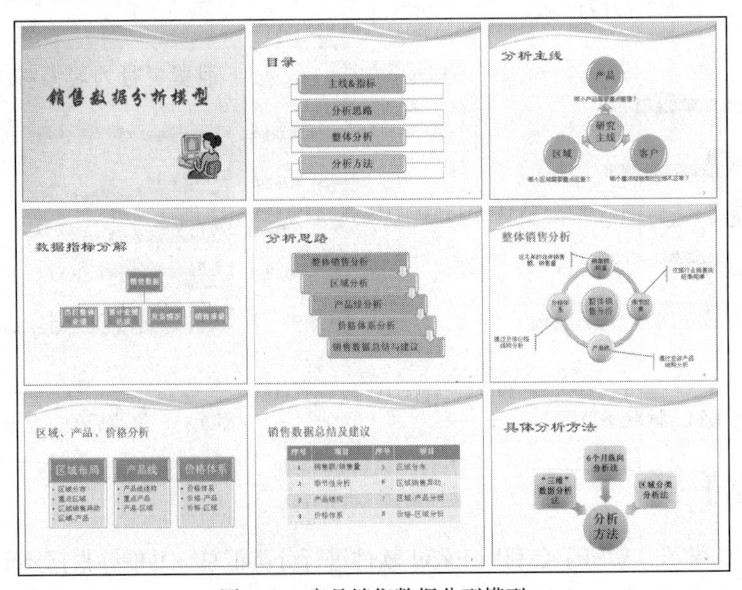

图 3.86　产品销售数据分型模型

【解决方案】

（1）启动 PowerPoint 2007，新建一份空白演示文稿，以“产品销售数据分析模型”为名保存在“E:\公司文档\市场部”文件夹中。

（2）制作“标题”幻灯片。

① 在幻灯片标题中输入文本“销售数据分析模型”。

② 在标题幻灯片中插入一张画剪贴，如图 3.87 所示。

（3）编辑“目录”幻灯片。

① 选择【开始】→【幻灯片】→【新幻灯片】下拉按钮选项，打开如图 3.88 所示的幻灯片下拉菜单，从“Office 主题”列表中选择“仅标题”的幻灯片版式。

图 3.87　标题幻灯片

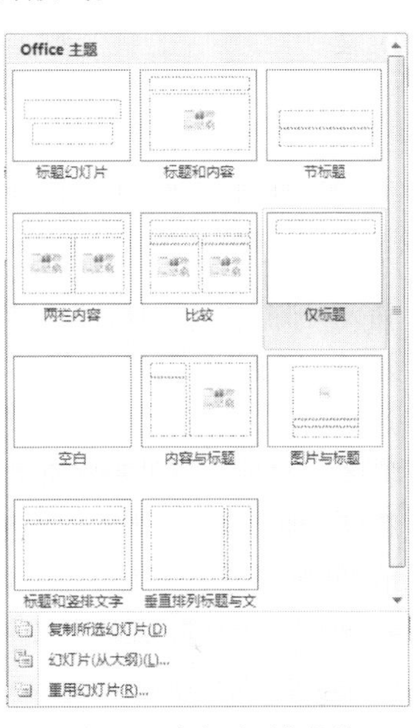

图 3.88　幻灯片下拉菜单

② 添加标题文本“目录”。

③ 选择【插入】→【插图】→【SmartArt】选项，打开如图 3.89 所示的“选择 SmartArt 图形”对话框。

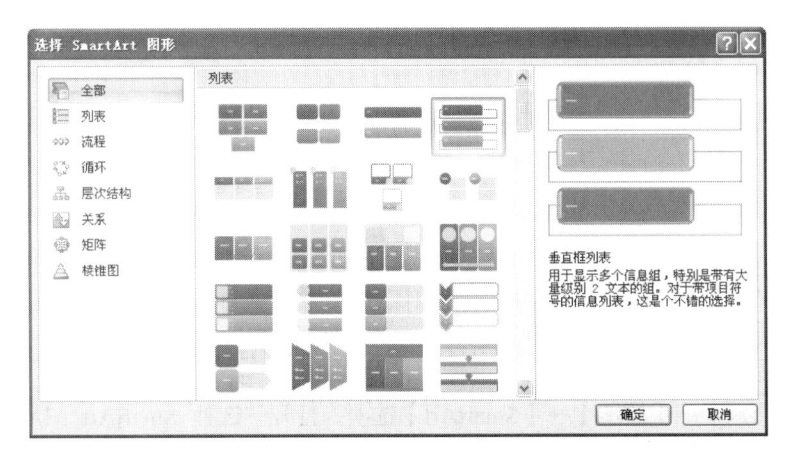

图 3.89　“选择 SmartArt 图形”对话框

④ 选择“垂直框列表”图形，单击【确定】按钮，在幻灯片中插入如图 3.90 所示的图形。

⑤ 选择【SmartArt 工具】→【设计】→【创建图形】→【添加形状】选项，添加一个列表框。

⑥ 在各列表框中输入如图 3.91 所示的文本。

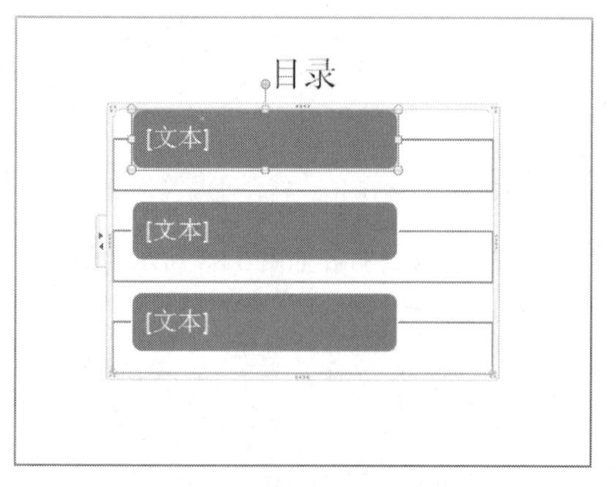

图 3.90　插入的“垂直框列表”图形

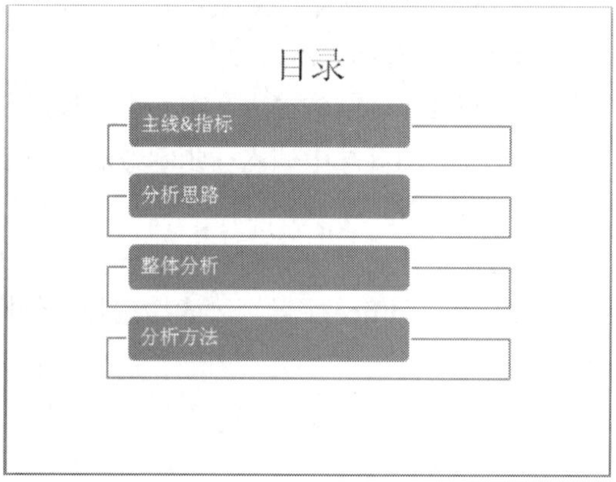

目录

主线&指标

分析思路

整体分析

分析方法

图 3.91　“目录”幻灯片

（4）编辑“分析主线”幻灯片。

① 插入一张版式为“仅标题”的幻灯片。

② 添加标题文本“分析主线”。

③ 选择【插入】→【插图】→【SmartArt】选项，打开“选择 SmartArt 图形”对话框，插入“分离射线”图形，如图 3.92 所示。

④ 在中心圆形中输入文本“研究主线”，在环绕的圆形中分别输入文本“产品”、“区域”和“客户”，并将多余的圆形删除。

⑤ 在各环绕圆形的下方插入文本框，分别输入如图 3.93 所示的文本。

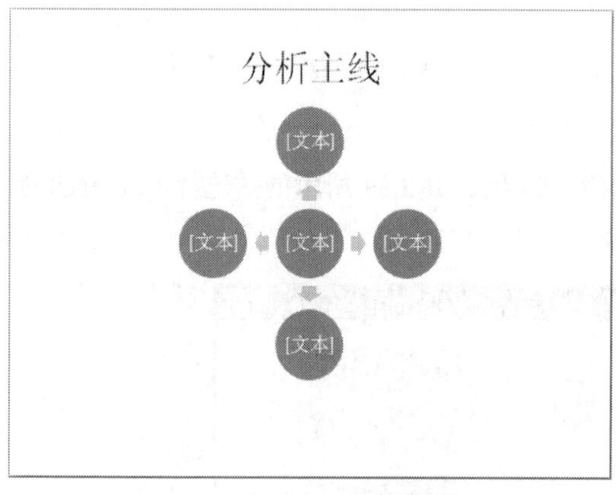

图 3.92　插入“分离射线”图形

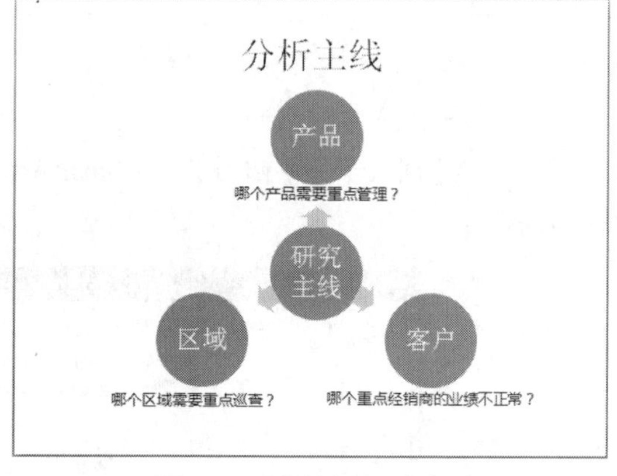

图 3.93　“分析主线”幻灯片

（5）编辑“数据指标分解”幻灯片。

① 插入一张版式为“仅标题”的幻灯片。

② 添加标题文本“数据指标分解”。

③ 选择【插入】→【插图】→【SmartArt】选项，打开“选择 SmartArt 图形”对话框，插入“组织结构图”图形。

④ 根据需要添加和删除形状后，在图形中输入如图 3.94 所示的文本内容。

（6）编辑“分析思路”幻灯片。

① 插入一张版式为“仅标题”的幻灯片。

② 添加标题文本“分析思路”。

③ 选择【插入】→【插图】→【SmartArt】选项，打开“选择 SmartArt 图形”对话框，插入“交错流程”图形。

④ 根据需要添加形状后，在图形中输入如图 3.95 所示的文本内容。

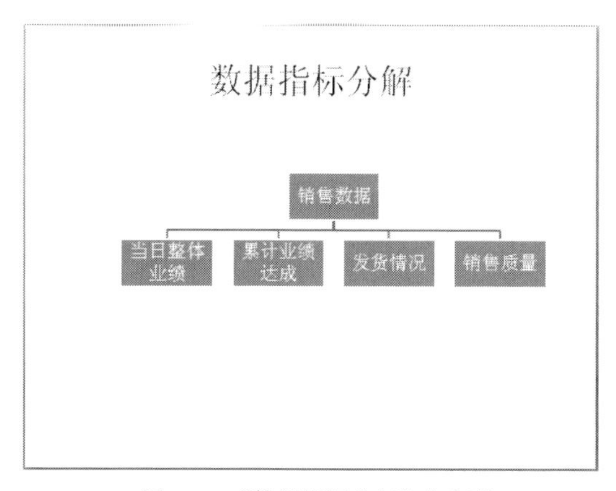

图 3.94　“数据指标分解”幻灯片

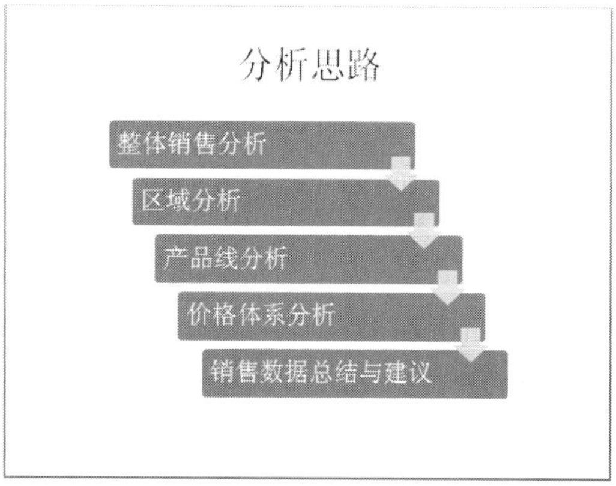

图 3.95　“分析思路”幻灯片

（7）编辑“整体销售分析”幻灯片。

① 插入一张版式为“仅标题”的幻灯片。

② 添加标题文本“整体销售分析”。

③ 选择【插入】→【插图】→【SmartArt】选项，打开“选择 SmartArt 图形”对话框，插入“射线循环”图形。

④ 在射线循环图形中输入如图 3.96 所示的文本内容。

⑤ 选择【插入】→【插图】→【形状】选项，打开形状列表，选择“线性标注 1”，分别为射线循环图中的各形状添加标注，如图 3.97 所示。

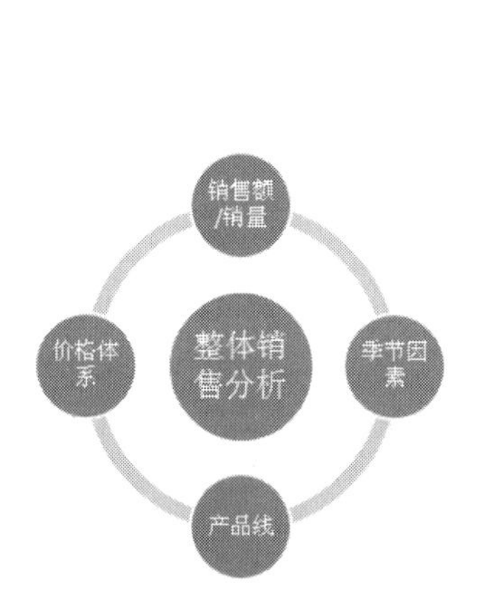

图 3.96　输入射线循环图形中的文本

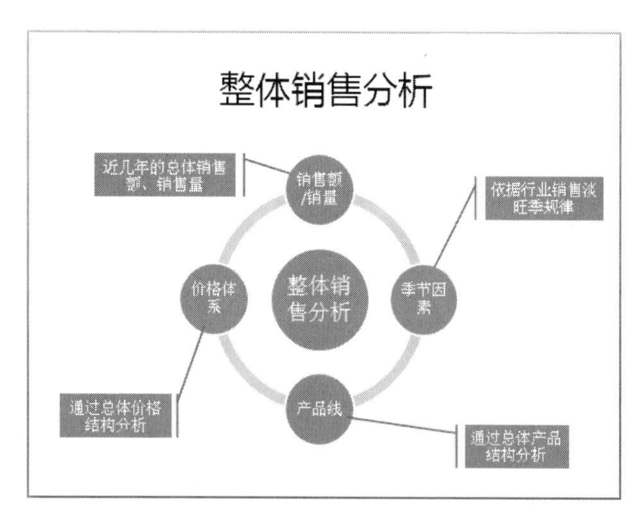

图 3.97　“整体销售分析”幻灯片

（8）编辑“区域、产品、价格分析”幻灯片。

① 插入一张版式为“仅标题”的幻灯片。

② 添加标题文本“区域、产品、价格分析”。

③ 选择【插入】→【插图】→【SmartArt】选项，打开“选择 SmartArt 图形”对话框，插入“水平项目符号列表”图形。

④ 在图形中输入如图 3.98 所示的文本内容。

（9）编辑“销售数据总结及建议”幻灯片。

① 插入一张版式为“标题和内容”的幻灯片，如图 3.99 所示。

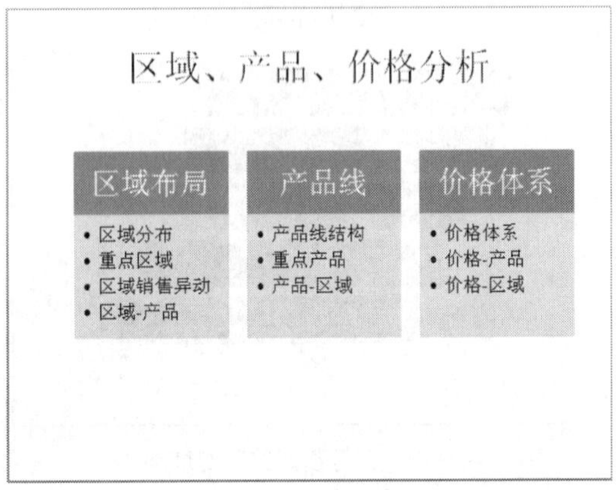

区域、产品、价格分析
区域布局
• 区域分布
• 重点区域
• 区域销售异动
• 区域-产品
产品线
• 产品线结构
• 重点产品
• 产品-区域
价格体系
• 价格体系
• 价格-产品
• 价格-区域

图 3.98 “区域、产品、价格分析”幻灯片

单击此处添加标题
• 单击此处添加文本

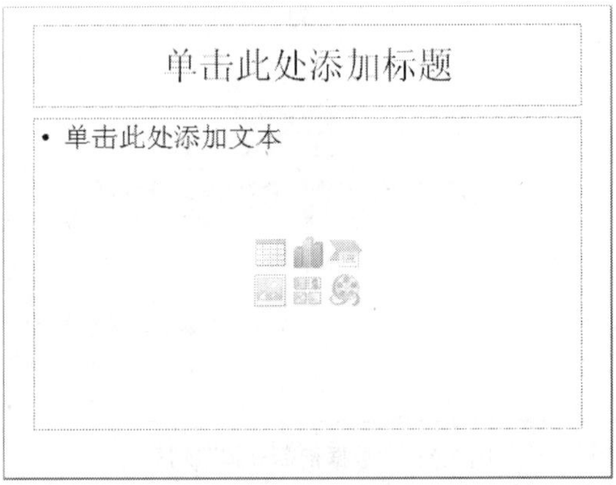

图 3.99 插入版式为“标题和内容”的幻灯片

② 添加标题文本“销售数据总结及建议”。

③ 单击内容框中的【插入表格】按钮，出现如图 3.100 所示的“插入表格”对话框，设置表格的列数为 4、行数为 5，在幻灯片标题下方插入一张 5 行 4 列的表格。

④ 在表格中输入如图 3.101 所示的文本内容。

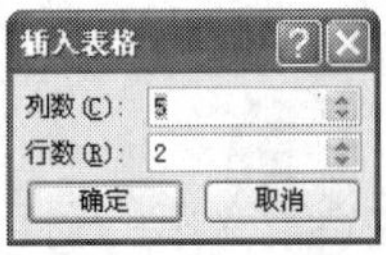

插入表格
列数(C): 5
行数(R): 2
确定
取消

图 3.100 “插入表格”对话框

销售数据总结及建议
序号 项目 序号 项目
1 销售额/销售量 5 区域分布
2 季节性分析 6 区域销售异动
3 产品结构 7 区域-产品分析
4 价格体系 8 价格-区域分析

图 3.101 “销售数据总结及建议”幻灯片

（10）编辑“分析方法”幻灯片。

① 插入一张版式为“仅标题”的幻灯片。

② 添加标题文本“具体分析方法”。

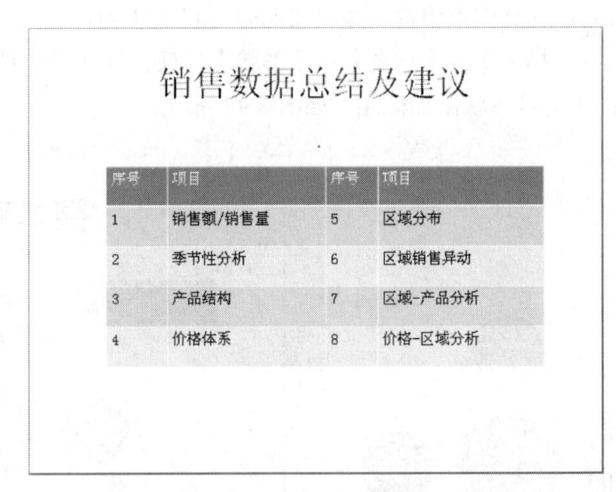

③ 选择【插入】→【插图】→【SmartArt】选项，打开“选择 SmartArt 图形”对话框，插入“聚合射线”图形。

④ 在图形中输入如图 3.102 所示的文本内容。

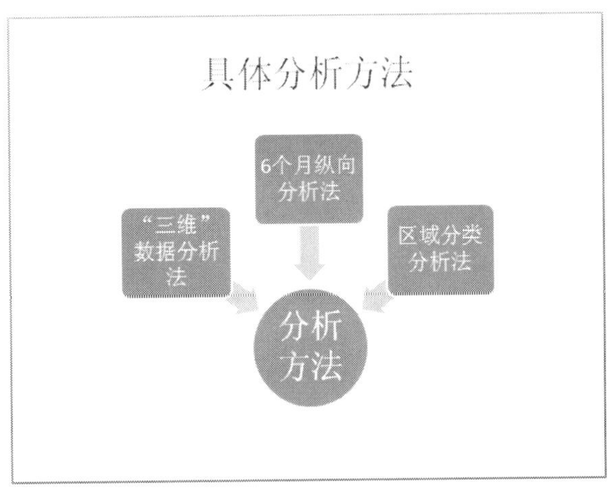

图 3.102 “分析方法”幻灯片

（11）美化和修饰演示文稿。

① 为演示文稿应用“主题”格式。选择【设计】→【主题】→【其他】选项，打开“所有主题”下拉菜单，从“内置”列表中选择“流畅”主题，将其应用到演示文稿的所有幻灯片中，如图 3.103 所示。

② 修改幻灯片的“主题颜色”。选择【设计】→【主题】→【颜色】选项，打开如图 3.104 所示的“主题颜色”列表，选择“暗香扑面”主题颜色。

③ 设置“标题”幻灯片格式。将标题幻灯片中的标题格式设置为华文行楷、66 磅、深蓝色。

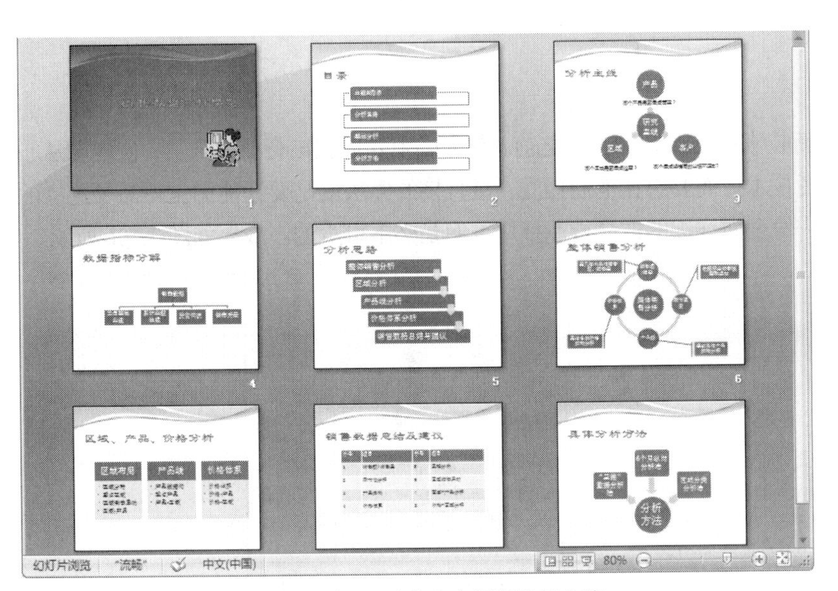

图 3.103 应用“流畅”主题的演示文稿

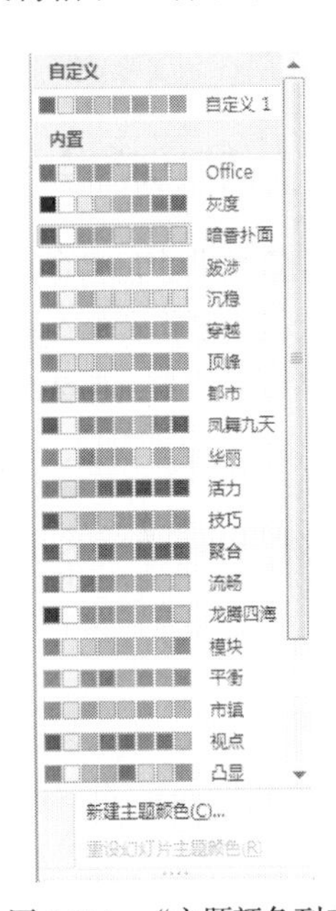

图 3.104 “主题颜色列表”

④ 设置“目录”幻灯片格式。选中目录幻灯片中的 SmartArt 图形，选择【设计】→【SmartArt 样式】→【更改颜色】选项，打开颜色列表，选择“彩色范围-强调文字颜色 5 至 6”，再单击右侧“卡通”三维样式，最后将图形中的文本设置为宋体、32 磅、加粗、居中、深蓝色。

⑤ 类似地，分别为其他幻灯片中图形和文本设置适当的颜色和样式。

⑥ 分别将“整体销售分析”、“区域、产品、价格分析”以及“销售数据总结及建议”幻灯片中的标题文本格式设置为宋体、36 磅、加粗、红色，以便和一级标题进行区分。

（12）选择【插入】→【文本】→【幻灯片编号】选项，打开【页眉和页脚】对话框，为幻灯片添加编号。

（13）选择【视图】→【演示文稿视图】→【幻灯片浏览】选项，可浏览演示文稿所有幻灯片。

【拓展案例】

市场部在制订一项城市白领的个人消费调查表，用以了解当前社会中白领的消费状况，为将来市场部的下一步运作提供参考数据和依据，制订出的效果图如图 3.105 所示。

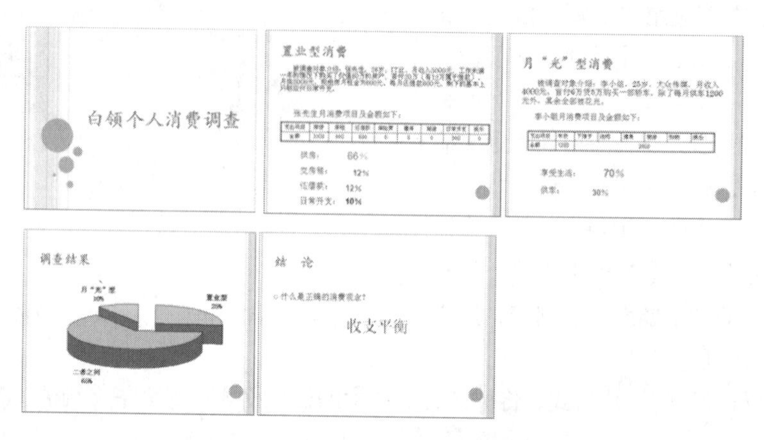

图 3.105 “白领个人消费调查”效果图

【拓展训练】

在将某个新产品或者新技术投入到新的行业之前，首先必须要说服该行业的人员，使他们从心理上接受制作者的产品或者技术。而要想让他们接受，最直接的办法就是要让他们觉得需要这样的产品或者技术，那么此时一份全面详细的产品行业推广方案是必不可少的。效果如图 3.106 所示。

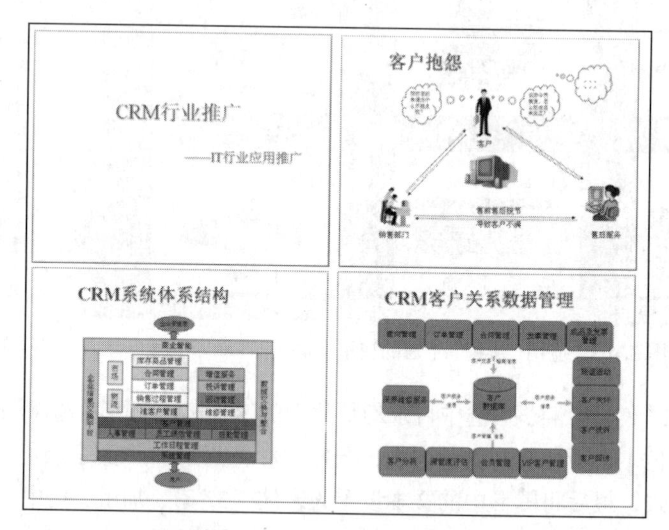

图 3.106 “产品行业推广方案”效果图

（1）启动 PowerPoint 2007，将文档以“CRM 行业推广方案”为名保存在“E:\公司文档\市场部”文件夹中 。

（2）使用“标题幻灯片”版式制作第 1 张幻灯片。

（3）利用形状、剪贴画等图形制作第 2 张幻灯片。

PowerPoint 提供了丰富的形状，可用来创建多种简单或者复杂的图形，在进行演示时，直观的图形往往比文字具有更强的说服力，第 2、第 3、第 4 这三张幻灯片用不同的自选图形来制作。具体操作步骤如下。

① 插入一张“仅标题”版式的幻灯片。输入标题文字，如图 3.107 所示，插入并调整图片；利用文本框输入文字，并选择【插入】→【插图】→【形状】选项，从列表中选择“线条”类中的“箭头”绘制箭头线图形，再将“形状轮廓”设置为“圆点”虚线。

② 选择【插入】→【插图】→【形状】选项，从列表中选择“标注”类中的“云形标注”绘制标注图形，如图 3.108 所示。

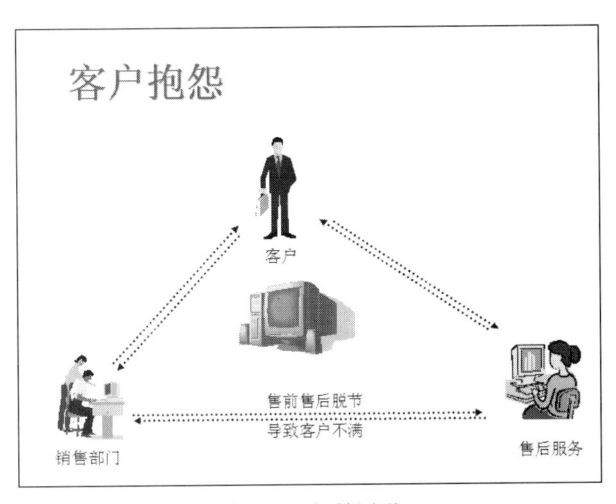

图 3.107　初始图形

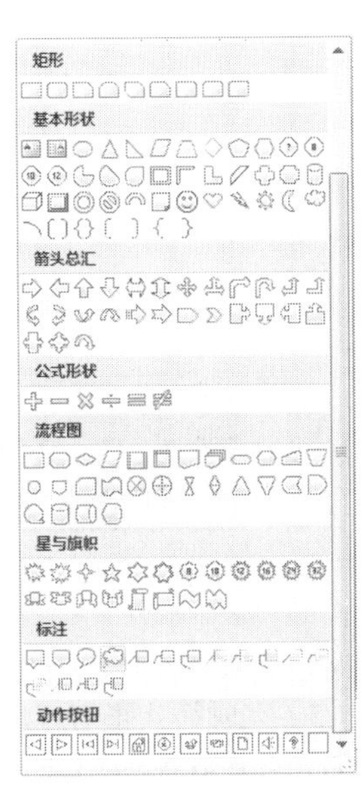

图 3.108　自选云形标注

③ 在标注中输入文字，将字号设置成 12，然后单击黄色句柄，将其拖到指向到相应的位置。

④ 修改云形标注的格式。同时选中每一个云形标注，选择【绘图工具】→【格式】→【形状样式】→【形状填充】选项，打开如图 3.109 所示的“形状填充”下拉菜单，选择【无填充颜色】选项，完成第 2 张幻灯片的制作，效果如图 3.110 所示。

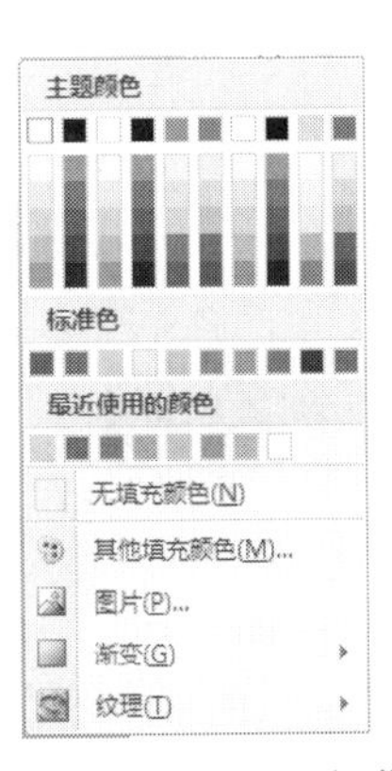

图 3.109　“形状填充”下拉菜单

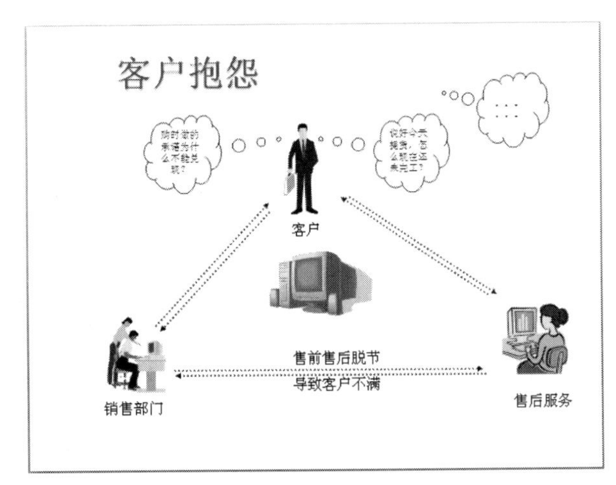

图 3.110　第 2 张幻灯片效果

（4）制作第 3 张幻灯片。

① 首先选择形状中的“矩形”，画出一个矩形图，再将该图形复制出 4 个相同的矩形图，如图 3.111 所示。

② 按照前面的绘制形状方法，制作出如图 3.112 所示的所有矩形图形，再绘制出两个椭圆图形和两个箭头，并在每个自选图形中编辑文字，字号都设成 18。

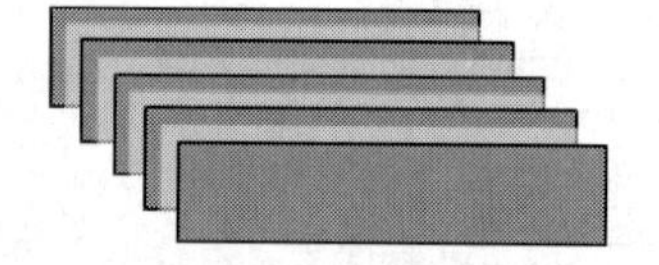

图 3.111　复制矩形图

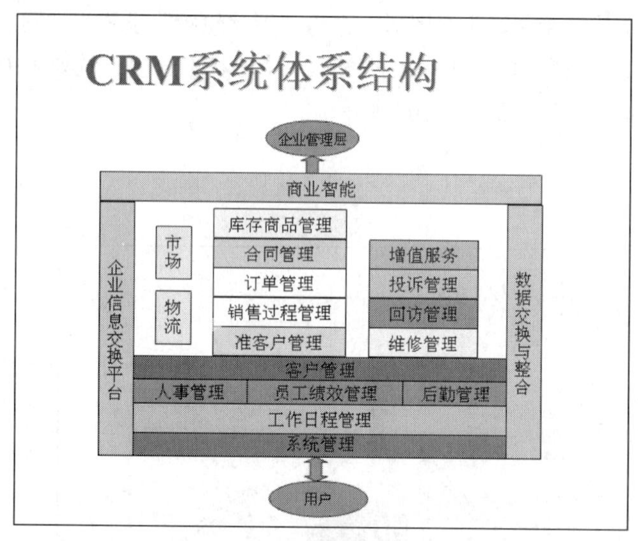

图 3.112　第 3 张幻灯片效果图

③ 填充图形颜色，将每个不同的图形都设成需要的填充色。

（5）完成第 4 张幻灯片。

① 按照前面使用的复制方法，在幻灯片中画好 14 个圆角矩形，并在图形中录入相应的文字。

② 按住 Shift 键，同时选中需要水平对齐的图形，即最上面的一排图形。

③ 选择【绘图工具】→【格式】→【排列】→【对齐】选项，打开如图 3.113 所示的“对齐”菜单，先选择【顶端对齐】选项，再选择【横向分布】选项，则可使对应的矩形框在水平方向上间隔平均分布，形成如图 3.114 所示的效果。

图 3.113　对齐分布菜单

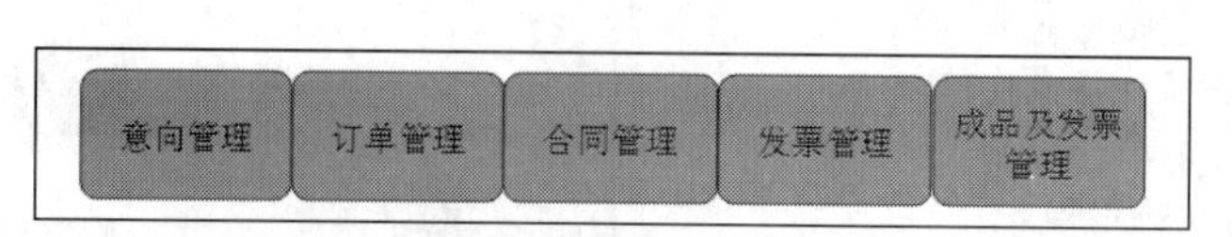

图 3.114　水平分布效果

④ 分别在相应的位置上添加圆柱体、箭头和文本框，结合前面所讲的设置填充颜色等操作，最终的效果如图 3.115 所示。

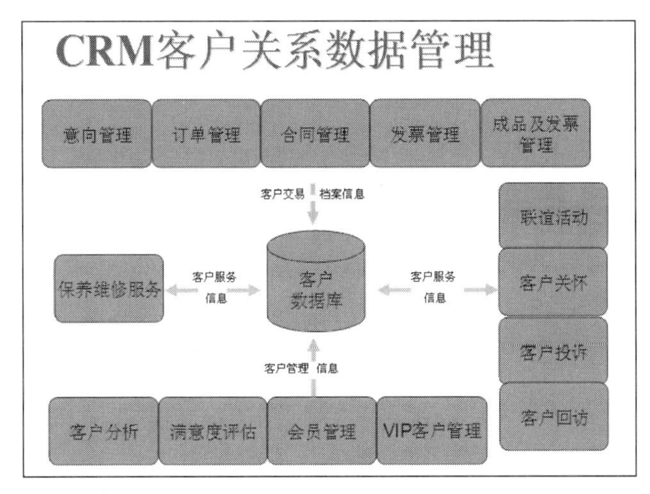

图 3.115　第 4 张幻灯片效果图

【案例小结】

通过本案例的学习，您将学会利用 PowerPoint 软件中的形状、SmartArt 图形、剪贴画、表格等来自由地组织演示文稿，以图文并茂的方式展示所讲的内容，并通过使用图形对齐和分布的方式快速地调整图形、设计和美化演示文稿样式。

学习总结

本案例所用软件	
案例中包含的知识和技能	
你已熟知或掌握的知识和技能	
你认为还有哪些知识或技能需要强化	
案例中可使用的 Office 技巧	
学习本案例之后的体会	

第4篇 物流篇

对于一个公司来说，其仓库管理是物流系统中不可缺少的重要一环，仓库管理的规范化将为物流体系带来切实的便利。不管是销售型公司还是生产型公司，其商品或产品的进货入库、库存、销售出货等，都是每日工作的重要内容。公司仓库库存表格的规范设计是第一步要做好的；其次，准确地统计各类数据，汇总分析，完成对进货、销货、库存三方面的控制，不仅可以使公司以最小的成本获得最大的收益，还能够使资源得到最有效的配置和利用，而且通过各种方式对仓库出入库数据做出合理的统计，也是物流部门应该做到的工作。本篇使用 Excel 来实现公司的物流管理工作。

学习目标

1. 利用 Excel 创建公司的库存统计表，灵活设置各部分的格式。
2. 自定义数据格式。
3. 通过数据有效性的设置来控制录入符合规定的数据。
4. 学会合并多表数据，得到汇总结果。
5. 利用 Excel 制作公司产品进销存管理表、对产品销售和成本进行分析。
6. 在 Excel 中利用自动筛选和高级筛选实现显示满足条件的数据行。
7. 利用分类汇总来分类统计某些字段的汇总函数值。
8. 灵活地构造和使用图表来满足各种需要的数据结果的显示要求。
9. 能灵活使用条件格式突出显示数据结果。

4.1 案例 15 公司库存表的规范设计

【案例分析】

本案例通过制作“公司库存管理表”来介绍 Excel 软件在库存管理方面的应用，效果分别如图 4.1、图 4.2、图 4.3、图 4.4、图 4.5 和图 4.6 所示。

	A	B	C	D	E	F
1	科源有限公司第一仓库入库明细表					
2		统计日期	2012年6月		仓库主管	李莫萧
3	编号	日期	产品编号	产品类别	产品型号	数量
4	NO-1-0001	2012-6-2	J1002	计算机	4180-Q7C 笔记本	5
5	NO-1-0002	2012-6-3	SXJ1002	数码摄像机	LEGRIA HF R36	10
6	NO-1-0003	2012-6-7	J1001	计算机	Ins14R-989AL 笔记本	8
7	NO-1-0004	2012-6-8	SJ1003	手机	iPhone 4S	58
8	NO-1-0005	2012-6-8	SJ1004	手机	S5830I	4
9	NO-1-0006	2012-6-8	XJ1001	数码相机	Coolpix L310	15
10	NO-1-0007	2012-6-12	XJ1002	数码相机	IXUS1100HS	2
11	NO-1-0008	2012-6-15	SJ1002	手机	I9100G	10
12	NO-1-0009	2012-6-20	J1004	计算机	UX31KI2557E 笔记本	12
13	NO-1-0010	2012-6-21	SC1001	存储卡	32GB-Class4	35
14	NO-1-0011	2012-6-21	SC1002	存储卡	64GB-class10	10
15	NO-1-0012	2012-6-22	SXJ1001	数码摄像机	HDR-XR260E	8
16	NO-1-0013	2012-6-25	J1003	计算机	NP530U3B-A04CN 笔记本	9
17	NO-1-0014	2012-6-25	SJ1001	手机	S710e	10

图 4.1　公司第一仓库入库表

	A	B	C	D	E	F
1	科源有限公司第二仓库入库明细表					
2		统计日期	2012年6月		仓库主管	周谦
3	编号	日期	产品编号	产品类别	产品型号	数量
4	NO-2-0001	2012-6-7	J1001	计算机	Ins14R-989AL 笔记本	10
5	NO-2-0002	2012-6-8	J1004	计算机	UX31KI2557E 笔记本	10
6	NO-2-0003	2012-6-8	SJ1003	手机	iPhone 4S	12
7	NO-2-0004	2012-6-9	J1003	计算机	NP530U3B-A04CN 笔记本	8
8	NO-2-0005	2012-6-10	SJ1002	手机	I9100G	7
9	NO-2-0006	2012-6-12	J1003	计算机	NP530U3B-A04CN 笔记本	3
10	NO-2-0007	2012-6-12	J1004	计算机	UX31KI2557E 笔记本	10
11	NO-2-0008	2012-6-15	SXJ1001	数码摄像机	HDR-XR260E	3
12	NO-2-0009	2012-6-18	XJ1001	数码相机	Coolpix L310	5
13	NO-2-0010	2012-6-20	SJ1004	手机	S5830I	8
14	NO-2-0011	2012-6-22	J1001	计算机	Ins14R-989AL 笔记本	8
15	NO-2-0012	2012-6-23	J1003	计算机	NP530U3B-A04CN 笔记本	5
16	NO-2-0013	2012-6-27	XJ1002	数码相机	IXUS1100HS	6
17	NO-2-0014	2012-6-28	SC1002	存储卡	64GB-class10	120
18	NO-2-0015	2012-6-28	SC1001	存储卡	32GB-Class4	180
19	NO-2-0016	2012-6-29	SXJ1002	数码摄像机	LEGRIA HF R36	5

图 4.2　公司第二仓库入库表

	A	B	C	D	E	F
1	科源有限公司第一仓库出库明细表					
2		统计日期	2012年6月		仓库主管	李莫萧
3	编号	日期	产品编号	产品类别	产品型号	数量
4	NO-1-0001	2012-6-3	J1002	计算机	4180-Q7C 笔记本	5
5	NO-1-0002	2012-6-5	XJ1001	数码相机	Coolpix L310	10
6	NO-1-0003	2012-6-8	SJ1003	手机	iPhone 4S	8
7	NO-1-0004	2012-6-10	J1001	计算机	Ins14R-989AL 笔记本	4
8	NO-1-0005	2012-6-10	SC1002	存储卡	64GB-class10	58
9	NO-1-0006	2012-6-13	SXJ1001	数码摄像机	HDR-XR260E	3
10	NO-1-0007	2012-6-15	J1001	计算机	Ins14R-989AL 笔记本	2
11	NO-1-0008	2012-6-17	J1002	计算机	4180-Q7C 笔记本	10
12	NO-1-0009	2012-6-18	XJ1002	数码相机	IXUS1100HS	12
13	NO-1-0010	2012-6-20	XJ1001	数码相机	Coolpix L310	35
14	NO-1-0011	2012-6-21	SC1001	存储卡	32GB-Class4	10
15	NO-1-0012	2012-6-23	J1002	计算机	4180-Q7C 笔记本	8
16	NO-1-0013	2012-6-25	XJ1002	数码相机	IXUS1100HS	9
17	NO-1-0014	2012-6-26	J1003	计算机	NP530U3B-A04CN 笔记本	2
18	NO-1-0015	2012-6-27	SJ1002	手机	I9100G	1
19	NO-1-0016	2012-6-28	SXJ1002	数码摄像机	LEGRIA HF R36	1
20	NO-1-0017	2012-6-30	SJ1001	手机	S710e	10

图 4.3　公司第一仓库出库表

	A	B	C	D	E	F
1	科源有限公司第二仓库出库明细表					
2		统计日期	2012年6月		仓库主管	周谦
3	编号	日期	产品编号	产品类别	产品型号	数量
4	NO-2-0001	2012-6-1	XJ1001	数码相机	Coolpix L310	6
5	NO-2-0002	2012-6-5	J1003	计算机	NP530U3B-A04CN 笔记本	9
6	NO-2-0003	2012-6-8	SJ1001	手机	S710e	12
7	NO-2-0004	2012-6-9	SJ1002	手机	I9100G	16
8	NO-2-0005	2012-6-10	XJ1001	数码相机	Coolpix L310	15
9	NO-2-0006	2012-6-10	XJ1002	数码相机	IXUS1100HS	8
10	NO-2-0007	2012-6-10	SC1001	存储卡	32GB-Class4	52
11	NO-2-0008	2012-6-12	J1004	计算机	UX31KI2557E 笔记本	5
12	NO-2-0009	2012-6-12	XJ1001	数码相机	Coolpix L310	2
13	NO-2-0010	2012-6-15	SC1002	存储卡	64GB-class10	25
14	NO-2-0011	2012-6-16	SJ1002	手机	I9100G	8
15	NO-2-0012	2012-6-18	SJ1004	手机	S5830I	7
16	NO-2-0013	2012-6-21	SXJ1001	数码摄像机	HDR-XR260E	5
17	NO-2-0014	2012-6-25	SXJ1002	数码摄像机	LEGRIA HF R36	3
18	NO-2-0015	2012-6-29	J1002	计算机	4180-Q7C 笔记本	10

图 4.4　公司第二仓库出库表

	A	B	C
1	产品编号	数量	
2	J1001	26	
3	J1004	32	
4	SJ1003	70	
5	J1003	25	
6	SJ1002	17	
7	SXJ1001	11	
8	XJ1001	20	
9	SJ1004	12	
10	XJ1002	8	
11	SC1002	130	
12	SC1001	215	
13	J1002	5	
14	SXJ1002	15	
15	SJ1001	10	
16			

图 4.5　公司仓库“入库汇总表”

	A	B	C
1	产品编号	数量	
2	XJ1001	68	
3	J1003	11	
4	SJ1001	22	
5	SJ1002	25	
6	XJ1002	29	
7	SC1001	62	
8	J1004	5	
9	SJ1003	8	
10	J1001	6	
11	SC1002	83	
12	SJ1004	7	
13	SXJ1001	8	
14	SXJ1002	4	
15	J1002	33	
16			

图 4.6　公司仓库“出库汇总表”

【解决方案】

（1）创建工作簿，重命名工作表。

① 启动 Excel 2007，新建一个空白工作簿。

② 将创建的工作簿以“公司库存管理表”为名保存到“E:\公司文档\物流部”文件夹中。

③ 将“公司库存管理表”工作簿中的 Sheet1 工作表重命名为“产品明细表”。

（2）创建“产品明细表”。

① 选中“产品明细表”工作表。

② 输入如图 4.7 所示的产品明细数据。

	A	B	C	D	E	F
1	产品编号	产品类别	产品型号	单位	进价	售价
2	J1001	计算机	Ins14R-989AL 笔记本	台	3780	4150
3	J1002	计算机	4180-Q7C 笔记本	台	7300	7999
4	J1003	计算机	NP530U3B-A04CN 笔记本	台	4660	5180
5	J1004	计算机	UX31KI2557E 笔记本	台	8350	8988
6	SC1001	存储卡	32GB-Class4	个	135	188
7	SC1002	存储卡	64GB-class10	个	565	619
8	SJ1001	手机	S710e	部	2355	2680
9	SJ1002	手机	I9100G	部	3580	3899
10	SJ1003	手机	iPhone 4S	部	5200	5880
11	SJ1004	手机	S5830I	部	1380	1760
12	SXJ1001	数码摄像机	HDR-XR260E	台	3920	4890
13	SXJ1002	数码摄像机	LEGRIA HF R36	台	2655	3588
14	XJ1001	数码相机	Coolpix L310	部	1290	1560
15	XJ1002	数码相机	IXUS1100HS	部	1460	2199

图 4.7　产品明细表

输入产品编号时可采用“填充序列”方法，如先在 A2 单元格中输入“J1001”，然后拖动 A2 单元格的填充句柄向下填充，如图 4.8 所示。

	A	B	C	D	E	F	G
1	产品编号	产品类别	产品型号	单位	进价	售价	
2	J1001						
3							
4							
5							
6		J1004					
7							
8							
9							
10							
11							

图 4.8　填充“产品编号”数据

（3）创建“第一仓库入库”表。

① 将 Sheet2 工作表重命名为“第一仓库入库”。

② 在“第一仓库入库”工作表中创建表格框架，如图 4.9 所示。

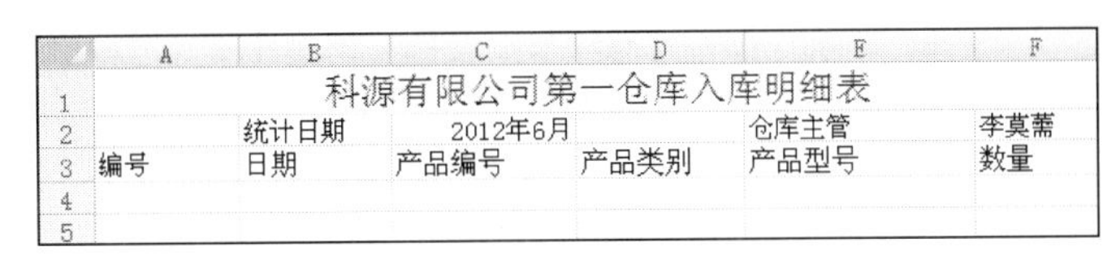

图 4.9　“第一仓库入库”表格框架

③ 输入“编号”。

a. 选中编号所在列 A 列，选择【开始】→【单元格】→【格式】选项，打开“单元格格式”菜单，选择【设置单元格格式】选项，打开“单元格格式”对话框。

b. 切换到“数字”选项卡，在左侧“分类”列表中选择“自定义”；在右侧类型中，自己输入自定义格式，如图 4.10 所示，单击【确定】按钮。

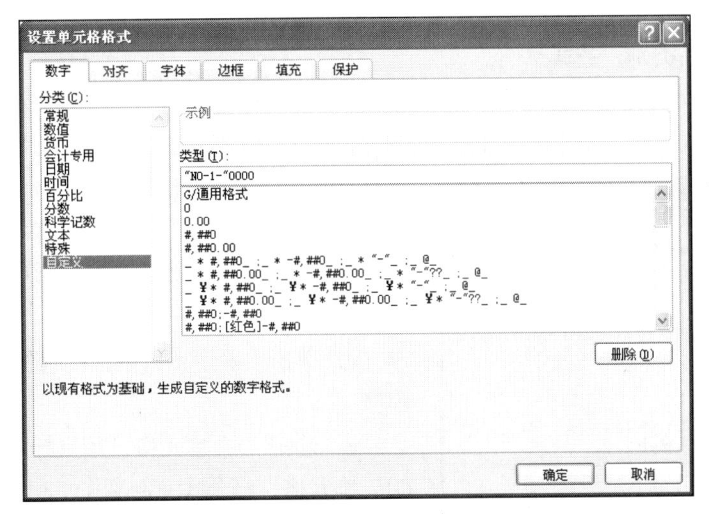

图 4.10　自定义“编号”格式

这里自定义的格式是由双引号括起来的字符及后面输入的数字所组成的一个字符串，双引号引起来的字符将会原样显示，并连接后面由 4 位数字组成的数字串。数字部分用了 4 个“0”表示，如果输入的数字不够 4 位，则在左方添“0”占位。

c. 选中 A4 单元格，输入为“1”后，单元格中显示的是“NO-1-0001”，如图 4.11 所示。

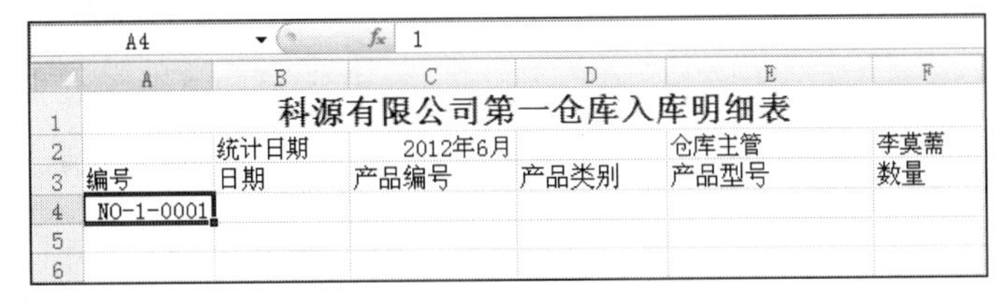

图 4.11　输入“1”时的编号显示形式

d. 使用填充句柄自动填充其余的编号。这里，可以先选中 A4 作为起始单元格，然后按住

【Ctrl】键，将鼠标指针移到单元格的右下角会出现“+”号，这时按住鼠标左键往下拖动，实现以 1 为步长值的向下自动递增填充。

④ 参照图 4.12 输入“日期”和“产品编号”数据。

	A	B	C	D	E	F
1	科源有限公司第一仓库入库明细表					
2		统计日期	2012年6月		仓库主管	李莫薷
3	编号	日期	产品编号	产品类别	产品型号	数量
4	NO-1-0001	2012-6-2	J1002			
5	NO-1-0002	2012-6-3	SXJ1002			
6	NO-1-0003	2012-6-7	J1001			
7	NO-1-0004	2012-6-8	SJ1003			
8	NO-1-0005	2012-6-8	SJ1004			
9	NO-1-0006	2012-6-8	XJ1001			
10	NO-1-0007	2012-6-12	XJ1002			
11	NO-1-0008	2012-6-15	SJ1002			
12	NO-1-0009	2012-6-20	J1004			
13	NO-1-0010	2012-6-21	SC1001			
14	NO-1-0011	2012-6-21	SC1002			
15	NO-1-0012	2012-6-22	SXJ1001			
16	NO-1-0013	2012-6-25	J1003			
17	NO-1-0014	2012-6-25	SJ1001			
18						

图 4.12 输入“日期”和“产品编号”数据

⑤ 输入“产品类别”数据。

a. 选中 D4 单元格。

b. 选择【公式】→【插入函数】选项，打开如图 4.13 所示的“插入函数”对话框。

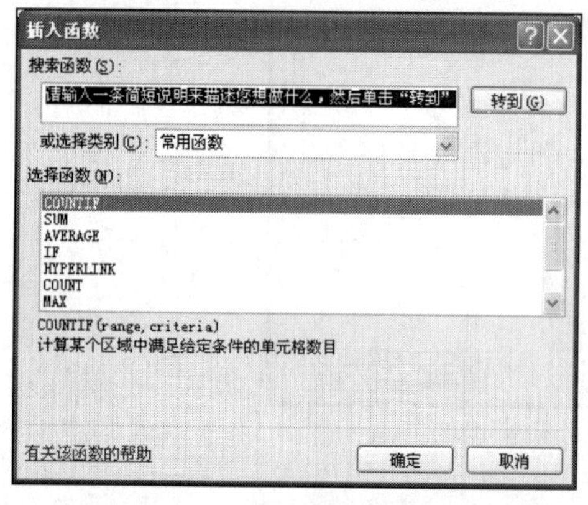

图 4.13 “插入函数”对话框

c. 从【插入函数】对话框的“选择函数”列表中选择“VLOOKUP”函数后，单击【确定】按钮，然后在弹出的【函数参数】对话框中设置如图 4.14 所示的参数。

d. 单击【确定】按钮，得到相应的“产品类别”数据。

e. 选中 D4 单元格，用鼠标拖动其填充句柄至 D17 单元格，将公式复制到 D5:D17 单元格区域中，可得到所有的产品类别数据。

⑥ 用同样的方式，参照图 4.15 设置参数，输入“产品型号”数据。

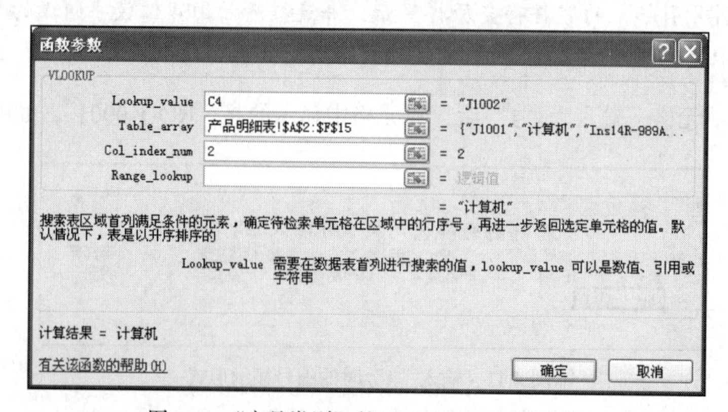

图 4.14 “产品类别”的 VLOOKUP 函数参数

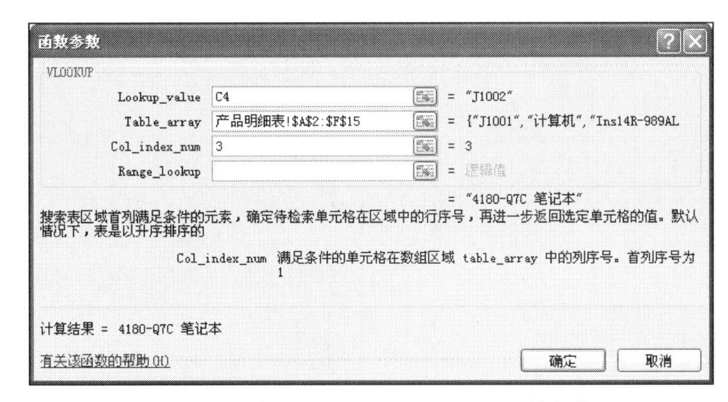

图 4.15　“产品型号”的 VLOOKUP 函数参数

⑦ 输入入库“数量”数据。

为保证输入的数量值均为正整数、不会出现其他数据，我们需要对这列进行数据有效性设置。

a. 选中 F4:F17 单元格区域，选择【数据】→【数据工具】→【数据有效性】选项，从下拉菜单中选择【数据有效性】选项，打开“数据有效性”对话框。

b. 在“设置”选项卡中，设置该列中的数据所允许的数值，如图 4.16 所示。

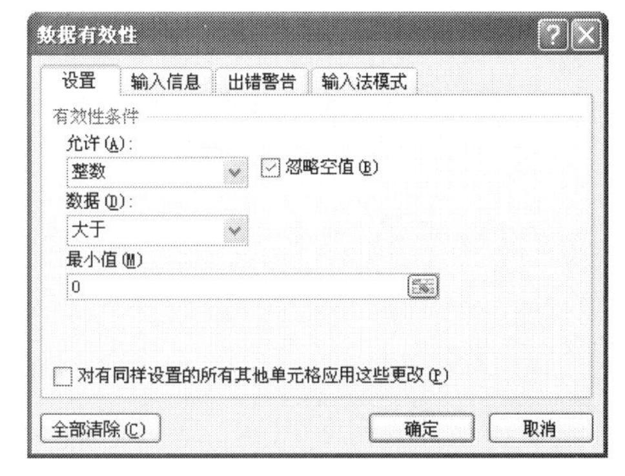

图 4.16　设置数据有效性条件

c. 在“输入信息”选项卡中，设置在工作表中进行输入时鼠标移到该列时显示的提示信息，如图 4.17 所示。

d. 在“出错警告”选项卡中，设置在工作表中进行输入时，如果在该列中任意单元格输入错误数据时弹出的对话框中的提示信息，如图 4.18 所示。

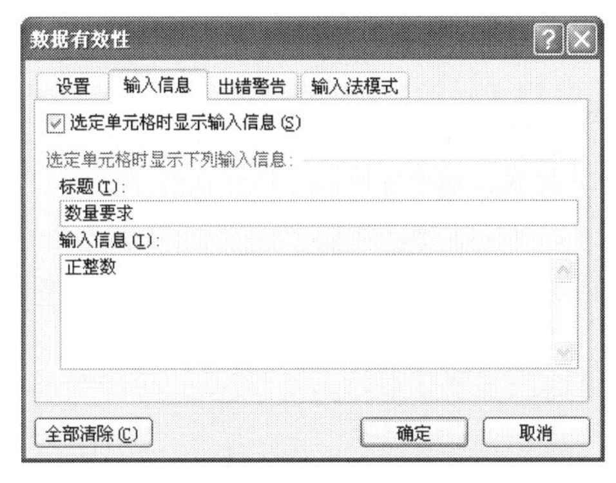

图 4.17　设置数据有效性输入时的提示信息

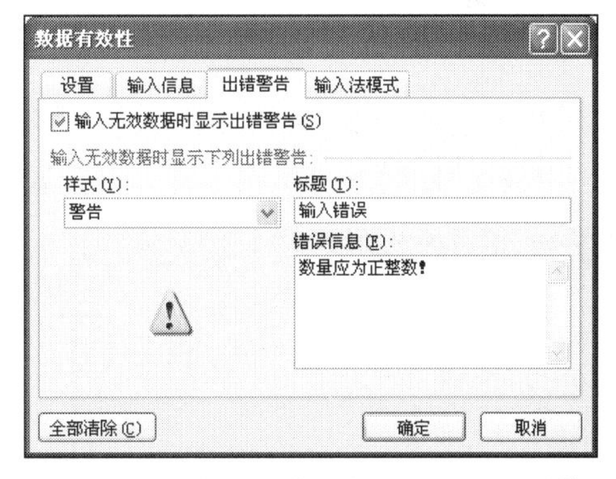

图 4.18　设置数据有效性输入错误时的出错警告

⑧ 设置完成后，参照图 4.1 所示，在工作表中进行数量数据的输入，完成“第一仓库入库”表的创建。

当选中设置了数据有效性的单元格区域时，将会出现如图 4.19 所示的提示信息；当输入错误数据时，会弹出如图 4.20 所示的对话框。

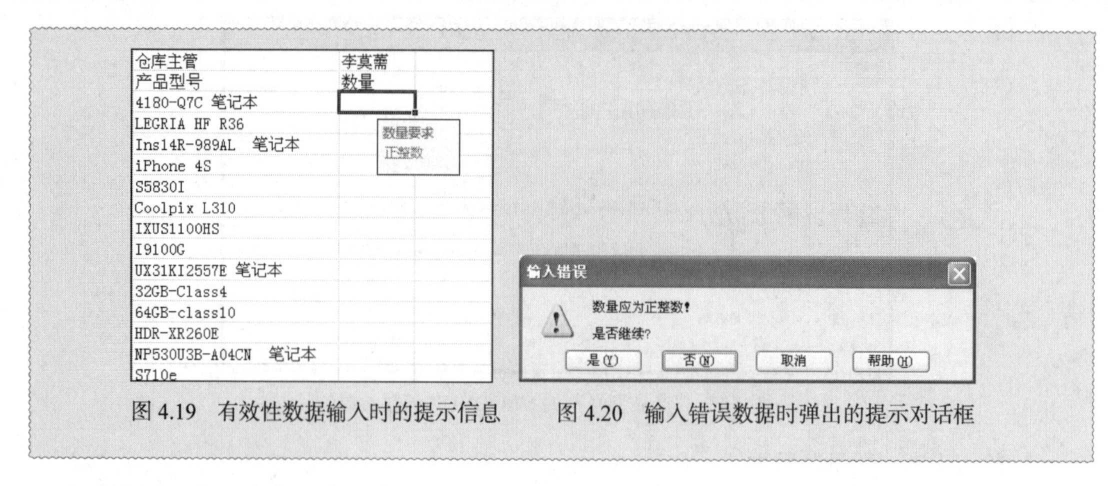

图 4.19 有效性数据输入时的提示信息　　图 4.20 输入错误数据时弹出的提示对话框

（4）创建“第二仓库入库”表。

① 将 Sheet3 工作表重命名为“第二仓库入库”。

② 参照创建“第一仓库入库”表的方法创建如图 4.2 所示的“第二仓库入库”表。

（5）创建“第一仓库出库”表。

① 在“第二仓库入库”表之后插入一张新的工作表，并将新工作表重命名为“第一仓库出库”。

② 参照创建“第一仓库入库”表的方法创建如图 4.3 所示的“第一仓库出库”表。

（6）创建“第二仓库出库”表。

① 在“第一仓库出库”表之后插入一张新的工作表，并将新工作表重命名为“第二仓库出库”。

② 参照创建“第一仓库入库”表的方法创建如图 4.4 所示的“第二仓库出库”表。

（7）创建“入库汇总表”。

这里，我们将采用“合并计算”来完成汇总出所有仓库中各种产品的入库数据。

① 在“第二仓库入库”表之后插入一张新的工作表，并将新工作表重命名为“入库汇总表”。

② 选中 A1 单元格，将合并计算的结果从这个单元格开始填列。

③ 选择【数据】→【数据工具】→【合并计算】选项，打开如图 4.21 所示的“合并计算”对话框。

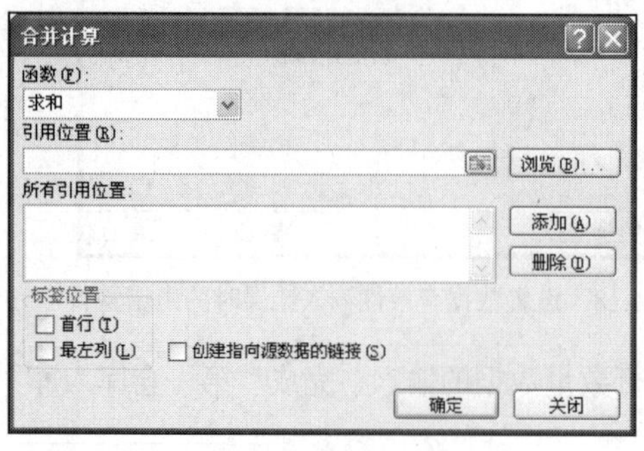

图 4.21 “合并计算”对话框

④ 在“函数”下拉列表框中选择合并的方式“求和”。

⑤ 添加第一个引用位置区域。

a. 单击“合并计算”对话框中“引用位置”右边的按钮，切换到“第一仓库入库”工作表中，选取区域 C3:F17，如图 4.22 所示。

b. 单击，返回到“合并计算”对话框，得到第一个“引用位置”。

c. 再单击【添加】按钮，将第一个选定的区域添加到下方“所有引用位置”中，如图 4.23 所示。

	A	B	C	D	E	F
1	科源有限公司第一仓库入库明细表					
2		统计日期	2012年6月		仓库主管	李莫萧
3	编号	日期	产品编号	产品类别	产品型号	数量
4	NO-1-0001	2012-6-2	J1002	计算机	4180-Q7C 笔记本	5
5	NO-1-0002	2012-6-3	SXJ1002	数码摄像机	LEGRIA HF R36	10
6	NO-1-0003	2012-6-7	J1001	计算机	Ins14R-989AL 笔记本	8
7	NO-1-0004	2012-6-8	SJ1003	手机	iPhone 4S	58
8	NO-1-0005	2012-6-8	SJ1004	手机	S5830I	4
9	NO-1-0006	2012-6-8	XJ1001	数码相机	Coolpix L310	15
10	NO-1-0007	2012-6-12	XJ1002	数码相机	IXUS1100HS	2
11	NO-1-0008	2012-6-15	SJ1002	手机	I9100G	10
12	NO-1-0009	2012-6-20	J1004	计算机	UX31KI2557E 笔记本	12
13	NO-1-0010	2012-6-21	SC1001	存储卡	32GB-Class4	35
14	NO-1-0011	2012-6-21	SC1002	存储卡	64GB-class10	10
15	NO-1-0012	2012-6-22	SXJ1001	数码摄像机	HDR-XR260E	8
16	NO-1-0013	2012-6-25	J1003	计算机	NP530U3B-A04CN 笔记本	9
17	NO-1-0014	2012-6-25	SJ1001	手机	S710e	10
18						
19						
20						
21						

图 4.22　选择第一个“引用位置”的区域

如果要合并的数据是另外一个工作簿文件中的数据，则需要先使用【浏览】按钮 浏览(B)... 打开其他文件再进行区域的选择。

⑥ 添加第二个引用位置区域。按照上面的方法，选择“第二仓库入库”工作表中的区域 C3:F19，添加到“所有引用位置”中，如图 4.24 所示。

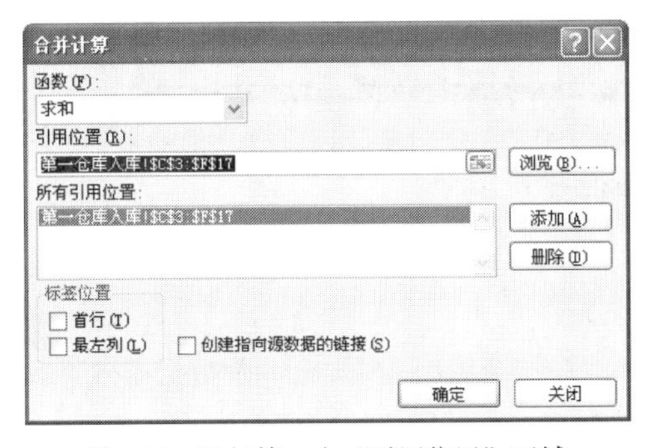

图 4.23　添加第一个“引用位置”区域

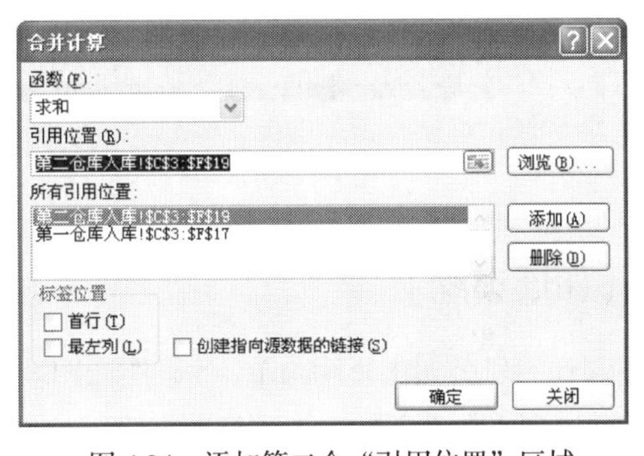

图 4.24　添加第二个“引用位置”区域

⑦ 选中“标签位置”中的【首行】和【最左列】选项，单击【确定】按钮，完成合并计算，得到如图 4.25 所示的结果。

由于在进行合并计算前我们并未建立合并数据的标题行，所以这里需要选中“首行”和“最左列”作为行、列标题，让合并结果以所引用位置的数据首行和最左列将会作为汇总的数据标志；相反，如果实现建立了合并结果的标题行和标题列，则不需要选中该选项。

⑧ 调整表格。将合并后不需要的“产品类别”和“产品型号”列删除，将“产品编号”标题添上，在适当调整列宽后得到最终效果，如图 4.5 所示。

（8）创建“出库汇总表”。

采用创建“入库汇总表”的方法，在“第二仓库出库”表之后插入一张新的工作表，并将新工作表重命名为“出库汇总表”，汇总出所有仓库中各种产品的出库数据。结果如图 4.6 所示。

	A	B	C	D	E
1		产品类别	产品型号	数量	
2	J1001			26	
3	J1004			32	
4	SJ1003			70	
5	J1003			25	
6	SJ1002			17	
7	SXJ1001			11	
8	XJ1001			20	
9	SJ1004			12	
10	XJ1002			8	
11	SC1002			130	
12	SC1001			215	
13	J1002			5	
14	SXJ1002			15	
15	SJ1001			10	
16					

图 4.25　合并计算后的入库汇总数据

【拓展案例】

材料采购明细表，如图 4.26 所示。

材料采购明细表								
			2012	年	5	月	22	日
采购日期	采购编号	供应商号	采购货物	采购数量	单价	金额	验收日期	性质描述
2012-5-2	0001	100023	XSQ-1	20	￥800	￥16,000	2012-5-3	优
2012-5-6	0002	100012	XSQ-2	10	￥1,000	￥10,000	2012-5-8	优
2012-5-7	0003	100009	XSQ-3	10	￥1,180	￥11,800	2012-5-9	优
2012-5-13	0004	100010	CPU-1	20	￥1,000	￥20,000	2012-5-18	优
2012-5-19	0005	100022	CPU-2	12	￥1,500	￥18,000	2012-5-21	优
2012-5-22	0006	100013	CPU-3	12	￥900	￥10,800	2012-5-25	优
2012-5-25	0007	100010	CPU-1	8	￥1,000	￥8,000	2012-5-28	优

材料采购明细表　Sheet2　Sheet3

图 4.26　材料采购明细表

【拓展训练】

制作一份公司出货明细单，效果图如图 4.27 所示。在这个明细表中，会涉及数据有效性设置、自定义序列来构造下拉列表进行数据输入、自动筛选数据、冻结网格线等操作。

商品出货明细单										
					2012	年	6	月	22	日
委托出货号	出货地点	商品代码	个数	件数	商品内容			交货地点	保险	备注
					大分类	中分类	小分类			
MY07020001	1号仓库	XSQ-1	8	8				电子城	￥10	
MY07020002	1号仓库	XSQ-1	2	2				电子城	￥10	
MY07020003	4号仓库	XSQ-2	2	2				电子城	￥10	
MY07020004	2号仓库	XSQ-2	3	3				数码广场	￥10	
MY07020005	1号仓库	XSQ-3	10	10				数码广场	￥10	
MY07020006	3号仓库	mky235	10	5				1号商铺	￥10	

图 4.27　公司出货明细单效果图

操作步骤如下。

（1）如图 4.28 所示建立公司出货明细表，输入各项数据，并设置明细表背景图案。

（2）建立“出货地点”的下拉列表。

委托出货号	出货地点	商品代码	个数	件数	商品内容			交货地点	保险	备注
					大分类	中分类	小分类			
MY07020001		XSQ-1	8	8				电子城	￥10	
MY07020002		XSQ-1	2	2				电子城	￥10	
MY07020003		XSQ-2	2	2				电子城	￥10	
MY07020004		XSQ-2	3	3				数码广场	￥10	
MY07020005		XSQ-3	10	10				数码广场	￥10	
MY07020006		mky235	10	5				1号商铺	￥10	

图 4.28　建立明细表表格，输入基本数据，设置背景图

① 选中 C6:C11 单元格区域。

② 选择【数据】→【数据工具】→【数据有效性】选项，从下拉菜单中选择【数据有效性】选项，打开“数据有效性”对话框。

③ 在“设置”选项卡中单击“允许”下拉按钮，从下拉列表中选择“序列”选项，在“来源”文本框中输入“1 号仓库，2 号仓库，3 号仓库，4 号仓库”。设置该列中的数据所允许的数值，如图 4.29 所示。

这里，输入的序列值“1 号仓库，2 号仓库，3 号仓库，4 号仓库”之间的逗号均为英文状态下的逗号。

④ 在“输入信息”选项卡中，设置在工作表中进行输入时鼠标移到该列时显示的提示信息，如图 4.30 所示。

⑤ 在“出错警告”选项卡中，设置在工作表中进行输入时，如果在该列中任意单元格输入错误数据时弹出的对话框中的提示信息，如图 4.31 所示。

⑥ 设置完成后，参照图 4.1 所示，在工作表中进行数量数据的输入，完成“第一仓库入库”表的创建。

⑦ 单击【确定】按钮，回到“商品出货明细单”工作表中，单击选定单元格 C6，则会在此单元格的右侧显示下拉列表按钮以及提示信息，如图 4.32 所示。单击下拉列表按钮，在弹出的下拉列表中选择正确的出货地点，如图 4.33 所示。

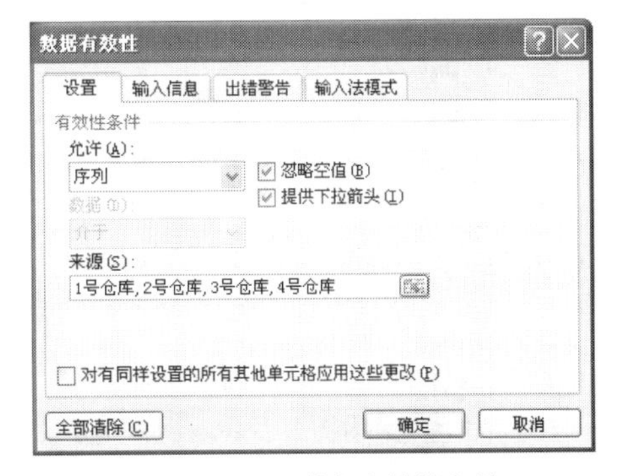

图 4.29　设置数据有效性条件

图 4.30　设置数据有效性输入时的提示信息

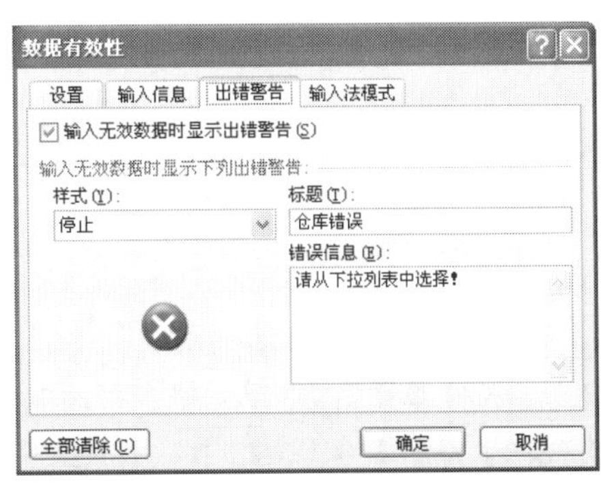

图 4.31　设置数据有效性输入错误时的出错警告

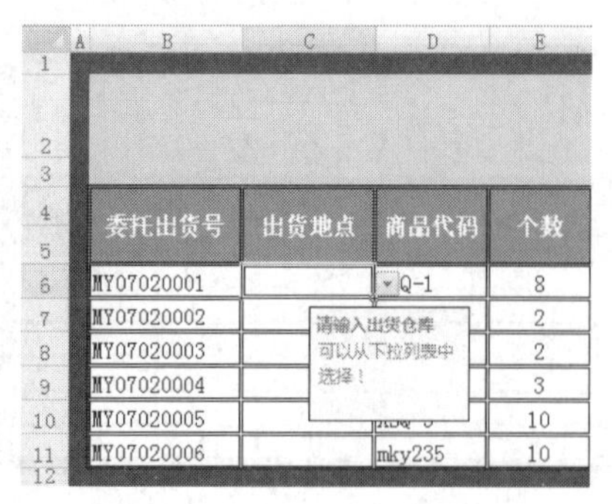

图 4.32　数据有效性设置效果图

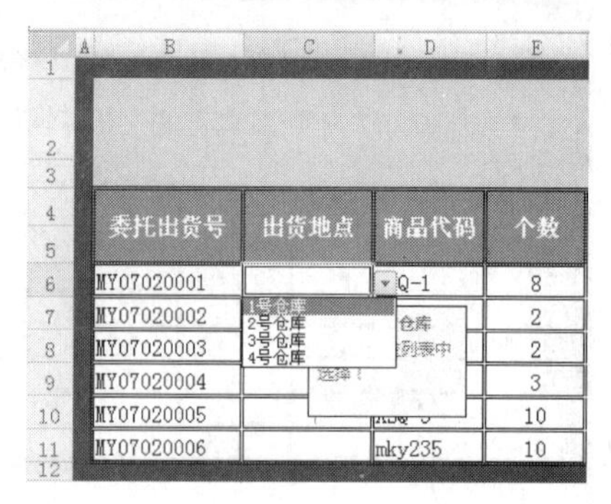

图 4.33　“出货地点”下拉列表

（3）构建自动筛选。

① 选定 B4:D11 单元格区域。

② 选择【数据】→【排序与筛选】→【筛选】选项，为工作表构建起自动筛选，此时在“委托出货编号”、“出货地点”和“商品代码”单元格的右上角显示下拉列表按钮，如图 4.34 所示。通过单击下拉列表，可以选择要查看的某种商品或某类商品，如图 4.35 所示。

商品出货明细单

2012 年 6 月 22 日

委托出货号	出货地点	商品代码	个数	件数	商品内容			交货地点	保险	备注
					大分类	中分类	小分类			
MY07020001	1号仓库	XSQ-1	8	8				电子城	¥10	
MY07020002	1号仓库	XSQ-1	2	2				电子城	¥10	
MY07020003	4号仓库	XSQ-2	2	2				电子城	¥10	
MY07020004	2号仓库	XSQ-2	3	3				数码广场	¥10	
MY07020005	1号仓库	XSQ-3	10	10				数码广场	¥10	
MY07020006	3号仓库	mky235	10	5				1号商铺	¥10	

图 4.34　构建自动筛选

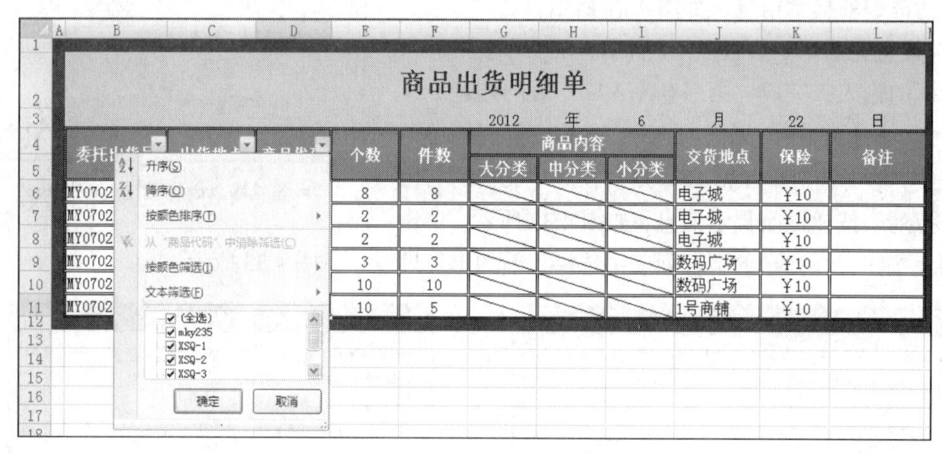

图 4.35　设置自动筛选后的效果

（4）为明细表添加“冻结网格线”。

① 单击选定单元格 B3 单元格，将该单元格设置为冻结点。

② 选择【视图】→【窗口】→【冻结窗格】选项，从下拉菜单中选择【冻结拆分窗格】选项，使工作表中 1 至 4 行的标题行固定不动，此举将极大方便了库存表中库存数据的查看。如

图 4.36 所示，工作表中出现了水平和垂直两条冻结网格线。

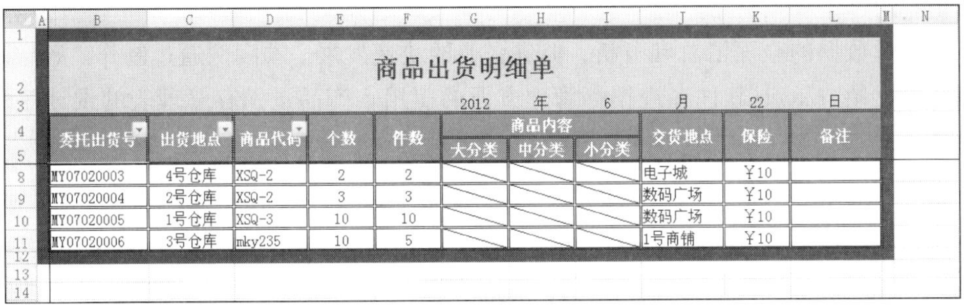

商品出货明细单

2012 年 6 月 22 日

委托出货号	出货地点	商品代码	个数	件数	商品内容			交货地点	保险	备注
					大分类	中分类	小分类			
MY07020003	4号仓库	XSQ-2	2	2				电子城	￥10	
MY07020004	2号仓库	XSQ-2	3	3				数码广场	￥10	
MY07020005	1号仓库	XSQ-3	10	10				数码广场	￥10	
MY07020006	3号仓库	mky235	10	5				1号商铺	￥10	

图 4.36 冻结窗格效果

【案例小结】

本案例通过制作“公司库存管理表”，主要介绍了工作簿的创建、工作表重命名，自动填充、有效性设置、使用 VLOOKUP 函数导入数据。在此基础上，使用“合并计算”对多个仓库的出、入库数据进行汇总统计。

学习总结

本案例所用软件	
案例中包含的知识和技能	
你已熟知或掌握的知识和技能	
你认为还有哪些知识或技能需要强化	
案例中可使用的 Office 技巧	
学习本案例之后的体会	

4.2 案例 16 制作产品进销存管理表

【案例分析】

在一个经营性企业中，物流部门的基本业务流程就是产品的进销存管理过程，产品的进货、销售和库存的各个环节直接影响到企业的发展。

对企业的进销存实行信息化管理，不仅可以实现数据之间的共享，保证数据的正确性，还可以实现对数据的全面汇总和分析，促进企业的快速发展。本案例通过制作“产品进销存管理表”来介绍 Excel 软件在进销存管理方面的应用。产品进销存管理表的设计效果图如图 4.37。

产品进销存汇总表

产品编号	产品类别	产品型号	单位	期初库存量	期初库存额	本月入库量	本月入库额	本月销售量	本月销售额	期末库存量	期末库存额
J1001	计算机	Ins14R-989AL 笔记本	台	5	18,900	26	98,280	6	24,900	25	94,500
J1002	计算机	4180-Q7C 笔记本	台	30	219,000	5	36,500	33	263,967	2	14,600
J1003	计算机	NP530U3B-A04CN 笔记本	台	3	13,980	25	116,500	11	56,980	17	79,220
J1004	计算机	UX31KI2557E 笔记本	台	0	-	32	267,200	5	44,940	27	225,450
SC1001	存储卡	32GB-Class4	个	10	1,350	215	29,025	62	11,656	163	22,005
SC1002	存储卡	64GB-class10	个	98	55,370	130	73,450	83	51,377	145	81,925
SJ1001	手机	S710e	部	15	35,325	10	23,550	22	58,960	3	7,065
SJ1002	手机	I9100G	部	20	71,600	17	60,860	25	97,475	12	42,960
SJ1003	手机	iPhone 4S	部	5	26,000	70	364,000	8	47,040	67	348,400
SJ1004	手机	S5830I	部	0	-	12	16,560	7	12,320	5	6,900
SXJ1001	数码摄像机	HDR-XR260E	台	- 20	78,400	11	43,120	8	39,120	23	90,160
SXJ1002	数码摄像机	LEGRIA HF R36	台	1	2,655	15	39,825	4	14,352	12	31,860
XJ1001	数码相机	Coolpix L310	部	52	67,080	20	25,800	68	106,080	4	5,160
XJ1002	数码相机	IXUS1100HS	部	35	51,100	8	11,680	29	63,771	14	20,440

图 4.37　产品进销存管理表

【解决方案】

（1）创建工作簿。

① 启动 Excel 2007，新建一个空白工作簿。

② 将创建的工作簿以“产品进销存汇总表”为名保存在“E:\公司文档\物流部”文件夹中。

（2）复制工作表。

① 打开“公司库存管理表”工作簿。

② 选中“产品明细表”、“入库汇总表”和“出库汇总表”工作表。

③ 选择【开始】→【单元格】→【格式】选项，打开如图 4.38 所示的“格式”菜单，在“组织工作表”下选择【移动或复制工作表】选项，打开如图 4.39 所示的“移动或复制工作表”对话框。

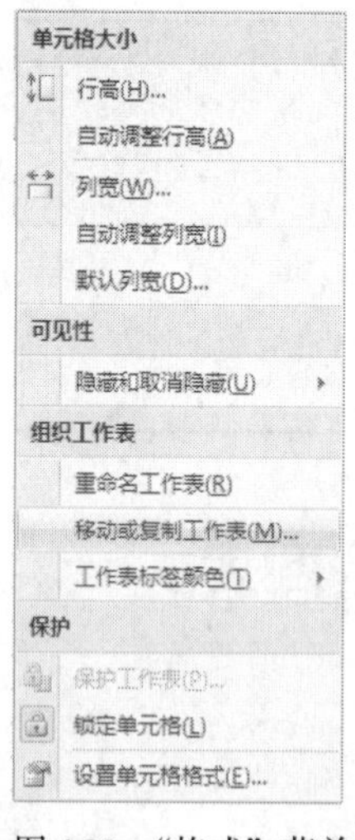

图 4.38　“格式”菜单

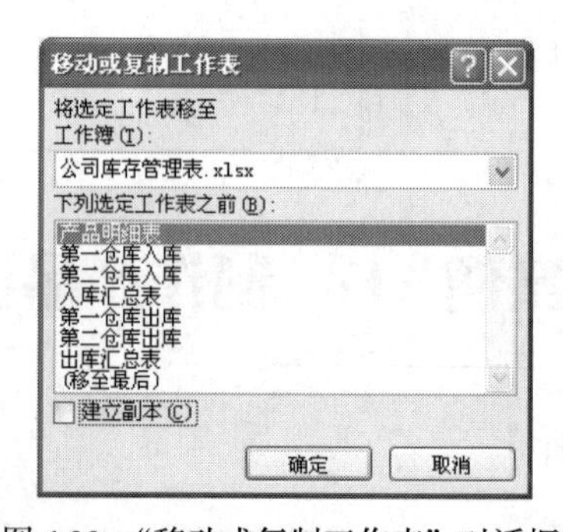

图 4.39　“移动或复制工作表”对话框

④ 从“工作簿”的下拉列表中选择“产品进销存汇总表”工作簿，在“下列选定工作表之前”中选择“Sheet1”工作表，再选中“建立副本”选项，如图 4.40 所示。

⑤ 单击【确定】按钮，将选定的工作表“产品明细表”、“入库汇总表”和“出库汇总表”复制到“产品进销存汇总表”工作簿中。

（3）创建“进销存汇总表”工作表框架。

① 将“Sheet1”工作表重命名为“进销存汇总表”。

② 建立如图 4.41 所示的“进销存汇总表”框架。

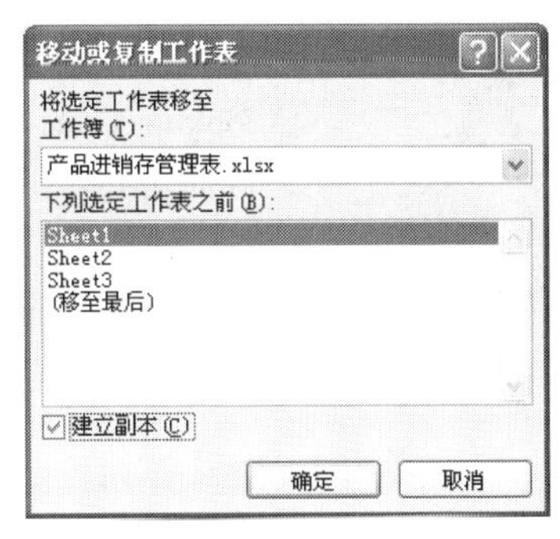

图 4.40　在工作簿之间复制工作表

	A	B	C	D	E	F	G	H	I	J	K	L
1	产品进销存汇总表											
2	产品编号	产品类别	产品型号	单位	期初库存量	期初库存额	本月入库量	本月入库额	本月销售量	本月销售额	期末库存量	期末库存额
3	J1001	计算机	Ins14R-989AL　笔记本	台	5							
4	J1002	计算机	4180-Q7C 笔记本	台	30							
5	J1003	计算机	NP530U3B-A04CN　笔记本	台	3							
6	J1004	计算机	UX31KI2557E 笔记本	台	0							
7	SC1001	存储卡	32GB-Class4	个	10							
8	SC1002	存储卡	64GB-class10	个	98							
9	SJ1001	手机	S710e	部	15							
10	SJ1002	手机	I9100G	部	20							
11	SJ1003	手机	iPhone 4S	部	5							
12	SJ1004	手机	S5830I	部	0							
13	SXJ1001	数码摄像机	HDR-XR260E	台	20							
14	SXJ1002	数码摄像机	LEGRIA HF R36	台	1							
15	XJ1001	数码相机	Coolpix L310	部	52							
16	XJ1002	数码相机	IXUS1100HS	部	35							

图 4.41　“进销存汇总表”框架

（4）输入和计算“进销存汇总表”工作表中的数据。

① 计算“期初库存额”。这里，期初库存额＝期初库存量×进价。

a. 选中 F3 单元格。

b. 输入公式“＝E3*产品明细表!E2”。

c. 按【Enter】键确认，计算出相应的期初库存额。

d. 选中 F3 单元格，用鼠标拖动其填充句柄至 F16 单元格，将公式复制到 F4:F16 单元格区域中，可得到所有产品的期初库存额。

② 导入“本月入库量”。这里，本月入库量为本月入库汇总表中的数量。

a. 选中 G3 单元格。

b. 插入“VLOOKUP”函数，设置如图 4.42 所示的函数参数。

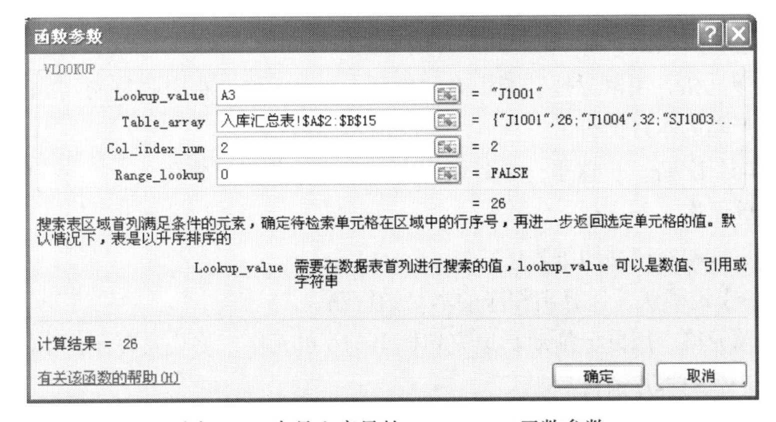

图 4.42　本月入库量的 VLOOKUP 函数参数

VLOOKUP 函数参数设置如下。

① lookup_value 为“A3”。

② table_array 为“入库汇总表!$A$2:$B$15”。即这里的“本月入库量”引用“入库汇总表”工作表中“$A$2:$B$15”单元格区域的“数量”数据。

③ col_index_num 为“2”。即引用的数据区域中“数量”数据所在的列序号。

④ range_lookup 为“0”。即函数 VLOOKUP 将返回精确匹配值。

c. 单击【确定】按钮，导入相应的本月入库量。

d. 选中 G3 单元格，用鼠标拖动其填充句柄至 G16 单元格，将公式复制到 G4:G16 单元格区域中，可得到所有产品的本月入库量。

③ 计算“本月入库额”。这里，本月入库额 = 本月入库量 × 进价。

a. 选中 H3 单元格。

b. 输入公式“= G3*产品明细表!E2”。

c. 按【Enter】键确认，计算出相应的本月入库额。

d. 选中 H3 单元格，用鼠标拖动其填充句柄至 H16 单元格，将公式复制到 H4:H16 单元格区域中，可得到所有产品的本月入库额。

④ 导入“本月销售量”。这里，本月销售量为本月出库汇总表中的数量。

a. 选中 I3 单元格。

b. 插入“VLOOKUP”函数，设置如图 4.43 所示的函数参数。

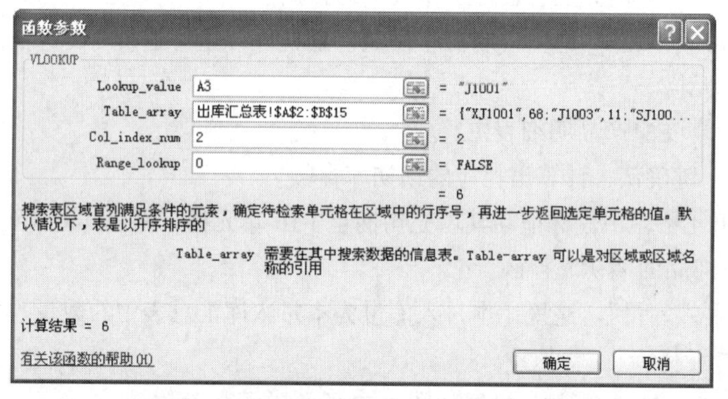

图 4.43　本月销售量的 VLOOKUP 函数参数

c. 单击【确定】按钮，导入相应的本月销售量。

d. 选中 I3 单元格，用鼠标拖动其填充句柄至 I16 单元格，将公式复制到 I4:I16 单元格区域中，可得到所有产品的本月销售量。

⑤ 计算“本月销售额”。这里，本月销售额 = 本月销售量 × 售价。

a. 选中 J3 单元格。

b. 输入公式“= I3*产品明细表!F2”。

c. 按【Enter】键确认，计算出相应的本月销售额。

d. 选中 J3 单元格，用鼠标拖动其填充句柄至 J16 单元格，将公式复制到 J4:J16 单元格区域中，可得到所有产品的本月销售额。

⑥ 计算“期末库存量”。这里，期末库存量 = 期初库存量+本月入库量-本月销售量。

a. 选中 K3 单元格。

b. 输入公式“= E3+G3-I3”。

c. 按【Enter】键确认，计算出相应的期末库存量。

d. 选中 K3 单元格，用鼠标拖动其填充句柄至 K16 单元格，将公式复制到 K4:K16 单元格区域中，可得到所有产品的期末库存量。

⑦ 计算“期末库存额”。这里，期末库存额 = 期末库存量 × 进价。

a. 选中 L3 单元格。

b. 输入公式“= K3*产品明细表!E2”。

c. 按【Enter】键确认，计算出相应的期末库存额。

d. 选中 L3 单元格，用鼠标拖动其填充句柄至 L16 单元格，将公式复制到 L4:L16 单元格区域中，可得到所有产品的期末库存额。

编辑后的“进销存汇总表”数据如图 4.44 所示。

	A	B	C	D	E	F	G	H	I	J	K	L
1	产品进销存汇总表											
2	产品编号	产品类别	产品型号	单位	期初库存量	期初库存额	本月入库量	本月入库额	本月销售量	本月销售额	期末库存量	期末库存额
3	J1001	计算机	Ins14R-989AL 笔记本	台	5	18900	26	98280	6	24900	25	94500
4	J1002	计算机	4180-Q7C 笔记本	台	30	219000	5	36500	33	263967	2	14600
5	J1003	计算机	NP530U3B-A04CN 笔记本	台	3	13980	25	116500	11	56980	17	79220
6	J1004	计算机	UX31KI2557E 笔记本	台	0	0	32	267200	5	44940	27	225450
7	SC1001	存储卡	32GB-Class4	个	10	1350	215	29025	62	11656	163	22005
8	SC1002	存储卡	64GB-class10	个	98	55370	130	73450	83	51377	145	81925
9	SJ1001	手机	S710e	部	15	35325	10	23550	22	58960	3	7065
10	SJ1002	手机	I9100G	部	20	71600	17	60860	25	97475	12	42960
11	SJ1003	手机	iPhone 4S	部	5	26000	70	364000	8	47040	67	348400
12	SJ1004	手机	S5830I	部	0	0	12	16560	7	12320	5	6900
13	SXJ1001	数码摄像机	HDR-XR260E	台	20	78400	11	43120	8	39120	23	90160
14	SXJ1002	数码摄像机	LEGRIA HF R36	台	1	2655	15	39825	4	14352	12	31860
15	XJ1001	数码相机	Coolpix L310	部	52	67080	20	25800	68	106080	4	5160
16	XJ1002	数码相机	IXUS1100HS	部	35	51100	8	11680	29	63771	14	20440

图 4.44　编辑后的“进销存汇总表”数据

（5）格式化“进销存汇总表”。

① 设置表格标题格式。将表格标题进行合并及居中，字体设置为宋体、18 磅、加粗，设置行高为 30。

② 将表格标题字段设置为加粗、居中，并将字体设置为白色，添加“橄榄色，强调文字颜色 3，深色 25%”的底纹。

③ 为表格添加内细外粗的边框。

④ 将“单位”、“期初库存量”、“本月入库量”、“本月销售量”和“期末库存量”的数据设置为居中对齐。

⑤ 将“期初库存额”、“本月入库额”、“本月销售额”和“期末库存额”的数据设置“会计专用”格式，且无“货币符号”和“小数位数”。

格式化后的表格如图 4.45 所示。

（6）对“期末库存量”设置条件格式。

为了更方便地了解库存信息，我们可以为相应的期末库存量设置条件格式，根据不同库存量等级设置不同的底纹颜色。如，期末库存量低于 10 以黄色显示、库存量高于 50 用橙色显示，正常时显示为绿色。

① 选中 K3:K16 单元格区域。

② 选择【开始】→【样式】→【条件格式】选项，打开如图 4.46 所示的“条件格式”菜单。

产品进销存汇总表

产品编号	产品类别	产品型号	单位	期初库存量	期初库存额	本月入库量	本月入库额	本月销售量	本月销售额	期末库存量	期末库存额
J1001	计算机	Ins14R-989AL 笔记本	台	5	18,900	26	98,280	6	24,900	25	94,500
J1002	计算机	4180-Q7C 笔记本	台	30	219,000	5	36,500	33	263,967	2	14,600
J1003	计算机	NP530U3B-A04CN 笔记本	台	3	13,980	25	116,500	11	56,980	17	79,220
J1004	计算机	UX31KI2557E 笔记本	台	0	-	32	267,200	5	44,940	27	225,450
SC1001	存储卡	32GB-Class4	个	10	1,350	215	29,025	62	11,656	163	22,005
SC1002	存储卡	64GB-class10	个	98	55,370	130	73,450	83	51,377	145	81,925
SJ1001	手机	S710e	部	15	35,325	10	23,550	22	58,960	3	7,065
SJ1002	手机	I9100G	部	20	71,600	17	60,860	25	97,475	12	42,960
SJ1003	手机	iPhone 4S	部	5	26,000	70	364,000	8	47,040	67	348,400
SJ1004	手机	S5830I	部	0	-	12	16,560	7	12,320	5	6,900
SXJ1001	数码摄像机	HDR-XR260E	台	20	78,400	11	43,120	8	39,120	23	90,160
SXJ1002	数码摄像机	LEGRIA HF R36	台	1	2,655	15	39,825	4	14,352	12	31,860
XJ1001	数码相机	Coolpix L310	部	52	67,080	20	25,800	68	106,080	4	5,160
XJ1002	数码相机	IXUS1100HS	部	35	51,100	8	11,680	29	63,771	14	20,440

图 4.45　格式化后的“产品进销存汇总表”

③ 从“条件格式”菜单选择【突出显示单元格规则】→【其他规则】选项，打开【新建格式规则】对话框，按图 4.47 所示设置“期末库存量”小于 10 的条件格式为填充黄色底纹。

图 4.46　“条件格式”菜单

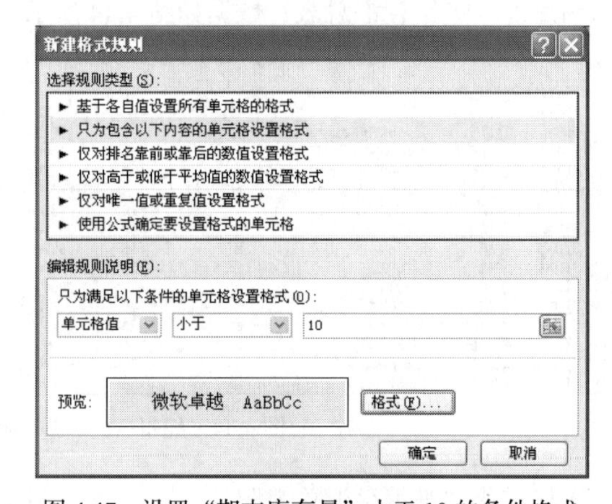

图 4.47　设置“期末库存量”小于 10 的条件格式

④ 单击【确定】按钮，完成期末库存量低于 10 的条件格式设置。

⑤ 类似地，设置期末库存量介于 10 到 50 之间的条件格式为填充绿色底纹，如图 4.48 所示。

⑥ 类似地，设置期末库存量高于 50 的条件格式为橙色底纹，如图 4.49 所示。

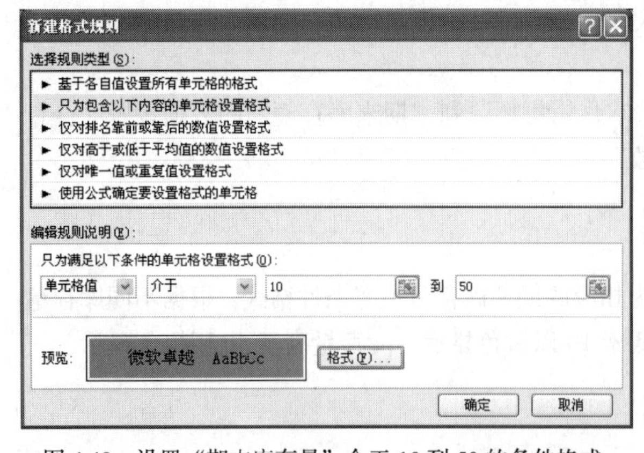

图 4.48　设置“期末库存量”介于 10 到 50 的条件格式

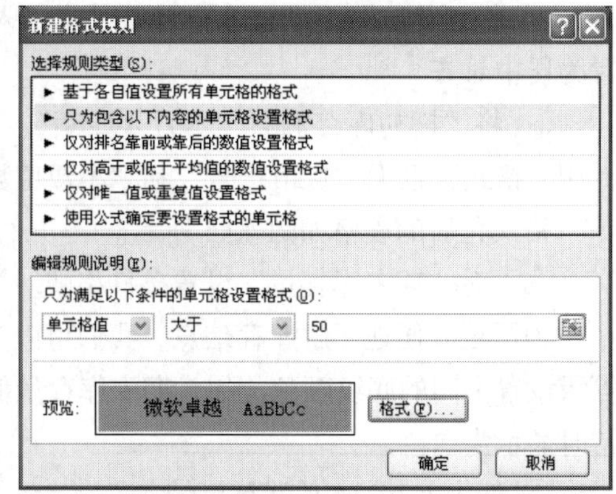

图 4.49　设置“期末库存量”高于 50 的条件格式

完成条件格式设置后的产品进销存汇总表的效果如图 4.37 所示。

提示

设置完条件格式后，可选择“条件格式”菜单中的【管理规则】选项，打开“条件格式规则管理器”对话框，查看和管理设置的规则，图 4.50 所示为定义的“期末库存量”的条件格式规则。

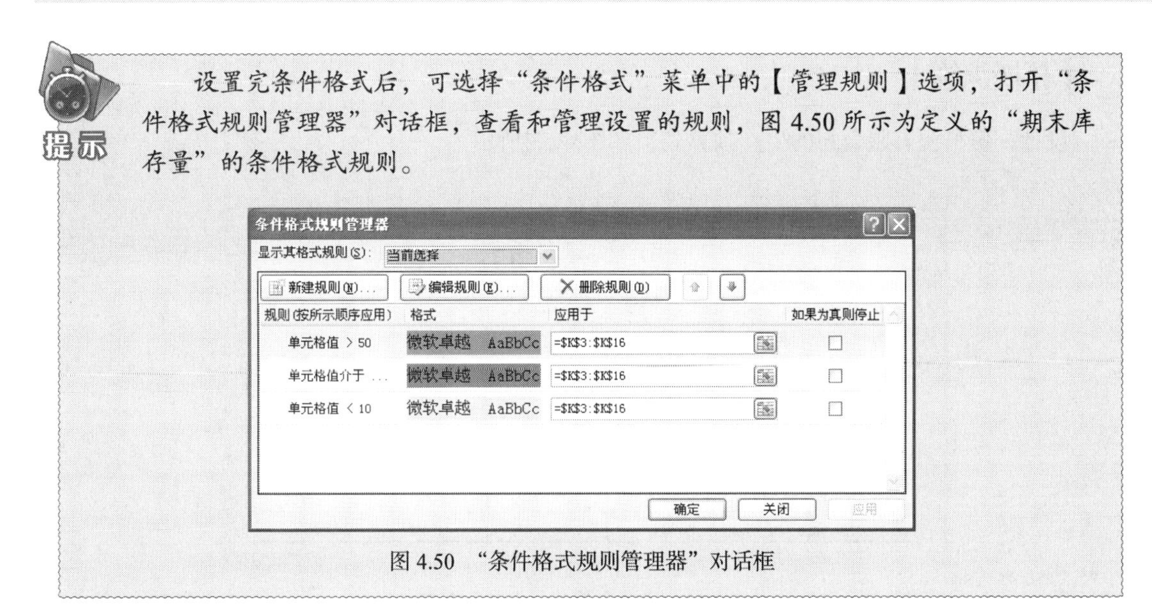

图 4.50 “条件格式规则管理器”对话框

【拓展案例】

公司产品生产成本预算表设计，如图 4.51 和图 4.52 所示。

主要产品单位成本表

编制	张林		时间	2012年8月23日星期四	
产品名称	音响	本月实际产量	1000	本年计划产量	12000
规格	mky230-240	本年累计实际产量	11230	上年同期实际产量	8000
计量单位	对	销售单价	￥100.00	上年同期销售单价	￥105.00
成本项目	**历史先进水平**	**上年实际平均**	**本年计划**	**本月实际**	**本年累计实际平均**
直接材料	￥14.00	￥15.50	￥15.00	￥15.00	￥15.10
其中，原材料	￥14.00	￥15.50	￥15.00	￥15.00	￥15.10
燃料及动力	￥0.50	￥0.70	￥0.70	￥0.70	￥0.70
直接人工	￥2.00	￥2.50	￥2.50	￥2.40	￥2.45
制造费用	￥1.00	￥1.10	￥1.00	￥1.00	￥1.00
产品生产成本	￥17.50	￥19.80	￥19.20	￥19.10	￥19.25

主要产品单位成本表 / 总体产品单位成本表 / Sheet3

图 4.51　主要产品单位成本表

产品生产成本表

编制	张林	时间	2012-8-22
项目	**上年实际**	**本月实际**	**本年累计实际**
生产费用			
直接材料	￥800,000.00	￥70,000.00	￥890,000.00
其中原材料	￥800,000.00	￥70,000.00	￥890,000.00
燃料及动力	￥20,000.00	￥2,000.00	￥21,000.00
直接人工	￥240,000.00	￥20,000.00	￥200,000.00
制造费用	￥200,000.00	￥1,800.00	￥210,000.00
生产费用合计	￥1,260,000.00	￥93,800.00	￥1,321,000.00
加：在产品、自制半成品期初余额	￥24,000.00	￥2,000.00	￥24,500.00
减：在产品、自制半成品期末余额	￥22,000.00	￥2,000.00	￥22,500.00
产品生产成本合计	￥1,262,000.00	￥93,800.00	￥1,323,000.00
减：自制设备	￥2,000.00	￥120.00	￥2,100.00
减：其他不包括在商品产品成本中的生产费用	￥5,000.00	￥200.00	￥5,450.00
商品产品总成本	￥1,255,000.00	￥93,480.00	￥1,315,450.00

主要产品单位成本表 / 总体产品单位成本表 / Sheet3

图 4.52　产品生产成本表

【拓展训练】

设计一份科源有限公司的生产预算表，如图 4.53 所示。

生产预算分析表				
项目	第一季度	第二季度	第三季度	第四季度
预计销售量（件）	1900	2700	3500	2500
预计期末存货量	405	525	375	250
预计需求量	2305	3225	3875	2750
期初存货量	320	405	525	375
预计产量	1985	2820	3350	2375
直接材料消耗（Kg）	3573	5076	6030	4275
直接人工消耗（小时）	10917.5	15510	18425	13062.5

图 4.53　科源有限公司生产预算表

操作步骤如下。

（1）新建并保存文档。

① 启动 Excel 2007，新建一个空白工作簿。

② 将创建的工作簿以“科源有限公司生产预算表”为名保存在“E:\公司文档\物流部”文件夹中。

（2）重命名工作表。分别将 Sheet1、Sheet2、Sheet3 工作表更名为“预计销量表”、“定额成本资料表”和“生产预算表”。

（3）制作“预计销量表”和“定额成本资料表”。

① 选中“预计销量表”工作表标签。

② 建立如图 4.54 所示的在其中建立预计销量表格，并进行相应的格式化。

③ 单击“定额成本资料表”工作表标签，切换至“定额成本资料表”工作表中，在其中建立如图 4.55 所示的定额成本资料表格，并进行相应的格式化。

预计销售表		
时间	销售量（件）	销售单位（元）
第一季度	1900	￥105.00
第二季度	2700	￥105.00
第三季度	3500	￥105.00
第四季度	2500	￥105.00

图 4.54　预计销量表

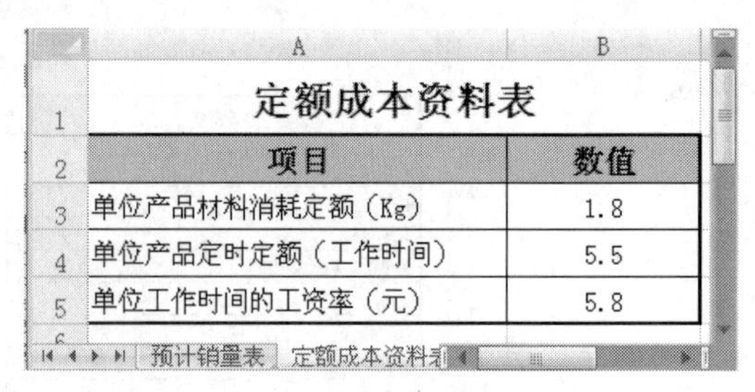

定额成本资料表	
项目	数值
单位产品材料消耗定额（Kg）	1.8
单位产品定时定额（工作时间）	5.5
单位工作时间的工资率（元）	5.8

图 4.55　定额成本资料表

（4）制作“生产预算表”。

① 单击“生产预算表”工作表标签，切换至“生产预算表”工作表。

② 创建如图 4.56 所示的“生产预算表”框架。

③ 填入“预计销售量”。

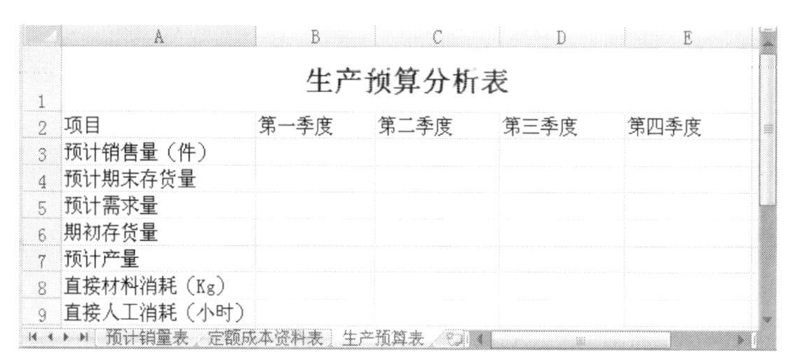

图 4.56　“生产预算表”框架

这里，“预计销售量（件）”的值等于“预计销售力量”表中的销售量。因此，可通过 VLOOKUP 函数进行查找。

a. 选定 B3 单元格，插入“VLOOKUP”函数，设置如图 4.57 所示的函数参数，按【Enter】键确认，B3 单元格显示出所引用的“预计销量表”中的数据，如图 4.58 所示。

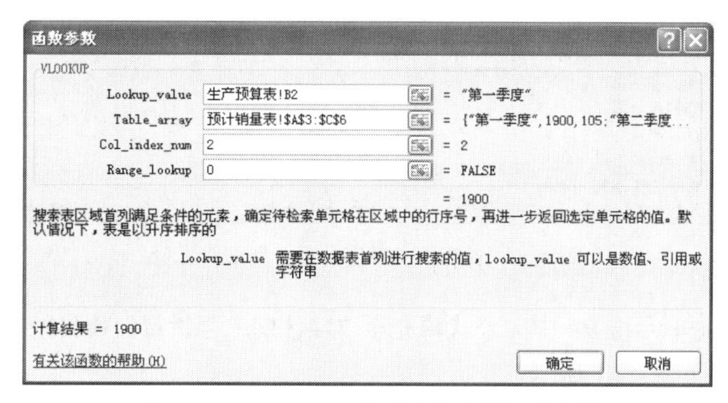

图 4.57　VLOOKUP 的“函数参数”对话框

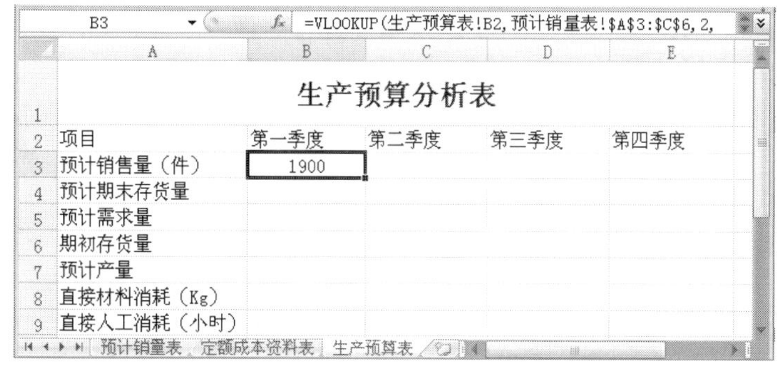

图 4.58　B3 单元格中引用“预计销量表”中的数据

b. 利用填充柄将单元格 B3 中的公式填充至“预计销售量（件）”项目的其余 3 个季度单元格中，如图 4.59 所示。

④ 计算“预计期末存货量”。

这里，“预计期末存货量”应根据公司往年的数据制定，这里知道公司的各季度期末存货量等于下一季度的预计销售量的 15%，并且第四季度的预计期末存货量为 250 件，按此输入第四季度数据。

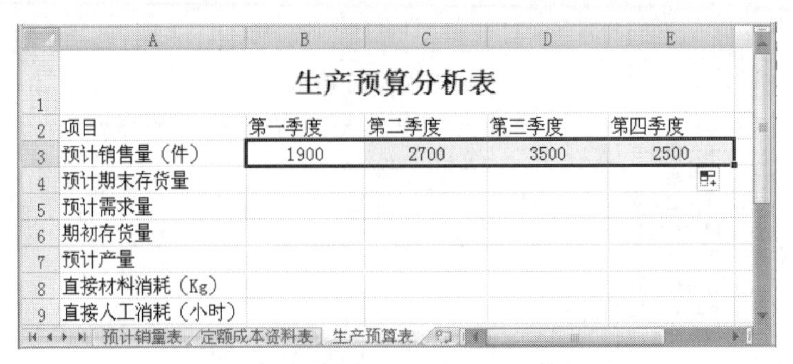

	A	B	C	D	E
1	生产预算分析表				
2	项目	第一季度	第二季度	第三季度	第四季度
3	预计销售量（件）	1900	2700	3500	2500
4	预计期末存货量				
5	预计需求量				
6	期初存货量				
7	预计产量				
8	直接材料消耗（Kg）				
9	直接人工消耗（小时）				

预计销量表 / 定额成本资料表 / 生产预算表

图 4.59　填充其余 3 个季度的预计销售量

a. 单击选定 B4 单元格，输入公式“= C3*15%”，按【Enter】键确认，单元格 B4 显示出第一季度的预计期末存货量，如图 4.60 所示。

B4　=C3*15%

	A	B	C	D	E
1	生产预算分析表				
2	项目	第一季度	第二季度	第三季度	第四季度
3	预计销售量（件）	1900	2700	3500	2500
4	预计期末存货量	405			250
5	预计需求量				
6	期初存货量				
7	预计产量				
8	直接材料消耗（Kg）				
9	直接人工消耗（小时）				

预计销量表 / 定额成本资料表 / 生产预算表

图 4.60　计算第一季度的预计期末存货量

b. 利用填充柄将单元格 B4 中的公式填充至“预计期末存货量”项目的第二和第三两个季度单元格中，计算结果如图 4.61 所示。

	A	B	C	D	E
1	生产预算分析表				
2	项目	第一季度	第二季度	第三季度	第四季度
3	预计销售量（件）	1900	2700	3500	2500
4	预计期末存货量	405	525	375	250
5	预计需求量				
6	期初存货量				
7	预计产量				
8	直接材料消耗（Kg）				
9	直接人工消耗（小时）				

预计销量表 / 定额成本资料表 / 生产预算表

图 4.61　自动填充其余两季度的预计期末存货量

⑤ 计算各个季度的“预计需求量”。这里，假设预计需求量 = 预计销售量+预计期末存货量。

a. 选定 B5 单元格，输入公式“= B3+B4”，按【Enter】键确认。

b. 利用填充柄将单元格 B5 中的公式填充至“预计需求量”项目的其余 3 个季度单元格中，计算结果如图 4.62 所示。

⑥ 计算“期初存货量”。第一季度的期初存货量应该等于去年年末存货量，此数据按理可以从“资产负债表”中的存货中取出，但是这里只假定第一季度的期初存货量为 320 件，而其余 3 个季度的期初存货量等于上一季度的期末存货量。

	A	B	C	D	E
1	生产预算分析表				
2	项目	第一季度	第二季度	第三季度	第四季度
3	预计销售量（件）	1900	2700	3500	2500
4	预计期末存货量	405	525	375	250
5	预计需求量	2305	3225	3875	2750
6	期初存货量				
7	预计产量				
8	直接材料消耗（Kg）				
9	直接人工消耗（小时）				

预计销量表　定额成本资料表　生产预算表

图 4.62　计算各个季度的“预计需求量”

a. 选定 C6 单元格，输入公式“＝B4”，按【Enter】键确认，第二季度的期初存货量的计算结果如图 4.63 所示。

C6　=B4

	A	B	C	D	E
1	生产预算分析表				
2	项目	第一季度	第二季度	第三季度	第四季度
3	预计销售量（件）	1900	2700	3500	2500
4	预计期末存货量	405	525	375	250
5	预计需求量	2305	3225	3875	2750
6	期初存货量	320	405		
7	预计产量				
8	直接材料消耗（Kg）				
9	直接人工消耗（小时）				

预计销量表　定额成本资料表　生产预算表

图 4.63　计算第二季度的期初存货量

b. 使用填充柄将此单元格的公式复制至单元格 D6 和 E6 中，“期初存货量”第三、四季度的值如图 4.64 所示。

	A	B	C	D	E
1	生产预算分析表				
2	项目	第一季度	第二季度	第三季度	第四季度
3	预计销售量（件）	1900	2700	3500	2500
4	预计期末存货量	405	525	375	250
5	预计需求量	2305	3225	3875	2750
6	期初存货量	320	405	525	375
7	预计产量				
8	直接材料消耗（Kg）				
9	直接人工消耗（小时）				

预计销量表　定额成本资料表　生产预算表

图 4.64　自动填充第三、四季度的期初存货量

⑦ 计算各个季度的“预计产量”。这里，预计产量等于预计需求量减去期初存货量的值。选定 B7 单元格，输入公式“＝B5-B6”，按【Enter】键确认。再使用填充柄将此单元格的公式复制到“预计产量”项目的其余 3 个季度单元格中，如图 4.65 所示。

⑧ 计算各个季度的“直接材料消耗”。直接材料消耗等于预计产量乘以定额成本资料表中的单位产品材料消耗定额的积，因此单击选定 B8 单元格，然后输入公式“＝B7*定额成本资料表!$B$3”，按【Enter】键确认，则第一季度的直接材料消耗的值如图 4.66 所示。使用填充柄将此单元格的公式复制至 C8、D8 和 E8 中，如图 4.67 所示。

	A	B	C	D	E
1	生产预算分析表				
2	项目	第一季度	第二季度	第三季度	第四季度
3	预计销售量（件）	1900	2700	3500	2500
4	预计期末存货量	405	525	375	250
5	预计需求量	2305	3225	3875	2750
6	期初存货量	320	405	525	375
7	预计产量	1985	2820	3350	2375
8	直接材料消耗（Kg）				
9	直接人工消耗（小时）				

预计销量表　定额成本资料表　生产预算表

图 4.65　计算各个季度的“预计产量”

B8　=B7*定额成本资料表!$B$3

	A	B	C	D	E
1	生产预算分析表				
2	项目	第一季度	第二季度	第三季度	第四季度
3	预计销售量（件）	1900	2700	3500	2500
4	预计期末存货量	405	525	375	250
5	预计需求量	2305	3225	3875	2750
6	期初存货量	320	405	525	375
7	预计产量	1985	2820	3350	2375
8	直接材料消耗（Kg）	3573			
9	直接人工消耗（小时）				

预计销量表　定额成本资料表　生产预算表

图 4.66　计算第一季度的直接材料消耗

	A	B	C	D	E
1	生产预算分析表				
2	项目	第一季度	第二季度	第三季度	第四季度
3	预计销售量（件）	1900	2700	3500	2500
4	预计期末存货量	405	525	375	250
5	预计需求量	2305	3225	3875	2750
6	期初存货量	320	405	525	375
7	预计产量	1985	2820	3350	2375
8	直接材料消耗（Kg）	3573	5076	6030	4275
9	直接人工消耗（小时）				

预计销量表　定额成本资料表　生产预算表

图 4.67　自动填充其余三个季度的直接材料消耗

⑨ 计算“直接人工消耗”。直接人工消耗等于预计产量乘以定额成本资料表中的单位产品定时定额的积，因此单击选定单元格 B9，然后输入公式“＝B7*定额成本资料表!$B$4”，按【Enter】键确认，则第一季度的直接人工消耗值如图 4.68 所示。使用填充柄将此单元格的公式复制至单元格 C9、D9 和 E9 中，如图 4.69 所示。

B9　=B7*定额成本资料表!$B$4

	A	B	C	D	E
1	生产预算分析表				
2	项目	第一季度	第二季度	第三季度	第四季度
3	预计销售量（件）	1900	2700	3500	2500
4	预计期末存货量	405	525	375	250
5	预计需求量	2305	3225	3875	2750
6	期初存货量	320	405	525	375
7	预计产量	1985	2820	3350	2375
8	直接材料消耗（Kg）	3573	5076	6030	4275
9	直接人工消耗（小时）	10917.5			

预计销量表　定额成本资料表　生产预算表

图 4.68　计算第一季度的直接人工消耗

	A	B	C	D	E
1	生产预算分析表				
2	项目	第一季度	第二季度	第三季度	第四季度
3	预计销售量（件）	1900	2700	3500	2500
4	预计期末存货量	405	525	375	250
5	预计需求量	2305	3225	3875	2750
6	期初存货量	320	405	525	375
7	预计产量	1985	2820	3350	2375
8	直接材料消耗（Kg）	3573	5076	6030	4275
9	直接人工消耗（小时）	10917.5	15510	18425	13062.5

预计销量表　定额成本资料表　生产预算表

图 4.69　自动填充其余三个季度的直接人工消耗

⑩ 格式化“生产预算表”。参照图 4.53 所示对“生产预算表”进行格式设置。

【案例小结】

本案例通过制作“产品进销存管理表”，主要介绍了工作簿的创建、工作簿之间工作表的复制、工作表重命名，使用 VLOOKUP 函数导入数据，工作表间数据的引用以及公式的使用。在此基础上，利用“条件格式”对表中的数据进行分层次显示，以方便合理地入库管理。

学习总结

本案例所用软件	
案例中包含的知识和技能	
你已熟知或掌握的知识和技能	
你认为还有哪些知识或技能需要强化	
案例中可使用的 Office 技巧	
学习本案例之后的体会	

4.3　案例 17　制作产品销售与成本分析

【案例分析】

在企业的经营管理过程中，成本的管理和控制成为关注的焦点。科学分析企业的各项成本构成及影响利润的关键要素，了解公司的成本构架和盈利情况，有利于把握正确的决策方向，实现有效的成本控制。

物流管理部门在产品进销存的管理过程中，通过分析产品的存货量、平均采购价格以及存货占用资金，可对产品的销售和成本进行分析，从而为产品的库存管理提供决策支持。本案例通过制作“产品销售与成本分析”来介绍 Excel 软件在成本控制方面的应用。效果如图 4.70、图 4.71 和图 4.72 所示。

销售与成本分析

产品编号	产品类别	产品型号	存货数量	加权平均采购价格	存货占用资金	销售成本	销售收入	销售毛利	销售成本率
J1001	计算机	2743NCC 笔记本	20	3,780	75,600	22,680	24,900	2,220	91.1%
J1002	计算机	MB940CH/A 笔记本	-28	7,300	-204,400	240,900	263,967	23,067	91.3%
J1003	计算机	N310-KA05 笔记本	14	4,660	65,240	51,260	56,980	5,720	90.0%
J1004	计算机	R453-DS0E 笔记本	27	8,350	225,450	41,750	44,940	3,190	92.9%
SC1001	闪存卡	CF-8G	153	135	20,655	8,370	11,656	3,286	71.8%
SC1002	闪存卡	CF-4G	47	565	26,555	46,895	51,377	4,482	91.3%
SJ1001	手机	5800XM	-12	2,355	-28,260	51,810	58,960	7,150	87.9%
SJ1002	手机	7610s	-8	3,580	-28,640	89,500	97,475	7,975	91.8%
SJ1003	手机	N95	62	5,200	322,400	41,600	47,040	5,440	88.4%
SJ1004	手机	SGH-I908E	5	1,380	6,900	9,660	12,320	2,660	78.4%
SXJ1001	数码摄像机	SR65E	3	3,920	11,760	31,360	39,120	7,760	80.2%
SXJ1002	数码摄像机	HDR-XR100E	11	2,655	29,205	10,620	14,352	3,732	74.0%
XJ1001	数码相机	IXUS95	-48	1,290	-61,920	87,720	106,080	18,360	82.7%
XJ1002	数码相机	W150	-21	1,460	-30,660	42,340	63,771	21,431	66.4%

图 4.70　产品销售与成本分析表

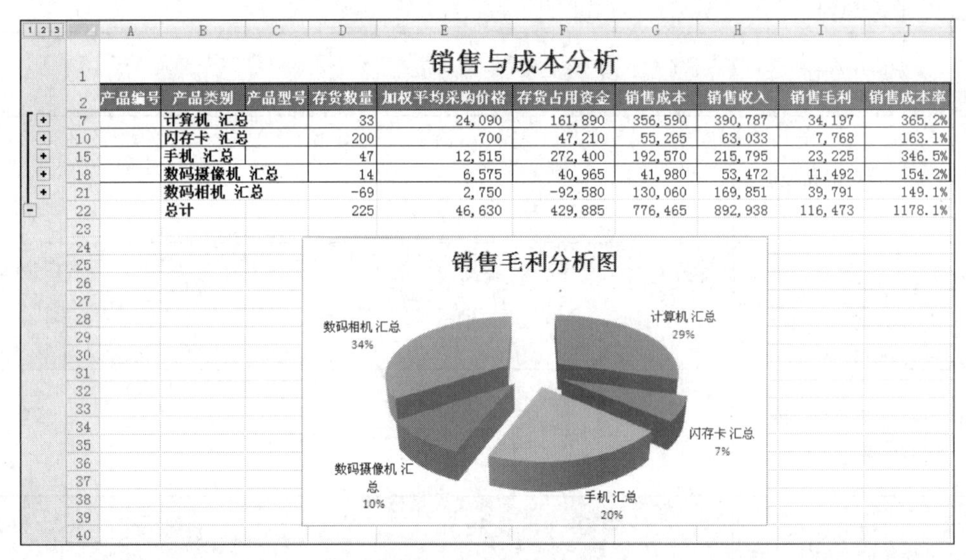
销售与成本分析

产品编号	产品类别	产品型号	存货数量	加权平均采购价格	存货占用资金	销售成本	销售收入	销售毛利	销售成本率
	计算机 汇总		33	24,090	161,890	356,590	390,787	34,197	365.2%
	闪存卡 汇总		200	700	47,210	55,265	63,033	7,768	163.1%
	手机 汇总		47	12,515	272,400	192,570	215,795	23,225	346.5%
	数码摄像机 汇总		14	6,575	40,965	41,980	53,472	11,492	154.2%
	数码相机 汇总		-69	2,750	-92,580	130,060	169,851	39,791	149.1%
	总计		225	46,630	429,885	776,465	892,938	116,473	1178.1%

图 4.71　产品毛利分析图

销售与成本分析

产品编号	产品类别	产品型号	存货数量	加权平均采购价格	存货占用资金	销售成本	销售收入	销售毛利	销售成本率
J1002	计算机	MB940CH/A 笔记本	-28	7,300	-204,400	240,900	263,967	23,067	91.3%
SC1001	闪存卡	CF-8G	153	135	20,655	8,370	11,656	3,286	71.8%
SJ1001	手机	5800XM	-12	2,355	-28,260	51,810	58,960	7,150	87.9%
SJ1002	手机	7610s	-8	3,580	-28,640	89,500	97,475	7,975	91.8%
SJ1004	手机	SGH-I908E	5	1,380	6,900	9,660	12,320	2,660	78.4%
SXJ1002	数码摄像机	HDR-XR100E	11	2,655	29,205	10,620	14,352	3,732	74.0%
XJ1001	数码相机	IXUS95	-48	1,290	-61,920	87,720	106,080	18,360	82.7%
XJ1002	数码相机	W150	-21	1,460	-30,660	42,340	63,771	21,431	66.4%

存货占用资金	销售成本率
<0	
	<80%

图 4.72　筛选出“占用资金少或销售成本低”的产品

【解决方案】

（1）创建工作簿。

① 启动 Excel 2007，新建一个空白工作簿。

② 将新建的工作簿以“产品销售与成本分析”为名保存在“E:\公司文档\物流部”文件夹中。

（2）复制工作表。

① 打开“产品进销存管理表”工作簿。

② 选中“进销存汇总表”工作表。

③ 选择【开始】→【单元格】→【格式】选项，打开“格式”菜单，在“组织工作表”下选择【移动或复制工作表】命令，打开“移动或复制工作表”对话框。

④ 从“工作簿”的下拉列表中选择“产品销售与成本分析”工作簿，在“下列选定工作表之前”中选择“Sheet1”工作表，再选中“建立副本”选项，如图 4.73 所示。

⑤ 单击【确定】按钮，将选定的工作表“进销存汇总表”复制到“产品销售与成本分析”工作簿中。

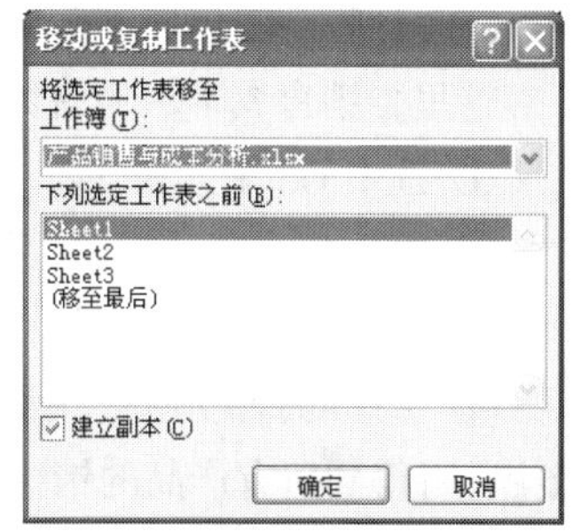

图 4.73　在工作簿之间复制工作表

（3）创建“产品销售与成本分析”工作表框架。

① 将“Sheet1”工作表重命名为“销售与成本分析”。

② 建立如图 4.74 所示的“销售与成本分析”表框架。

	A	B	C	D	E	F	G	H	I	J
1	销售与成本分析									
2	产品编号	产品类别	产品型号	存货数量	加权平均采购价格	存货占用资金	销售成本	销售收入	销售毛利	销售成本率
3	J1001	计算机	2743NCC 笔记本							
4	J1002	计算机	MB940CH/A 笔记本							
5	J1003	计算机	N310-KA05 笔记本							
6	J1004	计算机	R453-DS0E 笔记本							
7	SC1001	闪存卡	CF-8G							
8	SC1002	闪存卡	CF-4G							
9	SJ1001	手机	5800XM							
10	SJ1002	手机	7610s							
11	SJ1003	手机	N95							
12	SJ1004	手机	SGH-I908E							
13	SXJ1001	数码摄像机	SR65E							
14	SXJ1002	数码摄像机	HDR-XR100E							
15	XJ1001	数码相机	IXUS95							
16	XJ1002	数码相机	W150							

图 4.74　“销售与成本分析”表框架

（4）计算“存货数量”。

这里，存货数量 = 入库数量-销售数量。

① 选中 D3 单元格。

② 输入公式“= 进销存汇总表!G3-进销存汇总表!I3”。

③ 按【Enter】键确认，计算出相应的存货数量。

④ 选中 D3 单元格，用鼠标拖动其填充句柄至 D16 单元格，将公式复制到 D4:D16 单元格区域中，可得到所有产品的存货数量。

（5）计算“加权平均采购价格”。

这里，我们设定“加权平均采购价格 = 入库金额/入库数量”。

① 选中 E3 单元格。

② 输入公式“= 进销存汇总表!H3/进销存汇总表!G3”。

③ 按【Enter】键确认，计算出相应的加权平均采购价格。

④ 选中 E3 单元格，用鼠标拖动其填充句柄至 E16 单元格，将公式复制到 E4:E16 单元格区域中，可得到所有产品的加权平均采购价格。

（6）计算“存货占用资金”。

这里，存货占用资金 = 存货数量*加权平均采购价格。

① 选中 F3 单元格。

② 输入公式“ = D3*E3”。

③ 按【Enter】键确认，计算出相应的存货占用资金。

④ 选中 F3 单元格，用鼠标拖动其填充句柄至 F16 单元格，将公式复制到 F4:F16 单元格区域中，可得到所有产品的存货占用资金。

（7）计算“销售成本”。

这里，销售成本 = 销售数量*加权平均采购价格。

① 选中 G3 单元格。

② 输入公式“ = 进销存汇总表!I3*E3”。

③ 按【Enter】键确认，计算出相应的销售成本。

④ 选中 G3 单元格，用鼠标拖动其填充句柄至 G16 单元格，将公式复制到 G4:G16 单元格区域中，可得到所有产品的销售成本。

（8）导入“销售收入”数据。

这里，销售收入 = 销售金额。

① 选中 H3 单元格。

② 插入“VLOOKUP”函数，设置如图 4.75 所示的函数参数。

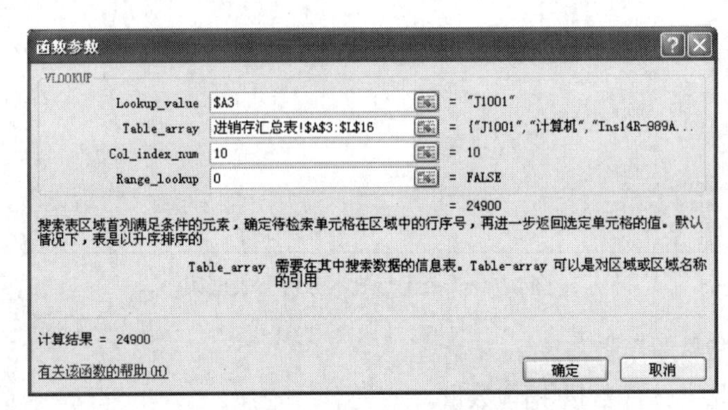

图 4.75　销售收入的 VLOOKUP 函数参数

③ 单击【确定】按钮，导入相应的销售收入。

④ 选中 H3 单元格，用鼠标拖动其填充句柄至 H16 单元格，将公式复制到 H4:H16 单元格区域中，可得到所有产品的销售收入。

（9）计算“销售毛利”。

这里，销售毛利 = 销售收入-销售成本。

① 选中 I3 单元格。

② 输入公式“ = H3-G3”。

③ 按【Enter】键确认，计算出相应的销售毛利。

④ 选中 I3 单元格，用鼠标拖动其填充句柄至 I16 单元格，将公式复制到 I4:I16 单元格区域

中，可得到所有产品的销售毛利。

（10）计算“销售成本率”。

这里，销售成本率 = 销售成本/销售收入。

① 选中 J3 单元格。

② 输入公式“ = G3/H3”。

③ 按【Enter】键确认，计算出相应的销售成本率。

④ 选中 J3 单元格，用鼠标拖动其填充句柄至 J16 单元格，将公式复制到 J4:J16 单元格区域中，可得到所有产品的销售成本率。

计算完成后的“销售与成本分析”表数据如图 4.76 所示。

	A	B	C	D	E	F	G	H	I	J
1	销售与成本分析									
2	产品编号	产品类别	产品型号	存货数量	加权平均采购价格	存货占用资金	销售成本	销售收入	销售毛利	销售成本率
3	J1001	计算机	2743NCC 笔记本	20	3780	75600	22680	24900	2220	0.91
4	J1002	计算机	MB940CH/A 笔记本	-28	7300	-204400	240900	263967	23067	0.91
5	J1003	计算机	N310-KA05 笔记本	14	4660	65240	51260	56980	5720	0.90
6	J1004	计算机	R453-DS0E 笔记本	27	8350	225450	41750	44940	3190	0.93
7	SC1001	闪存卡	CF-8G	153	135	20655	8370	11656	3286	0.72
8	SC1002	闪存卡	CF-4G	47	565	26555	46895	51377	4482	0.91
9	SJ1001	手机	5800XM	-12	2355	-28260	51810	58960	7150	0.88
10	SJ1002	手机	7610s	-8	3580	-28640	89500	97475	7975	0.92
11	SJ1003	手机	N95	62	5200	322400	41600	47040	5440	0.88
12	SJ1004	手机	SGH-I908E	5	1380	6900	9660	12320	2660	0.78
13	SXJ1001	数码摄像机	SR65E	3	3920	11760	31360	39120	7760	0.80
14	SXJ1002	数码摄像机	HDR-XR100E	11	2655	29205	10620	14352	3732	0.74
15	XJ1001	数码相机	IXUS95	-48	1290	-61920	87720	106080	18360	0.83
16	XJ1002	数码相机	W150	-21	1460	-30660	42340	63771	21431	0.66

图 4.76　计算完成后的“销售与成本分析”表数据

（11）格式化“产品销售与成本分析”表。

① 设置表格标题格式。将表格标题进行合并及居中，字体设置为宋体、20 磅、加粗，行高 35。

② 将表格标题字段的字设置为加粗、居中，添加“蓝色 强调文字颜色 1，深色 25%”底纹，并将字体颜色设置为“白色”，并设置行高为 20。

③ 为表格添加内细外粗的边框。

④ 将“加权平均采购价格”、“存货占用资金”、“销售成本”、“销售收入”和“销售毛利”的数据设置“会计专用”格式，且无“货币符号”和“小数位数”。

⑤ 将“销售成本率”数据设置为百分比格式，1 位小数。

格式化后的表格如图 4.70 所示。

（12）复制“产品销售与成本分析”工作表。

① 选中“产品销售与成本分析”工作表。

② 将该工作表复制两份，并分别重命名为“销售毛利分析”和“占用资金少或销售成本低的产品”。

（13）通过分类汇总分析各类产品的销售与成本情况。

① 选中“销售毛利分析”工作表。

② 按“产品类别”对各项数据进行汇总计算。

a. 选中数据区域任一单元格。

b. 选择【数据】→【分级显示】→【分类汇总】选项，打开【分类汇总】对话框。

这里，由于表中的数据正好是按“产品类别”的顺序出现的，因此，在进行分类汇总之前不需要先进行排序；反之，则需要先按“产品类别”进行排序后在进行分类汇总。

c. 在“分类字段”下拉列表中选择“产品类别”，在“汇总方式”中选择“求和”，在“选定汇总选项”中选中除“产品编号”、“产品类别”和“产品型号”外的其他数字字段，如图 4.77 所示。

d. 单击【确定】按钮，生成如图 4.78 所示的分类汇总表。

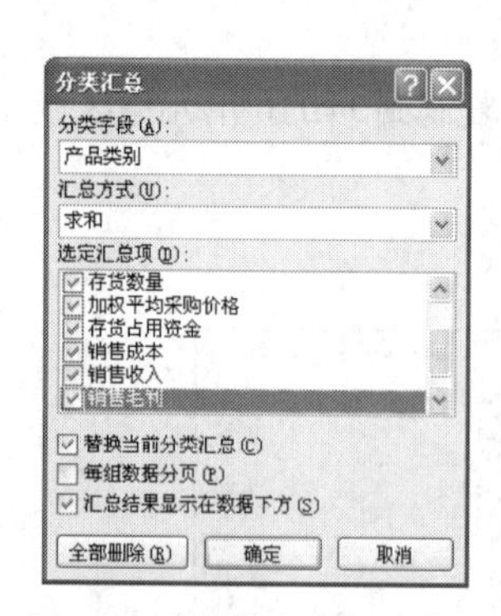

图 4.77 【分类汇总】对话框

销售与成本分析

产品编号	产品类别	产品型号	存货数量	加权平均采购价格	存货占用资金	销售成本	销售收入	销售毛利	销售成本率
J1001	计算机	2743NCC 笔记本	20	3,780	75,600	22,680	24,900	2,220	91.1%
J1002	计算机	MB940CH/A 笔记本	-28	7,300	-204,400	240,900	263,967	23,067	91.3%
J1003	计算机	N310-KA05 笔记本	14	4,660	65,240	51,260	56,980	5,720	90.0%
J1004	计算机	R453-DS0E 笔记本	27	8,350	225,450	41,750	44,940	3,190	92.9%
	计算机 汇总		33	24,090	161,890	356,590	390,787	34,197	365.2%
SC1001	闪存卡	CF-8G	153	135	20,655	8,370	11,656	3,286	71.8%
SC1002	闪存卡	CF-4G	47	565	26,555	46,895	51,377	4,482	91.3%
	闪存卡 汇总		200	700	47,210	55,265	63,033	7,768	163.1%
SJ1001	手机	5800XM	-12	2,355	-28,260	51,810	58,960	7,150	87.9%
SJ1002	手机	7610s	-8	3,580	-28,640	89,500	97,475	7,975	91.8%
SJ1003	手机	N95	62	5,200	322,400	41,600	47,040	5,440	88.4%
SJ1004	手机	SGH-I908E	5	1,380	6,900	9,660	12,320	2,660	78.4%
	手机 汇总		47	12,515	272,400	192,570	215,795	23,225	346.5%
SXJ1001	数码摄像机	SR65E	3	3,920	11,760	31,360	39,120	7,760	80.2%
SXJ1002	数码摄像机	HDR-XR100E	11	2,655	29,205	10,620	14,352	3,732	74.0%
	数码摄像机 汇总		14	6,575	40,965	41,980	53,472	11,492	154.2%
XJ1001	数码相机	IXUS95	-48	1,290	-61,920	87,720	106,080	18,360	82.7%
XJ1002	数码相机	W150	-21	1,460	-30,660	42,340	63,771	21,431	66.4%
	数码相机 汇总		-69	2,750	-92,580	130,060	169,851	39,791	149.1%
	总计		225	46,630	429,885	776,465	892,938	116,473	1178.1%

图 4.78 分类汇总表

③ 单击按钮 2，仅显示汇总数据，如图 4.79 所示。

销售与成本分析

产品编号	产品类别	产品型号	存货数量	加权平均采购价格	存货占用资金	销售成本	销售收入	销售毛利	销售成本率
	计算机 汇总		33	24,090	161,890	356,590	390,787	34,197	365.2%
	闪存卡 汇总		200	700	47,210	55,265	63,033	7,768	163.1%
	手机 汇总		47	12,515	272,400	192,570	215,795	23,225	346.5%
	数码摄像机 汇总		14	6,575	40,965	41,980	53,472	11,492	154.2%
	数码相机 汇总		-69	2,750	-92,580	130,060	169,851	39,791	149.1%
	总计		225	46,630	429,885	776,465	892,938	116,473	1178.1%

图 4.79 显示汇总数据

提示 在分类汇总表中，通过展开和折叠各个级别，可以自由选择查看各汇总数据或者各明细数据。

（14）利用分类汇总结果制作各类产品的销售毛利分析图。

① 选中“销售毛利分析”工作表中的“产品类别”和“销售毛利”列的数据区域（不包括总计行的数据）。

② 将选定的数据区域生成“分离型饼图”，并置于数据区域下方。

③ 适当调整图表格式，生成如图 4.80 所示的饼图。

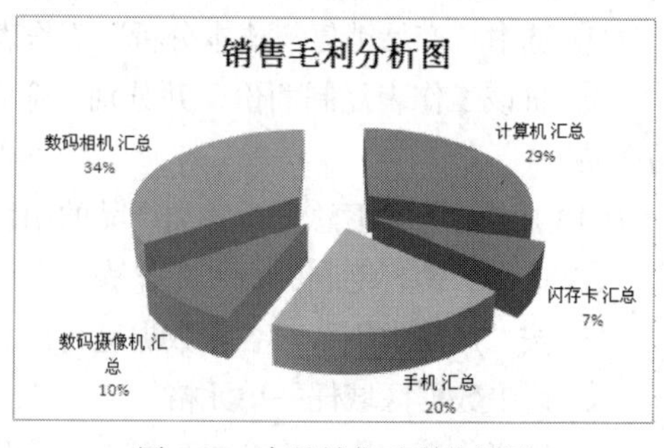

图 4.80 产品销售毛利分析图

（15）筛选出“占用资金少或销售成本低”产品。

使用高级筛选，从数据表中筛选出没有存货占用资金或销售成本率在 80%的产品。

Excel 中提供了强大的筛选功能，其中自动筛选用于条件简单的筛选操作，且符合条件的记录只能显示在原有的数据表格中，不符合条件的记录将自动隐藏。若要筛选单元格中含有指定关键字的记录，被筛选的多个条件间是“或”的关系，需要将筛选的结果在新的位置显示出来（便于两个表的数据比对），筛选不重复记录等，此时自动筛选就显得有些无能为力了，这时就可以使用高级筛选来解决自动筛选无法实现的操作。

使用高级筛选，需要事先建立用于筛选的条件区域，条件区域可建立在数据区域以外的任何位置。

① 选中“占用资金少或销售成本低的产品”工作表。

② 这里，我们首先在 E19:F21 单元格区域中建立如图 4.81 所示的条件区域。

在构建高级筛选的条件时，若两个条件同时满足，即多个条件之间是“与”关系，则将多个条件的列标题写出，并在下方的同行写出各个条件的表达式。如果多个条件之间只需要满足其中之一，即多个条件之间是“或”的关系，则将多个条件的列标题写出，并在下方的不同行中写出各个条件的表达式。这里是“<0”和“<80%”只需要满足其中之一即可。

③ 选中数据区域任一单元格。

④ 选择【数据】→【排序和筛选】→【高级】选项，打开【高级筛选】对话框。

⑤ 按图 4.82 所示设置筛选参数。

存货占用资金	销售成本率
<0	
	<80%

图 4.81　高级筛选条件

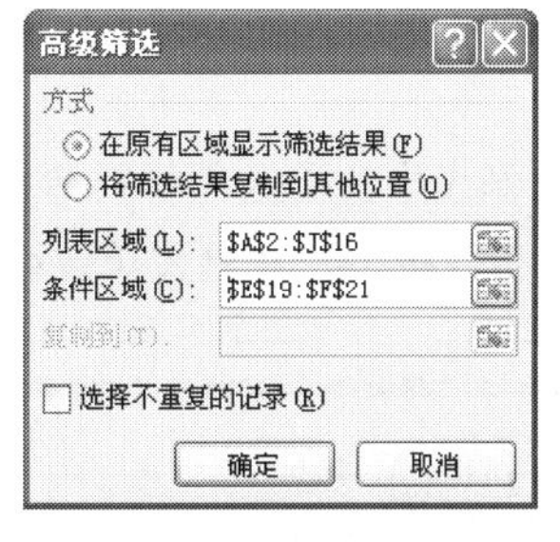

图 4.82　【高级筛选】对话框

⑥ 单击【确定】按钮，生成如图 4.72 所示的筛选结果。

这里在原数据区域显示筛选结果，仍然是留下满足条件的结果，同时隐藏不满足条件的数据行，故也能看到结果的行标是蓝色的。

【拓展案例】

按图 4.83 所示，制作公司 5 月份的材料成本对比表，对比本期单位消耗材料与上期单位消耗材料的变化，以及上年单位成本乘以本期产量与本期单位成本乘以本期产量的变化，以真实地反映总成本水平的变化。

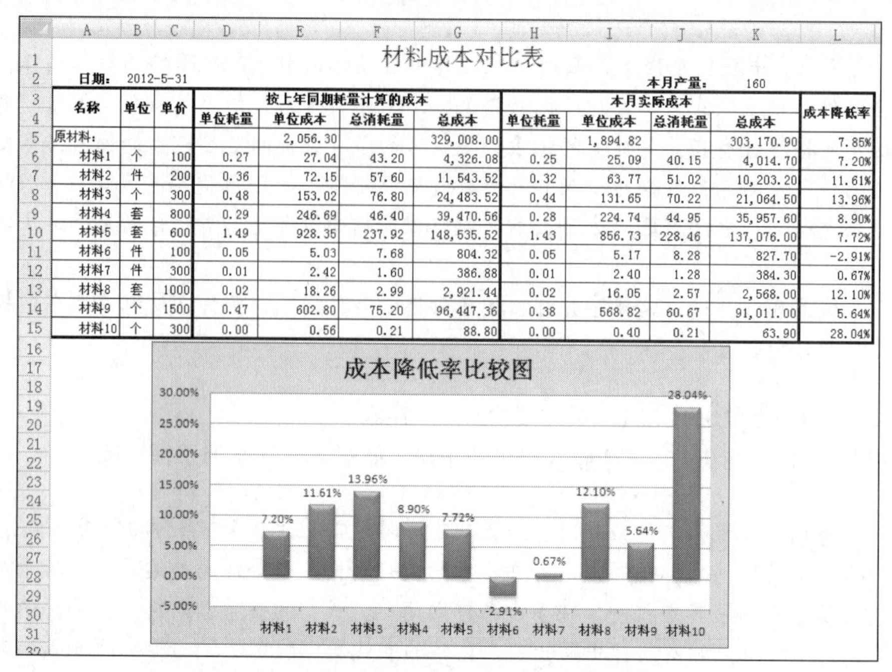

材料成本对比表

日期：2012-5-31　　本月产量：160

名称	单位	单价	按上年同期耗量计算的成本				本月实际成本				成本降低率
			单位耗量	单位成本	总消耗量	总成本	单位耗量	单位成本	总消耗量	总成本	
原材料：				2,056.30		329,008.00		1,894.82		303,170.90	7.85%
材料1	个	100	0.27	27.04	43.20	4,326.08	0.25	25.09	40.15	4,014.70	7.20%
材料2	件	200	0.36	72.15	57.60	11,543.52	0.32	63.77	51.02	10,203.20	11.61%
材料3	个	300	0.48	153.02	76.80	24,483.52	0.44	131.65	70.22	21,064.50	13.96%
材料4	套	800	0.29	246.69	46.40	39,470.56	0.28	224.74	44.95	35,957.60	8.90%
材料5	套	600	1.49	928.35	237.92	148,535.52	1.43	856.73	228.46	137,076.00	7.72%
材料6	件	100	0.05	5.03	7.68	804.32	0.05	5.17	8.28	827.70	-2.91%
材料7	件	300	0.01	2.42	1.60	386.88	0.01	2.40	1.28	384.30	0.67%
材料8	套	1000	0.02	18.26	2.99	2,921.44	0.02	16.05	2.57	2,568.00	12.10%
材料9	个	1500	0.47	602.80	75.20	96,447.36	0.38	568.82	60.67	91,011.00	5.64%
材料10	个	300	0.00	0.56	0.21	88.80	0.00	0.40	0.21	63.90	28.04%

图 4.83　公司 5 月份的材料成本对比表

【拓展训练】

设计一份公司材料采购分析表格。

操作步骤如下。

① 启动 Excel 2007 应用程序，将工作簿以“材料采购分析表”为名保存在“E:\公司文档\物流部”文件夹中。

② 将 Sheet1 工作表中命名为“材料清单”。

③ 设计材料采购分析表，并格式化表格，填充数据，如图 4.84 所示。

材料采购分析表

请购日期	请购单编号	材料名称	采购数量	供应商编号	单价	金额	定购日期	验收日期	品质描述
2012-6-2	2012060201	主板	20	0001	￥420.00		2012-6-2	2012-6-3	优
2012-6-3	2012060301	内存	18	0002	￥280.00		2012-6-3	2012-6-4	优
2012-6-3	2012060302	内存	12	0002	￥280.00		2012-6-3	2012-6-7	优
2012-6-9	2012060901	光驱	3	0001	￥420.00		2012-6-9	2012-6-10	优
2012-6-15	2012061501	光驱	2	0001	￥420.00		2012-6-15	2012-6-16	优
2012-6-16	2012061601	内置风扇	14	0003	￥30.00		2012-6-16	2012-6-17	优
2012-6-20	2012062001	内置风扇	15	0003	￥30.00		2012-6-20	2012-6-21	优
2012-6-22	2012062201	主板	8	0001	￥420.00		2012-6-22	2012-6-23	优
2012-6-28	2012062801	主板	4	0001	￥420.00		2012-6-28	2012-6-29	优

图 4.84　材料采购数据分析表

④ 计算材料“金额”数据。选中单元格 H4，并输入公式“＝E4*G4”，按【Enter】键确认输入，得出 2012 年 6 月 2 日购买主板的金额，然后使用填充柄将此单元格的公式复制至 H5：H12 中，如图 4.85 所示。

⑤ 将“材料清单”复制 2 份，并分别重命名为“材料汇总统计表”、“材料采购分析柱状图”。

⑥ 按材料名称对表中的数据进行排序。选中“材料汇总统计表”，将光标置于数据区域任意单元格中，选择【数据】→【排序和筛选】→【排序】选项，打开“排序”对话框，以材料名称

作为主要关键字进行升序排列，如图 4.86 所示。单击【确定】按钮，返回工作表，此时表中的数据按照“材料名称”进行升序排列，如图 4.87 所示。

材料采购分析表

请购日期	请购单编号	材料名称	采购数量	供应商编号	单价	金额	定购日期	验收日期	品质描述
2012-6-2	2012060201	主板	20	0001	￥420.00	￥8,400.00	2012-6-2	2012-6-3	优
2012-6-3	2012060301	内存	18	0002	￥280.00	￥5,040.00	2012-6-3	2012-6-4	优
2012-6-3	2012060302	内存	12	0002	￥280.00	￥3,360.00	2012-6-3	2012-6-7	优
2012-6-9	2012060901	光驱	3	0001	￥420.00	￥1,260.00	2012-6-9	2012-6-10	优
2012-6-15	2012061501	光驱	2	0001	￥420.00	￥840.00	2012-6-15	2012-6-16	优
2012-6-16	2012061601	内置风扇	14	0003	￥30.00	￥420.00	2012-6-16	2012-6-17	优
2012-6-20	2012062001	内置风扇	15	0003	￥30.00	￥450.00	2012-6-20	2012-6-21	优
2012-6-22	2012062201	主板	8	0001	￥420.00	￥3,360.00	2012-6-22	2012-6-23	优
2012-6-28	2012062801	主板	4	0001	￥420.00	￥1,680.00	2012-6-28	2012-6-29	优

图 4.85　计算材料“金额”数据

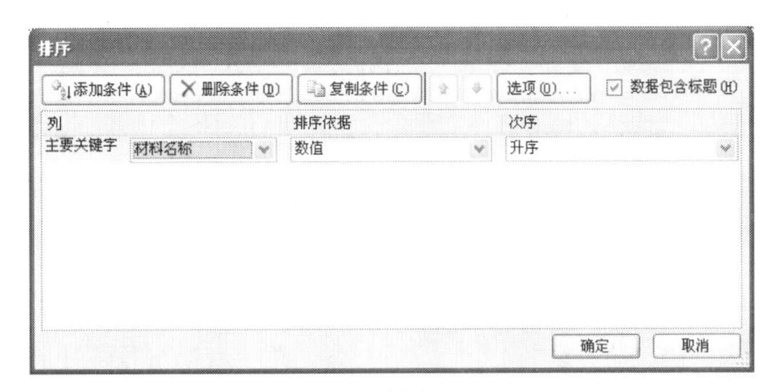

图 4.86　“排序”设置

材料采购分析表

请购日期	请购单编号	材料名称	采购数量	供应商编号	单价	金额	定购日期	验收日期	品质描述
2012-6-9	2012060901	光驱	3	0001	￥420.00	￥1,260.00	2012-6-9	2012-6-10	优
2012-6-15	2012061501	光驱	2	0001	￥420.00	￥840.00	2012-6-15	2012-6-16	优
2012-6-3	2012060301	内存	18	0002	￥280.00	￥5,040.00	2012-6-3	2012-6-4	优
2012-6-3	2012060302	内存	12	0002	￥280.00	￥3,360.00	2012-6-3	2012-6-7	优
2012-6-16	2012061601	内置风扇	14	0003	￥30.00	￥420.00	2012-6-16	2012-6-17	优
2012-6-20	2012062001	内置风扇	15	0003	￥30.00	￥450.00	2012-6-20	2012-6-21	优
2012-6-2	2012060201	主板	20	0001	￥420.00	￥8,400.00	2012-6-2	2012-6-3	优
2012-6-22	2012062201	主板	8	0001	￥420.00	￥3,360.00	2012-6-22	2012-6-23	优
2012-6-28	2012062801	主板	4	0001	￥420.00	￥1,680.00	2012-6-28	2012-6-29	优

图 4.87　按“材料名称”升序排列后的效果图

⑦ 汇总统计各种材料的总金额。

a. 选中数据区域任一单元格。

b. 选择【数据】→【分级显示】→【分类汇总】选项，打开【分类汇总】对话框。

c. 在“分类字段”下拉列表中选择“材料名称”，在“汇总方式”中选择“求和”，在“选定汇总选项”中选中“金额”字段，如图 4.88 所示。

d. 单击【确定】按钮，生成如图 4.89 所示的分类汇总表。

e. 单击工作表左上方的按钮 2，则显示 2 级分类，如图 4.90 所示。

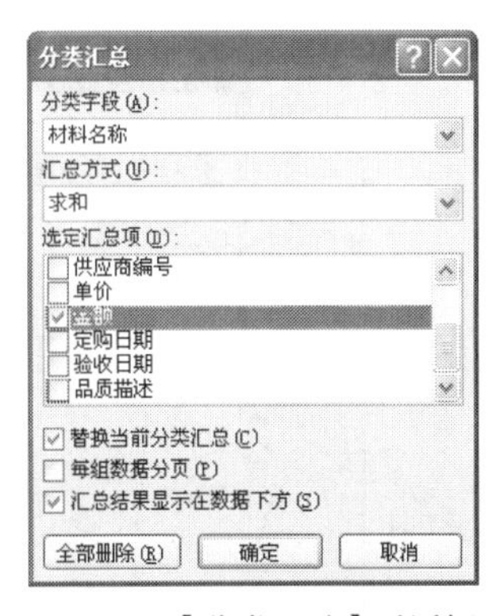

图 4.88　【分类汇总】对话框

材料采购分析表

请购日期	请购单编号	材料名称	采购数量	供应商编号	单价	金额	定购日期	验收日期	品质描述
2012-6-9	2012060901	光驱	3	0001	￥420.00	￥1,260.00	2012-6-9	2012-6-10	优
2012-6-15	2012061501	光驱	2	0001	￥420.00	￥840.00	2012-6-15	2012-6-16	优
		光驱 汇总				￥2,100.00			
2012-6-3	2012060301	内存	18	0002	￥280.00	￥5,040.00	2012-6-3	2012-6-4	优
2012-6-3	2012060302	内存	12	0002	￥280.00	￥3,360.00	2012-6-3	2012-6-7	优
		内存 汇总				￥8,400.00			
2012-6-16	2012061601	内置风扇	14	0003	￥30.00	￥420.00	2012-6-16	2012-6-17	优
2012-6-20	2012062001	内置风扇	15	0003	￥30.00	￥450.00	2012-6-20	2012-6-21	优
		内置风扇 汇总				￥870.00			
2012-6-2	2012060201	主板	20	0001	￥420.00	￥8,400.00	2012-6-2	2012-6-3	优
2012-6-22	2012062201	主板	8	0001	￥420.00	￥3,360.00	2012-6-22	2012-6-23	优
2012-6-28	2012062801	主板	4	0001	￥420.00	￥1,680.00	2012-6-28	2012-6-29	优
		主板 汇总				￥13,440.00			
		总计				￥24,810.00			

图 4.89 按“材料名称”进行分类汇总后的效果图

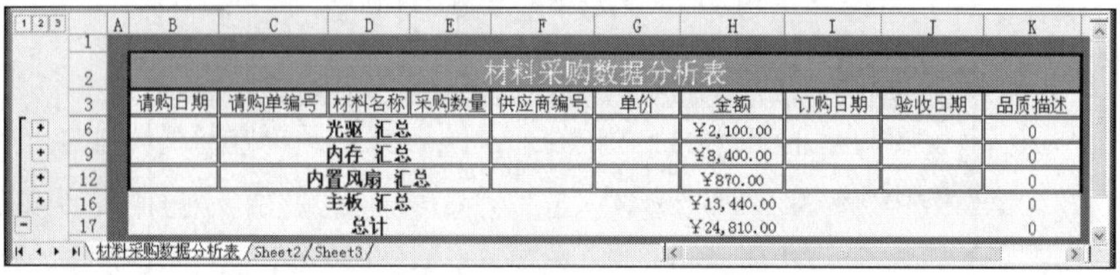

材料采购数据分析表

请购日期	请购单编号	材料名称	采购数量	供应商编号	单价	金额	订购日期	验收日期	品质描述
		光驱 汇总				￥2,100.00			0
		内存 汇总				￥8,400.00			0
		内置风扇 汇总				￥870.00			0
		主板 汇总				￥13,440.00			0
		总计				￥24,810.00			0

材料采购数据分析表 / Sheet2 / Sheet3

图 4.90 显示 2 级分类汇总数据

⑧ 创建“材料采购分析柱形图”。

a. 在“材料汇总统计表”工作表中，在按住【Ctrl】键的同时选中 D3、D6、D9、D12、D16、H3、H6、H9、H12、H16 单元格。

b. 选择【插入】→【图表】选项，打开如图 4.91 所示的“插入图表”对话框。

c. 先在“插入图表”对话框左侧的列表中选择“柱形图”图表类型，然后从右侧的柱形图子类型中选择“三维簇状柱形图”。

d. 单击【确定】按钮，生成如图 4.92 所示的三维簇状柱形图。

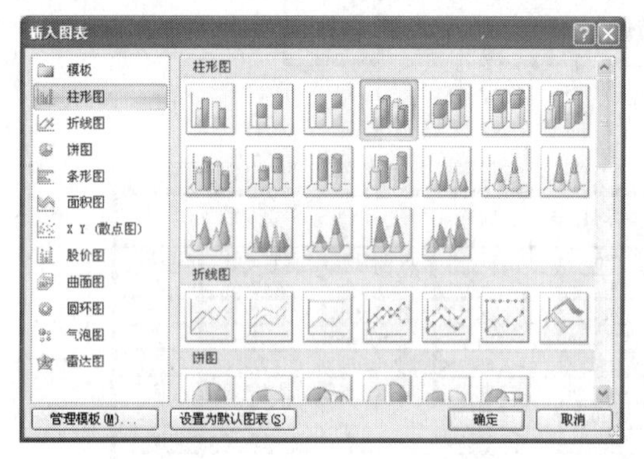

图 4.91 “插入图表”对话框

e. 修改图表标题。单击图表标题区，将图表标题修改为“材料金额汇总图”。

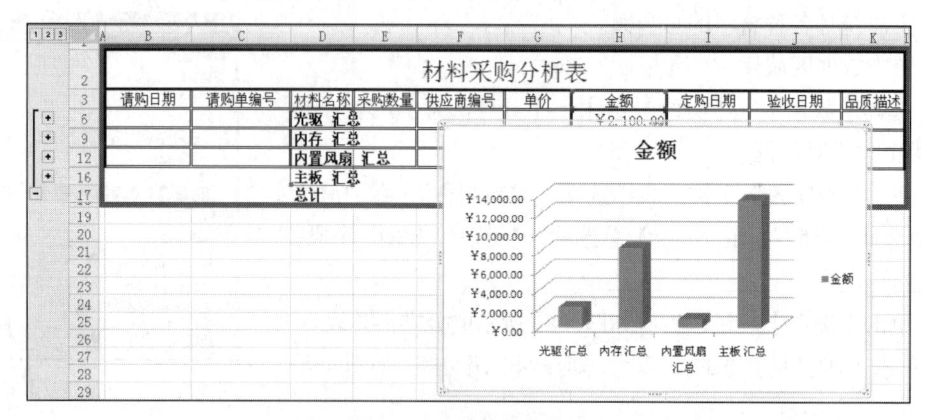

图 4.92 三维簇状柱形图

f. 添加坐标轴标题。选中图表，选择【图表工具】→【布局】→【标签】→【坐标轴标题】选项，从下拉菜单中选择【主要横坐标标题】→【坐标轴下方标题】选项，添加横坐标的“坐标轴标题”标签，输入“材料名称”。同样，从下拉菜单中选择【主要纵坐标标题】→【横排标题】选项，添加纵坐标的“坐标轴标题”标签，输入“金额”，如图 4.93 所示。

g. 添加数据标志。选中图表，选择【图表工具】→【布局】→【标签】→【数据标签】选项，从下拉菜单中选择【显示】选项，在图表中显示数据值，如图 4.94 所示。

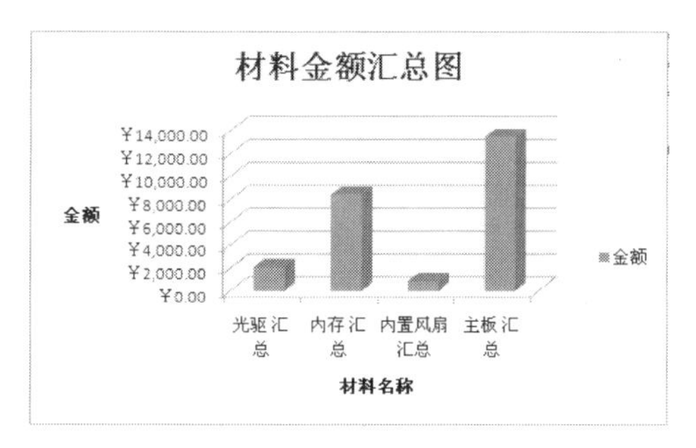

图 4.93　添加坐标轴标题

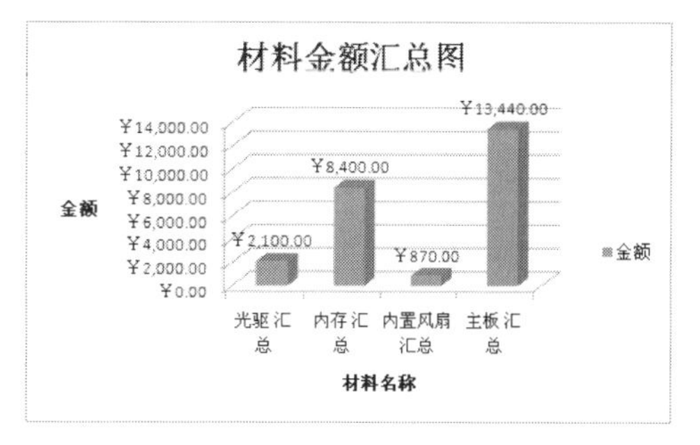

图 4.94　在图表中添加数据标签

h. 改变图表位置。选中图表，选择【图表工具】→【设计】→【位置】→【移动图表】选项，打开“移动图表”对话框。选择图表位置为“新工作表”，并输入新工作表标签“材料采购分析柱形图”，如图 4.95 所示。单击【确定】按钮，生成如图 4.96 所示的图表工作表。

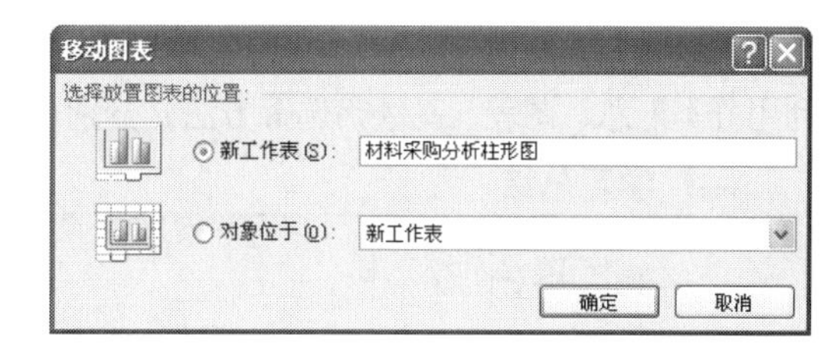

图 4.95　“移动图表”对话框

i. 修改图表背景格式。选中图表，选择【图表工具】→【格式】→【形状样式】→【形状填充】选项，从下拉菜单中选择【纹理】列表中的“白色大理石”选项，对图表背景进行设置，如图 4.97 所示。

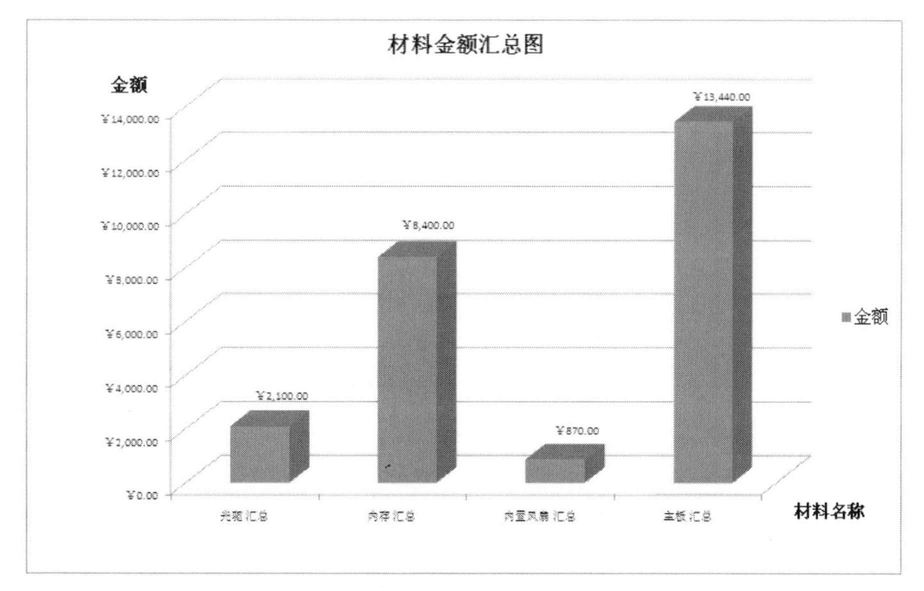

图 4.96　“材料采购分析柱形图”图表工作表

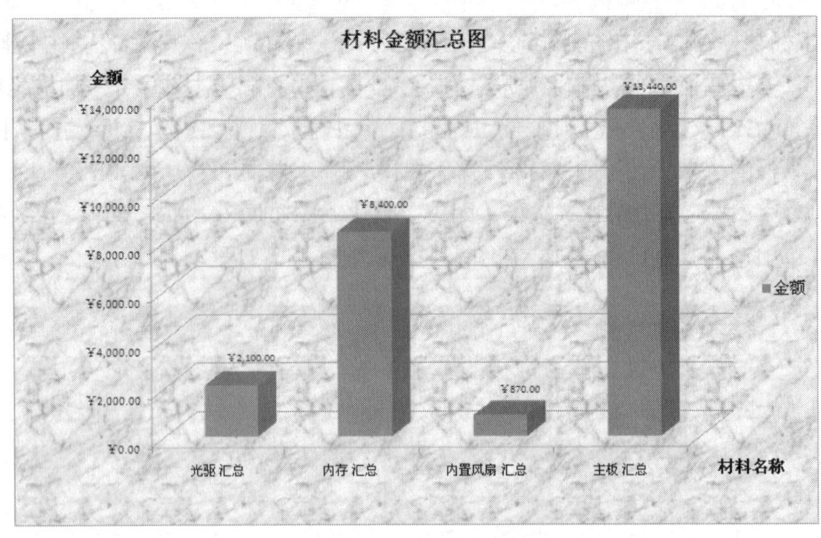

图 4.97　背景填充效果

【案例小结】

本案例通过制作“产品销售与成本分析”，主要介绍了工作簿的创建、工作簿之间工作表的复制、工作表重命名，使用 VLOOKUP 函数导入数据，工作表间数据的引用以及公式的使用。在此基础上，利用分类汇总、图表、高级筛选等方法，分别从不同的侧重点对产品的销售与成本进行统计和分析。

学习总结

本案例所用软件	
案例中包含的知识和技能	
你已熟知或掌握的知识和技能	
你认为还有哪些知识或技能需要强化	
案例中可使用的 Office 技巧	
学习本案例之后的体会	

第5篇 财务篇

大小公司，都会涉及财务相关数据的处理，在处理财务数据的过程中，可以使用专用的财务软件来实现日常工作和管理，不过也可以借助 Office 软件来完成相应的工作。本篇将财务部门工作中经常使用的文档表格及数据处理提炼出来，运用合适的方法解决这些问题。

📖 学习目标

1. 学会 Excel 中导入/导出外部数据的方法。
2. 学会利用公式自动计算数据。
3. 掌握 Excel 中函数的用法，如 SUM、IF 函数等。
4. 以 IF 函数为例，理解函数嵌套的意义和用法。
5. 学会 Excel 表格打印之前的页面设置。
6. 会利用公式完成财务报表相关项目的计算。
7. 会利用向导完成不同类型企业的一组财务报表的制作。
8. 理解财务函数的应用，如 PMT。
9. 理解并学会单变量和双变量模拟运算表的构造。
10. 通过 Word 长文档排版，熟悉长文档版面设置、页眉和页脚、分节符、题注以及用样式等的使用。

5.1 案例 18 制作员工工资表

【案例分析】

员工工资管理是每个企业财务部门必然的工作，财务人员要清晰明了地计算出各个项目，并且完成一定的统计汇总工作。

在人力资源部的案例中，我们已经学习了在 Excel 中手工输入数据的方法。这里直接使用已经创建好的“员工人事档案”、“工资管理表”中的数据，以导入外部数据的方式来实现数据内容的填入。

在本案例中，需要利用已有工资项来计算其他工资项，最终核算出每个员工的“实发工资”，并设置好打印前的版面。

本案例所制作的工作表效果如图 5.1 所示。

公司员工工资管理表													
序号	姓名	部门	基本工资	薪级工资	津贴	应发工资	每月固定扣款合计	非公假扣款	全月应纳税所得额	全月应纳税所得额1	个人所得税	应扣工资	实发工资
1	赵力	人力资源部	3300	1300	990	5590	886	0	1204	1204	36.12	922.12	4667.88
2	桑南	人力资源部	1600	950	480	3030	528.99	0	-998.99	0	0	528.99	2501.01
3	陈可可	人力资源部	3500	1320	1050	5870	916.02	0	1453.98	1453.98	43.619	959.6394	4910.361
4	刘光利	人力资源部	1900	1100	570	3570	596.44	0	-526.44	0	0	596.44	2973.56
5	钱新	财务部	2800	1350	840	4990	799.74	0	690.26	690.26	20.708	820.4478	4169.552
6	曾思杰	财务部	2600	1250	780	4630	749.01	10	380.99	380.99	11.43	770.4397	3859.56
7	李莫蓍	财务部	1400	950	420	2770	482.06	0	-1212.06	0	0	482.06	2287.94
8	周树家	行政部	1680	1200	504	3384	570.22	0	-686.22	0	0	570.22	2813.78
9	林帝	行政部	2100	1280	630	4010	657.43	0	-147.43	0	0	657.43	3352.57
10	柯娜	行政部	2000	1150	600	3750	622.28	0	-372.28	0	0	622.28	3127.72
11	司马勤	行政部	1600	920	480	3000	533.74	0	-1033.74	0	0	533.74	2466.26
12	令狐克	行政部	1350	920	405	2675	475.6	0	-1300.6	0	0	475.6	2199.4
13	慕容上	物流部	1400	900	420	2720	490.8	0	-1270.8	0	0	490.8	2229.2
14	柏国力	物流部	2100	1280	630	4010	656.86	0	-146.86	0	0	656.86	3353.14
15	全泉	物流部	1680	1100	504	3284	555.59	0	-771.59	0	0	555.59	2728.41
16	文路南	物流部	2800	1300	840	4940	789.67	20	650.33	650.33	19.51	829.1799	4110.82
17	尔阿	物流部	1600	1100	480	3180	539.25	0	-859.25	0	0	539.25	2640.75
18	英冬	物流部	1500	950	450	2900	517.21	0	-1117.21	0	0	517.21	2382.79
19	皮维	物流部	1680	1150	504	3334	563.76	0	-729.76	0	0	563.76	2770.24
20	段齐	物流部	2100	1280	630	4010	659.9	0	-149.9	0	0	659.9	3350.1
21	费乐	物流部	1680	1100	504	3284	554.83	0	-770.83	0	0	554.83	2729.17
22	高玲珑	物流部	1600	950	480	3030	524.05	0	-994.05	0	0	524.05	2505.95
23	黄信念	物流部	1350	890	405	2645	482.44	0	-1337.44	0	0	482.44	2162.56
24	江庹来	物流部	3000	1300	900	5200	828.43	0	871.57	871.57	26.147	854.5771	4345.423
25	王睿钦	市场部	3150	1320	945	5415	854.27	0	1060.73	1060.73	31.822	886.0919	4528.908
26	张梦	市场部	1600	1100	480	3180	539.82	0	-859.82	0	0	539.82	2640.18
27	夏蓝	市场部	1300	950	390	2640	460.02	0	-1320.02	0	0	460.02	2179.98
28	白俊伟	市场部	2200	1280	660	4140	681.56	0	-41.56	0	0	681.56	3458.44
29	牛婷婷	市场部	3200	1320	960	5480	862.44	50	1117.56	1117.56	33.527	945.9668	4534.033
30	米思亮	市场部	4800	1450	1440	7690	1172.52	0	3017.48	3017.48	196.75	1369.268	6320.732

图 5.1 计算完各工资项后的“公司员工工资管理表”效果图

计算各项工资时，需要使用到的相关公式如下。

① 计算应发工资：应发工资 = 基本工资 + 薪级工资 + 津贴。

② 计算应税工资：初算应税工资 = 应发工资-（养老保险 + 医疗保险 + 失业保险 + 公积金）-3 500。目前，3 500 元为我国税法规定的个人所得税起征点。

③ 计算实际应税工资时，应税工资不应有小于 0 反而返税的情况，故分两种情况调整（即此处应考虑用 IF 函数来实现）：若初算应税工资大于 0 元，则实际应税工资为初算应税工资的具体数额；若初算应税工资小于等于 0 元，则实际应税工资为 0 元。

④ 计算个人所得税，根据会计核算方法中计算所得税的速算方法，按图 5.2 所示的速算公式计算。

级数	全月应纳税所得额	税率(%)	速算扣除数
1	不超过 1,500 元	3	0
2	超过 1,500 元至 4,500 元的部分	10	105
3	超过 4,500 元至 9,000 元的部分	20	555
4	超过 9,000 元至 35,000 元的部分	25	1,005
5	超过 35,000 元至 55,000 元的部分	30	2,755
6	超过 55,000 元至 80,000 元的部分	35	5,505
7	超过 80,000 元的部分	45	13,505

图 5.2 个人所得税计算公式

即：

实际应税工资在 1 500 元以内（含 1 500），个人所得税税额 = 实际应税工资 × 3%。

实际应税工资在 1 500～4 500 元（含 4 500），个人所得税税额 = 实际应税工资 × 10% −速算扣除数 105。

实际应税工资在 4 500～9 000 元以内（含 9 000），个人所得税税额 = 实际应税工资 × 20%-速算扣除数 555。

实际应税工资在 9 000～35 000 元以内（含 35 000），个人所得税税额 = 实际应税工资 × 25%-速算扣除数 1 005。

实际应税工资在 35 000～55 000 元以内（含 55 000），个人所得税税额 = 实际应税工资 × 30%−速算扣除数 2 755。

实际应税工资在 55 000～80 000 元以内（含 80 000），个人所得税税额 = 实际应税工资 × 35%−速算扣除数 5 505。

实际应税工资超过 80 000 元，个人所得税税额 = 实际应税工资 × 45%−速算扣除数 13 505。

⑤ 应扣工资 = 养老保险+医疗保险+失业保险+公积金+个人所得税。

⑥ 实发工资 = 应发工资−应扣工资。

【解决方案】

（1）新建 Excel 2007 工作簿，以“实际汇总工资表”为名保存在“E:\公司文档\财务部”文件夹中。

（2）导入外部数据。

① 选择 Sheet1 工作表。

② 选择【数据】→【获取外部数据】→【自文本】选项，打开“导入文本文件”对话框，在“查找范围”中找到位于“E:\公司文档\人力资源部”文件夹中的“员工工资”文件，如图 5.3 所示。

图 5.3 “导入文本文件”对话框

③ 单击【导入】按钮，弹出如图 5.4 所示的“文件导入向导”对话框中，第 1 步，在“原始数据类型”处选择“分隔符号”作为最合适的文件类型；在“导入起始行”文本框中保持默认值“1”不变；在“文件原始格式”中选择“936：简体中文（GB2312），如图 5.5 所示。

因为一般文本文件中的列是用 Tab 键、逗号或空格键来分隔的，人力资源部在导出备用的“员工工资”时，也是以“CSV（逗号分隔）”类型保存，所以在这里选择“分隔符号”。

④ 单击【下一步】按钮，设置分列数据所包含的分隔符为“逗号”，如图 5.6 所示。

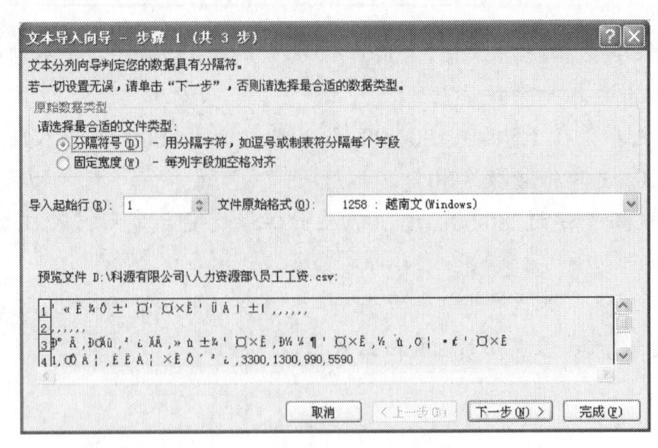

图 5.4　文本导入向导步骤 1

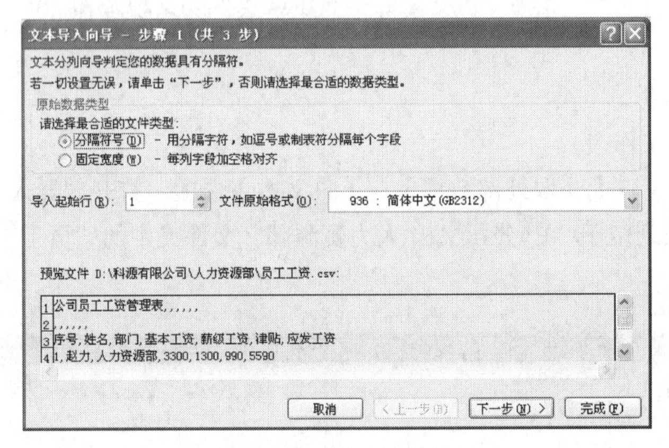

图 5.5　确定原始数据类型

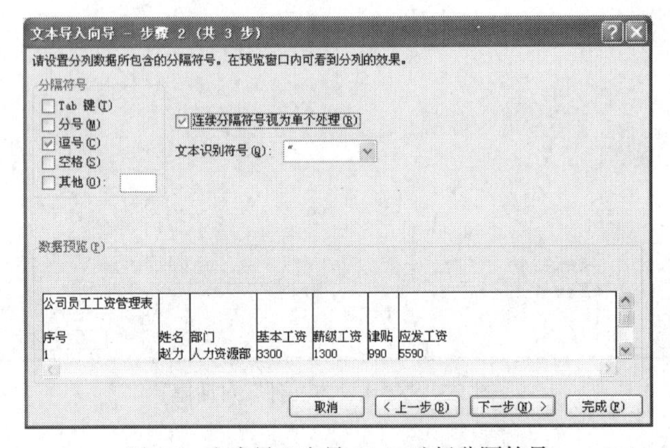

图 5.6　文本导入向导 2——选择分隔符号

因为文本中的数据长短不一，造成了数据间的分隔符号也有多有少，所以要选择“连续分隔符号视为单个处理”；否则，表格中就会出现许多的空单元格。

⑤ 单击【下一步】按钮，可以对每一列单元格的数据格式进行定义。

第 1 列，我们将它视为一般数据，因此在“列数据格式”中选择“常规”，如图 5.7 所示。其他列也可以根据需要来设置列数据的格式。

⑥ 单击【完成】按钮，完成了从文本数据到表格的转换，然后弹出如图 5.8 所示“导入数据”对话框，选择导入数据放置的位置，这里选择现有工作表的 A1 单元格开始自动排列。

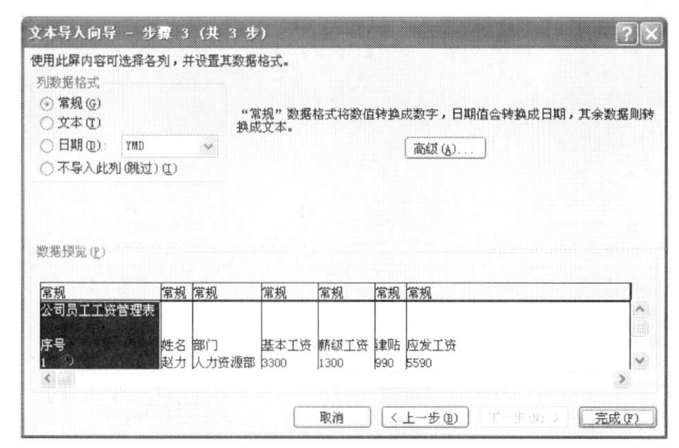

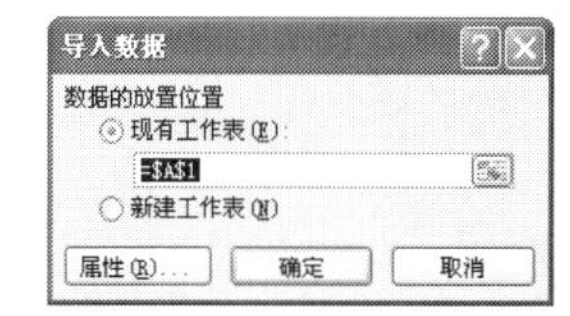

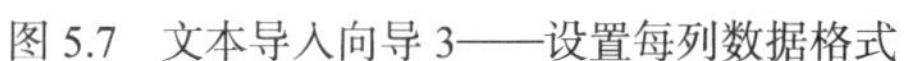

图 5.7　文本导入向导 3——设置每列数据格式　　　　图 5.8　“导入数据”对话框

数据处理的结果要在某工作表中放置，我们可以只选择开始的单元格，Excel 会自动根据来源数据区域的形状排列结果，无需把结果区域全部选中，因为可能操作者也不知道结果会放置于哪些具体的单元格中。

⑦ 设置导入数据的属性。

单击“导入数据”对话框中的【属性】按钮，弹出“外部数据区域属性”对话框，这里我们选中“刷新控件”栏中的“打开文件时刷新数据”，如图 5.9 所示。这样就完成了从文本文件到 Excel 文件的转换，单击【确定】按钮，返回到工作表。

⑧ 调整好导入数据区域的行高、列宽后，这个导入的数据表就可以进一步使用了，如图 5.10 所示。

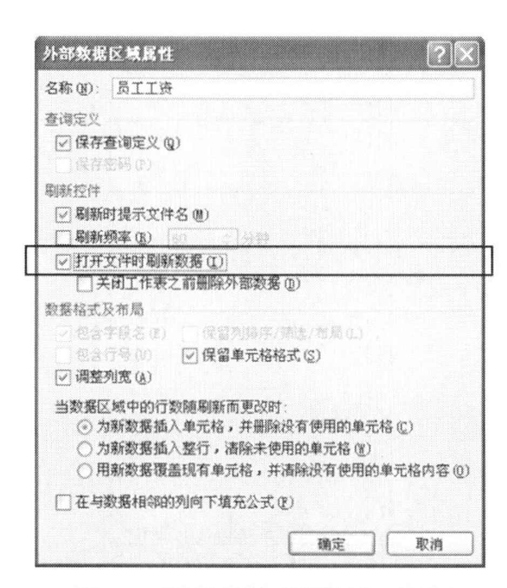

图 5.9　“外部数据区域属性”对话框

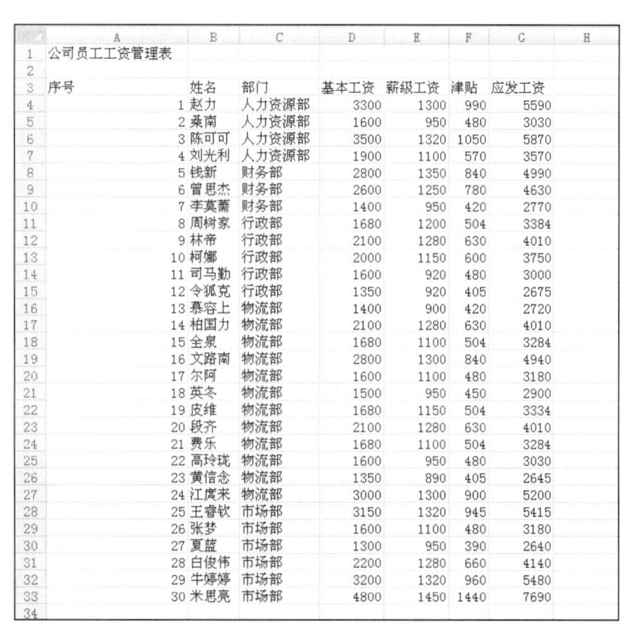

	A	B	C	D	E	F	G	H
1	公司员工工资管理表							
2								
3	序号	姓名	部门	基本工资	薪级工资	津贴	应发工资	
4	1	赵力	人力资源部	3300	1300	990	5590	
5	2	桑南	人力资源部	1600	950	480	3030	
6	3	陈可可	人力资源部	3500	1320	1050	5870	
7	4	刘光利	人力资源部	1900	1100	570	3570	
8	5	钱新	财务部	2800	1350	840	4990	
9	6	曾思杰	财务部	2600	1250	780	4630	
10	7	李莫薷	财务部	1400	950	420	2770	
11	8	周树家	行政部	1680	1200	504	3384	
12	9	林帝	行政部	2100	1280	630	4010	
13	10	柯娜	行政部	2000	1150	600	3750	
14	11	司马勤	行政部	1600	920	480	3000	
15	12	令狐克	行政部	1350	920	405	2675	
16	13	慕容上	物流部	1400	900	420	2720	
17	14	柏国力	物流部	2100	1280	630	4010	
18	15	全泉	物流部	1680	1100	504	3284	
19	16	文路南	物流部	2800	1300	840	4940	
20	17	尔阿	物流部	1600	1100	480	3180	
21	18	英冬	物流部	1500	950	450	2900	
22	19	皮维	物流部	1680	1150	504	3334	
23	20	段齐	物流部	2100	1280	630	4010	
24	21	费乐	物流部	1680	1100	504	3284	
25	22	高玲珑	物流部	1600	950	480	3030	
26	23	黄信念	物流部	1350	890	405	2645	
27	24	江庹来	物流部	3000	1300	900	5200	
28	25	王睿钦	市场部	3150	1320	945	5415	
29	26	张梦	市场部	1600	1100	480	3180	
30	27	夏蓝	市场部	1300	950	390	2640	
31	28	白俊伟	市场部	2200	1280	660	4140	
32	29	牛婷婷	市场部	3200	1320	960	5480	
33	30	米思亮	市场部	4800	1450	1440	7690	
34								

图 5.10　导入数据后生成的工作表

⑨ 将 Sheet1 工作表重命名为“1 月工资”，并保存文件。

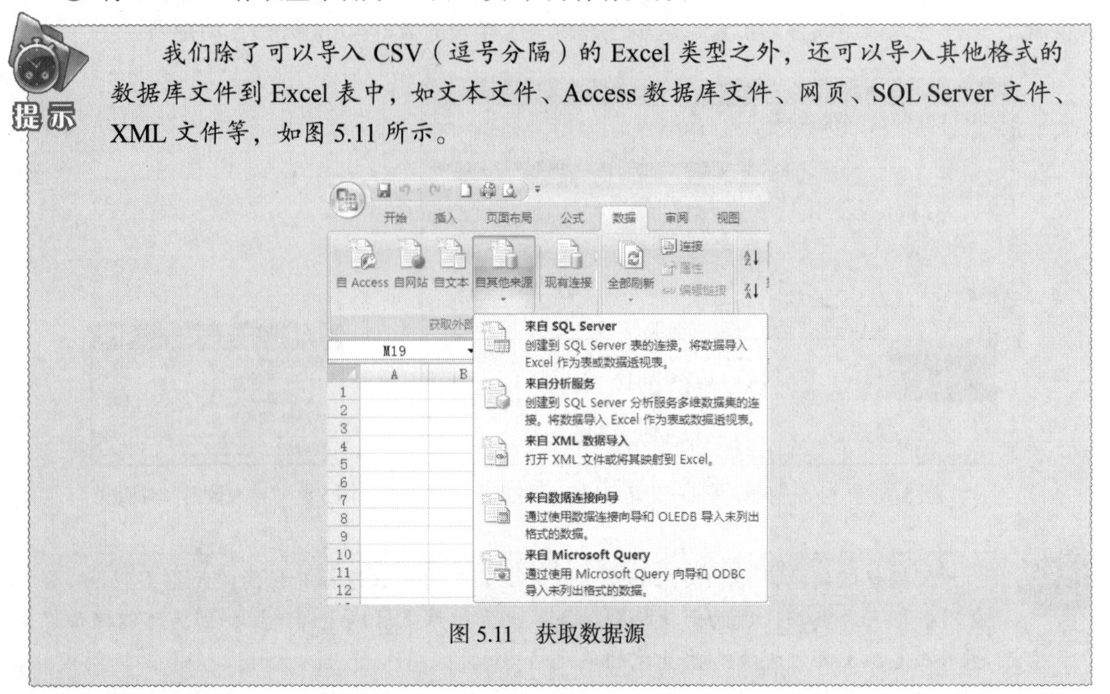

我们除了可以导入 CSV（逗号分隔）的 Excel 类型之外，还可以导入其他格式的数据库文件到 Excel 表中，如文本文件、Access 数据库文件、网页、SQL Server 文件、XML 文件等，如图 5.11 所示。

图 5.11　获取数据源

（3）引用其他工作表的数据。

① 打开被引用的文件“其他项目工资表.xlsx”，其中包含两张工作表“每月固定扣款”和“1 月请假扣款”，如图 5.12 和图 5.13 所示。

	A	B	C	D	E	F	G	H
1	序号	上年平均月工资	养老保险	失业保险	医疗保险	住房公积金	福利基金	每月固定扣款合计
2	1	4400	352	44	88	352	50	886
3	2	2521	201.68	25.21	50.42	201.68	50	528.99
4	3	4558	364.64	45.58	91.16	364.64	50	916.02
5	4	2876	230.08	28.76	57.52	230.08	50	596.44
6	5	3946	315.68	39.46	78.92	315.68	50	799.74
7	6	3679	294.32	36.79	73.58	294.32	50	749.01
8	7	2274	181.92	22.74	45.48	181.92	50	482.06
9	8	2738	219.04	27.38	54.76	219.04	50	570.22
10	9	3197	255.76	31.97	63.94	255.76	50	657.43
11	10	3012	240.96	30.12	60.24	240.96	50	622.28
12	11	2546	203.68	25.46	50.92	203.68	50	533.74
13	12	2240	179.2	22.4	44.8	179.2	50	475.6
14	13	2320	185.6	23.2	46.4	185.6	50	490.8
15	14	3194	255.52	31.94	63.88	255.52	50	656.86
16	15	2661	212.88	26.61	53.22	212.88	50	555.59
17	16	3893	311.44	38.93	77.86	311.44	50	789.67
18	17	2575	206	25.75	51.5	206	50	539.25
19	18	2459	196.72	24.59	49.18	196.72	50	517.21
20	19	2704	216.32	27.04	54.08	216.32	50	563.76
21	20	3210	256.8	32.1	64.2	256.8	50	659.9
22	21	2657	212.56	26.57	53.14	212.56	50	554.83
23	22	2495	199.6	24.95	49.9	199.6	50	524.05
24	23	2276	182.08	22.76	45.52	182.08	50	482.44
25	24	4097	327.76	40.97	81.94	327.76	50	828.43
26	25	4233	338.64	42.33	84.66	338.64	50	854.27
27	26	2578	206.24	25.78	51.56	206.24	50	539.82
28	27	2158	172.64	21.58	43.16	172.64	50	460.02
29	28	3324	265.92	33.24	66.48	265.92	50	681.56
30	29	4276	342.08	42.76	85.52	342.08	50	862.44
31	30	5908	472.64	59.08	118.16	472.64	50	1172.52
32								

每月固定扣款　1月请假扣款

图 5.12　“每月固定扣款”工作表

	A	B	C	D
1	序号	非公假		
2	1	0		
3	2	0		
4	3	0		
5	4	0		
6	5	0		
7	6	10		
8	7	0		
9	8	0		
10	9	0		
11	10	0		
12	11	0		
13	12	0		
14	13	0		
15	14	0		
16	15	0		
17	16	20		
18	17	0		
19	18	0		
20	19	0		
21	20	0		
22	21	0		
23	22	0		
24	23	0		
25	24	0		
26	25	0		
27	26	0		
28	27	0		
29	28	0		
30	29	50		
31	30	0		
32				
33				

每月固定扣款　1月请假扣款

图 5.13　“1 月请假扣款”工作表

提示

从“每月固定扣款”工作表中可以看出，单位执行的五险一金的提取情况是：养老保险8%、失业保险1%、医疗保险2%、住房公积金8%，均以上年月平均工作作为基数计提，“每月固定扣款合计”是这几项加上“福利基金”的合计数，如序号为1的职工，其养老保险单元格C2的数值是公式“= B2*8%”的结果，每月固定扣款合计单元格H2的数值是公式“= SUM(C2:G2)”的结果。

小知识

按国家相关法律法规规定，在企业针对职工工资的税前扣除项目中，包含“五险一金”，其中“五险”是养老保险、失业保险、医疗保险、工伤保险、生育保险，“一金”是指住房公积金。例如科源公司执行如图5.14所示的计提标准。

项目	单位	个人
养老保险	20%	8%
失业保险	2%	1%
医疗保险	12%	2%
工伤保险	1%	0
生育保险	1%	0
住房公积金	8%	8%

图5.14 科源有限公司计提五险一金实际执行提取率

“五险一金”，单位必须按规定比例向社会保险机构和住房公积金管理机构缴纳，计算时的基数一般是职工个人上年度月平均工资。

个人只需按规定比例缴纳其中的：养老保险、失业保险、医疗保险和住房公积金（一般俗称的“三险一金”），个人应缴纳的费用由单位每月在发放个人工资前代扣代缴。

② 返回“实际汇总工资表.xlsx”文件，在“应发工资”列后面增加几个工资项：每月固定扣款合计、非公假扣款、全月应纳税所得额、个人所得税、应扣工资、实发工资。

③ 选中第3行，选择【开始】→【单元格】→【格式】选项，从单元格格式下拉菜单中选择【设置单元格格式】选项，打开“单元格格式”对话框，切换到“对齐”选项卡，如图5.15所示，在其中选中文本控制的“自动换行”命令，单击【确定】按钮后返回到工作表，将各列宽度调整到合适后，表格如图5.16所示。

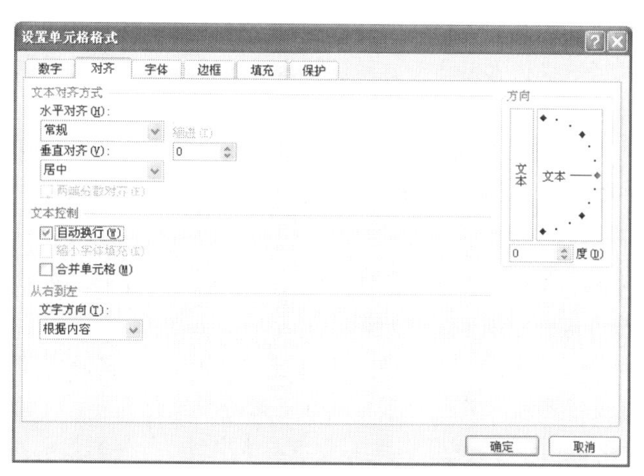

图5.15 设置单元格的文本“自动换行”

④ 定位于需要放置“每月固定扣款合计”数据的单元格H4，在其中先输入“=”，再配合鼠标，切换到“其他项目工资表”的“每月固定扣款”工资表，单击该员工的该项金额所在的单元格H3，如图5.17所示，这时可看到编辑栏中出现引用的工作簿工资表单元格的名称，确定无误后按键盘上的【Enter】键或编辑栏的 ✓ 按钮实现确认公式，得到H4单元格的数据结果，如图5.18所示。

	A	B	C	D	E	F	G	H	I	J	K	L	M
1	公司员工工资管理表												
2													
3	序号	姓名	部门	基本工资	薪级工资	津贴	应发工资	每月固定扣款合计	非公假扣款	全月应纳税所得额	个人所得税	应扣工资	实发工资
4	1	赵力	人力资源部	3300	1300	990	5590						
5	2	桑南	人力资源部	1600	950	480	3030						
6	3	陈可可	人力资源部	3500	1320	1050	5870						
7	4	刘光利	人力资源部	1900	1100	570	3570						
8	5	钱新	财务部	2800	1350	840	4990						
9	6	曾思杰	财务部	2600	1250	780	4630						
10	7	李莫薷	财务部	1400	950	420	2770						
11	8	周树家	行政部	1680	1200	504	3384						
12	9	林帝	行政部	2100	1280	630	4010						
13	10	柯娜	行政部	2000	1150	600	3750						
14	11	司马勤	行政部	1600	920	480	3000						
15	12	令狐克	行政部	1350	920	405	2675						
16	13	慕容上	物流部	1400	900	420	2720						
17	14	柏国力	物流部	2100	1280	630	4010						
18	15	全泉	物流部	1680	1100	504	3284						
19	16	文路南	物流部	2800	1300	840	4940						
20	17	尔阿	物流部	1600	1100	480	3180						
21	18	英冬	物流部	1500	950	450	2900						
22	19	皮维	物流部	1680	1150	504	3334						
23	20	段齐	物流部	2100	1280	630	4010						
24	21	费乐	物流部	1680	1100	504	3284						
25	22	高玲珑	物流部	1600	950	480	3030						
26	23	黄信念	物流部	1350	890	405	2645						
27	24	江庹来	物流部	3000	1300	900	5200						
28	25	王睿钦	市场部	3150	1320	945	5415						
29	26	张梦	市场部	1600	1100	480	3180						
30	27	夏蓝	市场部	1300	950	390	2640						
31	28	白俊伟	市场部	2200	1280	660	4140						
32	29	牛婷婷	市场部	3200	1320	960	5480						
33	30	米思亮	市场部	4800	1450	1440	7690						
34													

1月工资 Sheet2 Sheet3

图 5.16　1 月工资计算时所有工资项

VLOOKUP　=[其他项目工资表.xlsx]每月固定扣款!$H$2

	A	B	C	D	E	F	G	H
1	序号	上年平均月工资	养老保险	失业保险	医疗保险	住房公积金	福利基金	每月固定扣款合计
2	1	4400	352	44	88	352	50	886
3	2	2521	201.68	25.21	50.42	201.68	50	528.99
4	3	4558	364.64	45.58	91.16	364.64	50	916.02
5	4	2876	230.08	28.76	57.52	230.08	50	596.44
6	5	3946	315.68	39.46	78.92	315.68	50	799.74

图 5.17　选择其他工作簿工资表中的单元格

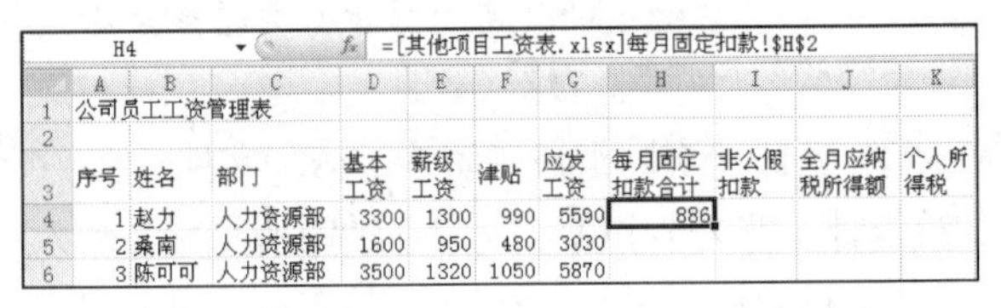
H4　=[其他项目工资表.xlsx]每月固定扣款!$H$2

	A	B	C	D	E	F	G	H	I	J	K
1	公司员工工资管理表										
2											
3	序号	姓名	部门	基本工资	薪级工资	津贴	应发工资	每月固定扣款合计	非公假扣款	全月应纳税所得额	个人所得税
4	1	赵力	人力资源部	3300	1300	990	5590	886			
5	2	桑南	人力资源部	1600	950	480	3030				
6	3	陈可可	人力资源部	3500	1320	1050	5870				

图 5.18　绝对引用其他工作簿中工作表的数据

当引用其他文件的单元格数据时，Excel 将自动标记所引用的单元格为绝对引用，即在单元格的行号或列标前加上“$”符号。

如果这样的公式要实现往其他公式构造一样的单元格自动填充，往往需要取消绝对引用，变成可以根据粘贴方向自动调整来源数据单元格名称的相对引用，就需要将公式中的去掉再执行自动填充功能。

去掉“$”号的方法有两种：直接在公式中删除行号或列标前加上“$”符号；鼠标位于引用的单元格，通过数次单击键盘上的【F4】键，在绝对或相对引用的状态间切换。

小知识

Excel 中使用公式和函数的时候，都存在对参加运算的数据单元格或区域作引用的问题，引用的类型可分为以下两种。

① 相对引用：当把公式复制到其他单元格中时，行或列的引用会改变。所谓行或列的引用会改变，是指代表行的数字和代表列的字母会根据实际的偏移量相应改变。

② 绝对引用：当把公式复制到其他单元格中时，行和列的引用不会改变。实现的方法是在不变的行号或列号前加上“$”符号。

⑤ 单击 H4 单元格后，在编辑栏单击“$H$2”，通过 3 次单击键盘上的【F4】键，将公式中的“$”全部去掉，将绝对引用变为相对引用，如图 5.19 所示，然后使用自动填充功能填充区域 H5：H33。

图 5.19　相对引用其他工作簿中工作表的数据

⑥ 以同样的方法实现利用“其他项目工资表”工作簿中“1 月请假扣款”工作表的“非公假”列数据对“非公假扣款”项目的填充。

可以直接将鼠标移至 H4 单元格的右下角，变成黑色小十字时，双击鼠标左键，即可自动向下填充连续的单元格。

（4）构造公式计算“全月应纳税所得额”。

① 为了计算的准确性，单击自动求和按钮 Σ 自动求和，重新计算“应发工资”项并填充所有人的该列数据。

由于“应发工资”是由前面的“导入外部数据”的操作导入到工作表中来的，其值不会保留原始表中的运算公式，只导入成数值数据，无法达到计算目的，故这里重新针对它的来源数据做了求和计算。

② 单击第一个员工的“全月应纳税所得额”单元格 J4，在该单元格中直接输入“=”，配合鼠标单击来源数据的单元格 G4、H4，以及键盘输入“-”号，以构造第一个员工的计算结果，如图 5.20 所示。

VLOOKUP　=G4-H4-3500

	A	B	C	D	E	F	G	H	I	J	K	L	M
1	公司员工工资管理表												
2													
3	序号	姓名	部门	基本工资	薪级工资	津贴	应发工资	每月固定扣款合计	非公假扣款	全月应纳税所得额	个人所得税	应扣工资	实发工资
4	1	赵力	人力资源部	3300	1300	990	5590	886	0	=G4-H4-3500			
5	2	桑南	人力资源部	1600	950	480	3030	528.99	0				
6	3	陈可可	人力资源部	3500	1320	1050	5870	916.02	0				

图 5.20　输入公式计算“初算应税工资”

个人所得税是我国诸税种中占有一定比例的税源之一，按照我国《个人所得税法》规定，工资、薪金所得，以每月收入额减除费用 35 00 元后（2011 年 9 月 1 日前是 2 000 元）的余额，为应纳税所得额。

本案例中全月应纳税所得额 = 应发工资-每月固定扣款合计−3500，故可以直接通过鼠标和键盘上的“−”、“+”、“(”和“)”键的输入来构造计算公式，多练习以熟练选择单元格和键盘输入符号结合起来构造公式，一定要注意输入和单击的顺序，在没有最终确认公式准确时，一般不要按【Enter】键。

③ 自动填充其他人的该列数据。

由于个人所得税计算时，涉及的应纳税所得额有可能计算出负数来，负数时是不需要缴税的，这里就新增了一列来做一个中间数据，以便下一步计算个人所得税时直接利用速算扣除数来计算，这样更加便捷。

构造函数参数的时候，也可以直接输入或配合鼠标单击引用的单元格加上键盘输入符号来完成。

（5）利用函数计算“全月应纳税所得额 1”。

① 在“全月应纳税所得额”列的右侧插入一个空列，用于容纳调整好的应纳税所得额，在 K3 中输入该列的标题“全月应纳税所得额 1”。

② 单击第一个员工的“全月应纳税所得额 1”单元格 K4，单击编辑栏上的“插入函数”按

钮 f_x，在弹出的“插入函数”对话框中选择 IF 函数，如图 5.21 所示。

③　在弹出的“函数参数”对话框中，输入或单击构造函数的 3 个参数，如图 5.22 所示，单击【确定】按钮，得到“全月应纳税所得额 1”，如图 5.23 所示。

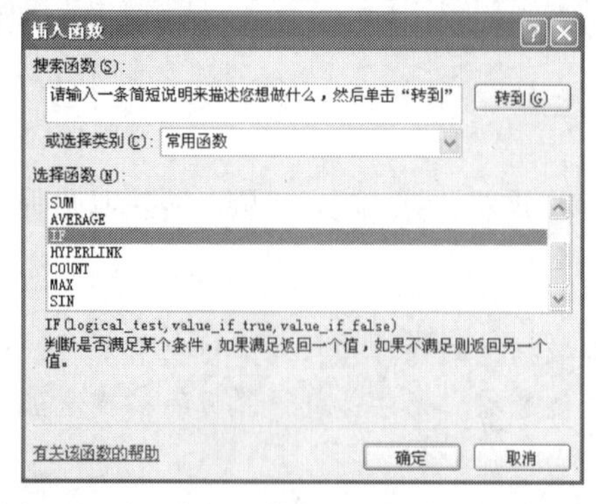

图 5.21　在“插入函数”对话框中选择 IF 函数

函数参数
IF
Logical_test　J4<=0　= FALSE
Value_if_true　0　= 0
Value_if_false　J4　= 1204
= 1204
判断是否满足某个条件，如果满足返回一个值，如果不满足则返回另一个值。
Logical_test　是任何可能被计算为 TRUE 或 FALSE 的数值或表达式。
计算结果 = 1204
有关该函数的帮助(H)
确定　取消

图 5.22　构造函数参数

	A	B	C	D	E	F	G	H	I	J	K	L	M	N	O
1	公司员工工资管理表														
2															
3	序号	姓名	部门	基本工资	薪级工资	津贴	应发工资	每月固定扣款合计	非公假扣款	全月应纳税所得额	全月应纳税所得额1	个人所得税	应扣工资	实发工资	
4	1	赵力	人力资源部	3300	1300	990	5590	886	0	1204	=IF(J4<=0, 0, J4)				
5	2	桑南	人力资源部	1600	950	480	3030	528.99	0	-998.99	IF(logical_test, [value_if_true], [value_if_false])				
6	3	陈可可	人力资源部	3500	1320	1050	5870	916.02	0	1453.98					
7	4	刘光利	人力资源部	1900	1100	570	3570	596.44	0	-526.44					

图 5.23　计算好的“全月应纳税所得额 1”

④　自动填充其他人的该列数据。

小知识

由于实际应纳税所得额的结果有两种情况：若值大于 0 元，则为实际全月应纳税所得额，可直接按照税法规定计提个人所得税；若值小于等于 0 元，则实际全月应税工资为 0 元，即可以不缴个人所得税。

这里由于构造公式运算时，会根据某个计算的结果满足或不满足某条件，导致单元格产生两种返回结果的情况（满足条件则执行情况 1 的操作，不满足则执行情况 2 的操作），最适合用 IF 函数来构造。

IF 函数 3 个参数的含义如下。

logical_test：逻辑条件式，若本式成立（满足），则得到 Value_if_true 位置的结果；否则得到 Value_if_false 位置的结果。

Value_if_true：条件为真时的值。

Value_if_false：条件为假时的值。

如，我们在 Q4 单元格中输入或构造公式：IF（G4＝0，“零”，“非零”）。

这个函数的意义为：将 G4 单元格的内容取出，判断公式“G4＝0”是否成立，若成立，则返回文字“零”；否则，返回文字“非零”。

所以，我们将在 Q4 单元格中看到“非零”字，因为 G4 中的内容是“3150”，显然“3150＝0”不成立，所以返回了“非零”。

这里，由于返回值是文本，所以用双引号括起来；如果返回值是数字、日期、公式的计算结果，则不用任何符号括起来。

这个构造公式的过程要用鼠标和键盘配合实现，请注意鼠标的单击和键盘的灵活配合。

（6）计算“个人所得税”。

① 单击第 1 个员工的“个人所得税”单元格 L4，单击编辑栏上的“插入函数”按钮 f_x ，弹出“插入函数”对话框。

② 从中选择 IF 函数，开始构造外层的 IF 函数参数，函数的前 2 个参数如图 5.24 所示，可以直接输入或用拾取按钮配合键盘构造。

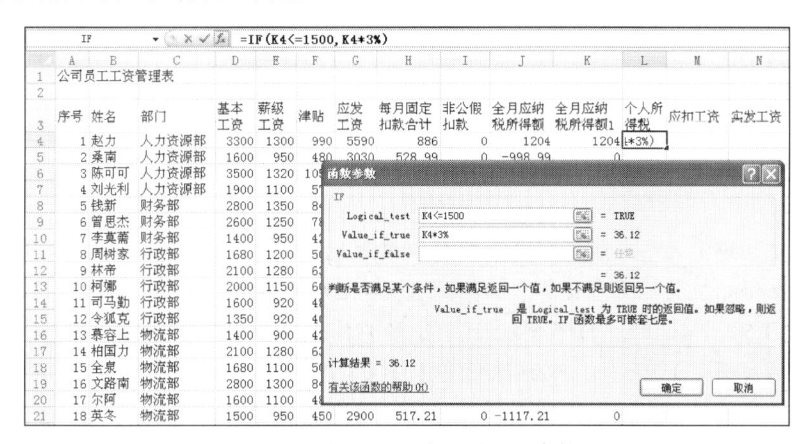

图 5.24　外层 IF 函数的前 2 个参数

③ 将鼠标停留于第 3 个参数“Value_if_false”处，再次单击编辑栏最左侧的“IF 函数”按钮 IF ，即选择第 3 个参数为一个嵌套在本函数内的 IF 函数，这时弹出一个新的 IF 函数的“函数参数”对话框，如图 5.25 所示，用于构造内层 IF 函数。

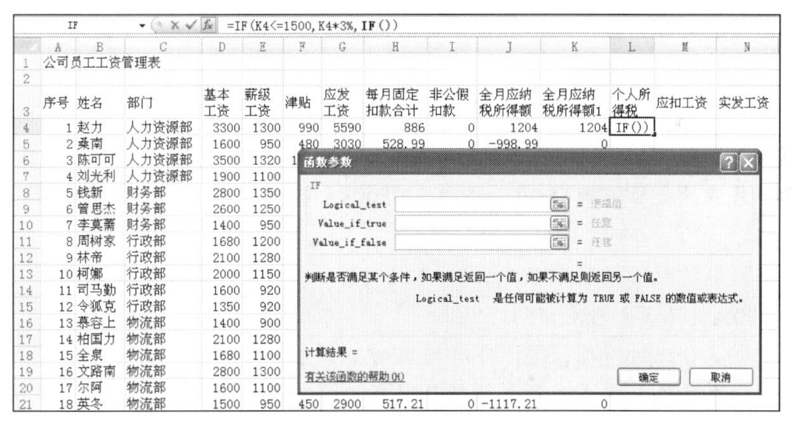

图 5.25　里层 IF 函数的“函数参数”对话框

④ 在其中输入 3 个参数，如图 5.26 所示，这时就完成了两层 IF 函数的构造。

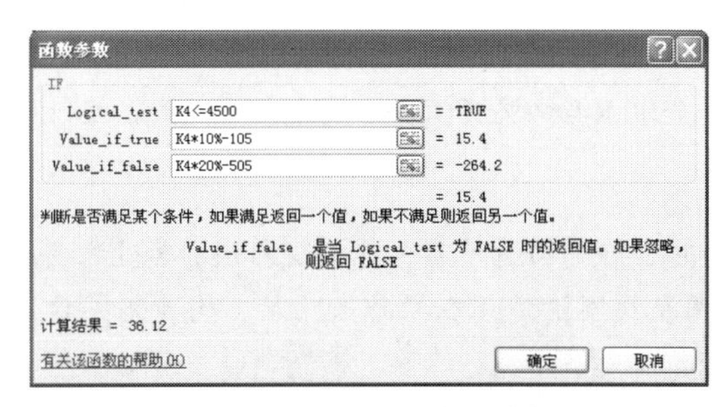

图 5.26　里层 IF 函数的参数

⑤ 单击“函数参数”对话框的【确定】按钮，就得到了 L4 单元格的结果，如图 5.27 所示。

L4 =IF(K4<=1500,K4*3%,IF(K4<=4500,K4*10%-105,K4*20%-555))

	A	B	C	D	E	F	G	H	I	J	K	L	M	N
1	公司员工工资管理表													
2														
3	序号	姓名	部门	基本工资	薪级工资	津贴	应发工资	每月固定扣款合计	非公假扣款	全月应纳税所得额	全月应纳税所得额1	个人所得税	应扣工资	实发工资
4	1	赵力	人力资源部	3300	1300	990	5590	886	0	1204	1204	36.12		
5	2	桑南	人力资源部	1600	950	480	3030	528.99	0	-998.99	0			
6	3	陈可可	人力资源部	3500	1320	1050	5870	916.02	0	1453.98	1453.98			
7	4	刘光利	人力资源部	1900	1100	570	3570	596.44	0	-526.44	0			
8	5	钱新	财务部	2800	1350	840	4990	799.74	0	690.26	690.26			

图 5.27　利用两层 IF 函数计算出的个人所得税

⑥ 自动填充其他人的该列数据。

小知识

税法规定，个人所得税是采用超额累进税率进行计算的，将应纳税所得额分成不同级距和相应的税率来计算。如扣除 3 500 元后的余额在 1 500 元以内的，按 3%税率计算，1 500～4 500 元的部分（即 3 000 元），按 10%的税率计算。如某人工资扣除 3 500 元后的余额是 1 700 元，则税款计算方法为：1 500 × 3% + 200 × 10% = 65 元。

而会计上约定，个人所得税的计算，可以采用速算扣除法，将应纳税所得额直接按对应的税率来速算，但要扣除一个速算扣除数，否则会多计算税款。如某人工资扣除 3 500 元后的余额是 1 700 元，1 700 元对应的税率是 10%，则税款速算方法为：1 700 × 10% − 105 = 65 元。这里的 105 就是速算扣除数，因为 1 700 元中有 1 500 元多计算了 7% 的税款，需要减去。其他税率所对应的速算扣除数分别如图 5.2 所示。

本案例在这一步，只讨论应纳税所得额低于 9 000 的情况，故只需要分 2 层 IF 函数实现 3 种情况的计算，全月应纳税所得额的计算公式分别如下。

全月应纳税所得额 1 在 1 500 元以内的个人所得税税额为全月应纳税所得额 1 × 3%。

全月应纳税所得额 1 在 1 500～4 500 元的个人所得税税额为全月应纳税所得额 1 × 10% − 速算扣除数 105。

全月应纳税所得额 1 在 4 500～9 000 元以内的个人所得税税额为全月应纳税所得额 1 × 20% − 速算扣除数 555。

也即是分三种情况，这样可以利用两层 IF 函数来构造，每层分两种情况，先由外层构造一个条件判断“全月应纳税所得额 1< = 1500”是否成立，如果成立，则个人所得税 = 全月应纳税所得额 1 × 3%；不成立（即全月应纳税所得额 1>1500），又用里层的 IF 函数中来判断“全月应纳税所得额 1<4500”是否成立，若成立，即 1500< = 全月应纳税所得额 1<4500，则个人所得税 = 全月应纳税所得额 1 × 10% − 105；否则，即全月应纳税所得额 1>4500，则个人所得税 = 全月应纳税所得额 1 × 20% − 555，即应该构造两层函数“= IF(K4< = 1500,K4 × 3%,IF(K4< = 4500,K4 × 10% − 105,K4 × 20% − 505))”

小知识

① 函数嵌套时，要先构造外层，再构造内层，其过程要先明确公式的含义，并注意鼠标的灵活运用及观察清楚正在操作第几层，构造完成后再通过按【Enter】键或单击“确定”按钮确定公式。

例如，我们要在 O4 单元格中输入或构造公式：IF(G4<=1000，“低”，IF(G4<=2000，“中”，“高”)。

在这个函数中，会将 G4 单元格中的内容取出，首先执行外层函数的判断公式“G4<=1000”是否成立。若成立，则返回“低”；若不成立，此时进入第二层的 IF 函数，判断公式“G4<=2000”是否成立。其实，这时隐含了完整的公式：“1000<G4<=2000”，前半部分是因为外层的 IF 是不满足“G4<=1000”条件的，也就是“G4<1000”，这时候与第二层的条件连起来，就是完整的条件了。若这个条件成立，则返回“中”；若不成立，则返回“高”。

由于此时 G4 中的内容是“3150”，所以，我们在 O4 中将会看到“高”。

② Excel 中的函数最多可以嵌套 7 层。

我们在构造嵌套的函数时，必须一层一层考虑清楚条件和满足及不满足条件时返回值的书写，同时要注意每层函数结构的完整性，保证括号的成对出现和层次正确。

执行多层嵌套函数时是按从左至右的顺序执行的。注意体会含义及分析执行过程和结果。

若未加入“全月应纳税所得额 1”列，也可以直接使用 3 层 IF 函数嵌套来实现 4 种个人所得税额的计算，步骤如下。

单击第一个员工的“个人所得税”单元格 K4，单击编辑栏上的“插入函数”按钮 fx，在弹出的“插入函数”对话框中选择 IF 函数，根据公式开始构造函数的 3 个参数，并嵌套 4 层实现不计税和 4 级累进的个人所得税的计算，公式如图 5.28 所示。这里只计算到全月应纳税所得额在 35 000 以内的情况，若还需超过，则继续嵌套 IF 函数来实现。

L4　=IF(J4<=0,0,IF(J4<=1500,J4*3%,IF(J4<=4500,J4*10%-105,IF(J4<=9000,J4*20%-555,J4*25%-1005))))

	A	B	C	D	E	F	G	H	I	J	K	L	M	N	O	P
1	公司员工工资管理表															
2																
3	序号	姓名	部门	基本工资	薪级工资	津贴	应发工资	每月固定扣款合计	非公假扣款	全月应纳税所得额	全月应纳税所得额1	个人所得税	应扣工资	实发工资		
4	1	赵力	人力资源部	3300	1300	990	5590	886	0	1204	1204	36.12				
5	2	桑南	人力资源部	1600	950	480	3030	528.99	0	-998.99	0					

图 5.28　“个人所得税”的计算

（7）利用函数计算“应扣工资”。

① 单击第一个员工的“应扣工资”单元格 M4，选择【开始】→【编辑】→【Σ 自动求和 ▾】选项，选择默认的“求和”方式，配合鼠标和键盘实现公式的构造，如图 5.29 所示。

IF　=SUM(H4:I4,L4)

	A	B	C	D	E	F	G	H	I	J	K	L	M	N	O	P
1	公司员工工资管理表															
2																
3	序号	姓名	部门	基本工资	薪级工资	津贴	应发工资	每月固定扣款合计	非公假扣款	全月应纳税所得额	全月应纳税所得额1	个人所得税	应扣工资	实发工资		
4	1	赵力	人力资源部	3300	1300	990	5590	886	0	1204	1204	36.12	=SUM(H4:I4,L4)			
5	2	桑南	人力资源部	1600	950	480	3030	528.99	0	-998.99	0	0	SUM(number1, [number2], [number3], ...)			
6	3	陈可可	人力资源部	3500	1320	1050	5870	916.02	0	1453.98	1453.98	43.62				
7	4	刘光利	人力资源部	1900	1100	570	3570	596.44	0	-526.44	0	0				

图 5.29　“应扣工资”的计算

② 自动填充其他人的该列数据。

由于“应扣工资＝每月固定扣款合计+非公假扣款+个人所得税”，这些单元格并不都是连续区域的单元格，所以可以在函数的参数选择时，先拖动鼠标选择 H4:I4，再按住 Ctrl 键用鼠标单击不连续的 L4，得到公式“＝SUM(H4:I4,L4)”进行计算。

（8）利用公式计算“实发工资”。这里，实发工资＝应发工资−应扣工资

① 单击第一个员工的“实发工资”单元格 N4，输入“＝”，配合鼠标和键盘实现公式的构造，如图 5.30 所示。

IF　=G4-M4

	A	B	C	D	E	F	G	H	I	J	K	L	M	N	O
1	公司员工工资管理表														
2															
3	序号	姓名	部门	基本工资	薪级工资	津贴	应发工资	每月固定扣款合计	非公假扣款	全月应纳税所得额	全月应纳税所得额1	个人所得税	应扣工资	实发工资	
4	1	赵力	人力资源部	3300	1300	990	5590	886	0	1204	1204	36.12	922.12	=G4-M4	
5	2	桑南	人力资源部	1600	950	480	3030	528.99	0	-998.99	0	0	528.99		
6	3	陈可可	人力资源部	3500	1320	1050	5870	916.02	0	1453.98	1453.98	43.62	959.6394		
7	4	刘光利	人力资源部	1900	1100	570	3570	596.44	0	-526.44	0	0	596.44		

图 5.30　“实发工资”的计算

② 自动填充其他人的该列数据。

（9）格式化表格。

完成上述操作后，数据处理就完成了。参照图 5.1 对表格进行字体、框线、底纹等的设置，前面已经学习过相关操作，这里不作赘述。

（10）如果需要打印，则使用“打印预览”功能来查看打印的效果并实现打印。

如果版面不令人满意，应该作适当调整。可以选择【页面布局】→【页面设置】选项，在弹出的“页面设置”对话框中进行页面、页边距、页眉/页脚和工作表的相关设置。

页面设置需要打印机支持，如果未安装打印机，则无法设置，需要先添加打印机。

① 纸张大小为“A4”，方向为“横向”，如图 5.31 所示。

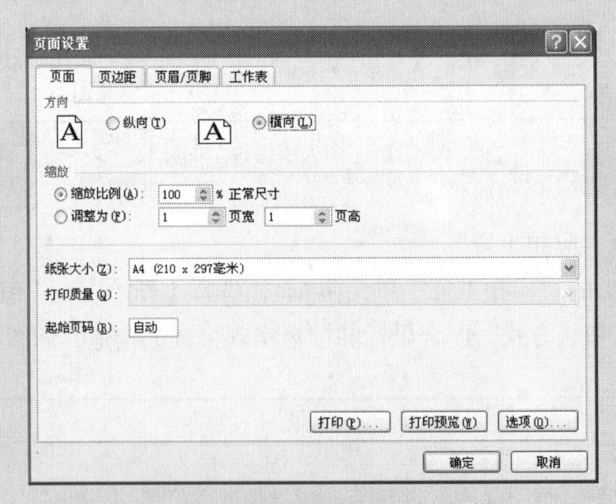

图 5.31　“页面设置”中的“页面”设置

② 页边距分别为：上下 1.8，左右 1.5，页眉页脚距纸张边缘 1.3，如图 5.32 所示。

③ 定义页眉/页脚时，既可以使用内置的页眉或页脚，也可以对其进行自定义。

这里我们在页眉的下拉列表中选择“第 1 页，共? 页”来制作页码和页数的内容，如图 5.33 所示；再单击“自定义页眉”按钮，弹出“页眉”对话框，来进行更进一步的设置，如图 5.34 所示。

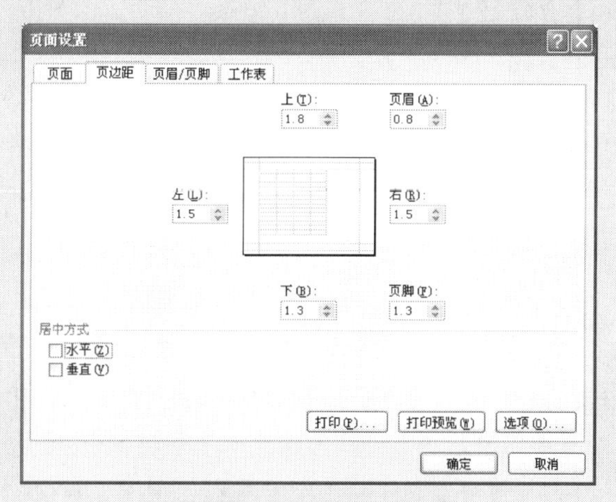

图 5.32　“页面设置”中的“页边距”设置

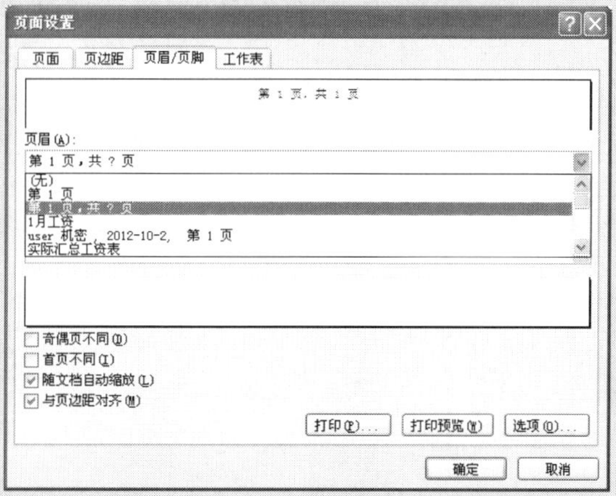

图 5.33　“页面设置”中的“页眉/页脚”设置

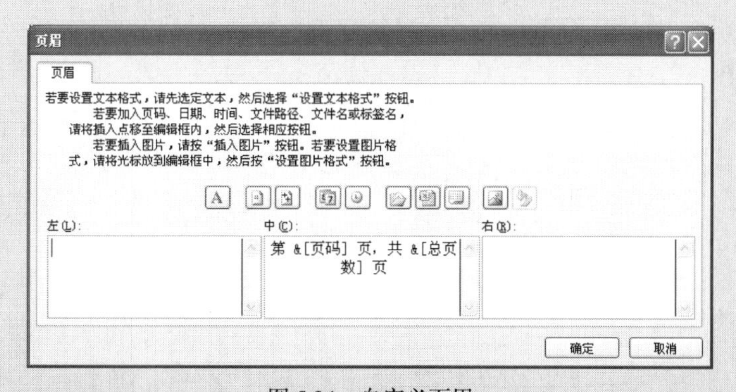

图 5.34　自定义页眉

④ 还可以在“工作表”选项卡中对工作表的打印进行更多的设置，如图 5.35 所示。

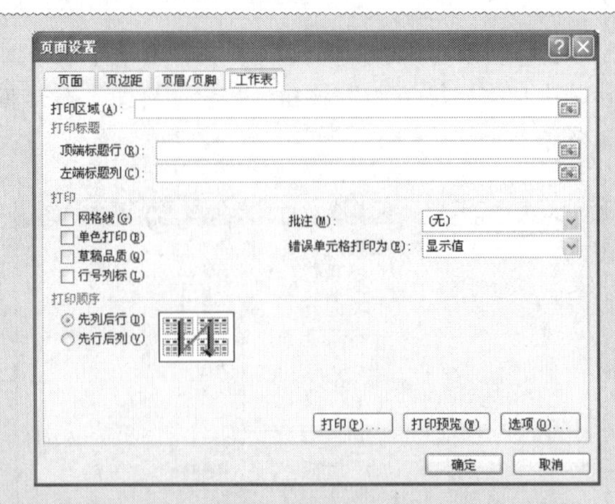

图 5.35 “页面设置”中的“工作表”设置

⑤ 设置好页面后，工作表中会出现虚线来提示页面，如图 5.36 所示，要调整行高和列宽以适应页面需要，调整好后的预览效果如图 5.37 所示。

公司员工工资管理表

序号	姓名	部门	基本工资	薪级工资	津贴	应发工资	每月固定扣款合计	非公假扣款	全月应纳税所得额	全月应纳税所得额1	个人所得税	应扣工资	实发工资
1	赵力	人力资源部	3300	1300	990	5590	886	0	1204	1204	36.12	922.12	4667.88
2	桑南	人力资源部	1600	950	480	3030	528.99	0	-998.99	0	0	528.99	2501.01
3	陈可可	人力资源部	3500	1320	1050	5870	916.02	0	1453.98	1453.98	43.6194	959.6394	4910.3606
4	刘光利	人力资源部	1900	1100	570	3570	596.44	0	-526.44	0	0	596.44	2973.56
5	钱新	财务部	2800	1350	840	4990	799.74	0	690.26	690.26	20.7078	820.4478	4169.5522
6	曾思杰	财务部	2600	1250	780	4630	749.01	10	380.99	380.99	11.4297	770.4397	3859.5603
7	李莫薷	财务部	1400	950	420	2770	482.06	0	-1212.06	0	0	482.06	2287.94
8	周树家	行政部	1680	1200	504	3384	570.22	0	-686.22	0	0	570.22	2813.78
9	林帝	行政部	2100	1280	630	4010	657.43	0	-147.43	0	0	657.43	3352.57
10	柯娜	行政部	2000	1150	600	3750	622.28	0	-372.28	0	0	622.28	3127.72
11	司马勤	行政部	1600	920	480	3000	533.74	0	-1033.74	0	0	533.74	2466.26
12	令狐克	行政部	1350	920	405	2675	475.6	0	-1300.6	0	0	475.6	2199.4
13	慕容上	物流部	1400	900	420	2720	490.8	0	-1270.8	0	0	490.8	2229.2
14	柏国力	物流部	2100	1280	630	4010	656.86	0	-146.86	0	0	656.86	3353.14
15	全泉	物流部	1680	1100	504	3284	555.59	0	-771.59	0	0	555.59	2728.41
16	文路南	物流部	2800	1300	840	4940	789.67	20	650.33	650.33	19.5099	829.1799	4110.8201
17	尔阿	物流部	1600	1100	480	3180	539.25	0	-859.25	0	0	539.25	2640.75
18	英冬	物流部	1500	950	450	2900	517.21	0	-1117.21	0	0	517.21	2382.79
19	皮维	物流部	1680	1150	504	3334	563.76	0	-729.76	0	0	563.76	2770.24
20	段齐	物流部	2100	1280	630	4010	659.9	0	-149.9	0	0	659.9	3350.1
21	费乐	物流部	1680	1100	504	3284	554.83	0	-770.83	0	0	554.83	2729.17
22	高玲珑	物流部	1600	950	480	3030	524.05	0	-994.05	0	0	524.05	2505.95
23	黄信念	物流部	1350	890	405	2645	482.44	0	-1337.44	0	0	482.44	2162.56
24	江庚来	物流部	3000	1300	900	5200	828.43	0	871.57	871.57	26.1471	854.5771	4345.4229
25	王睿钦	市场部	3150	1320	945	5415	854.27	0	1060.73	1060.73	31.8219	886.0919	4528.9081
26	张梦	市场部	1600	1100	480	3180	539.82	0	-859.82	0	0	539.82	2640.18
27	夏萱	市场部	1300	950	390	2640	460.02	0	-1320.02	0	0	460.02	2179.98
28	白俊伟	市场部	2200	1280	660	4140	681.56	0	-41.56	0	0	681.56	3458.44
29	牛婷婷	市场部	3200	1320	960	5480	862.44	50	1117.56	1117.56	33.5268	945.9668	4534.0332
30	米思亮	市场部	4800	1450	1440	7690	1172.52	0	3017.48	3017.48	196.748	1369.268	6320.732

图 5.36 设置好页面后的工作表

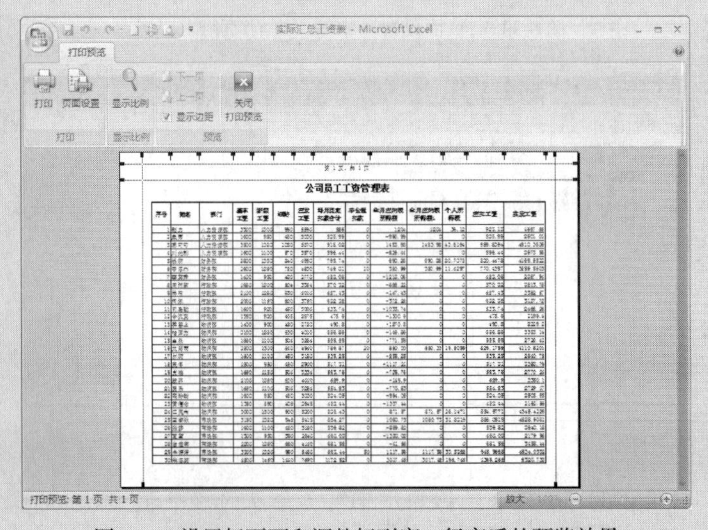

图 5.37 设置好页面和调整好列宽、行高后的预览效果

（11）完成所有设置后再次确认保存，关闭工作簿。

【拓展案例】

1. 完善“员工档案”工作表，效果如图 5.38 所示。

（1）将“员工人事档案和工资管理表.xlsx”中的工作表“员工工龄”导出为文本文件“员工工龄.txt”。

（2）在新建的 Excel 工作簿中导入“员工档案.txt”中的数据。

（3）增加 1 列“工龄奖金”，并完成“工龄奖金”的计算。

工龄奖金计算规则如下。

工龄奖金数由工龄的年份和奖金基数决定：若低于 5 年，则奖金为 1 倍基数；若为 5～10 年（含 10 年），则奖金为 2 倍基数；若为 10～20 年（含 20 年），则奖金为 3 倍基数；若高于 20 年，则奖金为 4 倍基数。

P2 单元格计算工龄奖金的公式为：

= IF(J4<5,$Q$4,IF(J4< = 10,$Q$4*2,IF(J4< = 20,$Q$4*3,$Q$4*4)))。

可分解成多列来分步计算，请注意两种方法的掌握和灵活运用。

公司人事档案管理表

序号	姓名	部门	职务	职称	学历	参加工作时间	年龄	性别	工龄	籍贯	出生日期	婚否	联系电话	基本工资	工龄奖金	奖金基数
1	赵力	人力资源部	统计	高级经济师	本科	1992-6-6	41	男	20	北京	1971-10-23	已婚	64000872	3300	150	50
2	桑南	人力资源部	统计	助理统计师	大专	1986-10-31	48	男	26	山东	1964-4-1	已婚	65034080	1600	200	
3	陈可可	人力资源部	部长	高级经济师	硕士	1996-7-15	42	男	16	四川	1970-8-25	已婚	63035376	3500	150	
4	刘光利	人力资源部	科员	无	中专	1996-8-1	39	女	16	陕西	1973-7-13	已婚	64654756	1900	150	
5	钱新	财务部	财务总监	高级会计师	本科	1999-7-20	36	男	13	甘肃	1976-7-4	未婚	66018871	2800	150	
6	曾思杰	财务部	会计	会计师	本科	1998-5-16	37	女	14	南京	1975-9-10	已婚	66032221	2600	150	
7	李莫薷	财务部	出纳	助理会计师	本科	1997-6-10	38	男	15	北京	1974-12-15	已婚	69244765	1400	150	
8	周树家	行政部	部长	工程师	本科	2004-7-30	31	女	8	湖北	1981-8-30	已婚	63812307	1680	100	
9	林帝	行政部	副部长	经济师	本科	1995-12-7	39	男	17	山东	1973-9-13	已婚	68874344	2100	150	
10	柯娜	行政部	科员	无	大专	2000-9-11	36	男	12	陕西	1976-10-12	已婚	65910605	2000	150	
11	司马勤	行政部	科员	助理工程师	本科	1998-7-17	37	女	14	天津	1975-3-8	已婚	62175686	1600	150	
12	令狐克	行政部	内勤	无	高中	2004-2-22	29	女	8	北京	1983-2-16	未婚	64366059	1350	100	
13	慕容上	物流部	外勤	无	中专	2010-4-10	26	女	2	北京	1986-11-3	未婚	67225427	1400	50	
14	柏国力	物流部	部长	高级工程师	硕士	2003-7-31	33	男	9	哈尔滨	1979-3-15	未婚	67017027	2100	100	
15	全泉	物流部	项目监察	工程师	本科	2009-8-14	27	女	3	北京	1985-4-18	未婚	63267813	1680	50	
16	文路南	物流部	项目主管	高级工程师	硕士	1998-3-17	38	男	14	四川	1974-7-16	已婚	65257851	2800	150	
17	尔阿	物流部	业务员	工程师	本科	1998-9-18	38	女	14	安徽	1974-5-24	已婚	65761446	1600	150	
18	英冬	物流部	业务员	无	大专	2003-4-3	34	女	9	北京	1978-6-13	已婚	67624956	1500	100	
19	皮维	物流部	业务员	助理工程师	大专	1993-12-8	39	男	19	湖北	1973-3-21	已婚	63021549	1680	150	
20	段齐	物流部	项目主管	工程师	本科	2005-5-6	29	女	7	北京	1983-4-16	未婚	64272883	2100	100	
21	费乐	物流部	项目监察	工程师	本科	2009-7-13	28	男	3	四川	1984-8-9	未婚	65922950	1680	50	
22	高玲珑	物流部	业务员	助理经理师	本科	2003-11-21	32	男	9	北京	1980-11-30	已婚	65966501	1600	100	
23	黄信念	物流部	内勤	无	高中	1989-12-15	44	女	23	陕西	1968-12-10	已婚	68190028	1350	200	
24	江庹来	物流部	项目主管	高级经济师	本科	1994-7-15	40	男	18	天津	1972-5-8	已婚	64581924	3000	150	
25	王睿钦	市场部	主管	经济师	本科	1998-7-6	36	男	14	重庆	1976-1-6	已婚	63661547	3150	150	
26	张梦	市场部	业务员	助理经济师	中专	2000-8-9	34	女	12	四川	1978-5-9	已婚	65897823	1600	150	
27	夏蓝	市场部	业务员	无	高中	2004-12-10	26	女	8	湖南	1986-5-23	未婚	64789321	1300	100	
28	白俊伟	市场部	外勤	工程师	本科	1995-6-30	39	男	17	四川	1973-8-5	已婚	68794651	2200	150	
29	牛婷婷	市场部	主管	经济师	硕士	2003-7-18	34	女	9	重庆	1978-3-15	已婚	69712546	3200	100	
30	米思亮	市场部	部长	高级经济师	本科	2000-8-1	34	男	12	山东	1978-10-18	已婚	67584251	4800	150	

图 5.38　完成工龄及工龄工资计算后的效果

2. 自己设计完成。

（1）导出 Excel 工作表中的数据为其他数据格式。

（2）在 Excel 中导入其他数据格式的外部数据。

（3）复杂公式的构造。

（4）其他常用函数的运用。

【拓展训练】

设计和制作公司“差旅结算表”。其中差旅补助根据职称级别不同有不同的补助标准。职称根据技工、初级、中级和高级其补贴分别为 40、60、85 和 120，完成后的效果如图 5.39 所示。

差旅核算表

员工编号	姓名	部门	职称级别	出差借支	交通费	住宿费	会务费	出差天数	出差补助	费用结算
0001	赵力	人力资源部	高级	1000	430	480	600	2	240	750
0007	李莫薷	财务部	初级	800	468	360		2	120	148
0020	段齐	物流部	中级		1250	240		1	85	1575
0028	白俊伟	市场部	中级		890	720		3	255	1865
0016	文路南	物流部	高级	2000	2750	900	400	3	360	2410
0013	慕容上	物流部	技工	3000	1076	1420		6	240	-264
0009	林帝	行政部	中级		830	600	200	2	170	1800

出差补贴标准

职称级别	费用标准（元/天）
技工	40
初级	60
中级	85
高级	120

图 5.39　完成统计后的“差旅核算表”效果

操作步骤如下。

（1）新建 Excel 2007 工作簿，以“差旅结算表”为名保存在“E:\公司文档\财务部”文件夹中。

（2）创建如图 5.40 所示的差旅结算表和出差补贴标准表。

差旅核算表

员工编号	姓名	部门	职称级别	出差借支	交通费	住宿费	会务费	出差天数	出差补助	费用结算
0001	赵力	人力资源部	高级	1000	430	480	600	2		
0007	李莫薷	财务部	初级	800	468	360		2		
0020	段齐	物流部	中级		1250	240		1		
0028	白俊伟	市场部	中级		890	720		3		
0016	文路南	物流部	高级	2000	2750	900	400	3		
0013	慕容上	物流部	技工	3000	1076	1420		6		
0009	林帝	行政部	中级		830	600	200	2		

出差补贴标准

职称级别	费用标准（元/天）
技工	40
初级	60
中级	85
高级	120

图 5.40　差旅结算表和出差补贴标准表

（3）计算出差补助。

① 选中第一位员工的出差补助单元格 J3。

② 使用 IF 函数，计算出差补贴。其公式为：

= IF(D3 = $M$3,I3*$N$3,IF(D3 = $M$4,I3*$N$4,IF(D3 = $M$5,I3*$N$5,I3*$N$6)))。

当员工的职称级别 D3 = M3 时，其出差补助为出差天数 I3*费用标准 N3，否则，判断 D3 = M4 时，其出差补助为出差天数 I3*费用标准 N4。依此进行判断。

这里，建议使用绝对地址引用出差补贴标准数据，以方便其他员工的数据可以使用填充柄快速实现计算。

③ 使用填充柄自动填充 J4:J9 区域，得到所有员工的出差补助，如图 5.41 所示。

差旅核算表

员工编号	姓名	部门	职称级别	出差借支	交通费	住宿费	会务费	出差天数	出差补助	费用结算
0001	赵力	人力资源部	高级	1000	430	480	600	2	240	
0007	李莫薷	财务部	初级	800	468	360		2	120	
0020	段齐	物流部	中级		1250	240		1	85	
0028	白俊伟	市场部	中级		890	720		3	255	
0016	文路南	物流部	高级	2000	2750	900	400	3	360	
0013	慕容上	物流部	技工	3000	1076	1420		6	240	
0009	林帝	行政部	中级		830	600	200	2	170	

图 5.41　计算“出差补助”的结果

（4）计算“费用结算”。

① 选中 K3，选择【开始】→【编辑】→【Σ 自动求和 ▾】选项，选择默认的“求和”方式，配合鼠标和键盘实现公式的构造，如图 5.42 所示。

② 使用填充柄自动填充 K4:K9 区域，得到所有员工的出差费用结算，如图 5.43 所示。

（5）参照图 5.39 美化修饰表格。

（6）选择【视图】→【显示/隐藏】，取消【网格线】选项，将工作表设置为无网格线状态。

IF　=SUM(F3:H3,J3)-E3

	A	B	C	D	E	F	G	H	I	J	K
1					差旅核算表						
2	员工编号	姓名	部门	职称级别	出差借支	交通费	住宿费	会务费	出差天数	出差补助	费用结算
3	0001	赵力	人力资源部	高级	1000	430	480	600	2	240	=SUM(F3:H3,J3)-E3
4	0007	李莫蕭	财务部	初级	800	468	360		2	120	
5	0020	段齐	物流部	中级		1250	240		1	85	
6	0028	白俊伟	市场部	中级		890	720		3	255	
7	0016	文路南	物流部	高级	2000	2750	900	400	3	360	
8	0013	慕容上	物流部	技工	3000	1076	1420		6	240	
9	0009	林帝	行政部	中级		830	600	200	2	170	
10											

图 5.42　构造费用结算单元格的计算公式

	A	B	C	D	E	F	G	H	I	J	K
1					差旅核算表						
2	员工编号	姓名	部门	职称级别	出差借支	交通费	住宿费	会务费	出差天数	出差补助	费用结算
3	0001	赵力	人力资源部	高级	1000	430	480	600	2	240	750
4	0007	李莫蕭	财务部	初级	800	468	360		2	120	148
5	0020	段齐	物流部	中级		1250	240		1	85	1575
6	0028	白俊伟	市场部	中级		890	720		3	255	1865
7	0016	文路南	物流部	高级	2000	2750	900	400	3	360	2410
8	0013	慕容上	物流部	技工	3000	1076	1420		6	240	-264
9	0009	林帝	行政部	中级		830	600	200	2	170	1800

图 5.43　计算“费用结算”结果

（7）可进行合理的页面设置，如纸张为横向 A4，预览表格的效果如图 5.44 所示。完成后关闭工作簿。

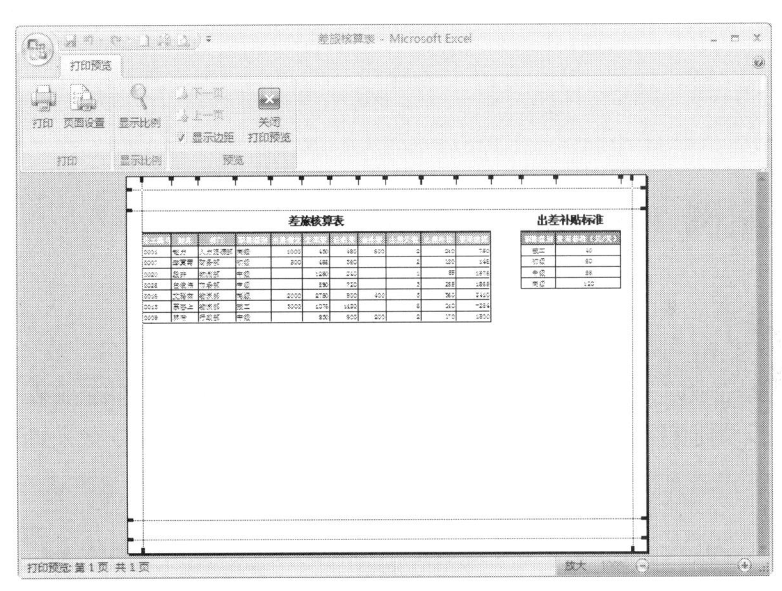

图 5.44　预览效果

【案例小结】

本案例中，我们通过核算出每个员工的“实发工资”并设置好打印前的版面，介绍了在 Excel 中可以以多种方式（复制、引用、导入）使用本工作簿或其他工作簿的工作表中的数据，IF 函数的使用和嵌套可以实现二选一或多选一结果的构造，对已有的表进行打印相关的设置（页面的设置、页眉/页脚的加入、打印方向等）能够让最后打印的表格更加美观。

IF 函数的使用是本案例的学习重点，它的含义、构造、结果等都应该在使用者清醒地控制下完成，这里需要一些逻辑思维的能力。而除了有单纯的 IF 函数之外，Excel 还提供了如 AND、NOT 等逻辑函数，如 COUNTIF 等统计函数，使用者需要仔细理解它们的含义后灵活地使用，以更好地实现 Excel 强大的功能。

📖 学习总结

本案例所用软件	
案例中包含的知识和技能	
你已熟知或掌握的知识和技能	
你认为还有哪些知识或技能需要强化	
案例中可使用的 Office 技巧	
学习本案例之后的体会	

5.2 案例 19 制作财务报表

【案例分析】

资产负债表是企业的三大对外报送报表之一，指标均为时点指标，可反映企业某一时点上资产和负债的分布，是反映拥有资产和承担负担的统计表。制作企业的资产负债表，效果如图 5.45 所示。

资产负债表

2011年12月31日

单位名称　　　　金额单位：人民币元

资产	上年数	本年数	负债及所有者权益	上年数	本年数
货币资金	502,787.46	509,669.90	短期借款	20,000,000.00	20,000,000.00
短期投资			应付票据		
应收票据	1,000,000.00	910,000.00	应付账款	20,602,823.42	21,073,949.17
应收账款	6,282,250.07	8,823,919.24	预收账款		
减:坏帐准备			应付工资	465,772.20	568,852.00
应收账款净额	6,282,250.07	8,823,919.24	应付福利费	458,035.73	425,463.39
预付账款			应付股利	805,020.25	805,020.25
其他应收款	2,507,120.10	2,098,326.76	未交税金	139,109.39	1,167,322.40
存货	5,060,676.84	5,509,392.21	其他未交款	4,757.75	16,528.88
待摊费用		1,722.00	其他应付款	743,295.67	477,297.86
待处理流动资产净损失	23,427,308.42	24,238,186.17	预提费用	2,324.01	441.10
流动资产合计	38,780,142.89	42,091,216.28	一年内到期的长期负债		
长期投资	14,690,000.00	14,690,000.00	流动负债合计	43,221,138.42	44,534,875.05
固定资产原值	23,597,672.95	22,904,721.56	长期借款	9,770,481.36	9,770,481.36
减:累计折旧	2,010,315.44	1,141,361.59	应付债券		
固定资产净值	21,587,357.51	21,763,359.97	长期应付款		
固定资产清理		132,351.57	其他长期负债		
专项工程支出		335,321.39	长期负债合计	9,770,481.36	9,770,481.36
待处理固定资产净损失			递延税款贷项		
固定资产合计	21,587,357.51	22,231,032.93	负债合计	52,991,619.78	54,305,356.41
无形资产	13,576,114.16	13,303,453.24	实收资本	30,000,000.00	30,000,000.00
递延资产			资本公积	831,780.66	992,205.60
其他长期资产			盈余公积	479,609.16	1,209,659.24
固定及无形资产合计	35,163,471.67	35,534,486.17	其中:公益金		
递延税款借项			未分配利润	4,330,604.96	5,808,481.20
			所有者权益合计	35,641,994.78	38,010,346.04
资产总计	88,633,614.56	92,315,702.45	负债及所有者权益合计	88,633,614.56	92,315,702.45

图 5.45　资产负债表

【解决方案】

（1）启动 Excel 2007，新建一份工作簿，以“资产负债表”为名保存在“E:\公司文档\财务部”文件夹中。

（2）重命名工作表。将 Sheet1 工作表重命名为“资产负债表”。

（3）输入表格标题。

① 在 B1 单元格中输入表格标题“资产负债表”。

② 选中 B1:G1 单元格区域，选择【开始】→【对齐方式】→【合并后居中】选项。

③ 将标题字体格式设置为“隶属”、字号为“20”，字体颜色为“深蓝”，并添加下画线。

（4）输入建表日期及单位。

① 在 B2 单元格中输入建立表格的日期“2011 年 12 月 31”。

② 选中 B2:G2 单元格区域，选择【开始】→【对齐方式】→【合并后居中】选项。

③ 将建表日期的字号格式设置为 9。

④ 将第 2 行的行高设置为 11。

⑤ 在 B3 和 G3 单元格中分别输入“单位名称”和“金额单位：　人民币元”。

⑥ 将光标移到 G 列和 H 列列表中间，当光标变为“↔”形状时，双击鼠标左键可自动调整 G 列的列宽。

建立好的资产负债表的表头部分如图 5.46 所示。

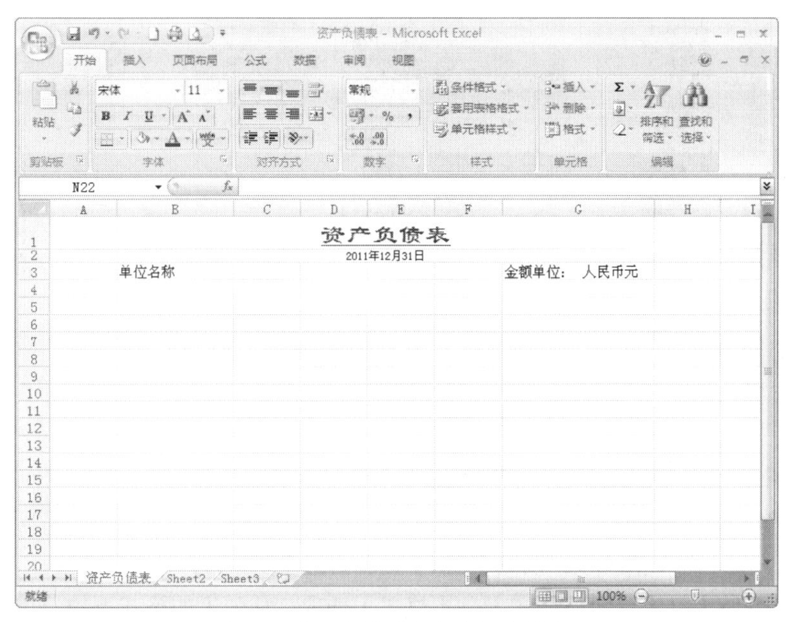

图 5.46　资产负债表的表头部分效果图

（5）输入表格各个字段标题。

① 在 B4:G4、B5:B31 和 E5:E31 单元格区域中输入表格各个字段的标题。

② 调整 B 列和 E 列的列宽以使其能完全地显示所有的数据。如图 5.47 所示。

（6）输入表格数据。

① 在 C5:D8、C12:D15、C17:D22 和 C25:D25 单元格区域中输入上半年和本年资产类数据。

② 在 F5:G15、F18:G18 和 F25:G29 单元格区域中输入负债类数据。如图 5.48 所示。

	A	B	C	D	E	F	G	H
1					资产负债表			
2					2011年12月31日			
3		单位名称					金额单位：　人民币元	
4		资产	上年数	本年数	负债及所有者权益	上年数	本年数	
5		货币资金			短期借款			
6		短期投资			应付票据			
7		应收票据			应付账款			
8		应收账款			预收账款			
9		减:坏帐准备			应付工资			
10		应收账款净额			应付福利费			
11		预付账款			应付股利			
12		其他应收款			未交税金			
13		存货			其他未交款			
14		待摊费用			其他应付款			
15		待处理流动资产净损失			预提费用			
16		流动资产合计			一年内到期的长期负债			
17		长期投资			流动负债合计			
18		固定资产原值			长期借款			
19		减:累计折旧			应付债券			
20		固定资产净值			长期应付款			
21		固定资产清理			其他长期负债			
22		专项工程支出			长期负债合计			
23		待处理固定资产净损失			递延税款贷项			
24		固定资产合计			负债合计			
25		无形资产			实收资本			
26		递延资产			资本公积			
27		其他长期资产			盈余公积			
28		固定及无形资产合计			其中:公益金			
29		递延税款借项			未分配利润			
30					所有者权益合计			
31		资产总计			负债及所有者权益合计			
32								

图 5.47　输入表格各个字段标题

	A	B	C	D	E	F	G	H
1					资产负债表			
2					2011年12月31日			
3		单位名称					金额单位：　人民币元	
4		资产	上年数	本年数	负债及所有者权益	上年数	本年数	
5		货币资金	502787.46	509669.9	短期借款	20000000	20000000	
6		短期投资			应付票据			
7		应收票据	1000000	910000	应付账款	20602823.42	21073949.17	
8		应收账款	6282250.07	8823919.24	预收账款			
9		减:坏帐准备			应付工资	465772.2	568852	
10		应收账款净额			应付福利费	458035.73	425463.39	
11		预付账款			应付股利	805020.25	805020.25	
12		其他应收款	2507120.1	2098326.76	未交税金	139109.39	1167322.4	
13		存货	5060676.84	5509392.21	其他未交款	4757.75	16528.88	
14		待摊费用		1722	其他应付款	743295.67	477297.86	
15		待处理流动资产净损失	23427308.42	24238186.17	预提费用	2324.01	441.1	
16		流动资产合计			一年内到期的长期负债			
17		长期投资	14690000	14690000	流动负债合计			
18		固定资产原值	23597672.95	22904721.56	长期借款	9770481.36	9770481.36	
19		减:累计折旧	2010315.44	1141361.59	应付债券			
20		固定资产净值	21587357.51	21763359.97	长期应付款			
21		固定资产清理		132351.57	其他长期负债			
22		专项工程支出		335321.39	长期负债合计			
23		待处理固定资产净损失			递延税款贷项			
24		固定资产合计			负债合计			
25		无形资产	13576114.16	13303453.24	实收资本	30000000	30000000	
26		递延资产			资本公积	831780.66	992205.6	
27		其他长期资产			盈余公积	479609.16	1209659.24	
28		固定及无形资产合计			其中:公益金			
29		递延税款借项			未分配利润	4330604.96	5808481.2	
30					所有者权益合计			
31		资产总计			负债及所有者权益合计			
32								

图 5.48　输入“资产负债表”数据

如果有需要，可以调整相应的列宽以便能完全地显示所有的数据。

（7）设置单元格数字格式。

① 选中 C5:D31 单元格区域，按住【Ctrl】键，再选中 F5:G31 单元格区域。

② 选择【开始】→【单元格格式】→【格式】选项，从弹出的格式下拉菜单中选择【设置单元格格式】选项，打开“设置单元格格式”对话框。

③ 单击“数字”选项卡，从“分类”列表中选择“数值”，并选中“使用千位分隔符”复选框，如图 5.49 所示。

④ 单击【确定】按钮，完成格式设置。

（8）设置表格格式。

① 选中 B4:G4 单元格区域，设置选定区域的背景为“蓝色”、字体为“白色”、居中对齐。

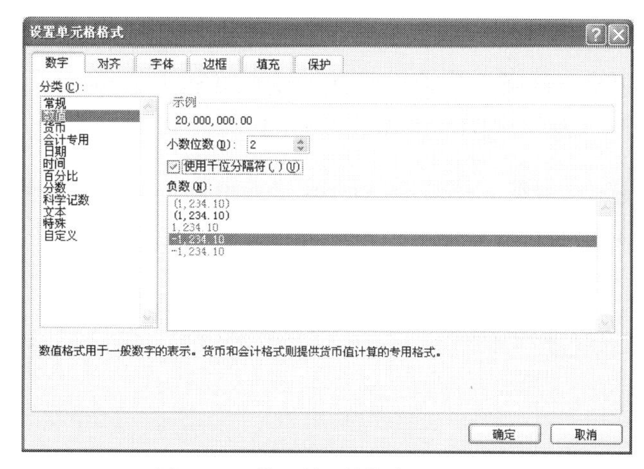

图 5.49　“设置单元格格式”对话框

② 选中 B4:G31 单元格区域，设置单元格区域的外边框为蓝色双实线、内框线为蓝色虚线。

（9）设置合计项目单元格格式。

① 选中 B10:D10、B16:D16、B24:D24、B28:D28、B31:D31、E17:G17、E22:G22、E24:G24 和 E30:G31 单元格区域。

② 将选定的单元格区域设置为“淡蓝色”填充色，如图 5.50 所示。

资产负债表

2011年12月31日

单位名称　　　　金额单位：人民币元

资产	上年数	本年数	负债及所有者权益	上年数	本年数
货币资金	502,787.46	509,669.90	短期借款	20,000,000.00	20,000,000.00
短期投资			应付票据		
应收票据	1,000,000.00	910,000.00	应付账款	20,602,823.42	21,073,949.17
应收账款	6,282,250.07	8,823,919.24	预收账款		
减:坏帐准备			应付工资	465,772.20	568,852.00
应收账款净额			应付福利费	458,035.73	425,463.39
预付账款			应付股利	805,020.25	805,020.25
其他应收款	2,507,120.10	2,098,326.76	未交税金	139,109.39	1,167,322.40
存货	5,060,676.84	5,509,392.21	其他未交款	4,757.75	16,528.88
待摊费用		1,722.00	其他应付款	743,295.67	477,297.86
待处理流动资产净损失	23,427,308.42	24,238,186.17	预提费用	2,324.01	441.10
流动资产合计			一年内到期的长期负债		
长期投资	14,690,000.00	14,690,000.00	流动负债合计		
固定资产原值	23,597,672.95	22,904,721.56	长期借款	9,770,481.36	9,770,481.36
减:累计折旧	2,010,315.44	1,141,361.59	应付债券		
固定资产净值	21,587,357.51	21,763,359.97	长期应付款		
固定资产清理		132,351.57	其他长期负债		
专项工程支出		335,321.39	长期负债合计		
待处理固定资产净损失			递延税款贷项		
固定资产合计			负债合计		
无形资产	13,576,114.16	13,303,453.24	实收资本	30,000,000.00	30,000,000.00
递延资产			资本公积	831,780.66	992,205.60
其他长期资产			盈余公积	479,609.16	1,209,659.24
固定及无形资产合计			其中:公益金		
递延税款借项			未分配利润	4,330,604.96	5,808,481.20
			所有者权益合计		
资产总计			负债及所有者权益合计		

图 5.50　设置合计项目单元格的填充色

③ 选中 B10、B16、B24、B28、B31、E17、E22、E24 单元格和 E30:G31 单元格区域，将其设置为居中对齐。

（10）计算“应收账款净额”。

① 单击选中 C10 单元格，输入公式“= C8-C9”，按【Enter】键确认。

② 使用填充柄将公式复制到 D10 单元格。

应收账款净额 = 应收账款−坏账准备。

（11）计算“流动资产合计”。

① 单击选中 C16 单元格，输入公式“= SUM(C5:C7)+SUM(C10:C15)”，按【Enter】键确认。

② 使用填充柄将公式复制到 D16 单元格。

流动资产合计 = 货币资金+短期投资+应收票据+应收账款净额+预付账款+其他应收款+存货+待摊费用+待处理流动资产净损失。

（12）计算“固定资产合计”。

① 单击选中 C24 单元格，输入公式“= SUM(C20:C23)”，按【Enter】键确认。

② 使用填充柄将公式复制到 D24 单元格。

固定资产合计 = 固定资产净值+固定资产清理+专项工程支出+待处理固定资产净损失。

（13）计算“固定及无形资产合计”。

① 单击选中 C28 单元格，输入公式“= SUM(C24:C27)”，按【Enter】键确认。

② 使用填充柄将公式复制到 D28 单元格。

固定及无形资产合计 = 固定资产合计+无形资产+递延资产+其他长期资产。

（14）计算“资产总计”。

① 单击选中 C31 单元格，输入公式“= SUM(C16,C17,C28,C29)”，按【Enter】键确认。

② 使用填充柄将公式复制到 D31 单元格，此时，D31 单元格的右下角会出现“自动填充选项”按钮，单击其右下角的下拉按钮，从弹出的选项中选择“不带格式填充”。

资产总计 = 流动资产合计+长期投资+固定及无形资产合计+递延税款借项。

计算完资产类数据结果如图 5.51 所示。

资产负债表

2011年12月31日

单位名称　　　　金额单位：　人民币元

资产	上年数	本年数	负债及所有者权益	上年数	本年数
货币资金	502, 787. 46	509, 669. 90	短期借款	20, 000, 000. 00	20, 000, 000. 00
短期投资			应付票据		
应收票据	1, 000, 000. 00	910, 000. 00	应付账款	20, 602, 823. 42	21, 073, 949. 17
应收账款	6, 282, 250. 07	8, 823, 919. 24	预收账款		
减:坏帐准备			应付工资	465, 772. 20	568, 852. 00
应收账款净额	6, 282, 250. 07	8, 823, 919. 24	应付福利费	458, 035. 73	425, 463. 39
预付账款			应付股利	805, 020. 25	805, 020. 25
其他应收款	2, 507, 120. 10	2, 098, 326. 76	未交税金	139, 109. 39	1, 167, 322. 40
存货	5, 060, 676. 84	5, 509, 392. 21	其他未交款	4, 757. 75	16, 528. 88
待摊费用		1, 722. 00	其他应付款	743, 295. 67	477, 297. 86
待处理流动资产净损失	23, 427, 308. 42	24, 238, 186. 17	预提费用	2, 324. 01	441. 10
流动资产合计	38, 780, 142. 89	42, 091, 216. 28	一年内到期的长期负债		
长期投资	14, 690, 000. 00	14, 690, 000. 00	流动负债合计		
固定资产原值	23, 597, 672. 95	22, 904, 721. 56	长期借款	9, 770, 481. 36	9, 770, 481. 36
减:累计折旧	2, 010, 315. 44	1, 141, 361. 59	应付债券		
固定资产净值	21, 587, 357. 51	21, 763, 359. 97	长期应付款		
固定资产清理		132, 351. 57	其他长期负债		
专项工程支出		335, 321. 39	长期负债合计		
待处理固定资产净损失			递延税款贷项		
固定资产合计	21, 587, 357. 51	22, 231, 032. 93	负债合计		
无形资产	13, 576, 114. 16	13, 303, 453. 24	实收资本	30, 000, 000. 00	30, 000, 000. 00
递延资产			资本公积	831, 780. 66	992, 205. 60
其他长期资产			盈余公积	479, 609. 16	1, 209, 659. 24
固定及无形资产合计	35, 163, 471. 67	35, 534, 486. 17	其中:公益金		
递延税款借项			未分配利润	4, 330, 604. 96	5, 808, 481. 20
			所有者权益合计		
资产总计	88, 633, 614. 56	92, 315, 702. 45	负债及所有者权益合计		

图 5.51　计算完资产类数据结果

（15）计算“流动负债合计”。

① 单击选中F17单元格，输入公式“= SUM(F5:F16)”，按【Enter】键确认。

② 使用填充柄将公式复制到G17单元格，此时，G17单元格的右下角会出现“自动填充选项”按钮，单击其右下角的下拉按钮，从弹出的选项中选择“不带格式填充”。

流动负债合计 = 短期借款+应付票据+应付账款+预收账款+应付工资+应付福利费+应付股利+未交税金+其他未交款+其他应付款+预提费用+一年内到期的长期负债。

（16）计算“长期负债合计”。

① 单击选中F22单元格，输入公式“= SUM(F18:F21)”，按【Enter】键确认。

② 使用填充柄将公式复制到G22单元格，此时，G22单元格的右下角会出现“自动填充选项”按钮，单击其右下角的下拉按钮，从弹出的选项中选择“不带格式填充”。

长期负债合计 = 长期借款+应付债券+长期应付款+其他长期负债。

（17）计算“负债合计”。

① 单击选中F24单元格，输入公式“= SUM(F17,F22:F23)”，按【Enter】键确认。

② 使用填充柄将公式复制到G24单元格，此时，G24单元格的右下角会出现“自动填充选项”按钮，单击其右下角的下拉按钮，从弹出的选项中选择“不带格式填充”。

负债合计 = 流动负债合计+长期负债合计+递延税款贷项。

（18）计算“所有者权益合计”。

① 单击选中F30单元格，输入公式“= SUM(F25:F27,F29)”，按【Enter】键确认。

② 使用填充柄将公式复制到G30单元格，此时，G30单元格的右下角会出现“自动填充选项”按钮，单击其右下角的下拉按钮，从弹出的选项中选择“不带格式填充”。

所有者权益合计 = 实收资本+资本公积+盈余公积+未分配利润。

（19）计算“负债及所有者权益合计”。

① 单击选中F31单元格，输入公式“= SUM(F24,F30)”，按【Enter】键确认。

② 使用填充柄将公式复制到G31单元格，此时，G31单元格的右下角会出现“自动填充选项”按钮，单击其右下角的下拉按钮，从弹出的选项中选择“不带格式填充”。

负债及所有者权益合计 = 负债合计+所有者权益合计。

计算完成后数据结果如图5.45所示。

【拓展案例】

（1）各行业企业财务报表，可利用 Excel2007 提供的模板来制作，如制作公司的差旅报销单，如图 5.52 所示。

科源有限公司差旅费报销单

填表日期：2012年9月29日

出差人姓名	[illegible]			所属部门	[illegible]			
出差地点	西安							
起止日期	自：2012年9月25日星期二		至：2012年9月27日星期四			出差天数	3	天
出差事由	参加会议							
交通及住宿费 种类	票据张数	开支金额	标准金额	出差补助费 出差地点	天数	标准	金额	
车船费	8	¥2,480.00	¥2,480.00	西安	3	¥120.00	¥360.00	
市内交通费	6	¥125.00	¥125.00					
住宿费	1	¥480.00	¥480.00					
餐费	3	¥200.00	¥200.00					
其他	1	¥400.00	¥400.00					
小计	19	¥3,685.00	¥3,685.00	小计			¥360.00	
金额合计	（大写）[illegible]					¥4,045.00	元	
报销结算情况								
原出差借款	¥2,000.00			报销金额	¥4,045.00			
退回金额				补发金额	¥2,045.00			

申请人：　部门经理：　总经理：　出纳：　复核：

图 5.52　公司的差旅报销单

（2）可利用模板/向导来完成相关报表的制作。

【拓展训练】

损益表是企业的三大对外报送报表之一，是一个企业一段时间内损益情况的统计表。制作企业的损益债表，效果如图 5.53 所示。

损益表

2011年12月31

单位名称　　金额单位：人民币元

项目名称	上年数	本年数
一、主营业务收入	35,671,239.78	40,661,764.32
减：主营业务成本	31,992,135.88	33,969,413.03
主营业务税金及附加	1,177,817.68	1,354,036.74
二、主营业务利润	2,501,286.22	5,338,314.55
加：其他业务利润	32,901.00	
减：营业费用		
管理费用	1,812,699.24	1,353,908.78
财务费用	466,649.72	234,215.26
三、营业利润	254,838.26	3,750,190.51
加：投资收益		
补贴收入		
营业外收入		
减：营业外支出	53,929.00	99,940.11
四、利润总额	200,909.26	3,650,250.40
减：所得税	68,396.47	1,341,838.20
五、净利润	132,512.79	2,308,412.20
加：年初未分配利润		
其他转入		
六、可供分配的利润	132,512.79	2,308,412.20
减：提取法定盈余公积		
提取法定公益金		
提取职工奖励及福利基金		
提取储备基金		
提取企业发展基金		
利润归还投资		
七、可供投资者分配的利润	132,512.79	2,308,412.20
减：应付优先股股利		
提取任意盈余公积		
应付普通股股利		
转作资本的普通股股利		
八、未分配利润	132,512.79	2,308,412.20

图 5.53　损益表

操作步骤如下。

（1）启动 Excel 2007，新建一份工作簿，以“损益表”为名保存在“E:\公司文档\财务部”文件夹中。

（2）重命名工作表。将 Sheet1 工作表重命名为“损益表”。

（3）输入表格标题。

① 在 B1 单元格中输入表格标题“损益表”。

② 选中 B1:D1 单元格区域，选择【开始】→【对齐方式】→【合并后居中】选项。

③ 将标题字体格式设置为“隶属”、字号为“20”，字体颜色为“深蓝”，并添加下画线。

（4）输入建表日期及单位。

① 在 B2 单元格中输入建立表格的日期“2011 年 12 月 31”。

② 选中 B2:D2 单元格区域，选择【开始】→【对齐方式】→【合并后居中】选项。

③ 将建表日期的字号格式设置为 9。

④ 将第 2 行的行高设置为 11。

⑤ 在 B3 和 D3 单元格中分别输入“单位名称”和“金额单位： 人民币元”。

⑥ 将光标移到 D 列和 E 列列表中间，当光标变为“✥”形状时，双击鼠标左键可自动调整 D 列的列宽。

（5）输入表格各个字段标题。

① 在 B4:D4、B5:B35 单元格区域中输入表格各个字段的标题。

② 调整 B 列的列宽以使其能完全地显示所有的数据。如图 5.54 所示。

（6）输入表格数据。

① 在 C9 单元格、C5:D7、C11:D12、C17:D17 和 C19:D19 单元格区域中输入上半年和本年损益类项目数据，如图 5.55 所示。

② 调整 C 列的列宽以便能完全地显示所有的数据。

	A	B	C	D	E
1		损益表			
2		2011年12月31			
3		单位名称		金额单位：人民币元	
4		项目名称	上年数	本年数	
5		一、主营业务收入			
6		减：主营业务成本			
7		主营业务税金及附加			
8		二、主营业务利润			
9		加：其他业务利润			
10		减：营业费用			
11		管理费用			
12		财务费用			
13		三、营业利润			
14		加：投资收益			
15		补贴收入			
16		营业外收入			
17		减：营业外支出			
18		四、利润总额			
19		减：所得税			
20		五、净利润			
21		加：年初未分配利润			
22		其他转入			
23		六、可供分配的利润			
24		减：提取法定盈余公积			
25		提取法定公益金			
26		提取职工奖励及福利基金			
27		提取储备基金			
28		提取企业发展基金			
29		利润归还投资			
30		七、可供投资者分配的利润			
31		减：应付优先股股利			
32		提取任意盈余公积			
33		应付普通股股利			
34		转作资本的普通股股利			
35		八、未分配利润			
36					

图 5.54　输入表格各个字段标题

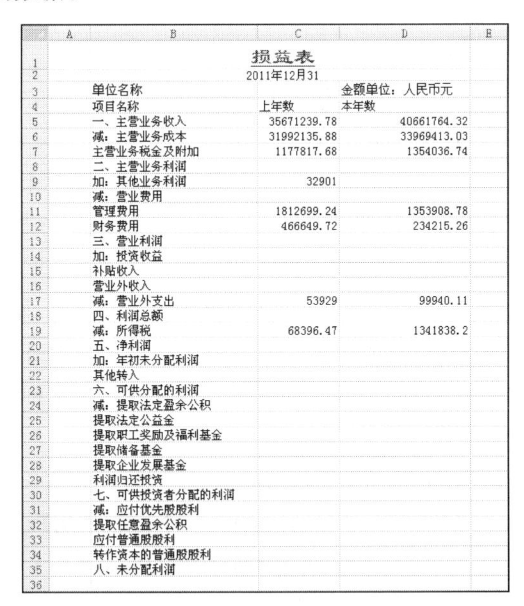

	A	B	C	D	E
1		损益表			
2		2011年12月31			
3		单位名称		金额单位：人民币元	
4		项目名称	上年数	本年数	
5		一、主营业务收入	35671239.78	40661764.32	
6		减：主营业务成本	31992135.88	33969413.03	
7		主营业务税金及附加	1177817.68	1354036.74	
8		二、主营业务利润			
9		加：其他业务利润	32901		
10		减：营业费用			
11		管理费用	1812699.24	1353908.78	
12		财务费用	466649.72	234215.26	
13		三、营业利润			
14		加：投资收益			
15		补贴收入			
16		营业外收入			
17		减：营业外支出	53929	99940.11	
18		四、利润总额			
19		减：所得税	68396.47	1341838.2	
20		五、净利润			
21		加：年初未分配利润			
22		其他转入			
23		六、可供分配的利润			
24		减：提取法定盈余公积			
25		提取法定公益金			
26		提取职工奖励及福利基金			
27		提取储备基金			
28		提取企业发展基金			
29		利润归还投资			
30		七、可供投资者分配的利润			
31		减：应付优先股股利			
32		提取任意盈余公积			
33		应付普通股股利			
34		转作资本的普通股股利			
35		八、未分配利润			
36					

图 5.55　输入“损益表”数据

（7）设置单元格数字格式。

① 选中 C5:D35 单元格区域。

② 设置选中单元格区域的数字格式为“数值”，并选中“使用千位分隔符”复选框。

（8）设置表格格式。

① 选中 B4:D4 单元格区域，设置选定区域的背景为“蓝色”、字体为“白色”、居中对齐。

② 选中 B4:D35 单元格区域，设置单元格区域的外边框为蓝色双实线、内框线为蓝色虚线。

（9）设置项目标题的缩进形式。

① 选中 B6、B14、B17、B19、B21、B24、B31 单元格和 B9:B10 单元格区域。

② 选择【开始】→【单元格格式】→【格式】选项，从弹出的格式下拉菜单中选择【设置单元格格式】选项，打开“设置单元格格式”对话框。

③ 单击“对齐”选项卡，从“水平对齐”列表中选择“靠左（缩进）”，并在缩进文本框中调整缩进值为“1”，如图 5.56 所示。

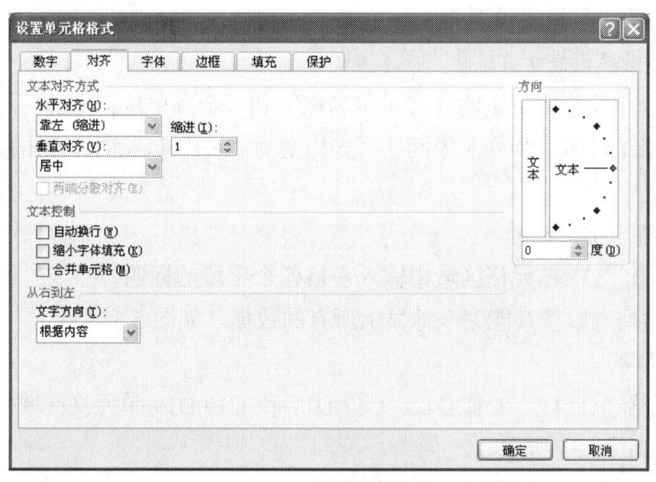

图 5.56 设置对齐方式

（10）设置具体项目的缩进形式。

① 选中 B7、B11:B12、B15:B16、B25:B29、B32:B34 单元格区域和 B22 单元格。

② 选择【开始】→【单元格格式】→【格式】选项，从弹出的格式下拉菜单中选择【设置单元格格式】选项，打开“设置单元格格式”对话框。

③ 单击“对齐”选项卡，从“水平对齐”列表中选择“靠左（缩进）”，并在缩进文本框中调整缩进值为“2”。

（11）设置主要项目的单元格填充色。

① 选中 B8:D8、B13:D13、B18:D18、B20:D20、B23:D23、B30:D30 和 B35:D35 单元格区域。

② 将选定的单元格区域设置为“淡蓝”填充色，如图 5.57 所示。

损益表

2011年12月31

单位名称　　金额单位：人民币元

项目名称	上年数	本年数
一、主营业务收入	35,671,239.78	40,661,764.32
减：主营业务成本	31,992,135.88	33,969,413.03
主营业务税金及附加	1,177,817.68	1,354,036.74
二、主营业务利润		
加：其他业务利润	32,901.00	
减：营业费用		
管理费用	1,812,699.24	1,353,908.78
财务费用	466,649.72	234,215.26
三、营业利润		
加：投资收益		
补贴收入		
营业外收入		
减：营业外支出	53,929.00	99,940.11
四、利润总额		
减：所得税	68,396.47	1,341,838.20
五、净利润		
加：年初未分配利润		
其他转入		
六、可供分配的利润		
减：提取法定盈余公积		
提取法定公益金		
提取职工奖励及福利基金		
提取储备基金		
提取企业发展基金		
利润归还投资		
七、可供投资者分配的利润		
减：应付优先股股利		
提取任意盈余公积		
应付普通股股利		
转作资本的普通股股利		
八、未分配利润		

图 5.57 设置主要项目单元格的填充色

（12）计算“主要业务利润”。

① 单击选中 C8 单元格，输入公式“ = C5-C6-C7”，按【Enter】键确认。

② 使用填充柄将公式复制到 D8 单元格，此时，D8 单元格的右下角会出现“自动填充选项”按钮，单击其右下角的下拉按钮，从弹出的选项中选择“不带格式填充”。

主要业务利润 = 主营业务收入–主营业务成本–主营业务税金及附加。

（13）计算“营业利润”。

① 单击选中 C13 单元格，输入公式“ = SUM(C8:C9)-SUM(C10:C12)”，按【Enter】键确认。

② 使用填充柄将公式复制到 D13 单元格，此时，D13 单元格的右下角会出现“自动填充选项”按钮，单击其右下角的下拉按钮，从弹出的选项中选择“不带格式填充”。

营业利润 =（主营业务利润+其他业务利润）–（营业费用–管理费用–财务费用）。

（14）计算“利润总额”

① 单击选中 C18 单元格，输入公式“ = SUM(C13:C16)-C17”，按【Enter】键确认。

② 使用填充柄将公式复制到 D18 单元格，此时，D18 单元格的右下角会出现“自动填充选项”按钮，单击其右下角的下拉按钮，从弹出的选项中选择“不带格式填充”。

利润总额 =（营业利润+投资收益+补贴收入+营业外收入）–营业外支出。

（15）计算“净利润”

① 单击选中 C20 单元格，输入公式“ = C18-C19”，按【Enter】键确认。

② 使用填充柄将公式复制到 D20 单元格，此时，D20 单元格的右下角会出现“自动填充选项”按钮，单击其右下角的下拉按钮，从弹出的选项中选择“不带格式填充”。

净利润 = 利润总额–所得税。

（16）计算“可供分配的利润”。

① 单击选中 C23 单元格，输入公式“ = SUM(C20:C22)”，按【Enter】键确认。

② 使用填充柄将公式复制到 D23 单元格，此时，D23 单元格的右下角会出现“自动填充选项”按钮，单击其右下角的下拉按钮，从弹出的选项中选择“不带格式填充”。

可供分配的利润 = 净利润+年初未分配利润+其他转入。

（17）计算“可供投资者分配的利润”。

① 单击选中 C30 单元格，输入公式“ = C23-SUM(C24:C29)”，按【Enter】键确认。

② 使用填充柄将公式复制到 D30 单元格，此时，D30 单元格的右下角会出现“自动填充选项”按钮，单击其右下角的下拉按钮，从弹出的选项中选择“不带格式填充”。

可供投资者分配的利润 = 可供分配的利润-（提取法定盈余公积+提取法定公益金+提取职工奖励及福利基金+提取储备基金+提取企业发展基金+利润归还投资）。

（18）计算“未分配利润”。

① 单击选中 C35 单元格，输入公式“=C30-SUM(C31:C34)”，按【Enter】键确认。

② 使用填充柄将公式复制到 D35 单元格，此时，D35 单元格的右下角会出现“自动填充选项”按钮，单击其右下角的下拉按钮，从弹出的选项中选择“不带格式填充”。

未分配利润 = 可供投资者分配的利润-（应付优先股股利+提取任意盈余公积+应付普通股股利+转作资本的普通股股利）。

计算完成后数据结果如图 5.53 所示。

【案例小结】

通过制作公司的“资产负债表”，学会了利用公式和函数等方法来协助制作资产负债表。在 Excel 中，除了直接输入之外，还可以利用模板来生成所在行业企业的各类标准报表，再根据各个企业的自身特点进行修改和完善。

学习总结

本案例所用软件	
案例中包含的知识和技能	
你已熟知或掌握的知识和技能	
你认为还有哪些知识或技能需要强化	
案例中可使用的 Office 技巧	
学习本案例之后的体会	

5.3　案例 20　制作公司贷款及预算表

【案例分析】

企业在项目投资过程中，通常需要贷款来加大资金的周转量。进行投资项目的贷款分析，可使项目的决策者们更直观地了解贷款和经营情况，以分析项目的可行性。

财务部门在对投资项目的贷款分析时，可利用 Excel 的函数来预算项目的投资期、偿还金额等指标。本项目通过制作“公司贷款分析”来介绍 Excel 模拟运算表在财务预算和分析方面的应用。

Excel 假设分析数据表工具是一种只需一步操作就能计算出所有变化的模拟分析工具。它可以显示公式中某些值的变化对计算结果的影响，为同时求解某一运算中所有可能的变化值组合提供了捷径。并且，模拟运算表还可以将所有不同的计算结果同时显示在工作表中，便于查看和比较。

Excel 有两种类型的假设分析数据表：单变量假设分析数据表和双变量假设分析数据表。

本案例中针对公司需要购进一批设备，需要资金 100 万元，现需向银行贷款部分资金，年利率假设为 5.9%，采取每月等额还款的方式。现需要分析不同贷款数额（90 万、80 万、70 万、60 万、50 万以及 40 万），不同还款期限（5 年、10 年、15 年及 20 年）下对应的每月应还贷款金额。效果如图 5.58 所示。

	A	B	C	D	E	F	G
1							
2		贷款金额	900000				
3		贷款年利率	5.90%				
4		贷款年限	5				
5		每年还款期数	12				
6		总还款期数	60				
7		每月偿还金额	￥-17,357.70				
8							
9							
10							
11	每月偿还金额	￥-17,357.70	60	120	180	240	
12		900000	￥-17,357.70	￥-9,946.71	￥-7,546.17	￥-6,396.07	
13		800000	￥-15,429.07	￥-8,841.52	￥-6,707.71	￥-5,685.39	
14	贷款金额	700000	￥-13,500.44	￥-7,736.33	￥-5,869.25	￥-4,974.72	
15		600000	￥-11,571.80	￥-6,631.14	￥-5,030.78	￥-4,264.04	
16		500000	￥-9,643.17	￥-5,525.95	￥-4,192.32	￥-3,553.37	
17		400000	￥-7,714.53	￥-4,420.76	￥-3,353.86	￥-2,842.70	
18							
19							

图 5.58　投资贷款分析表

① 利用 Excel 提供的多种财务函数，可以有效地计算财务相关数据。

② 利用 Excel 提供的假设分析，可以进行更复杂的分析，模拟为达到预算目标选择不同方式的大致结果。每种方式的结果都被称为一个方案，根据多个方案的对比分析，可以考查不同方案的优势，从中选择最适合公司目标的方案。

【解决方案】

（1）创建工作簿，重命名工作表。

① 启动 Excel 2007，新建一个空白工作簿。

② 将创建的工作簿以“公司贷款分析”为名保存在“E:\公司文档\财务部”文件夹中。

③ 将“公司贷款分析”工作簿中的 Sheet1 工作表重命名为“贷款分析表”。

（2）创建“投资贷款分析表”结构。

① 如图 5.59 所示，输入贷款分析的基本数据。

② 计算“总还款期数”。

a. 选中 C6 单元格。

b. 输入公式“= C4*C5”。

c. 按【Enter】键确认，计算出“总还款期数”。

（3）计算“每月偿还金额”。

① 选中 C7 单元格。

② 单击编辑栏上的“插入函数”按钮 *fx*，打开“插入函数”对话框。

③ 在【插入函数】对话框中选择“PMT”函数，打开“函数参数”对话框。

④ 在“函数参数”对话框中输入如图 5.60 所示的 PMT 函数参数。

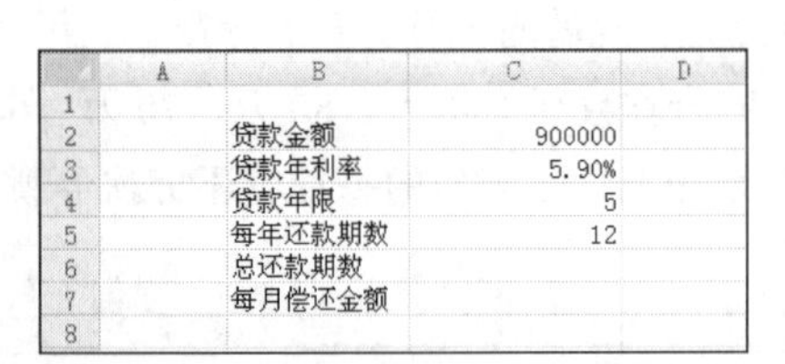

	A	B	C	D
1				
2		贷款金额	900000	
3		贷款年利率	5.90%	
4		贷款年限	5	
5		每年还款期数	12	
6		总还款期数		
7		每月偿还金额		
8				

图 5.59　贷款分析的基本数据

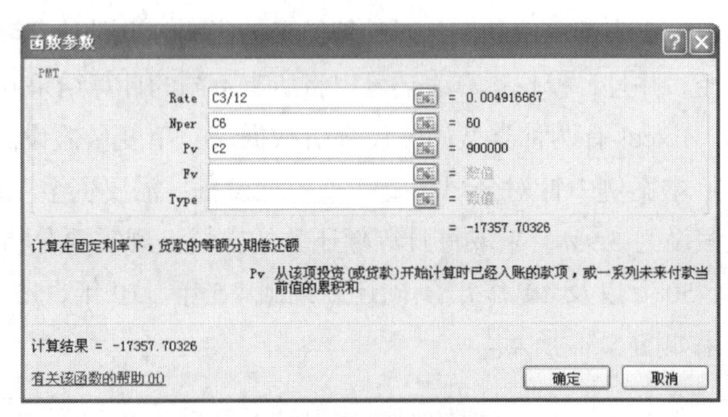

图 5.60　PMT 函数参数

① Excel 中的财务分析函数可以解决很多专业的财务问题，如投资函数可以解决投资分析方面的相关计算，包含 PMT、PPMT、PV、FV、XNPV、NPV、IMPT、NPER 等；折旧函数可以解决累计折旧相关计算，包含 DB、DDB、SLN、SYD、VDB 等；计算偿还率的函数可计算投资的偿还类数据，包含 RATE、IRR、MIRR 等；债券分析函数可进行各种类型的债券分析，包含 DOLLAR/RMB、DOLARDE、DOLLARFR 等。

② 关于 PMT 函数说明如下。

a. 功能：基于固定利率及等额分期付款方式，返回贷款的每期付款额。

b. 语法：PMT(rate,nper,pv,fv,type)

其中 Rate 为各期利率。例如，如果按 10%的年利率贷款，并按月偿还贷款，则月利率为 10%/12（即 0.83%）。

Nper 为该项贷款的付款总数。

Pv 为现值，或一系列未来付款的当前值的累积和，也称为本金。

Fv 为未来值，或在最后一次付款后希望得到的现金余额，如果省略 fv，则假设其值为零，也就是一笔贷款的未来值为零。

Type 数字 0 或 1，用以指定各期的付款时间是在期初还是期末。

⑤ 单击【确定】按钮，计算出给定条件下的“每月偿还金额”，如图 5.61 所示。

（4）计算不同“贷款金额”和不同“总还款期数”的“每月偿还金额”。

这里，设定贷款数额分别为 90 万、80 万、70 万、60 万、50 万以及 40 万，还款期限分别为 5 年、10 年、15 年及 20 年。

① 创建贷款分析的框架。

在 A11:F17 单元格区域中输入“贷款金额”和“总付款期数”各种可能的数据，如图 5.62 所示。这里，贷款期数为月。

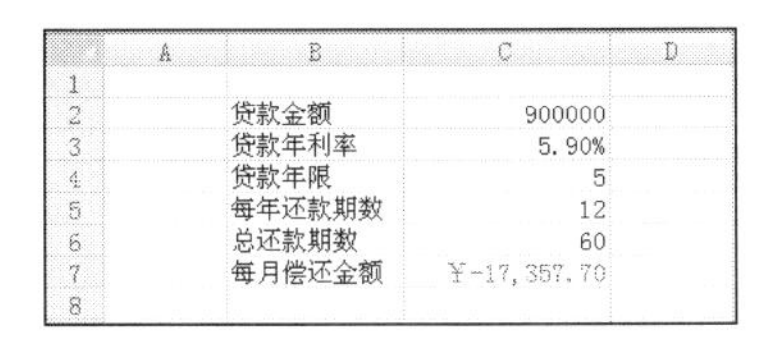

	A	B	C	D
1				
2		贷款金额	900000	
3		贷款年利率	5.90%	
4		贷款年限	5	
5		每年还款期数	12	
6		总还款期数	60	
7		每月偿还金额	￥-17,357.70	
8				

图 5.61　计算“每月偿还金额”

10						
11	每月偿还金额		60	120	180	240
12		900000				
13		800000				
14	贷款金额	700000				
15		600000				
16		500000				
17		400000				
18						

图 5.62　双变量下的数据框架

② 计算“每月偿还金额”。

a. 选中 B11 单元格。

b. 插入 PMT 函数，设置如图 5.60 所示的函数参数，单击【确定】按钮，在 B11 单元格中计算出“每月偿还金额”如图 5.63 所示。

c. 选中 B11:F17 单元格区域。

d. 选择【数据】→【数据工具】→【假设分析】选项，从下拉菜单中选择【数据表】选项，打开“数据表”对话框，并将“输入引用行的单元格”设置为“$C$6”，“输入引用列的单元格”设置为“$C$2”，如图 5.64 所示。

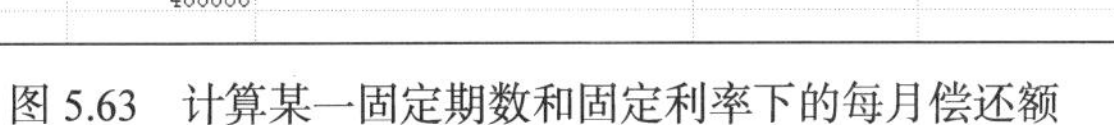

10						
11	每月偿还金额	￥-17,357.70	60	120	180	240
12		900000				
13		800000				
14	贷款金额	700000				
15		600000				
16		500000				
17		400000				
18						

图 5.63　计算某一固定期数和固定利率下的每月偿还额

图 5.64　“数据表”对话框

由于在工作表中，每期偿还金额与贷款金额（单元格 C2）、贷款年利率（单元格 C3）、借款年限（单元格 C4）、每年还款期数（单元格 C5）以及各因素可能组合（单元格区域 B12:B17 和 C11:F11）这些基本数据之间建立了动态链接，因此，财务人员可通过改变单元格 C2、单元格 C3、单元格 C4 或单元格 C5 中的数据，或调整单元格区域 B12:B17 和 C11:F11 中的各因素可能组合，各分析值将会自动计算。这样，可以一目了然地观察到不同期限、不同贷款金额下，每期应偿还金额的变化，从而可以根据企业的经营状况，选择一种合适的贷款方案。

e. 单击【确定】按钮，计算出如图 5.65 所示的不同“贷款金额”和不同“总还款期数”的“每月偿还金额”。

10						
11	每月偿还金额	￥-17,357.70	60	120	180	240
12		900000	-17357.70326	-9946.70911	-7546.173929	-6396.065888
13		800000	-15429.06957	-8841.519209	-6707.710159	-5685.3919
14	贷款金额	700000	-13500.43587	-7736.329308	-5869.24639	-4974.717913
15		600000	-11571.80217	-6631.139407	-5030.78262	-4264.043925
16		500000	-9643.168478	-5525.949505	-4192.31885	-3553.369938
17		400000	-7714.534783	-4420.759604	-3353.85508	-2842.69595
18						

图 5.65　不同“贷款金额”和不同“总还款期数”的“每月偿还金额”

小知识

① 假设分析数据表，用以显示一个或多个公式中一个或多个（两个）影响因素替换为不同值时的结果。

分为单变量假设分析数据表和双变量假设分析数据表两种。

单变量假设分析数据表为用户提供查看一个变化因素改变为不同值时对一个或多个公式的结果的影响；双变量假设分析数据表为用户提供查看两个变化因素改变为不同值时对一个或多个公式的结果的影响。

② Excel 假设分析数据表对话框中有两个编辑对话框，一个是“输入引用行的单元格（R）”，一个是“输入引用列的单元格（C）”。若影响因素只有一个，即单变量假设分析数据表，则只需要填列其中的一个，如果假设分析数据表是以行方式建立的，则填写“输入引用行的单元格（R）”；如果假设分析数据表是以列方式建立的，则填写“输入引用列的单元格（C）”。而在本例中，使用的是双变量假设分析数据表，因此两个单元格均需填入。

③ 假设分析数据表的工作原理如下：在 B11 中的公式是“＝PMT(C3/12,C6,C2)”，即每期支付的贷款利息是 C3/12，因为是按月支付，所以用年利息除以 12；支付贷款的总期数是 60 个月；贷款金额是 900 000。

这里，年利率 C3 的只固定不变，当计算 C12 单元格时，Excel 将把 C11 单元格中的值输入到公式中的 C6 单元格，把 B12 单元格中的值输入到公式中的 C2 单元格；当计算 D12 时，Excel 将把 D11 单元格中的值输入到公式中的 C6 单元格，把 B12 单元格中的值输入到公式中的 C2 单元格……，如此下去，直到模拟运算表中的所有值都计算出来。

④ 在公式中输入单元格是任取的，它可以是工作表中的任意空白单元格，事实上，它只是一种形式，因为它的取值来源于输入行或输入列。

（5）格式化“投资贷款分析表”。

① 选中 C12:F17 单元格区域。

② 选择【开始】→【单元格格式】→【格式】选项，从弹出的格式下拉菜单中选择【设置单元格格式】选项，打开“设置单元格格式”对话框。

③ 单击“数字”选项卡，从“分类”列表中选择“货币”，设置货币符号为“￥”，小数位数为 2，如图 5.66 所示。

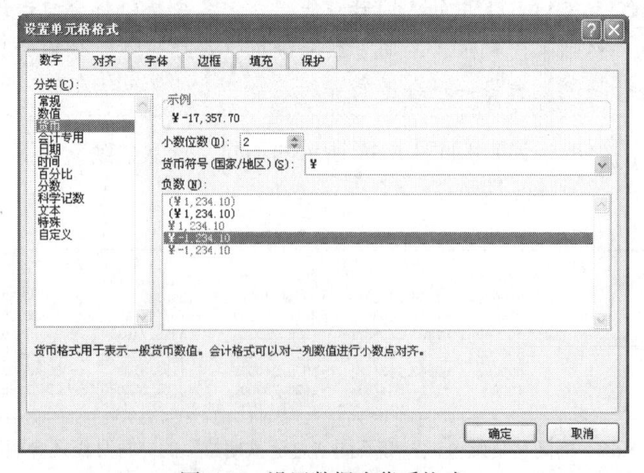

图 5.66　设置数据为货币格式

④ 将 C11:F11 及 B12:B17 单元格区域的对齐方式设置为居中。

⑤ 分别为 B2:C7、A11:F17 单元格区域设置内细外粗的表格边框。

⑥ 选择【视图】→【显示/隐藏】选项，取消【网格线】选项，隐藏工作表网格线。

格式化后的工作表如图 5.58 所示。

【拓展案例】

公司想贷款 1000 万元，用于建立一个新的现代化仓库，贷款利息为每年 8%，期限为 25 年，它每月的支付额是多少？假设有多种不同的利息、不同的贷款年限可供选择，用双模拟变量进行求解，计算出各种情况的每月支付额。

进行分析的利息情况有 5%、7%、9%、11%，对应的贷款年限分别为 10 年、15 年、20 年、30 年。

效果如图 5.67 所示。

	A	B	C	D	E	F	G
1	贷款金额	￥ 10,000,000.00					
2	贷款利息	8%					
3	还款期限	25					
4	月还款额	￥-77,181.62					
5							
6	模拟运算表						
7							
8							
9				贷款年限			
10		￥-77,181.62	10	15	20	30	
11	利息	5%	￥-106,065.52	￥-79,079.36	￥-65,995.57	￥-53,682.16	
12		7%	￥-116,108.48	￥-89,882.83	￥-77,529.89	￥-66,530.25	
13		9%	￥-126,675.77	￥-101,426.66	￥-89,972.60	￥-80,462.26	
14		11%	￥-137,750.01	￥-113,659.69	￥-103,218.84	￥-95,232.34	
15							

图 5.67　模拟运算结果

【拓展训练】

在财务管理工作中，本量利的分析在财务分析中占有举足轻重的作用。通过设定固定成本、售价、数量等指标，可计算出相应的利润。利用 Excel 提供的方案管理器可以进行更复杂的分析，模拟为达到预算目标选择不同方式的大致结果。对于每种方式的结果都被称之为一个方案，根据多个方案的对比分析，可以考查不同方案的优势，从中选择最适合公司目标的方案。制作“本量利分析”效果如图 5.68 所示。

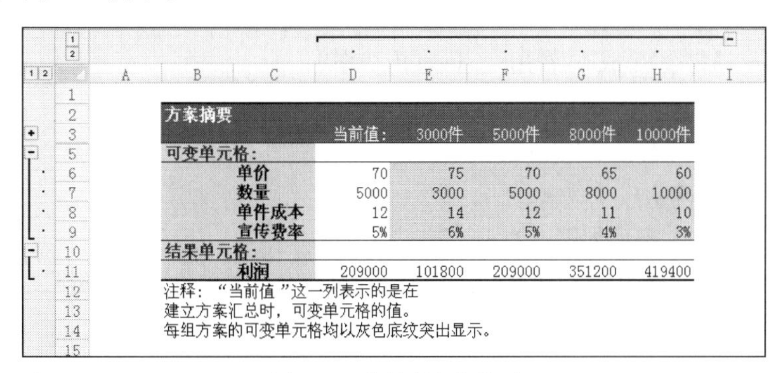

方案摘要		当前值:	3000件	5000件	8000件	10000件
可变单元格:						
	单价	70	75	70	65	60
	数量	5000	3000	5000	8000	10000
	单件成本	12	14	12	11	10
	宣传费率	5%	6%	5%	4%	3%
结果单元格:						
	利润	209000	101800	209000	351200	419400

注释：“当前值”这一列表示的是在
建立方案汇总时，可变单元格的值。
每组方案的可变单元格均以灰色底纹突出显示。

图 5.68　本量利方案摘要

操作步骤如下。

（1）创建工作簿，重命名工作表。

① 启动 Excel 2007，新建一个空白工作簿。

② 将创建的工作簿以“本量利分析”为名保存在“E:\公司文档\财务部”文件夹中。

③ 将“本量利分析”工作簿中的 Sheet1 工作表重命名为“本量利分析模型”。

（2）创建“本量利分析”模型。

这里，我们首先建立一个简单的模型，该模型是假设生产不同数量的某产品，所产生对利润的影响。在该模型中有 4 个可变量：单价、数量、单件成本和宣传费率。

① 参见图 5.69 所示，建立模型的基本结构。

② 按图 5.70 所示输入模型基础数据。

	A	B	C
1	单价		
2	数量		
3	单件成本		
4	宣传费率		
5			
6			
7	利润		
8	销售金额		
9	费用		
10	成本		
11	固定成本		
12			

图 5.69 “本量利”模型的基本结构

	A	B	C
1	单价	70	
2	数量	5000	
3	单件成本	12	
4	宣传费率	5%	
5			
6			
7	利润		
8	销售金额		
9	费用	20000	
10	成本		
11	固定成本	60000	
12			

图 5.70 输入“本量利”模型基础数据

③ 计算“销售金额”数据。

这里，销售金额 = 单价*数量。

a. 选中 B8 单元格。

b. 输入公式“ = B1*B2”。

c. 按【Enter】键确认。

④ 计算“成本”数据。

这里，成本 = 固定成本+数量*单件成本。

a. 选中 B10 单元格。

b. 输入公式“ = B11+B2*B3”。

c. 按【Enter】键确认。

⑤ 计算“利润”数据。

这里，利润 = 销售金额-成本-费用*（1+宣传费率）

a. 选中 B7 单元格。

b. 输入公式“ = B8-B10-B9*(1+B4)”。

c. 按【Enter】键确认。

完成后的“本量利”模型如图 5.71 所示。

（3）重命名单元格。将 B1:B4 和 B7 单元格分别重命名为“单价”、“数量”、“单件成本”、“宣传费率”和利润。

（4）建立“本量利分析”方案。

① 选择【数据】→【数据工具】→【假设分析】选项，从下拉菜单中选择【方案管理器】选项，打开如图 5.72 所示的“方案管理器”对话框。

② 单击“方案管理器”对话框中的【添加】按钮，打开“编辑方案”对话框。

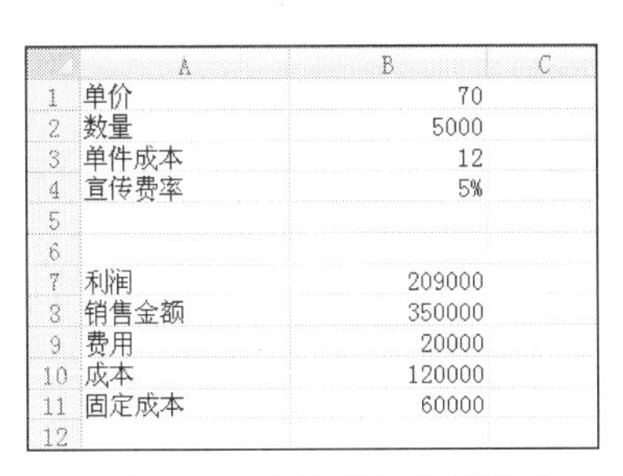

	A	B	C
1	单价	70	
2	数量	5000	
3	单件成本	12	
4	宣传费率	5%	
5			
6			
7	利润	209000	
8	销售金额	350000	
9	费用	20000	
10	成本	120000	
11	固定成本	60000	
12			

图 5.71　“本量利”分析模型

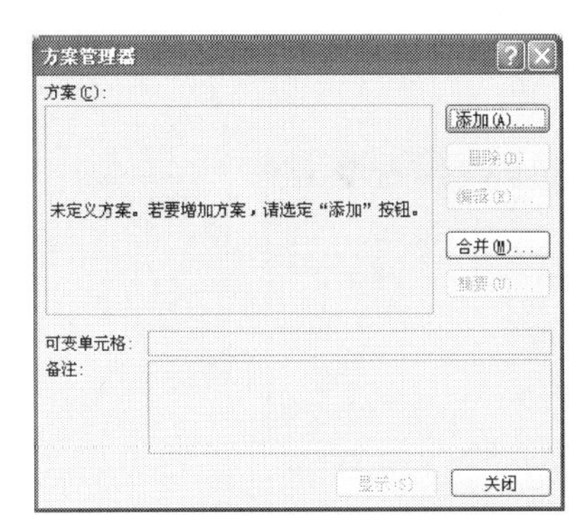

图 5.72　“方案管理器”对话框

③ 如图 5.73 所示，在“方案名”框中输入“3000 件”，在“可变单元格”中设置区域“$B$1:$B$4”。

④ 单击【确定】按钮，打开【方案变量值】对话框，按图 5.74 所示分别设定“单价”、“数量”、“单件成本”和“宣传费率”的值。

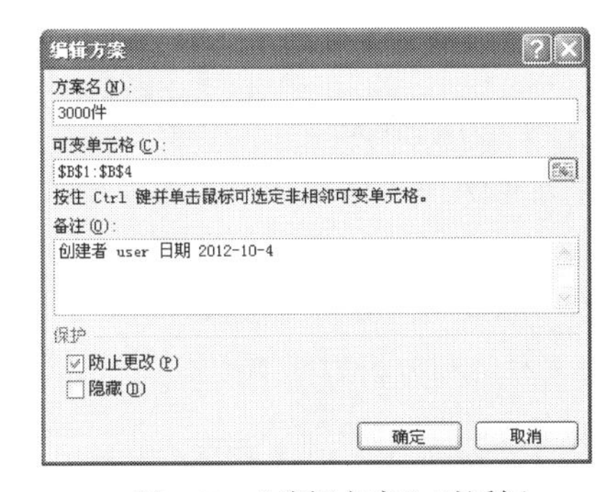

图 5.73　“编辑方案”对话框

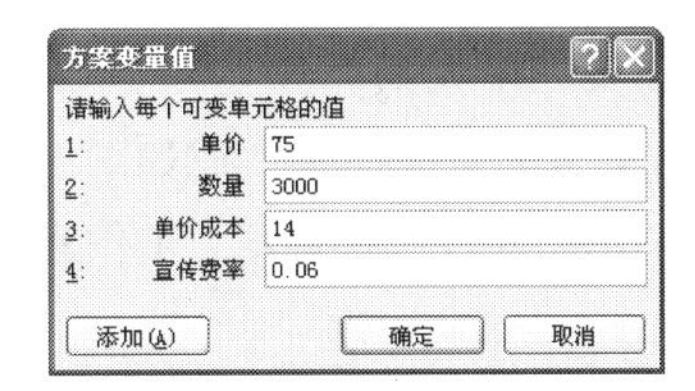

图 5.74　5000 件的“方案变量值”

⑤ 单击【确定】按钮，完成“3000 件”方案的设定。

⑥ 分别按图 5.75、图 5.76 和图 5.77 所示，设置“5000 件”、“8000 件”和“10000 件”的方案变量值。

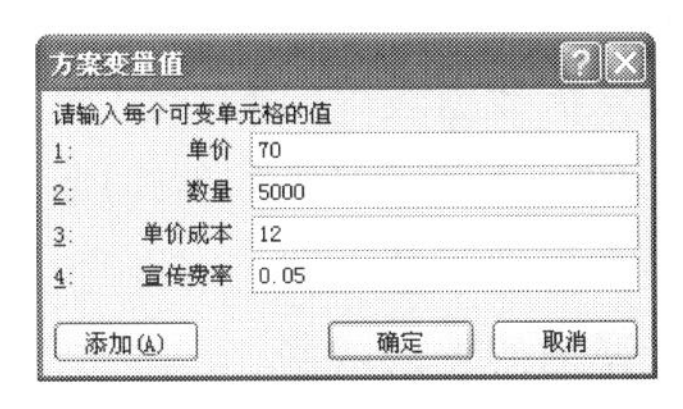

图 5.75　5000 件的“方案变量值”

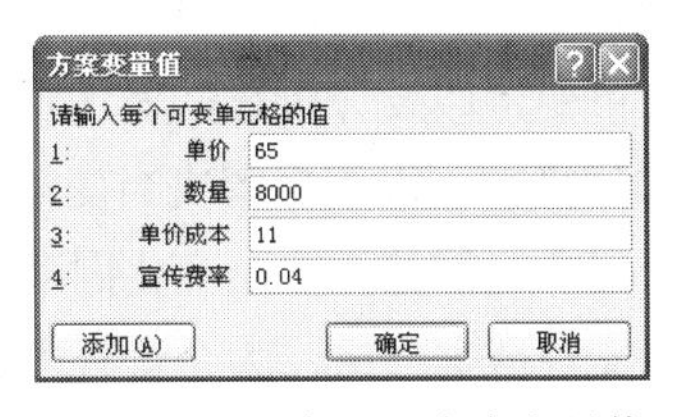

图 5.76　8000 件的“方案变量值”

设置后的方案管理器如图 5.78 所示。

（5）显示“本量利分析”方案。

设定了各种模拟方案后，我们就可以随时查看模拟的结果。

① 在“方案”列表框中，选定要显示的方案，例如选定 8000 件方案。

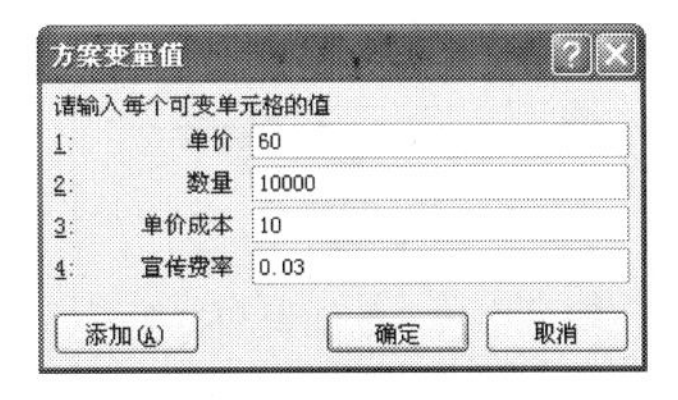

图 5.77　10000 件的“方案变量值”

② 单击【显示】按钮，选定方案中可变单元格的值将出现

在工作表的可变单元格中，同时工作表重新计算，以反映模拟的结果，如图 5.79 所示。

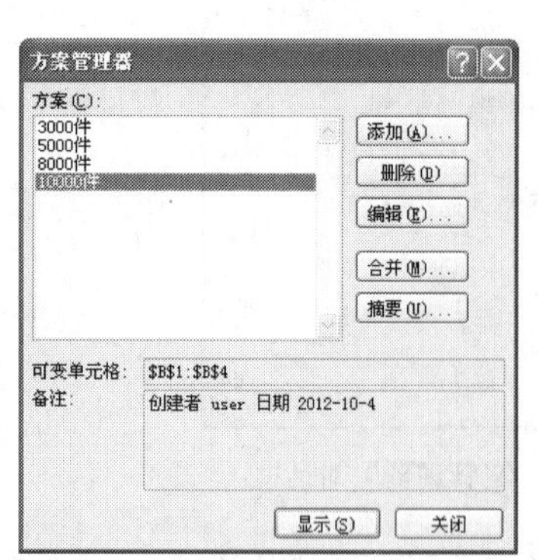

图 5.78　添加方案后的“方案管理器”

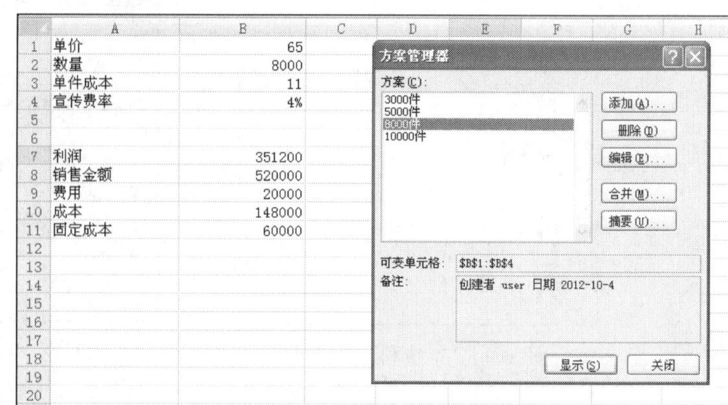

图 5.79　显示“8000 件”方案时工作表中的数据

（6）建立“本量利分析”方案摘要报告。

① 单击“方案管理器”对话框中的【摘要】按钮，打开如图 5.80 所示的“方案摘要”对话框。

② 在“方案摘要”对话框中选择“结果类型”为“方案摘要”。在“结果单元格”框中，通过选定单元格或键入单元格引用来指定每个方案中重要的单元格。

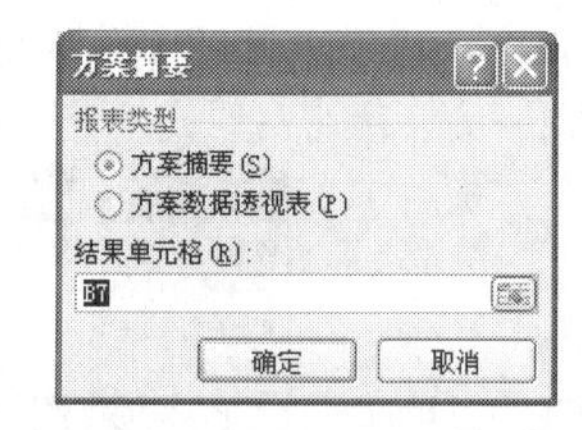

图 5.80　“方案摘要”对话框

③ 单击【确定】按钮，生成如图 5.68 所示的“本量利”分析方法摘要。

④ 将新生成的“方案摘要”工作表重命名为“本量利分析方案摘要”。

Excel 中为数据分析提供了更为高级的分析方法，即通过使用方案来对多个变化因素对结果的影响进行分析。方案是指产生不同结果的可变单元格的多次输入值的集合。每个方案中可以使用多种变量进行数据分析。

【案例小结】

本案例通过制作“公司贷款分析”和“本量利分析”介绍了在 Excel 中的财务函数 PMT、假设分析数据表、单变量假设分析数据表、双变量假设分析数据表等内容。

这些函数和运算都可以用来解决当变量不是唯一的一个值而是一组值时所得到的一组结果，或变量为多个，即多组值甚至多个变化因素时对结果产生的影响。我们可以直接利用 Excel 中的这些函数和方法实现数据分析，为企业管理提供准确详细的数据依据。

📖 学习总结

本案例所用软件	
案例中包含的知识和技能	

续表

你已熟知或掌握的知识和技能	
你认为还有哪些知识或技能需要强化	
案例中可使用的 Office 技巧	
学习本案例之后的体会	

5.4　案例 21　制作财务部工作手册

【案例分析】

公司财务部为了规范日常的经营和管理活动中，现在需要制作一份工作手册，并且需要制作封面和目录，最后装订成册。对于这种类似于图书的长文档版面的设计是首先要考虑的因素。其次，这类文档通常分成封面、目录、正文等几部分。每一部分之间需要设计不同的版式，这就需要将文档分“节”来处理，且正文部分按章的标题来分为不同的节。在正文的排版中，除了使用样式来设置文档的格式外，当有图、表格、图表的内容时，使用题注可以简单对其进行专业、准确标注。长文档的页眉和页脚也需要按不同部分进行设置，包括奇偶页不同的页眉页脚等。在此基础上，可以自动生成文档目录。图 5.81 所示是制作的财务部工作手册效果图。

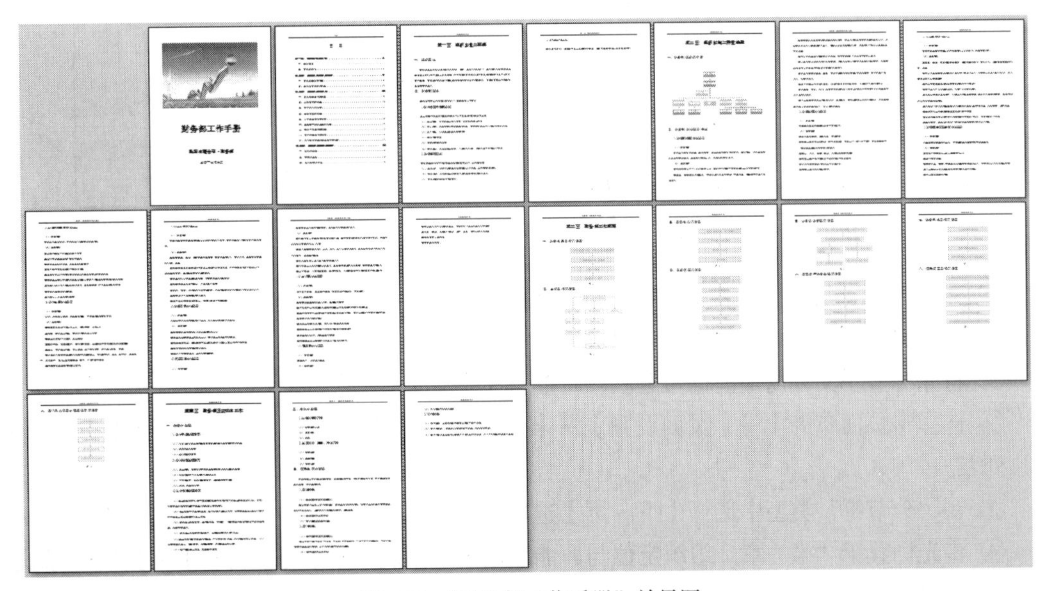

图 5.81　“财务部工作手册”效果图

【解决方案】

（1）素材准备。

① 打开“E:\公司文档\财务部\素材”文件夹中的“财务部工作手册（原文）.docx”文档。

② 单击【Office 按钮】，选择【另存为】→【Word 文档】选项，将文件另存为“公司财务部工作手册”保存在“E:\公司文档\财务部”文件夹中。

（2）设置版面。

① 选择【页面布局】→【页面设置】选项，打开“页面设置”对话框。

② 在“纸张”选项卡中，将纸张大小设置为 16K。

③ 选择“页边距”选项卡，设置纸张方向为“纵向”；在页码范围的多页下拉列表中，选择【对称页边距】，再将上下页边距设置为“2.5 厘米”、内侧和外侧边距设置为“2.2 厘米”，如图 5.82 所示。

默认情况下，一般页码范围中的多页下拉列表中显示为“普通”，则在页边距中显示为上、下、左、右。由于这里我们设置了“对称页边距”，则页边距中显示为上、下、里侧、外侧。

④ 选择“版式”选项卡，在“页眉和页脚”中，选中【奇偶页不同】复选框，以便后面可以设置奇偶页不同的页眉和页脚。分别将页眉和页脚距边界的距离均设置为“1.5 厘米”，如图 5.83 所示。

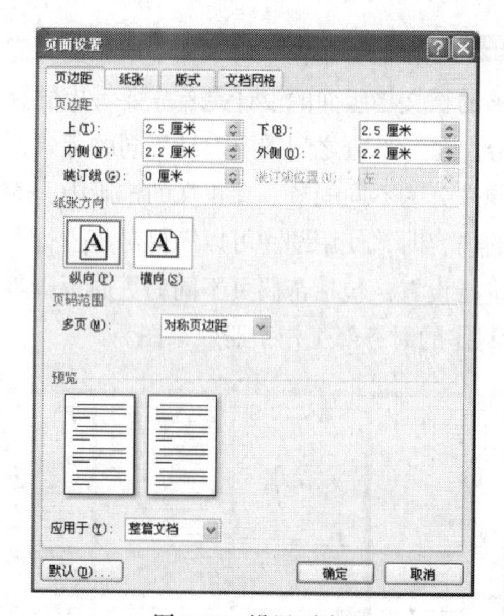

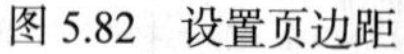
图 5.82　设置页边距

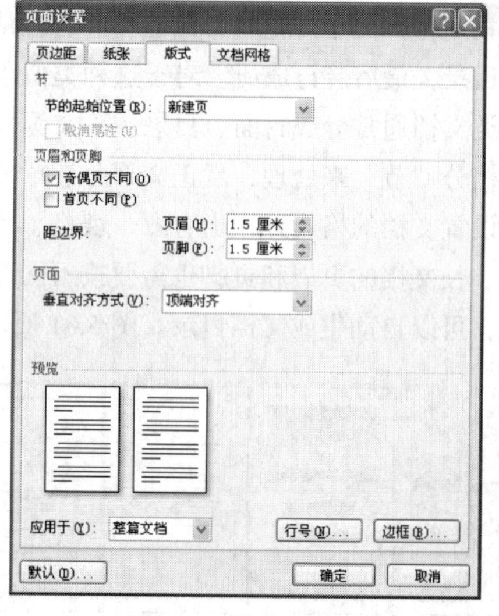

图 5.83　设置页面版式

⑤ 在“应用于”下拉列表中选择“整篇文档”选项，单击【确定】按钮。

（3）插入分节符。

① 将光标置于文档的最前面位置。

② 选择【页面布局】→【页面设置】→【分隔符】选项，打开如图 5.84 所示的“分隔符”下拉列表。

③ 在“分节符”类型中选择【下一页】选项，在文档的最前面为封面预留出一个空白页。

④ 将光标置于“第一章　组织定位与职能”之前，再插入一个分节符“下一页”，在此之前再为“目录”预留一个空白页。

⑤ 分别在“第二章　组织结构与岗位描述”、“第三章　财务部工作流程” 和“第四章　财务部月度基本工作”之前插入分节符，使各章单独成为一节。这样，使整个文档成为6节。

（4）为文档中的图片插入题注。

① 选中文档中第一张图片。

② 选择【引用】→【题注】→【插入题注】选项，打开如图5.85所示的“题注”对话框。

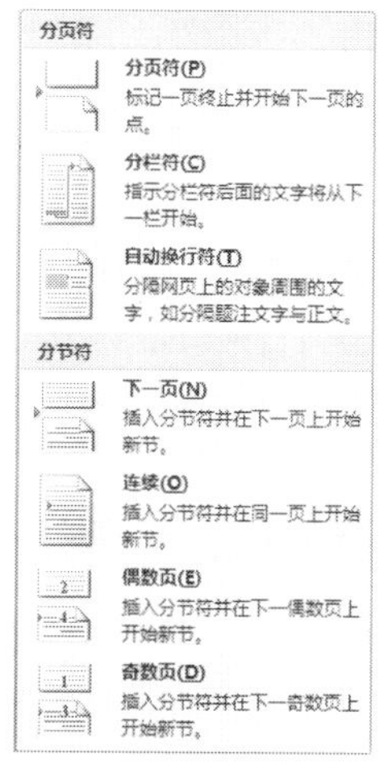

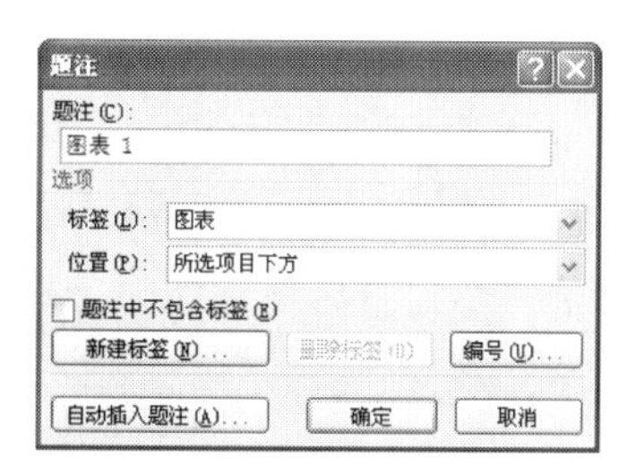

图5.84 “分隔符”对话框　　图5.85 “题注”对话框

提示

默认的题注标签为“图表”，此时，“标签”下拉列表中含有“表格”、“公式”和“图表”。这里，需要新建“图”的标签。

③ 单击【新建标签】按钮，打开如图5.86所示的“新建标签”对话框。

④ 在“标签”文本框中输入新的标签名“图”。单击【确定】按钮，返回“题注”对话框，在“题注”名称框中显示出“图1”。

⑤ 在“位置”右侧的下拉列表中选择“所选项目的下方”。

⑥ 单击【确定】按钮，在文档中第一个图片下方添加题注“图1”，如图5.87所示。

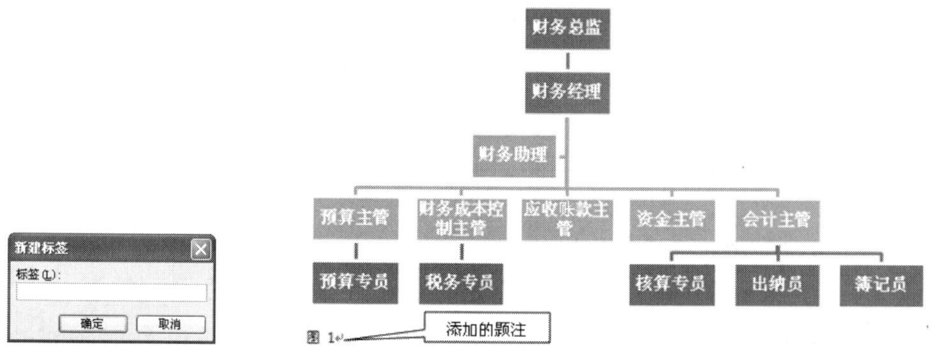

图5.86 “新建标签”对话框　　图5.87 添加的题注效果

⑦ 类似地，依次在文档中的所有图片下方添加题注。图的编号将实现自动连续编号。

（5）设置样式。

① 修改“正文”的样式。

将“正文”的格式定义为宋体、小四号，首行缩进 2 字符，行距为最小值 26 磅。

a. 选择【开始】→【样式】选项，打开的如图 5.88 所示的“样式”任务窗格。

b. 右击样式名“正文”，从快捷菜单中选择【修改】选项，打开如图 5.89 所示的“修改样式”对话框。

图 5.88 “样式”任务窗格

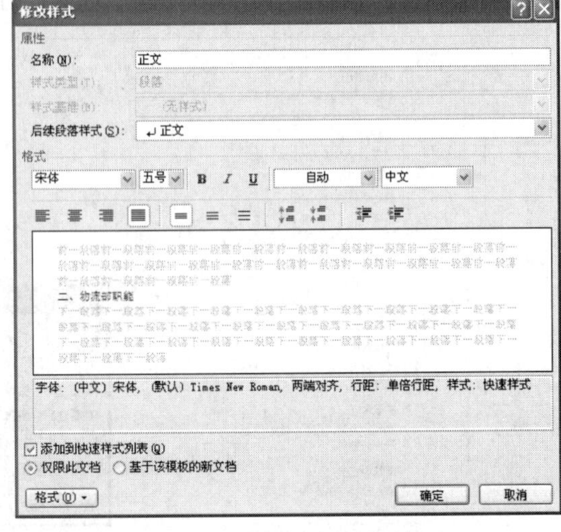

图 5.89 “修改样式”对话框

c. 将样式的字体格式修改为宋体、小四号。

d. 单击【格式】按钮，打开如图 5.90 所示的“格式”菜单。

e. 选择【段落】选项，打开“段落”对话框，按图 5.91 所示设置段落格式。

字体(F)...
段落(P)...
制表位(T)...
边框(B)...
语言(L)...
图文框(M)...
编号(N)...
快捷键(K)...
格式(O)

图 5.90 “格式”菜单

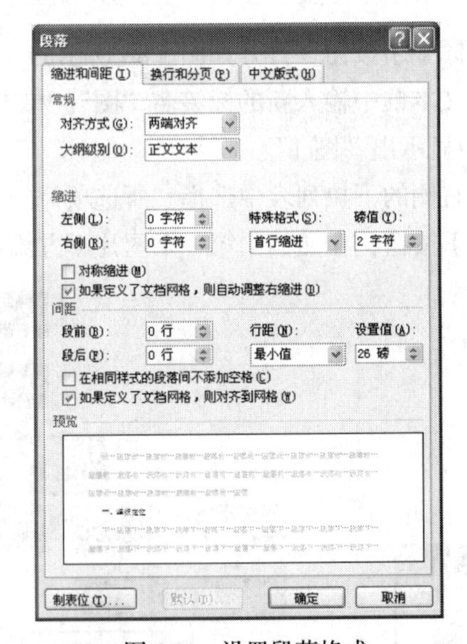

图 5.91 设置段落格式

f. 单击【确定】按钮，返回到“修改样式”对话框中，如图 5.92 所示。

从图 5.92 样式预览框下方显示了“文本”样式的格式：宋体、单倍行距、首行缩进 2 字符等信息。

g. 单击【确定】按钮，完成“正文”样式的修改。

② 修改“标题 1”的样式。

将“标题 1”的格式定义为宋体，二号，加粗，段前 1 行，段后 1 行，2 倍行距，居中对齐，如图 5.93 所示。

③ 修改“标题 2”的样式。

将“标题 2”的格式定义为黑体，小二号，段前 0.5 行，段后 0.5 行，1.5 倍行距，如图 5.94 所示。

④ 修改“标题 3”的样式。

将“标题 3”的格式定义为黑体，小三号，首行缩进 2 字符、段前 12 磅，段后 12 磅，单倍行距，如图 5.95 所示。

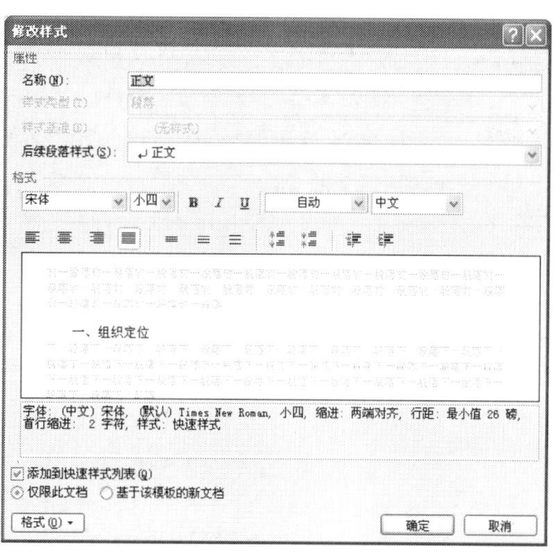

图 5.92　修改后的“正文”样式

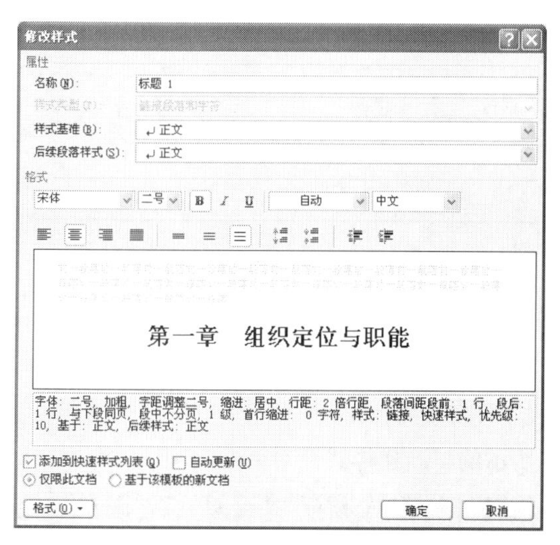

图 5.93　修改“标题 1”样式

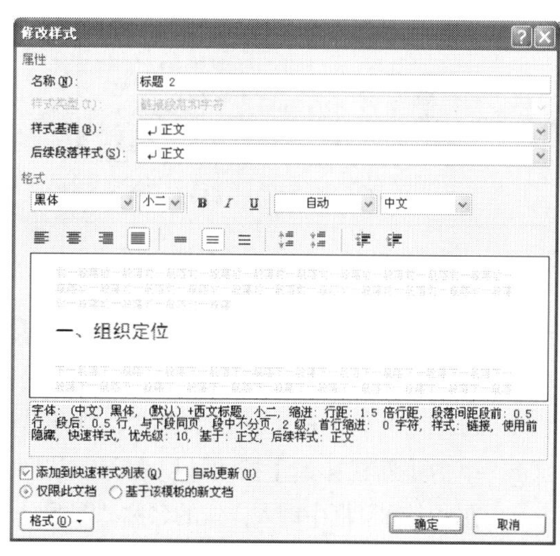

图 5.94　修改“标题 2”样式

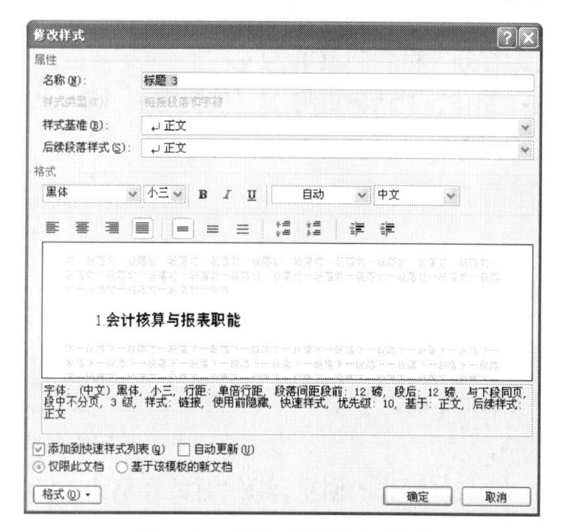

图 5.95　修改“标题 3”样式

默认情况下，样式列表中显示的为“推荐的样式”。要显示更多的样式，可单击“样式”任务窗格右下角的“选项”，打开如图 5.96 所示的“样式窗格选项”对话框。从“选择要显示的样式”下拉列表中选择“所有样式”，即可在样式列表中显示所有样式，如图 5.97 所示。

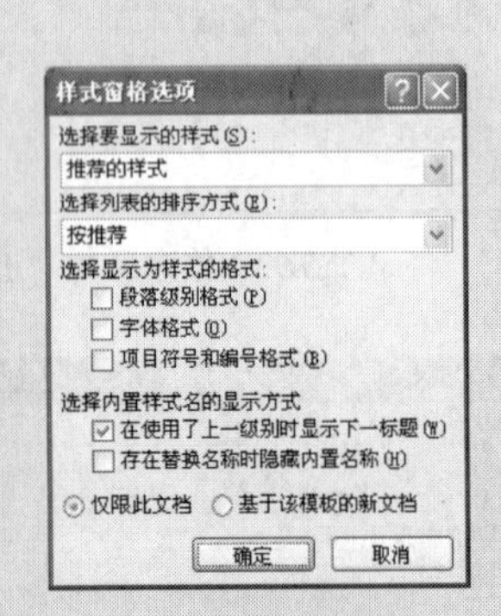

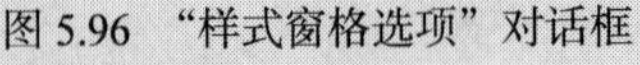
图 5.96 “样式窗格选项”对话框　　图 5.97 显示所有样式的“样式”任务窗格

⑤ 定义新样式“图题”。

将“图题”的格式定义为宋体，小五号，段前 6 磅，段后 6 磅，行距为最小值 16 磅、居中对齐。

a. 选择【开始】→【样式】选项，打开“样式”任务窗格。

b. 单击【新建样式】按钮，打开如图 5.98 所示的“新建样式”对话框。

c. 在“名称”框中键入样式的名称“图题”。

d. 在“样式基于”下拉列表框中，选中“正文”为基准样式。

e. 单击【格式】按钮，打开“格式”菜单中，选中【字体】选项，在“字体”对话框中将字体设置为宋体、小五号，如图 5.99 所示。单击【确定】按钮，返回“新建样式”对话框中。

f. 单击【格式】按钮，打开“格式”下拉菜单中，再选中【段落】选项，在“段落”对话框中将对齐方式设置为居中、段前间距设置 6 磅、段后间距设置为 6 磅，行距设置为最小值 16 磅，如图 5.100 所示。设置完成后单击【确定】按钮，返回到“新建样式”对话框中。

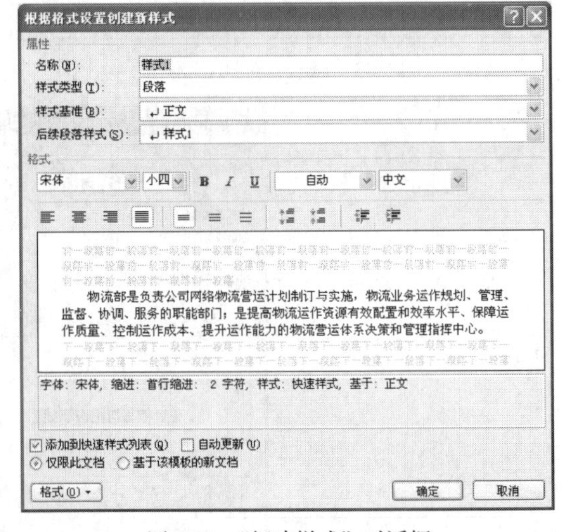

图 5.98 “新建样式”对话框

g. 单击【确定】按钮，完成新样式的创建，在“样式和格式”任务窗格的样式列表中将出现新建的样式名“图题”。

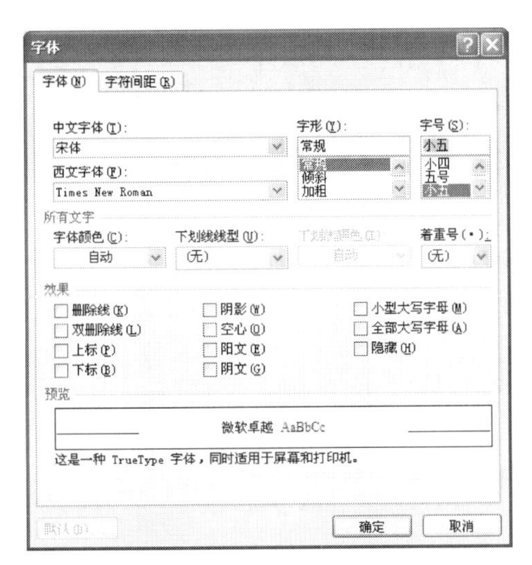

图 5.99　设置新样式的字体格式

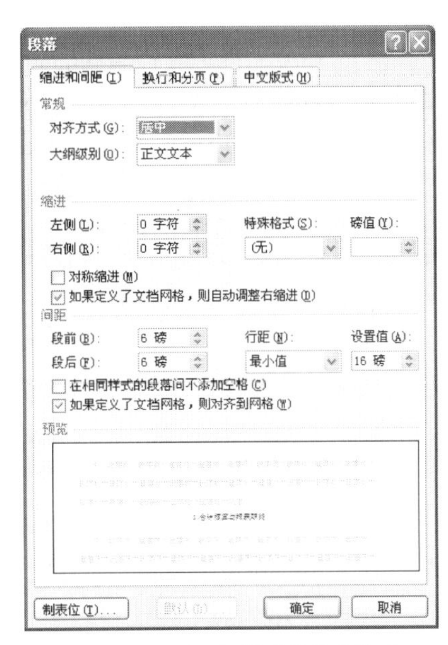

图 5.100　设置新样式的段落格式

（6）应用样式。

① 将文档中编号为“第一章、第二章、第三章……”的标题行应用标题 1 的样式。

a. 将光标置于标题行“第一章　组织定位与职能”的段落中。

b. 选择【开始】→【样式】选项，打开“样式”任务窗格。

c. 单击“样式”任务窗格中“标题 1”，如图 5.101 所示，将标题 1 的样式应用到选中的段落中。

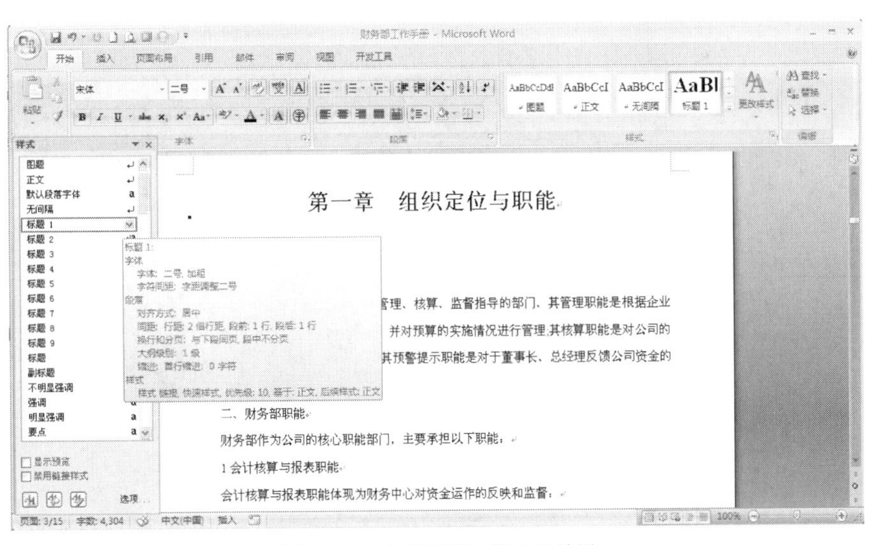

图 5.101　应用标题 1 样式的效果

d. 分别将标题行“第二章　组织结构与岗位描述”、“第三章　财务部工作流程”和“第四章　财务部月度基本工作”应用样式“标题 1”。

② 将文档中编号为“一、二、三……”的标题行应用“标题 2”的样式。

③ 将文档中编号为“1、2、3……”的标题行应用“标题 3”的样式。

④ 将文档中所有图片下方的题注应用“图题”的样式，并将所有图片居中对齐。

⑤ 选择【视图】→【显示/隐藏】→【文档结构图】复选框选项，将在窗口左侧弹出如图 5.102 所示的文档结构窗口，用户可以按标题快速地定位到要查看的文档内容。

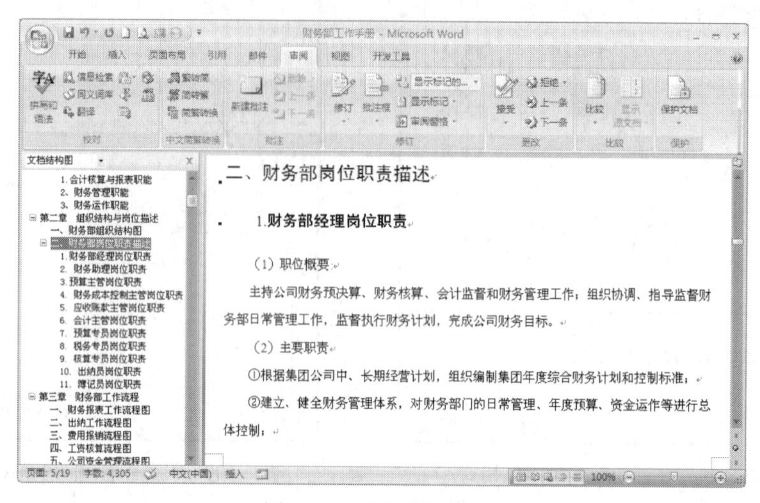

图 5.102 文档结构窗口

借助文档结构窗口，也可以组织整个文档的结构，查看文档的结构是否合理。取消【文档结构图】复选框，将取消文档结构显示窗口。

选择【视图】→【大纲视图】选项，将进入该文档的大纲视图显示模式，如图 5.103 所示。将在该模式下自动显示“大纲”选项卡的工具栏，通过该选项卡上的按钮，可以快速调整文档的整个大钢结构，也可以快速移动整节的内容。单击【关闭大纲视图】按钮，可退出大纲视图。

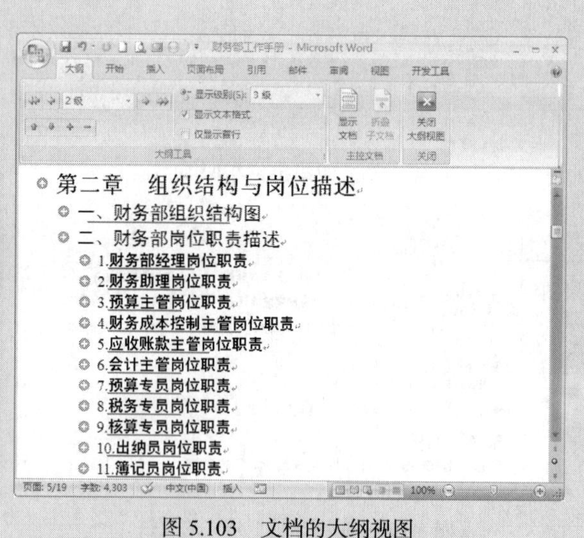

图 5.103 文档的大纲视图

（7）设计封面。

① 将光标置于文档的第一个空白页。

② 插入封面图片。

a. 选择【插入】→【插图】→【图片】选项，打开“插入图片”对话框。

b. 选择“E:\公司文档\财务部\素材”文件夹中的“封面”图片文件，单击【插入】按钮，插入选中的图片、图片居中对齐。

③ 在图片下方输入三行文字“财务部工作手册”、“科源有限公司·财务部”、“二〇一二年九月”。

④ 设置“财务部工作手册”的文本格式。

a. 选中文本“财务部工作手册”。

b. 将其格式设置为黑体、初号、加粗、居中。

c. 设置段前间距为6行、段后间距为6行。

⑤ 将“科源有限公司·财务部”设置为宋体、二号、加粗、居中、段前段后间距各2行。

⑥ 将“二〇一二年九月”设置为宋体、三号、居中。

设置完成的封面效果如图5.104所示。

（8）设置页眉和页脚

① 设置正文的页眉。将正文奇数页页眉设置为“财务部工作手册”，将偶数页页眉为各章标题。

a. 将光标定位于正文的首页中，选择【插入】→【页眉和页脚】→【页眉】选项，打开“页眉”菜单，选择“空白”样式的页眉，将文档切换到“页眉和页脚视图”，如图5.105所示。

图5.104　封面效果图

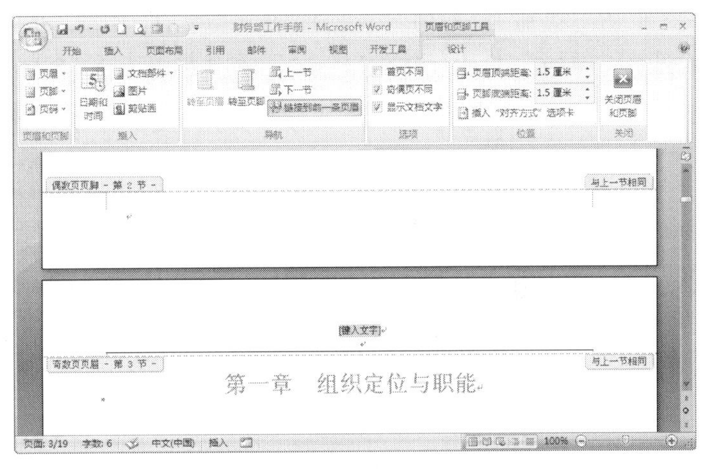

图5.105　“页眉和页脚”视图

提示：此时，可以发现，由于之前进行了文档的分节，在“页眉和页脚”视图中将显示出不同的节。比如，从正文开始的这一节为“第3节”。且在“页面设置时”，因为设置了“奇偶页不同”的页眉和页脚选项，这里正文的首页中显示出“奇数页页眉”。

b. 选择【页眉和页脚工具】→【设计】→【导航】→【链接到前一条页眉】按钮 链接到前一条页眉 选项，使其处于弹起状态，取消本节与上一节页眉的链接关系。

c. 在奇数页的页眉中输入“财务部工作手册”，并将页眉设置为楷体、五号、居中，如图5.106所示。

d. 选择【页眉和页脚工具】→【设计】→【导航】→【下一节】按钮 下一节 选项，切换到偶数页页眉，再单击【链接到前一条页眉】按钮，使其处于弹起状态。

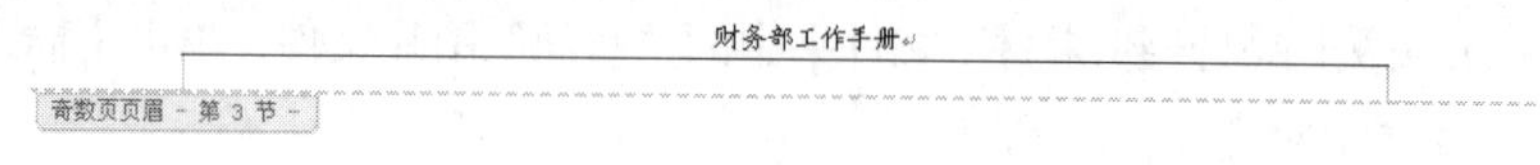

图 5.106　奇数页的页眉效果

e. 将光标置于偶数页页眉中，选择【插入】→【文本】→【文档部件】选项，从下拉菜单中选择【域】选项，打开如图 5.107 所示的“域”对话框。

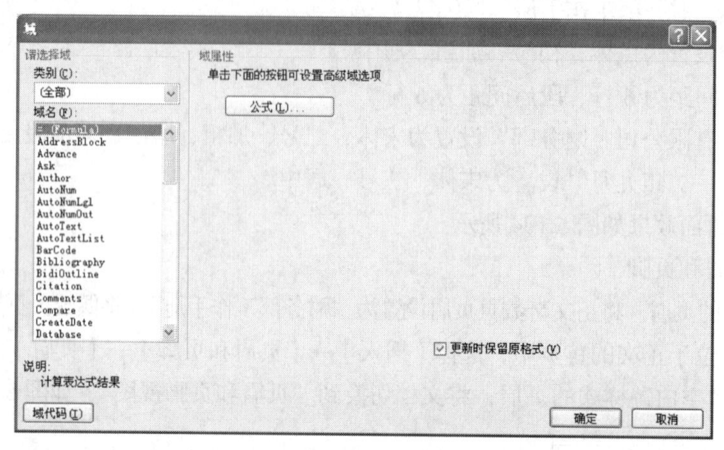

图 5.107　“域”对话框

f. 从“类别”下拉列表中选择“链接与引用”类型，从“域名”列表框中选择“StyleRef”，如图 5.108 所示。再从右边的“样式名”列表框中选择“标题 1”。

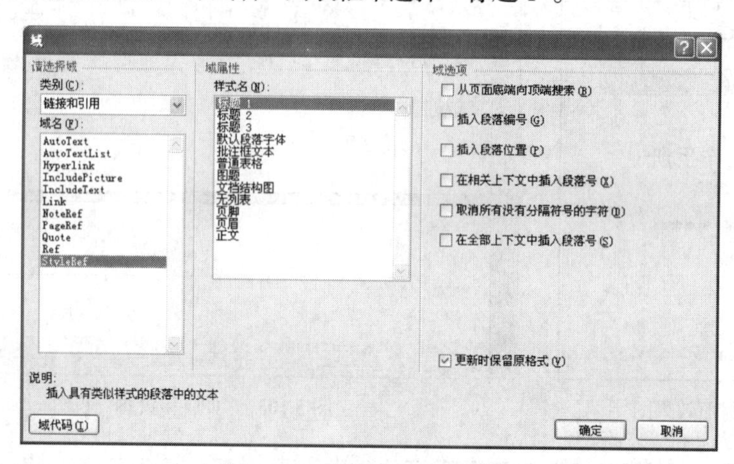

图 5.108　插入“StyleRef”域

g. 单击【确定】按钮，生成如图 5.109 所示的偶数页页眉。

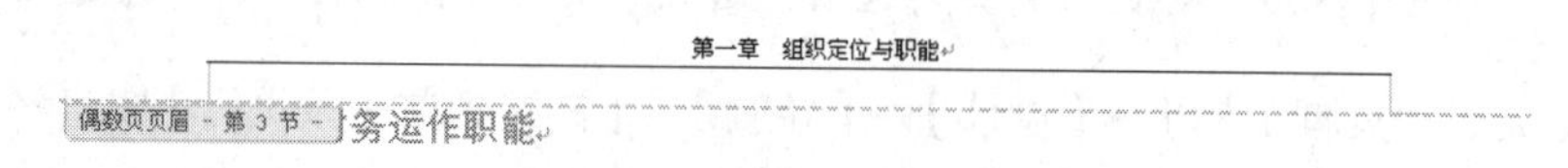

图 5.109　偶数页页眉的效果

② 设置正文的页脚。

a. 选择【页眉和页脚工具】→【设计】→【导航】→【转至页脚】选项，切换到页脚区。再单击【上一节】按钮 上一节，使光标置于奇数页的页脚区中。

b. 单击【链接到前一条页眉】按钮，使其处于弹起状态。

c. 选择【页眉和页脚工具】→【设计】→【页眉和页脚】→【页码】选项，从下拉菜单中选择【页面底端】选项，再从列表中的“普通数字 2”，在页脚中插入页码。

d. 选择【页眉和页脚工具】→【设计】→【页眉和页脚】→【页码】选项，从下拉菜单中选择【设置页码格式】选项，打开如图 5.110 所示的“页码格式”对话框。在“页码编号”选项区中选中【起始页码】单选按钮，并将起始编号设置为“1”，单击【确定】按钮，生成如图 5.111 所示的奇数页页码。

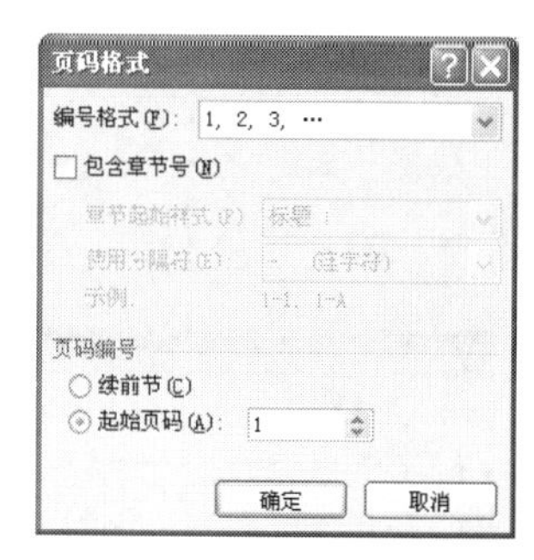

图 5.110 “页码格式”对话框

1

图 5.111　奇数页页脚的效果

e. 选择【页眉和页脚工具】→【设计】→【导航】→【下一节】按钮 下一节 选项，切换到偶数页页脚区中，再次执行插入在页面底端插入“普通数字 2”格式的页码，在偶数页的页脚中插入页码，如图 5.112 所示。

图 5.112　偶数页页脚的效果

③ 设置“目录”页的页眉。

a. 在“页眉和页脚”视图下，将光标移至正文前预留的目录页的页眉区中。

b. 单击【链接到前一条页眉】按钮，使其处于弹起状态。

c. 在页眉输入文字“目录”、居中对齐。

④ 单击【关闭页眉和页脚】按钮，退出“页眉和页脚”视图，返回页面视图。

（9）自动生成目录

① 将光标移至正文前预留的目录页中。

② 在文档中输入文字“目录”，按【Enter】键换行。

③ 将光标置于“目录”下方，选择【引用】→【目录】→【目录】选项，打开“目录”菜单，如图 5.113 所示。

图 5.113 “目录”菜单

④ 选择【插入目录】选项，打开如图 5.114 所示的“目录”对话框。

⑤ 在“格式”下拉列表中选择“来自于模板”风格，将显示级别设置为“2”。

⑥ 选中【显示页码】和【页码右对齐】复选框。

⑦ 单击【确定】按钮，目录自动插入到文档中。

⑧ 将“目录”标题格式设置为黑体、二号，前间距 1 行、段后间距 2 行，居中对齐。

⑨ 选中生成的目录的 1 级标题，将字体设置为宋体、四号、加粗、段前段后各 0.5 行间距，如图 5.115 所示。

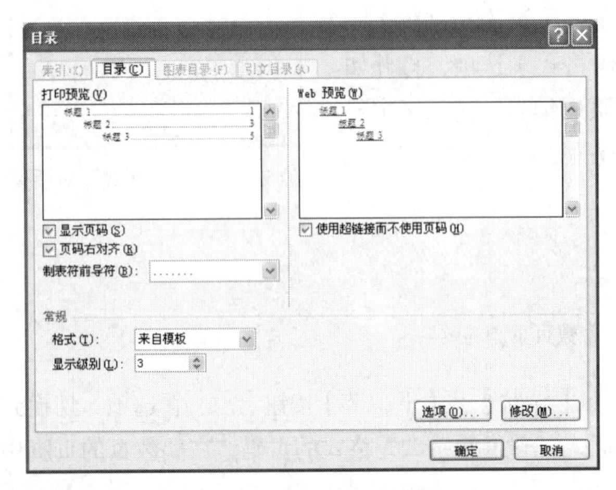

图 5.114 “目录”对话框

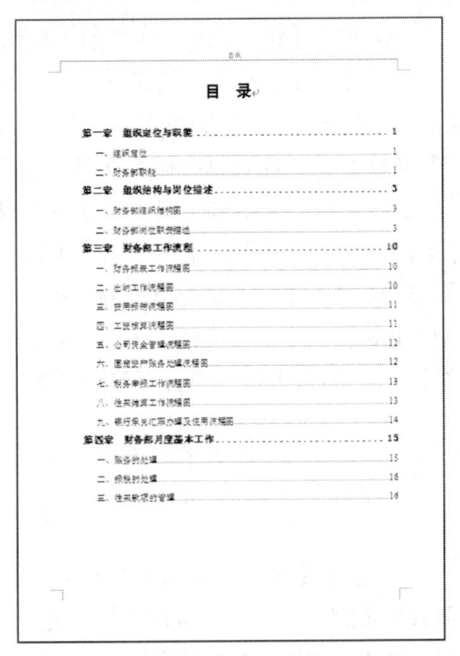

目 录

图 5.115 生成的目录效果图

若在图 5.113 所示的“目录”菜单中选择自动目录，可快速生成默认的目录，自动目录的内容包含用标题 1-3 样式进行了格式设置的文本。图 5.116 为采用自动目录 2 生成的目录。

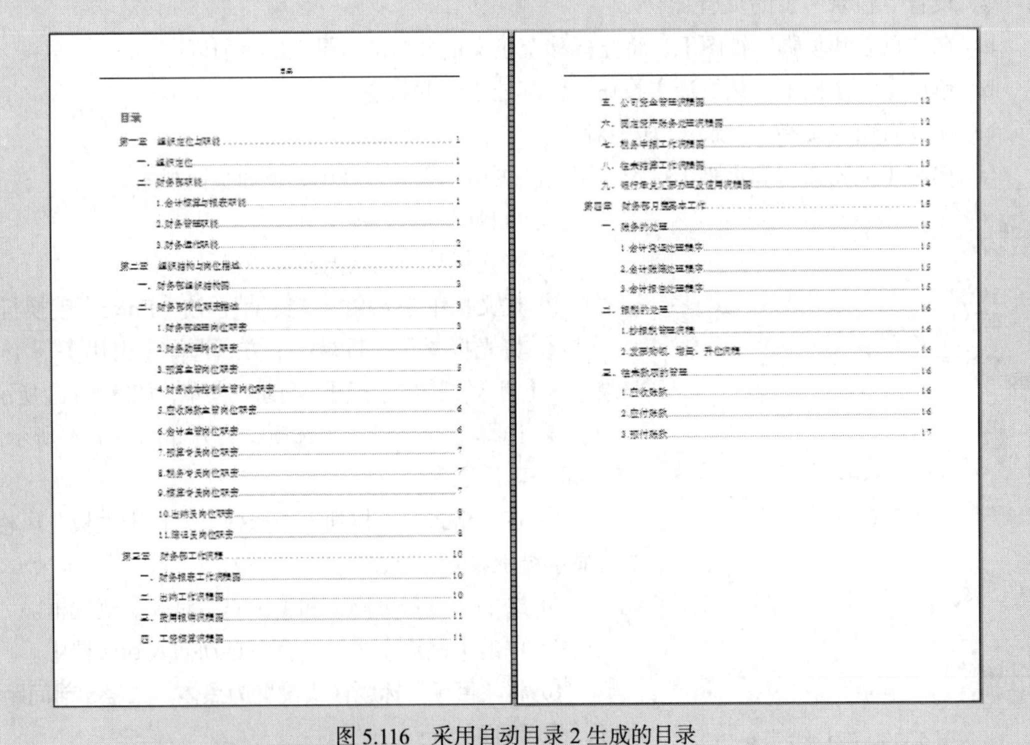

图 5.116 采用自动目录 2 生成的目录

（10）预览和打印文档。

① 单击【Office 按钮】，选择【打印】→【打印预览】选项，可对整个文档进行预览，对不满意的地方可进行修改。

② 单击【Office 按钮】，选择【打印】→【打印】选项，在“打印”对话框中进行打印设置，单击【确定】按钮可进行打印。

【拓展案例】

制作如图 5.117 所示的公司章程。

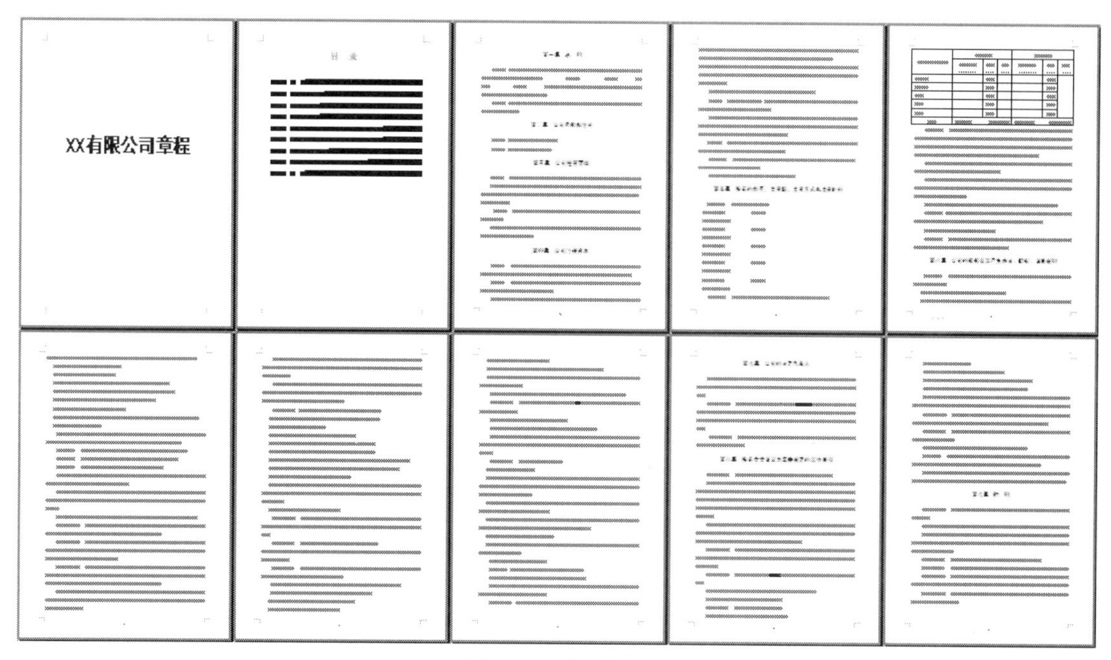

图 5.117　公司章程

【拓展训练】

毕业论文是学校教学或科研活动的重要组成部分之一。毕业论文一般包括题目、摘要、关键字、目录、正文、参考文献等。不同院校对于各类毕业论文的格式、排版要求各不相同，下面以科源学院为例，对毕业论文的格式进行编排处理，效果如图 5.118 所示。

操作步骤如下。

（1）素材准备。

① 收集、整理资料，使用 Word 2007 撰写论文，并将撰写好的论文稿件以“毕业论文”为名，保存在“D:\论文”文件夹中。

② 查看学院关于论文排版的要求，并将学院的 Logo 图标保存在“D:\论文\论文素材”文件夹中。

（2）设置版面。

① 选择【页面布局】→【页面设置】选项，打开“页面设置”对话框。

② 设置纸张大小为 A4，纸张方向为“纵向”，页面上、下页边距设置为 2.5 厘米、左边距为 2.8 厘米，右边距为 2.3 厘米。

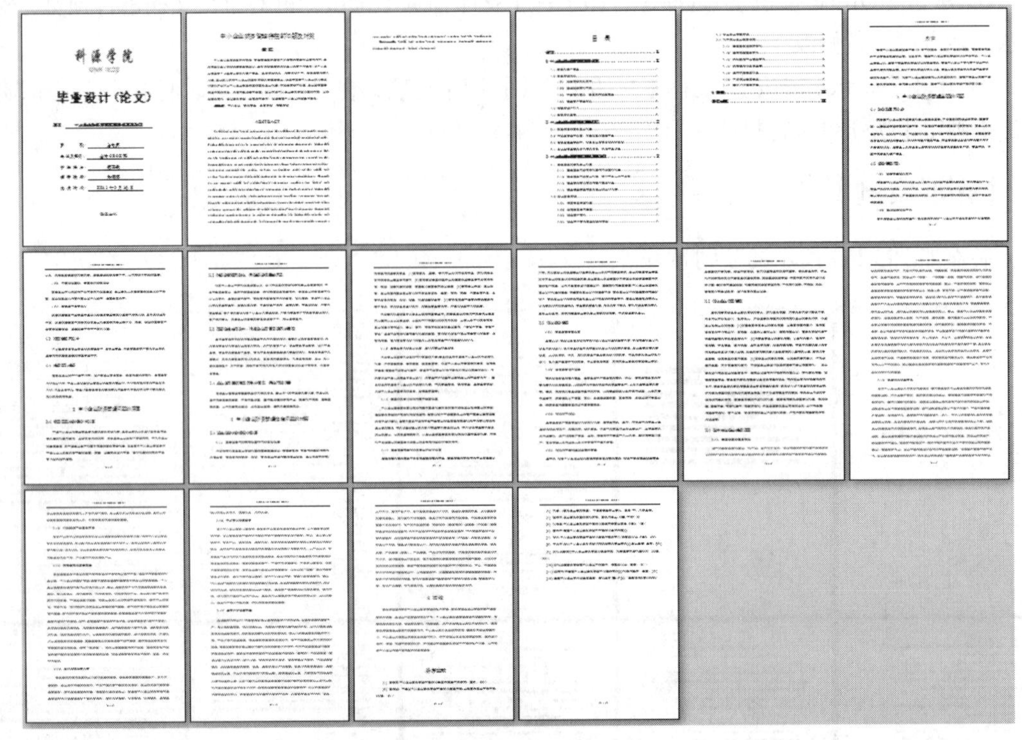

图 5.118　毕业论文排版效果图

③ 在“版式”选项卡，分别将页眉和页脚距边界的距离均设置为 1.5 厘米和 1.2 厘米。

（3）插入分节符。

① 将光标置于文档的最前面位置。

② 选择【页面布局】→【页面设置】→【分隔符】选项，打开“分隔符”下拉列表。

③ 在“分节符”类型中选择【下一页】选项，在文档的最前面为封面预留出一个空白页。

④ 再在“前言”之前插入两个分节符，为目录预留一个空白页，这样，将文档分成 4 节。

（4）设置样式。

① 修改“正文”的样式。将“正文”的格式定义为宋体、小四号，首行缩进 2 字符，行距为 1.5 倍。

② 修改“标题 1”的样式。将“标题 1”的格式定义为黑体，小二号，段前 1 行，段后 1 行，1.5 倍行距，居中对齐。

③ 修改“标题 2”的样式。将“标题 2”的格式定义为黑体，四号，段前 0.5 行，段后 0.5 行，1.5 倍行距。

④ 修改“标题 3”的样式。

将“标题 3”的格式定义为黑体，小四号，首行缩进 2 字符、段前 6 磅，段后 6 磅，1.5 倍行距。

（5）应用标题样式。

① 将“标题 1”样式应用到标题“前言”、“参考文献”和文档中所有的 1 级标题中，如图 5.119 所示。

② 将“标题 2”样式应用到文档中所有的 2 级标题中，如图 5.120 所示。

③ 将“标题 3”样式应用到文档中所有的 3 级标题中，如图 5.121 所示。

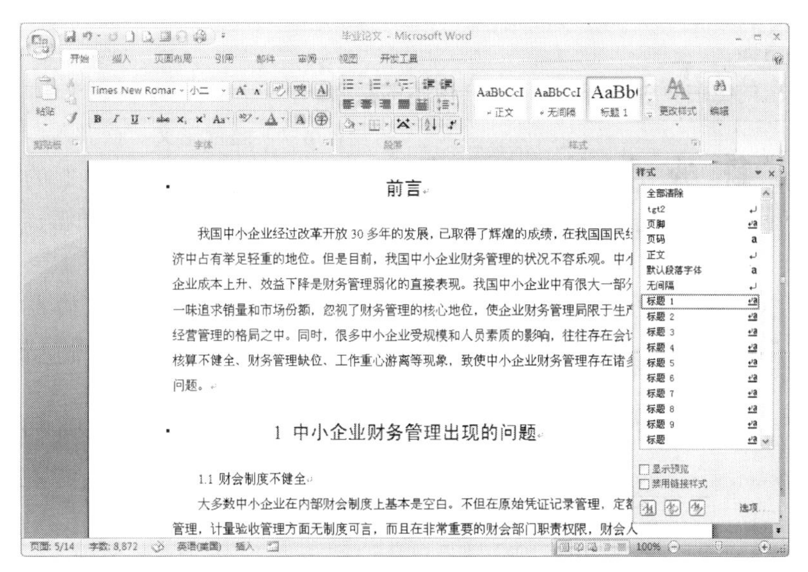

图 5.119　应用“标题 1”样式

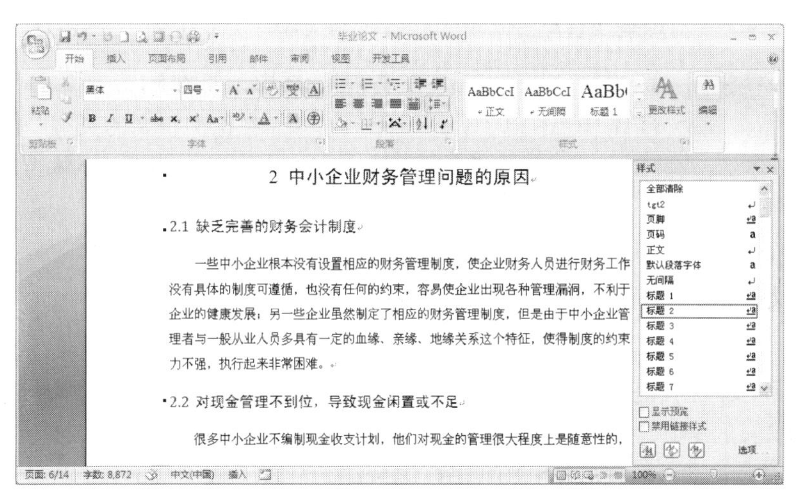

图 5.120　应用“标题 2”样式

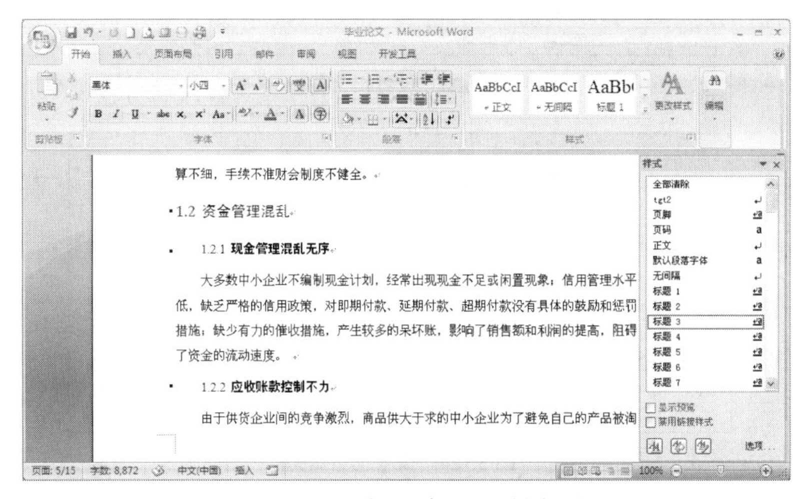

图 5.121　应用“标题 3”样式

（6）制作封面。

在文档预留的空白页中制作如图 5.122 所示的封面。

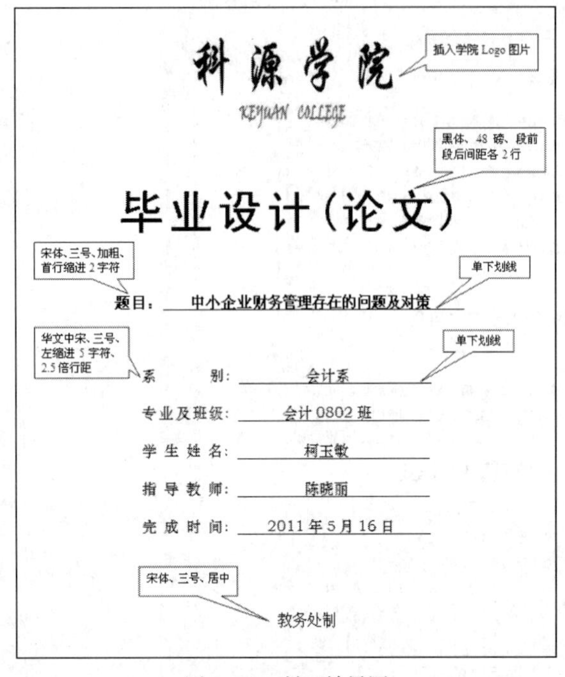

图 5.122　封面效果图

（7）设置论文“摘要”。

① 选定摘要中第 1 行的论文题目，设置字体为黑体、二号、加粗、居中、段后间距 1 行、1.5 倍行距。

② 选定第 2 行的“摘要”文本，设置字体为宋体、三号、加粗、居中、段前段后间距各 0.5 行。

③ 选定“ABSTRACT”文本，设置字体为 Times New Roman、三号、加粗、居中、段前段后间距各 0.5 行。

（8）设置页眉和页脚。

① 为论文正文添加页眉“科源学院毕业设计（论文）”，并设置字体为仿宋体、五号、居中，如图 5.123 所示。

② 在论文正文的页脚中添加页码，页码格式为“第 x 页”，字体为宋体、五号、居中、如图 5.124 所示。

（9）生成目录。

① 为论文生成 3 级目录，并显示页码，页码右对齐。

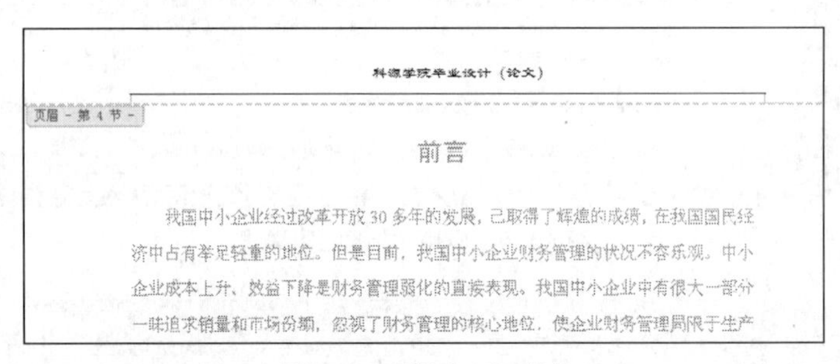

图 5.123　设置正文页眉

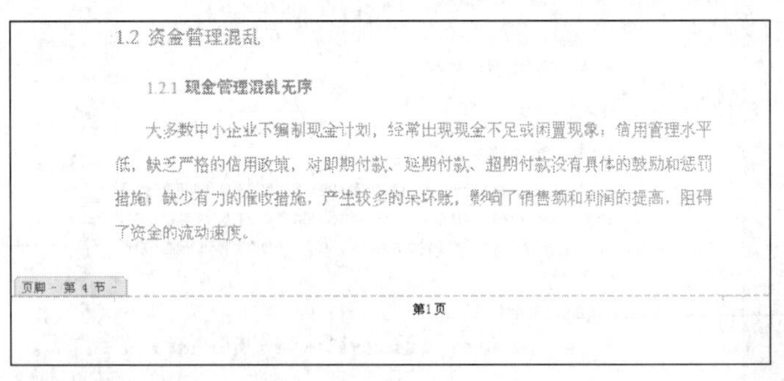

图 5.124　设置正文页脚

② 设置“目录”文字为黑体、二号、段前段后间距各 1 行间距、1.5 倍行距。

③ 将目录中标题 1 的格式设置为宋体、四号、加粗，如图 5.125 所示。

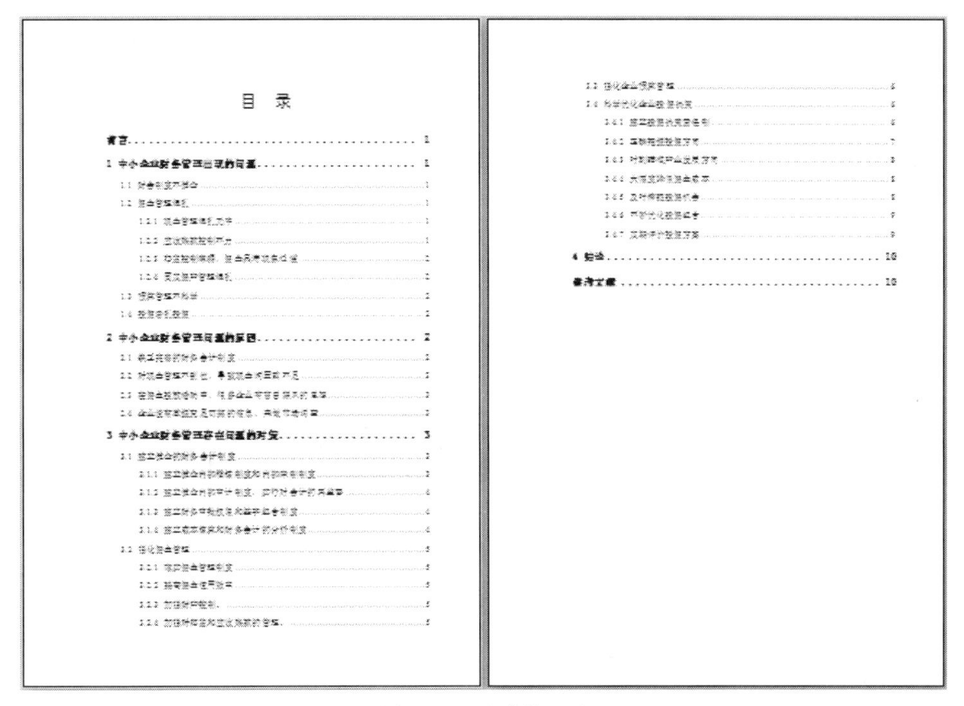
目　录

图 5.125　生成的目录

【案例小结】

本案例通过制作“市场财务部工作手册”介绍了长文档排版操作，其中包括版面设置、插入分节符、设计封面、插入题注、设计和应用样式、设置奇偶页不同页眉页脚等，在此基础上，能自动生成所需的目录。此外，还了解了运用文档结构图和大纲视图查看复杂文档的方法。

学习总结

本案例所用软件	
案例中包含的知识和技能	
你已熟知或掌握的知识和技能	
你认为还有哪些知识或技能需要强化	
案例中可使用的 Office 技巧	
学习本案例之后的体会	

第6篇

技巧篇

6.1 Word 技巧

【录入技巧】

1. 叠字轻松输入

在汉字中经常遇到重叠字，比如“爸爸”、“妈妈”、“欢欢喜喜”等，在 Word 中输入时除了利用输入法自带的功能快速输入外，在 Word 中提供了一个这样的功能，只需通过组合键【Alt】+【Enter】便可轻松输入，如在输入“爸”字后，按组合键【Alt】+【Enter】便可再输入一个“爸”字。

2. 快速输入省略号

在 Word 中输入省略号时经常采用选择【插入】→【符号】选项的方法。其实，只要在输入省略号时按下【Ctrl】+【Alt】+【.】组合键便可快速得到，并且在不同的输入法下都可采用这个方法快速输入。

3. 快速输入汉语拼音

在输入较多的汉语拼音时，可采用另外一种更简捷的方法。先选中要添加注音的汉字，再选择【开始】→【字体】→【拼音指南】选项，在“拼音指南”对话框中单击【组合】按钮，则将拼音文字复制粘贴到正文中，同时还可删除不需要的基准文字。

4. 快速输入当前日期

在 Word 中进行录入时，常遇到输入当前日期的情况，在输入当前日期时，只需选择【插入】→【文本】→【日期和时间】选项，从“日期和时间”对话框中选择需要的日期格式后，单击【确定】按钮就可以了。

5. 漂亮符号轻松输入

在 Word 中，常看到一些漂亮的图形符号，像“🖮”、“✆”、“♋”等，同时这些符号也不是由图形粘贴过去的，Word 中有几种自带的字体可以产生这些漂亮、实用的图形符号。在需要产生这些符号的位置上，先把字体更改为“Wingdings”、“Wingdings 2”或“Wingdings 3”及其相关字体，然后再试着在键盘上敲击键符，像“7”、“9”、“a”等，此时就产生这些漂亮的图形符号了。如把字体改为“Wingdings”，再在键盘上单击“d”键，便会产生一个“♎”图形。（注意区分大小写，大写得到的图形与小写得到的图形不同。）

6. 巧输频繁词

在 Word 中可以利用两种功能来完成频繁词的输入。

（1）利用 Word 的“自动图文集”功能，具体方法如下。

① 建立高频率使用词。如“四川省成都市科源有限公司”为这篇文件中的一个高频率出现词，则先选中该词，然后单击自定义快速访问工具栏中的【自动图文集】按钮，从下拉列表中执行【将所选内容保存到自动图文集库】命令，打开“新建构建基块”对话框，然后输入该“自动图文集”词条的名称（可根据实际的词语名称简写，如“ky”），完成后单击【确定】按钮（注：一般情况下，【自动图文集】按钮未显示在窗口工具栏中，需要通过自定义方式将其添加到自定义快速访问工具栏中）。

② 在文件中使用建立的高频率词。每次在要输入该类词语的时候，只要单击自定义快速访问工具栏中的【自动图文集】按钮，然后从列表中选择要输入的词汇即可。

（2）采用 Word 的替换功能，首先对于这个频繁出现的词在输入时可以以一个特殊的符号代替，如采用“ky”（双引号不用输入），完成后再选择【编辑】→【替换】选项（或直接利用组合键【Ctrl】+【H】），在打开的替换窗口中输入查找内容“ky”及替换内容“四川省成都市科源有限公司”，最后单击【全部替换】按钮即可快速完成这个词组的替换输入。

7. 英文大小写快速切换

在对文件录入时，在文件中出现有大、小写的英文字母时，常需进行切换，而若对已输入的英文词组需进行全部大写或小写变换时，我们可以先选中需更改大小写设置的文字，然后重复按下【Shift】+【F3】组合键即可在全部大写、全部小写和首字母大写、其他字母小写 3 种方式下进行切换。

8. 用鼠标实现即点即输

在 Word 中编辑文件时，有时要在文件的最后几行输入内容，通常都是采用多按几次【Enter】或“空格”键，才能将输入焦点移至目标位置。这种在文件末尾，即在没有使用过的空白页中来定位输入，其实是可以通过鼠标左键双击来实现。具体操作如下：单击【Office 按钮】，选择【Word 选项】选项，打开“Word 选项”对话框，在“高级”列表框的“编辑选项”组中，选中【启用‘即点即输’】复选框，这样就可以实现在文件的空白区域通过双击鼠标左键来定位输入焦点了。

9. 上下标在字符后同时出现的输入技巧

有时我们想同时为一个前导字符输入上、下标，如S_{10}^{n}（n 为上标、10 为下标），如果采取通常的做法，既麻烦又不美观、统一（上、下标的位置不能对齐）。如果利用“双行合一”功能就可以解决这个问题了。先输入“Sn10”，然后选中“n10”，再选择【开始】→【段落】→【中文版式】选项，从下拉列表中选择【双行合一】选项，打开“双行合一”对话框，在 n 与 10 之间加入一个空格，从“预览”窗口中观察一下，符合要求后单击【确定】按钮即可。

10. 快速输入大写数字

由于工作需要，经常要输入一些大写的金额数字（特别是财务人员），但由于大写数字笔画大都比较复杂，无论是用五笔字型还是拼音输入法输入都比较麻烦。利用 Word 2007 可以巧妙地完成，首先输入小写数字如“123456”，选中该数字后，选择【插入】→【符号】→【编号】选项，出现“编号”对话框，选择“壹，贰，叁…”项，单击【确定】按钮即可。

【编辑技巧】

1. 同时保存所有打开的 Word 文档

有时在同时编辑多个 Word 文档时，每个文件要逐一保存，既费时又费力，有没有简单的方法呢？用鼠标右键单击【Office 按钮】旁的快速访问工具栏，单击弹出快捷菜单中的自定义快速访问工具栏。在从下列位置选择命令框中，选择【其他命令】选项，打开“Word 选项”对话框，通过自定义添加【全部保存】项，并单击【添加】按钮将其添加到快速访问工具栏中，再单击【确定】按钮返回，【全部保存】按钮便出现在快速访问工具栏中了。有了这个【全部保存】按钮，就可以一次保存所有文件了。

2. 清除 Word 文档中多余的空行

如果 Word 文档中有很多空行，用手工逐个删除太累人，直接打印又太浪费墨水和打印纸。有没有较便捷的方式呢？我们可以用 Word 自带的替换功能来进行处理。在 Word 中，选择【开始】→【编辑】→【替换】选项，在弹出的“查找和替换”窗口中，单击【高级】按钮，将光标移动到“查找内容”文本框，然后单击【特殊字符】按钮，选取“段落标记”，我们会看到“^p”出现在文本框内，然后再同样输入一个“^p”，在“替换为”文本框中输入“^p”，即用“^p”替换“^p^p”，然后选择【全部替换】按钮，若还有空行则反复执行【全部替换】，多余的空行就不见了。

3. 巧妙设置文档保护

在用 Word 2007 打印一份文件时，忽然有其他事要暂时离开一下，关闭文件既费事又没必要，但又不想辛辛苦苦写的文件被别人破坏了。怎么办呢？选择【开发工具】→【保护】→【保护文档】选项，在下拉列表中选择“限制格式和编辑”选项，打开“限制格式和编辑”任务窗格，选中【限制对选定的样式设置格式】和【仅允许在文档中进行此类编辑】复选框，然后设置“不允许任何更改（只读）”，单击【是，启动强制保护】按钮，设置密码。此时，任你怎么移动鼠标、敲击键盘都无法编辑了。等回来时，单击【停止保护】按钮，一切又正常了。

4. 取消“自作聪明”的超级链接

当我们在 Word 文件中键入网址或信箱的时候，Word 会自动为我们转换为超级链接，如果不小心在网址上按一下，就会启动 IE 进入超级链接。但如果我们不需要这样的功能，就会觉得它有些碍手碍脚了。如何取消这种功能呢？

（1）单击【Office 按钮】，选择【Word 选项】选项，打开“Word 选项”对话框。

（2）从列表中选择“校对”后，在“自动更正选项”组中单击【自动更正选项】按钮，打开“自动更正”对话框。

（3）选择“键入时自动套用格式”选项卡，取消【Internet 及网络路径替换为超链接】复选框；再单击“自动套用格式”选项卡，取消【Internet 及网络路径替换为超链接】复选框，再单击【确定】按钮。这样，以后再输入网址后，就不会转变为超级链接了。

5. 关闭拼写错误标记

在编辑 Word 文档时，经常会遇到许多绿色的波浪线，怎么取消？Word 2007 中有个拼写和语法检查功能，通过它用户可以对键入的文字进行实时检查。系统是采用标准语法检查的，因而在编辑文档时，对一些常用语或网络语言会产生红色或绿色的波浪线，有时候这会影响用户的工作，这时可以将它隐藏，待编辑完成后再进行检查，方法如下。

（1）右击状态栏上的“拼写和语法状态”图标，从弹出的快捷菜单中取消“拼写和语法检查”项后，错误标记便会立即消失。

（2）如果要进行更详细的设定，可以单击【Office 按钮】，选择【Word 选项】选项，打开“Word 选项”对话框，从列表中选择“校对”后，对“拼写和语法”进行详细的设置，如拼写和语法检查的方式、自定义词典等项。

6. 巧设 Word 启动后的默认文件夹

Word 启动后，默认打开的文件夹总是“我的文档”。通过设置，我们可以自定义 Word 启动后的默认文件夹，步骤如下。

（1）单击【Office 按钮】，选择【Word 选项】选项，打开“Word 选项”对话框。

（2）在对话框中，选择列表中的“保存”选项后，找到“保存文档”组中的“默认文件位置”。

（3）单击【浏览】按钮，打开“修改位置”对话框，在“查找范围”下拉框中，选择你希望设置为默认文件夹的文件夹并单击【确定】按钮。

（4）单击【确定】按钮，此后 Word 的默认文件夹就是用户自己设定的文件夹了。

7. 预览时可编辑文档

当你使用 Word 2007 的预览功能时，如果还要编辑文档，这时候不必回到视图模式，只要取消【放大镜】复选框，这时候就会自动进入编辑模式，你可以对文档进行任意编辑。这个技巧对编辑文档非常有用，特别是调整封面、拖动一些表格等。可以边预览、边编辑，既方便又准确。

8.【Shift】键在文档编辑中的妙用

（1）【Shift】+【Delete】组合键 = 剪切。当选中一段文字后，按住【Shift】键并按住【Delete】

键就相当于执行了剪切命令，所选的文字会被直接复制到剪贴板中，非常方便。

（2）【Shift】+【Insert】组合键 = 粘贴。这条命令正好与上一个剪切命令相对应，按住【Shift】键并按住【Insert】键时就相当于执行了粘贴命令，保存在剪贴板里的最新内容会被直接复制到当前光标处，与上面的剪切命令配合，可以大大加快文章的编辑效率。

（3）【Shift】+鼠标 = 准确选择大块文字。有时可能经常要选择大段的文字，通常的方法就是直接使用鼠标拖动选取，但这种方法一般只对小段文字方便，如果想选取一些跨页的大段文字的话，经常会出现鼠标走过头的情况，尤其是新手，很难把握鼠标行进的速度。只要先用鼠标左键在要选择文字的开头单击一下，然后再按住【Shift】键，单击要选取文字的最末尾，这时，两次单击之间的所有文字就会马上被选中。

9. 粘贴网页内容

在 Word 文档中粘贴网页，只需先在网页中选中复制内容，然后切换到 Word 文档，单击【粘贴】按钮，网页中的所选内容就会原样复制到 Word 文档中，这时在复制内容的右下角会出现一个【粘贴选项】按钮，单击按钮右侧的下拉按钮，弹出一个菜单，执行【仅保留文本】命令即可。

【排版技巧】

1. 文字旋转轻松做

在 Word 中可以通过“文字方向”命令来改变文字的方向，但也可以用以下简捷的方法来做。选中要设置的文字内容，只要把字体设置成“@字体”即可，比如“@宋体”或“@黑体”，这样就可使这些文字逆时针旋转 90° 了。

2. 去除页眉的横线方法两则

在页眉插入信息的时候经常会在下面出现一条横线，如果这条横线影响你的视觉，这时你可以采用下述的两种方法去掉。

（1）选中页眉的内容后，选择【开始】→【段落】→【边框】→【边框和底纹】选项，打开“边框和底纹”对话框，将边框选项设为“无”，在“应用于”下拉列表中选择“段落”，单击【确定】按钮。

（2）当设定好页眉的文字后，鼠标移向“样式”框，在“样式”下拉列表中，把样式改为“页脚”、“正文样式”或“清除格式”，便可轻松搞定。

3. 让 Word 文档“原文重现”

如果你在 Word 2007 中使用了特殊字体，在转寄给别人时，如果对方的电脑中未安装该字体，则根本看不到文件内的特殊字体或者出现错误提示。此时最好的解决方式就是使用字体嵌入功能。单击【Office 按钮】，选择【另存为】→【Word 选项】选项，在“Word 选项”对话框中选择“保存”选项，选中【将字体嵌入文件】复选框，最后单击【确定】按钮即可。

4. 让页号从“1”开始

在用 Word 2007 文档排版时，对于既有封面又有“页号”的文档，用户一般会在“页面设置”

对话框中选择“版式”选项卡选中“首页不同”选项，以保证封面不会打印上“页号”。但是有一个问题，在默认情况下“页号”是从第2页开始显示的。怎样才能让“页号”从第1页开始呢？方法很简单，在“页眉和页脚”工具栏中单击【设置页码格式】按钮，在“页码格式”对话框中将“起始页码”设为“0”即可。

5. 在Word中简单设置上下标

首先选中需要做上标的文字，然后按下组合键【Ctrl】+【Shift】+【+】就可将文字设为上标，再按一次又恢复到原始状态；按组合键【Ctrl】+【+】可以将文字设为下标，再按一次也恢复到原始状态。

6. 制作水印

Word 2007具有添加文字和图片两种类型的水印的功能，而且能够随意设置大小、位置等。

（1）选择【页面布局】→【页面背景】→【水印】选项，从下拉列表中选择“自定义水印”，打开“水印”对话框。

（2）在对话框中选择【文字水印】选项，然后在“文字”栏选择合适的字句，或另外输入文字；若在“水印”对话框中选择【图片水印】选项，则需找到要作为水印图案的图片。

（3）单击【确定】按钮，水印就会出现在文字后面。

【图片技巧】

1. 画不打折直线的技巧

如果想画水平、垂直或30°、45°、75°角的直线，则固定一个端点后在拖曳鼠标时按住【Shift】键，上下拖曳鼠标，将会出现上述几种直线选择，合适后松开【Shift】键即可。

画极短直线（坐标轴上的刻度线段）的方法如下：先单击【矩形】工具，拖曳鼠标画出矩形后，右击该矩形，从弹出的快捷菜单中选择【设置自选图形格式】选项，在“设置自选图形格式”对话框中将“高度”设置为“0厘米”、“宽度”设置为“0.1厘米”。

2.【Ctrl】键在绘图中的作用

【Ctrl】键也可以在绘图时发挥巨大的作用，在拖曳绘图工具的同时按住【Ctrl】键，所绘制出的图形是用户画出的图形对角线的2倍；在调整所绘制图形大小的同时按住【Ctrl】键，可使图形在编辑中心不变的情况下进行缩放。

3. 快速显示文档中的图片

如果一篇Word文档中有好多图片，打开后显示会很慢。但我们打开文档时，快速单击【打印预览】按钮，图片就会立刻清晰地显示出来，然后关闭“打印预览”窗口，所有插入的图片都会快速地显示出来了。

4. 巧存Word文档中的图片

有时看到一篇图文并茂的Word文档，想把文档里的所有图片全部保存到自己的电脑里，可以按照下面的方法来做：打开该文档，单击【Office按钮】，选择【另存为】→【其他格式】选项，打开“另存为”对话框，指定一个新的文件名，选择保存类型为“网页”，单击【保存】按钮，你会发现在保存的目录下，多了一个和 Web 文件名一样的文件夹。打开该文件夹，你会惊喜地发现，Word 文档中的所有图片都在这个目录里保存着。

5. 快速将网页中的图片插入到 Word 文档中

在编辑 Word 文档时，需要将一张网页中正在显示的图片插入到文档中，一般的方法是把网页另存为“Web 页，全部(*.htm；*.html)”格式，然后选择【插入】→【插图】→【图片】选项，把图片插入到文档中，这种方法虽然可行，但操作有些麻烦。现在告诉你一种简易可行的方法：将 Word 的窗口调小一点，使 Word 窗口和网页窗口并列在屏幕上，然后用鼠标在网页中单击你需要插入到 Word 文档中的那幅图片不放，直接把它拖曳至 Word 文档中，松开鼠标，此时可见图片已经插入到 Word 文档中了。需要注意的是，此方法只适合没有链接的 JPG、GIF 格式图片。

6. 快速排列图形

如果您想在一篇文档中使图形获得满意的效果，比如将几个图形排列得非常整齐，可能需要费一番工夫，但是下面的方法能够使您非常容易地完成这项工作。

首先通过按【Shift】键并依次单击想对齐的每一个图形来选中它们，然后选择【绘图工具】→【格式】→【排列】→【对齐】选项，再从下拉菜单中选择相应的对齐或分布的方法。

【表格技巧】

1. 表格两边绕排文字

如果想在表格右侧输入文字时，Word 2007 会将插入的文字自动添加到表格下一行的第一个单元格中，无法实现将文字添加在右侧。不过，这时可以先选中表格的最后一列，然后用鼠标右键单击选中的单元格，从快捷菜单中选择【合并单元格】选项，将其合并成一个单元格，再选择“边框和底纹”命令，选中“边框和底纹”对话框的“边框”选项卡，并从“设置”中选择“自定义”选项，然后用鼠标取消上、下、右边的边框，单击【确定】按钮返回文档，然后在该单元格输入文字后，就天衣无缝地绕排在表格的右边了。

如果想在表格左侧插入文字，则只要用鼠标选中表格最前一列单元格，并把它们合并成一个单元格，然后在“边框和底纹”对话框中取消上、下、左边的边框即可。

2. 让单元格数据以小数点对齐

有时用 Word 制作的统计表格中经常会包含带有小数点的数据，这时要对齐还真不容易。不过，只要用鼠标选定含有小数点数据的某列单元格，并用鼠标在上方标尺处先单击一次，使其出现一个“制表位”图标（是一个小折号），然后双击这个“制表位”小图标，弹出“制表位”对话框，在“对齐方式”中选取“小数点”方式，单击【确定】按钮后所有数据将会以小数点来对齐了。当然你也可以继续拖曳标尺上的小数点对齐式制表符调整小数点的位置，直到满意为止。

3. 精确调整表格

用鼠标手工调整表格边线操作起来比较困难，无法精确调整。其实只要按下【Alt】键不松开，然后再试着用鼠标去调整表格的边线，表格的标尺就会发生变化，精确到了 0.01 厘米，明显精确了许多。

4.【Ctrl】和【Shift】键在表格中的妙用

通常情况下拖曳表格线可调整相邻的两列之间的列宽，按住【Ctrl】键的同时拖曳表格线，表格列宽将改变，增加或减少的列宽由其右方的列共同分享或分担；按住【Shift】键的同时拖曳，只改变该表格线左方的列宽，其右方的列宽不变。

5. 将 Word 表格巧妙转换为 Excel 表格

打开带表格的 Word 文件，先将光标放在表格的任一单元格，在整个表格的左上角会出现一个“⊞”标志。把光标移到上面再单击，整个表格的字会变黑表示全部选中，单击鼠标右键，从快捷菜单中选择【复制】选项。然后打开 Excel，再单击鼠标右键，从快捷菜单中选择【选择性粘贴】选项，在出现的“选择性粘贴”对话框中有 6 项菜单可选，选择“文本”并单击【确定】按钮就行了。

6. Word 也能“自动求和”

在编辑 Excel 工作表时，相信大家对常用工具栏中的“自动求和”按钮情有独钟。其实，在 Word 2007 的表格中，也可以使用“自动求和”按钮。当然，这需要你事先把该按钮调出来，其方法如下。

（1）单击【Office 按钮】，选择【Word 选项】选项，打开“Word 选项”对话框。

（2）选择“自定义”选项，在右侧选择“所有命令”后选择“Σ求和”选项，单击【添加】按钮。

（3）单击【确定】按钮后关闭“Word 选项”对话框。

现在，把插入点置于存放和数的单元格之中，单击自定义快速访问工具栏中的【Σ】（自动求和）按钮，则 Word 将计算并显示插入点所在的上方单元格中或左方单元格中数值的总和。当上方和左方都有数据时，上方求和优先。

7. 锁定 Word 表格标题栏

Word 2007 提供给用户一个可以用来拆分编辑窗口的“分割条”，位于垂直滚动条的顶端。要使表格顶部的标题栏始终处于可见状态，请将鼠标指针指向垂直滚动条顶端的“分割条”，当鼠标指针变为分割指针即“双箭头”后，将“分割条”向下拖至所需的位置，并释放左键。此时，Word 编辑窗口被拆分为上下两部分，这就是两个“窗格”。在下面的“窗格”任一处单击，就可对表格进行编辑操作，而不用担心上面窗格中的表格标题栏会移出屏幕可视范围之外了。要将一分为二的两个“窗格”还原成一个窗口，可在任意点双击“分割条”。

8. 让文字随表格自动变化

用 Word 2007 制作出来的表格，能否让表格中的文字根据表格自身的大小自动调节字体的大小，以适应表格的要求呢？方法很简单，选择【表格工具】→【布局】→【表】→【属性】选项，在出现的“表格属性”对话框中选择“单元格”选项卡，单击【选项】按钮，在“单元格选项”

对话框中选取【适应文字】复选框。

9. 在 Word 中快速计算

用 Word 2007 进行文字编辑时，有时可能需要对文中的一些数据进行运算，或者核对一下算式中的结果是否正确。具体做法是：将光标插入点移到文档中需要插入计算结果的地方后，选择【表格工具】→【布局】→【数据】→【公式】按钮 fx 选项，打开“公式”对话框，在该对话框中的“=”后面输入要计算的算式，最后单击【确定】按钮。如果说算式就是文档中的文字，那么就更简单了，只要先将文档中的算式复制，然后在“公式”对话框的“=”后面粘贴即可。不过这时的“粘贴”操作要用到快捷键【Ctrl】+【V】。

10. 在 Word 表格中快速复制公式

我们知道，在 Excel 中通过填充柄或粘贴公式可快速复制公式，而 Word 中没有此项功能，但是我们在用 Word 2007 制表时也经常要复制公式，这时可用下面两种方法实现公式的快速复制。

（1）在制表时，选择【插入】→【表格】选项，从下拉菜单中选择【Excel 电子表格】选项，将 Excel 表格嵌入 Word 当中，这样表格就可利用填充柄和粘贴公式进行公式复制，计算非常方便。

（2）对某单元格进行公式计算后，不要进行任何操作，立即进入需要复制公式的单元格按【F4】键即可。

11. 在表格顶端加空行

要在表格顶端加一个非表格的空白行，可以使用【Ctrl】+【Shift】+【Enter】组合键，通过拆分表格来完成。但当你的表格位于文档的最顶端时，有一个更为简捷的方法，就是先把插入点移到表格的第一行的第一个单元格的最前面，然后按【Enter】键，此时就可以添加一个空白行了。

【长文档技巧】

1. 编辑长文档更轻松

在使用 Word 编辑长文档时，有时需要将文章开始的多处内容复制到文章末尾，但通过拖曳滚动条来移动非常麻烦，还会出错。其实只要将鼠标移动到滚动条上面的适当位置，发现鼠标指针变成双箭头，此时按住鼠标左键向下拖曳，文档编辑区会被一分为二。你只需在上面编辑区找到文章开头的内容，在下面编辑区找到需要粘贴的位置，这样你就可以复制内容了，而不必来回切换。这种方法特别适合复制相距很远且复制次数较多的内容。

2. 在 Word 中同时编辑文档的不同部分

一篇长文档在显示器屏幕上不能同时显示出来，但有时因实际需要又要同时编辑同一文档中的相距较远的几个部分。首先打开需要显示和编辑的文档，如果文档窗口处于最大化状态，就要单击文档窗口中的【还原】按钮，然后选择【视图】→【窗口】→【新建窗口】选项，屏幕上立即就会产生一个新窗口，显示的也是这篇文档，这时你就可以通过窗口切换和窗口滚动操作，使不同的窗口显示同一文档的不同位置中的内容，以便阅读和编辑修改。

3. Word 2007 文档目录巧提取

在编辑完成有若干章节的一篇长 Word 2007 文档后，如果需要在文档的开始处加上章节的目录，该怎么办呢？如果你对文档中的章节标题应用了相同的格式，比如定义的格式是黑体、二号字，那么我们有一个提取章节标题的简单方法。

（1）选择【开始】→【编辑】→【查找】选项，打开“查找和替换”对话框。

（2）选择“查找内容”框，单击【格式】按钮，从列表中执行【字体】命令，在“中文字体”框中选择“黑体”，在“字号”框中单击“二号”，单击【确定】按钮。

（3）单击“阅读突出显示”按钮。

此时，Word 2007 将查找所有指定格式的内容，对该例而言就是所有具有相同格式的章节标题了。然后选中所有突出显示的内容，这时你可以使用【复制】命令来提取它们，然后使用【粘贴】命令把它们插入到文档中的开始处了。

4. 在页眉中显示章编号及章标题内容

要想在 Word 文档中实现在页眉中显示该页所在章的章编号及章标题内容的功能，用户首先必须在文档中对章标题使用统一的章标题样式，并且对章标题使用多级符号进行自动编号，然后按照如下的方法进行操作。

（1）将视图切换到页眉和页脚视图方式。

（2）选择【插入】→【文字】→【文档部件】选项，从下拉列表中选择【域】选项，打开“域”对话框。从“类别”列表框中选择“链接和引用”，然后从“域名”列表框中选择“StyleRef”域。

（3）先单击“域代码”按钮，再单击“选项”按钮，打开“域选项”对话框，单击“域专用开关”选项卡，从“开关”列表框中选择“\n”开关，单击【添加到域】按钮，将开关选项添加到域代码框中。

（4）单击“样式”选项卡，从“名称”列表框中找到章标题所使用的样式名称，如“标题 1”样式名称，然后单击【添加到域】按钮。

（5）单击【确定】按钮将设置的域插入到页眉中，这时可以看到在页眉中自动出现了该页所在章的章编号及章标题内容。

5. 在长文档中快速漫游

单击选中【视图】→【显示/隐藏】→【文档结构图】复选框，然后再单击文档结构图中要跳转的标题即可至文档中相应位置。文档结构图将在一个单独的窗格中显示文档标题，你可通过文档结构图在整个文档中快速漫游并追踪特定位置。在文档结构图中，可选择显示的内容级别，调整文档结构图的大小。若标题太长，超出文档结构图宽度，不必调整窗口大小，只需将鼠标指针在标题上稍作停留，即可看到整个标题。

6. 让分节符现形

插入了分节符之后，您很可能看不到它。因为默认情况下，我们最常用的“页面”视图模式下，通常是看不到分节符的。这时，可以选择【开始】→【段落】→【 】按钮，让分节符现出原形。

7. 快速查找长文档中的页码

在编辑长文档时，若要快速查找到文档的页码，可选择【开始】→【编辑】→【查找】选项，打开“查找和替换”对话框，再单击“定位”选项卡，在“定位目标”框中单击“页”，在“输入页号”框中键入所需页码，再单击【定位】按钮即可。

6.2 Excel 技巧

【录入和编辑技巧】

1. 从 Word 表格文本中引入数据

想要将 Word 表格的文本内容引入到 Excel 工作表中，可以通过执行【选择性粘贴】命令来实现。具体操作如下：先利用【复制】命令将 Word 表格文本内容添加到系统剪贴板中，然后在 Excel 工作表中定位到对应位置。选择【粘贴】下拉菜单中的【选择性粘贴】命令，再选择“方式”列表中的“文本”项，最后单击【确定】按钮即可。

2. 实现以“0”开头的数字输入

在 Excel 单元格中，输入一个以“0”开头的数据后，往往在显示时会自动把“0”消除掉。要保留数字开头的“0”，其实是非常简单的。只要在输入数据前先输入一个“'”（英文状态下的单引号），这样跟在后面的以“0”开头的数字的“0”就不会被系统自动消除。

3. 利用“填充柄”快速输入相同数据

在编辑工作表时，有时整行或整列需要输入的数据都一样，很显然如果一个一个单元格地输入实在太麻烦了。利用鼠标拖曳“填充柄”可以实现快速输入。具体操作如下：首先在第一个单元格中输入需要的数据，然后单击选中该单元格，再移动鼠标指针至该单元格右下角的填充柄处，当指针变为小的黑色“+”字型时，按住左键，同时根据需要按行或者列方向拖曳鼠标，选中所有要输入相同数据的行或者列的单元格，最后松开鼠标即可。这样数据就会自动复制到刚才选中的所有单元格了。不过上述方法只适用于输入的是文本信息。如果要重复填充时间或日期数据时，使用上述方法填充的将会是一个按升序方式产生的数据序列。这时可以先按住【Ctrl】键，然后再拖曳填充柄，填充的数据才不会改变。

4. 在连续单元格中自动输入等比数据序列

要在工作表中输入一个较大的等比序列，可以通过填充的方法来实现。具体操作如下：首先在第一个单元格中输入该序列的起始值，然后选择要填充的所有单元格。再选择【开始】→【编辑】→【填充】选项，从“填充”下拉菜单中选择“序列”选项。在弹出的【序列】对话框中，再选择“类型”中“等比序列”单选按钮，再在“步长”文本框中输入等比序列的比值。最后还要在“终止值”文本框中输入一个数字。不一定要是该序列的最后一个值，只要是一个比最后一个数大的数字就可以了。最后单击【确定】按钮即可。这样系统就自动将序列按照要求填充完毕。

5. 在常规格式下输入分数

当在工作表的单元格中输入如“2/5、6/7”等形式的分数时。系统都会自动将其转换为日期格式。要实现在“常规”模式实现分数的输入，只要在输入分数前，先输入“0+空格符”。然后再在后面输入分数即可，如输入“0□2/3”（□表示空格）即正确显示为“2/3”。需要注意的是，利用此方法输入的分数的分母不能超过99，否则输入结果显示将被替换为分母小于或等于99 的分数。如输入“2/101”，系统会将其转换为近似值“1/50”。

6. 在单元格中自动输入时间和日期

要让系统自动输入时间和日期，可以选中需输入的单元格，直接按下【Ctrl】+【；】组合键可输入当前日期；如果直接按下【Ctrl】+【Shift】+【；】组合键即可输入当前时间；当然也可以在单元格中先输入其他文字然后再按以上组合键，如先输入“当前时间为：”再按下【Ctrl】+【Shift】+【；】组合键，就会在单元格中显示“当前时间为：16:27”这样的结果。

以上方法美中不足的是输入的时间和日期是固定不变的。如果希望日期、时间随当前系统的日期、时间自动更新，则可以利用函数来实现。输入“=today()”得到当前系统日期的函数，输入“=now()”得到当前系统时间和日期的函数。

7. 为不相连的单元格快速输入相同信息

如果要输入相同内容的单元格不连续，还可以使用下面的方法来实现快速输入：首先按住【Ctrl】键来选择好所有的单元格，然后将光标定位到编辑栏（就是“fx”图标后面的输入栏）中，输入需要的数据。输入完成后按住【Ctrl】键不放，然后再按下【Enter】键，这样输入的数据就会自动填充到所有刚才选择的单元格。

8. 在多个工作表中同时输入相同数据

如果要在不同的工作表中输入相同的内容，可以试试以下方法来实现：先按住【Ctrl】键，然后用鼠标单击左下角的工作表名称来选定所有的工作表。这样所选择的工作表就会自动成为一个“成组工作表”。只要在任意一个工作表中输入数据，其他的工作表也会增加相同的数据内容。如果要取消“成组工作表”模式，只要在任一工作表名称上单击鼠标右键，在弹出的菜单中选择“取消成组工作表”选项即可。

9. 快速实现整块数据的移动

在工作中常常需要移动单元格中的数据，直接采用拖曳的方法，比“粘贴”操作更快捷。操作过程如下：首先选择要移动的数据（注意必须是连续的区域）。然后移动鼠标到边框处，当鼠标指针变成一个四个箭头标志时，按住【Shift】键的同时按下鼠标左键，拖曳鼠标至要移动的目的区域（可以从鼠标指针右下方的提示框中获知是否到达目标位置），放开鼠标左键即完成移动。

10. 自动检测输入数据的合法性

由于特殊需要，我们对单元格的数据输入要求必须按统一格式来定义。为了实现用户输入数据时自动检测其一致性，只要为需要的单元格或工作表设置数据有效性检查即可。先选择需要进行该设置的单元格，然后选择【数据】→【数据工具】→【数据有效性】选项，从下拉菜单中选择【数据有效性】选项，在弹出的对话框中选择“设置”选项卡。再从【允许】下拉列表框中选择要设置的类型，如“整数”、“小数”、“日期”等。如果对数据输入的大小或范围有要求的话，还可以对【数据】项进行设置。

当然还可以在“出错警告”和“输入法模式”选项卡中为单元格设置提示的类型和默认的输入法等。最后单击【确定】按钮。这样设置后，当用户输入的数据不符合你的设置要求时，系统会自动弹出一个“输入值非法”的提示对话框来提醒用户。

11. 选择大范围的单元格区域

由于屏幕大小的局限性，如果利用鼠标拖曳操作，总是无法一次性准确地选择大于屏幕显示范围的单元格区域。可以试试如下操作：首先在“名称”框（就是公式输入栏 fx 左边的输入框）中输入该操作区域的起始单元格名称代号，然后输入该操作区域的最后一个单元格名称代号，中间用“：”英文状态下的冒号分开。最后按下【Enter】键，这样以这两个单元格为对角的长方形区域就会被快速的选定。

12. 为修改后的工作表添加批注

在对工作表文档进行修改的同时，想在修改处添加批注，以方便日后查阅。具体操作如下，首先选择已经修改过的单元格，然后选择【审阅】→【批注】→【新建批注】选项。这时在该单元格旁边会弹出一个文本输入框，输入框最上边会自动显示系统安装时使用的用户名字，当然也可以改为当前使用者的名字。在光标处就可以输入要添加的批注了。输入完成后鼠标单击任意位置，批注文本框就会自动隐藏起来。这时在该单元格的右上角部位会多出一个红色的小三角形符号，当鼠标移动至该单元格上时，会自动弹出刚才添加的批注内容。同时还可以用鼠标右键单击该单元格，在弹出的菜单中通过【编辑批注】和【清除批注】命令来进行其他的修改操作。

13. 快速选中所有数据类型相同的单元格

要选择数据类型都是“数字”的单元格来进行操作，可是这些单元格都是分散的，可以利用【定位】命令来快速地找到这些单元格。具体操作如下：选择【开始】→【编辑】→【查找和选择】选项，从下拉列表中执行【定位条件】命令。弹出一个【定位条件】对话框，根据需要，选择设置好要查找的单元格类型。例如先选择【常量】项，然后再复选上【数字】项，最后单击【确定】按钮完成即可。这样符合上述条件的单元格全部会被选中。

14. 给单元格重新命名

在函数或公式中引用单元格时，一般都用字母加数字的方式来表示单元格，如“A1”表示第一行第一个单元格。用数字和字母的组合来命名单元格只是系统默认的一种方式而已，还可以用以下方法来为单元格命名。首先选择要命名的单元格，然后在工作表左上角的“名称”框中输入希望的新名字，如可以输入“一号”，然后按下【Enter】键结束。这样下次就可以用这个名称来引用该单元格了。

15. 启用记忆功能输入单元格数据

在一些网页填写注册信息时，如果输入的内容以前曾经输入过，只要输入前面一个或几个字符，系统就会自动输入其余的内容。其实在 Excel 的单元格数据输入也有这种功能。这种功能叫做自动记忆功能。在 Excel 中也是可以实现的。具体设置如下：单击【Office 按钮】，选择【Excel 选项】选项，在打开的“Excel 选项”对话框中，选中“高级”列表框中的“编辑选项”组的“为单元格值启用记忆式键入”复选框。最后单击【确定】按钮即可。

16. 去除单元格中的“0”

有时在一个工作表中，有许多的“0”值的单元格，这些单元格没有什么实际意义，而且还影响整个工作表的美观，要想去掉这些“0”值单元格，而又不影响工作表数据的完整性，就只有将它们隐藏起来。具体实现方法如下：单击【Office 按钮】，选择【Excel 选项】选项，在打开的“Excel 选项”对话框中，取消“高级”列表框中的“显示”组的“在具有零值的单元格中显示零”复选框，最后单击【确定】按钮完成即可。当然这样工作表中所有的“0”都会被隐藏起来。

17. 为数据输入设置下拉选择列表

为了统一输入的格式，在输入数据时，可以为单元格设置一个供选择的下拉列表的选择框，具体操作如下：首先要选择需要建立自动选择列表的单元格，然后选择【数据】→【数据工具】→【数据有效性】选项，从下拉菜单中选择【数据有效性】选项，在弹出的对话框中选择【设置】选项卡，在【允许】下拉列表中选择【序列】项。这时对话框会增加“来源”项，在其下面的输入框中，输入供用户选择的序列。不同的选择项用“，”号分开（是在英文输入法状态下的逗号）。如输入“满意，一般，不满意”。最后单击【确定】按钮完成即可。这样设置后，当用鼠标单击单元格时，在单元格右边会出现一个向下的黑色箭头，单击该箭头就会弹出一个选择输入列表了。

18. 依据单元格数据调整列宽

在数据输入过程中，如果数据长度太长，而不想换行，我们一般都是通过拖曳操作来调整列宽的，可是遇到下一个超出宽度时，又要来调整。想让单元格自动适应数据长度，其实大可不必一个一个调整列宽来适应数据长度，可以一直输入完所有的数据，最后选择该列，移动鼠标指针到列的右边界处，当指针横向是一个双箭头的黑色十字状时，双击鼠标左键。这样系统就会自动调整列宽以保证该列中数据长度最长的单元格也能完整显示数据。该方法同样适用于行高的自动调整。

19. 将意外情况造成的数据丢失减少到最低

因意外情况（如断电，死机）而来不及保存操作造成的数据丢失情况是时常有发生，用软件的方法是无法彻底地解决该问题的。但是我们可以通过设置“自动保存”功能来将这样造成的损失降到最低。具体实现如下：单击【Office 按钮】，选择【Excel 选项】选项，在打开的“Excel 选项”对话框中，选中【保存】列表框中的【保存工作簿】组的【保存自动恢复信息时间间隔】复选框。在后面的时间间隔设置框中，可以将自动保存的时间间隔设置得尽可能的短，来将数据丢失减少到最小。

20. 自定义单元格的移动方向

一般在输入数据时，每次按下回车键后，系统都会自动转到该列的下一行，这给按行方向输入数据带来了很大不便，其实，可以按自己的需要来随意更改这种移动方向。具体实现方法如下：单击【Office 按钮】，选择【Excel 选项】选项，在打开的“Excel 选项”对话框中，在“高级”列表框中的【编辑选项】组中，在“按 Enter 键后所选内容”项后面的下拉列表框中，有“向下”、“向右”、“向上”和“向左”四种方向，根据实际需要选择就行，最后单击【确定】按钮完成。

21. 保护 Excel 文件

Excel 软件提供了简单的数据文件加密功能。选择【审阅】→【更改】选项，单击【保护工作表（簿）】按钮，然后在弹出的对话框中输入文件密码。这样别人就无法看到该数据文件了。如果要取消密码，可以单击【撤销工作表（簿）保护】按钮。

22. 浏览数据内容时让标题始终可见

如果工作表中数据列超过一屏，当我们利用滚动条来浏览数据时，该数据文件的行标题或列标题就无法在下一屏显示，也就是只看到数据，无法知道数据的具体意义。要解决这个问题，可以通过“冻结窗格”来使标题栏固定不动。首先选择整个标题栏，然后选择【视图】→【窗口】→【冻结窗格】选项，这样标题栏就不会随着翻页无法看到了。

23. 让文本输入自动适应单元格长度

在 Excel 单元格中输入文字时，即使输入的文字长度超过单元格长度，系统也不会自动换行，而只是显示为一行。其实，要实现让系统自动根据单元格长度来调整文本的行数是很容易的，这就是文本的自动换行问题。在输入文本时，当到达单元格最右边时，同时按下【Alt】+【Enter】组合键，这样系统会自动加宽单元格的宽度，而文本也会自动换到下一行。如果觉得每次按组合键太麻烦，可以执行如下设置来一劳永逸：首先单击工作表最左上角的行、列相交的空白处，选择工作表中的所有单元格（当然也可以按下【Ctrl】+【A】组合键来选择）。然后选择【开始】→【对齐方式】→【自动换行】选项即可完成。如果只要实现部分单元格的自动换行，可以先选定这些单元格，再执行上述操作就可以了。

24. 正确显示百分数

在单元格中输入一个百分数（如 10%），按下回车键后显示的却是 0.1。出现这种情况的原因是因为所输入单元格的数据被强制定义成数值类型了，只要更改其类型为“常规”或“百分数”即可。操作如下：选择该单元格，然后选择【开始】→【单元格】→【格式】→【设置单元格格式】选项，在弹出的对话框中选择【数字】选项卡，再在“分类”栏中把其类型改为上述类型中的一种即可。

25. 利用【选择性粘贴】命令将文本格式转化为数值

在通过导入操作得到的工作表数据中，许多数据格式都是文本格式的，无法利用函数或公式来直接进行运算。但是如果一个一个地改又很麻烦，对这种通过特殊途径得到的数据文档，可以通过以下方法来实现快速批量转换格式：先在该数据文档的空白单元格中输入一个数值型数据如“1”，然后利用“复制”命令将其复制到剪贴板中。接着选择所有需要格式转换的单元格，再执行【粘贴】菜单中的【选择性粘贴】命令，在弹出的【选择性粘贴】对话框中选择【运算】项下的“乘”或者“除”单选按钮，最后单击【确定】按钮完成即可。这样，所有的单元格都会转换为数值格式了。

26. 在 Excel 中绘制斜线表头的方法

Excel 系统没有提供直接绘制斜线表头的功能命令按钮。但是我们知道，在 Word 中绘制斜线表头是很容易的事情，我们可以利用它，在 Excel 中绘制斜线表头。具体实现方法如下：首先在 Word 中根据需要绘制好表头，然后单击表头部分，当该斜线表头四周出现几个小圆圈形状的表结构控制点时，再执行“复制”操作，将其复制到系统剪贴板中。接下来转到 Excel 工作表中，选用表头单元格，再执行“粘贴”操作，将其插入单元格中。然后将鼠标移动至该表结构的右下角的控制点上，当鼠标指针变成一个斜方向的双箭头时，按下鼠标左键再拖曳，调节表结构使控制点刚好和单元格的各边重合，调整好后，就可以通过改变单元格大小来随意改变表头了。这样斜线表头也就完成了。

27. 自定义数据类型隐藏单元格值

要隐藏单元格的值，先选中要隐藏数据的单元格，然后再选择【开始】→【单元格】→【格式】→【设置单元格格式】选项，再在弹出对话框的【数字】选项卡的“分类”列表框中选择“自定义”项，接着在“类型”文本框中输入“；；；”（三个分号），单击【确定】按钮返回即可。

28. 将格式化文本导入 Excel

首先，在 Windows“记事本”中输入格式化文本，每个数据项之间应被空格隔开，当然你也可以用逗号、分号、Tab 键作为分隔符。输入完成后，保存此文本文件并退出。第二，在 Excel 中打开刚才保存的文本文件，出现“文本导入向导-3 步骤之 1”对话框，选择“分隔符号”，单击【下一步】按钮；第三，在“文本导人向导-3 步骤之 2”对话框中选择文本数据项分隔符号，Excel 提供了 Tab 键、分号、逗号以及空格等供你选择。注意，这里的几个分隔符号选项应该单选。你在“预览分列效果”中可以看到竖线分隔的效果。单击【下一步】按钮；第四，在“文本导入向导-3 步骤之 3”对话框中，你可以设置数据的类型，一般不需改动，Excel 自动设置为“常规”格式。“常规”数据格式将数值转换为数字格式，日期值转换为日期格式，其余数据转换为文本格式。第五，单击【完成】按钮即可。

29. 复制单元格的格式设置

在对多个单元格进行相同格式设置时，我们一般都是先选择所有的单元格（如果单元格是不连续，可以按住【Ctrl】键再一一选择），然后再进行格式设置，可是有时候我们根本就不能完全确定究竟哪些单元格要进行相同的格式设置，是不是就只有重复多次相同的设置操作呢？其实遇到这种情况也用不着一个一个地来操作。利用“格式刷”按钮，可以非常方便快速地完成该设置。

首先选择已经完成格式设置的单元格，然后单击【格式刷】按钮，接着再移动到其他需要相同设置的单元格上，执行拖曳操作即可。如果需要设置的单元格比较多，为了避免反复地单击【格式刷】按钮，可以一开始就用鼠标左键双击该按钮，再对其他单元格执行操作。完成后只要再次单击该按钮即可取消【格式刷】模式。

其实除了利用【格式刷】来进行格式设置外，我们还可以利用【选择性粘贴】命令来直接复制单元格的格式。具体操作如下：先选择已经设置好的单元格，然后执行【复制】命令，再选择需要相同设置的目标单元格，接着执行【粘贴】菜单中的【选择性粘贴】命令，在弹出的对话框中选择【格式】单选按钮。最后单击【确定】按钮即可完成格式的复制。

30. 快速格式设置报表

为了制作出美观的报表，需要对报表进行格式化。除了采用常规的格式化办法之外，还有更快捷方法，即自动套用 Excel 预设的表格样式。方法是：选定操作区域，再选择【开始】→【格式】→【套用表格格式】选项，在格式列表框中选取一款你满意的格式样式即可。

【函数和公式编辑技巧】

1. 巧用 IF 函数清除 Excel 工作表中的 0

有时引用的单元格区域内没有数据，Excel 仍然会计算出一个结果“0”，这样使得报表非常不美观，看起来也很别扭。怎样才能去掉这些无意义的“0”呢？利用 IF 函数可以有效地解决这个问题。IF 函数是使用比较广泛的一个函数，它可以对数值的公式进行条件检测，对真假值进行判断，根据逻辑测试的真假返回不同的结果。它的表达式为：IF(logical_test,value_if_true,value_if_false)，logical_test 表示计算结果为 TRUE 或 FALSE 的任意值或表达式。例如 A1> = 100 就是一个逻辑表达式，如果 A1 单元格中的值大于等于 100 时，表达式结果即为 TRUE，否则结果为 FALSE；value_if_true 表示当 logical_test 为真时返回的值，也可是公式；value_if_false 表示当 logical_test 为假时返回的值或其他公式。所以形如公式“ = IF(SUM(B1:C1)，SUM(B1:C1)，“”)”所表示的含义为：如果单元格 B1 到 C1 内有数值，且求和为真时，区域 B1 到 C1 中的数值将被进行求和运算。反之，单元格 B1 到 C1 内没有任何数值，求和为假，那么存放计算结果的单元格显示为一个空白单元格。

2. 批量求和

对数字求和是经常遇到的操作，除传统的输入求和公式并复制外，对于连续区域求和可以采取如下方法：假定求和的连续区域为 m × n 的矩阵型，并且此区域的右边一列和下面一行为空白，用鼠标将此区域选中并包含其右边一列或下面一行，也可以两者同时选中，选择【开始】→【编辑】→【Σ 自动求和】按钮选项，则在选中区域的右边一列或下面一行自动生成求和公式，并且系统能自动识别选中区域中的非数值型单元格，求和公式不会产生错误。

3. 对相邻单元格的数据求和

如果要将单元格 B2 至 B5 的数据之和填入单元格 B6 中，操作如下：先选定单元格 B6，输入“ = ”，再双击常用工具栏中的求和符号“∑”；接着用鼠标单击单元格 B2 并一直拖曳至 B5，选中整个 B2:B5 区域，这时在编辑栏和 B6 中可以看到公“ = sum(B2:B5)”，单击编辑栏中的“√”（或按 Enter 键）确认，公式即建立完毕。此时如果在 B2 到 B5 的单元格中任意输入数据，它们的和立刻就会显示在单元格 B6 中。同样的，如果要将单元格 B2 至 D2 的数据之和填入单元格 E2 中，也是采用类似的操作，但横向操作时要注意：对建立公式的单元格（该例中的 E2）一定要在“设置单元格格式”对话框中的“水平对齐”中选择“常规”方式，这样在单元格内显示的公式不会影响到旁边的单元格。如果还要将 C2 至 C5、D2 至 D5、E2 至 E5 的数据之和分别填入 C6、D6 和 E6 中，则可以采取简捷的方法将公式复制到 C6、D6 和 E6 中：先选取已建立了公式的单元格 B6，单击常用工具栏中的“复制”图标，再选中 C6 到 E6 这一区域，单击“粘贴”图标即可将 B6 中已建立的公式相对复制到 C6、D6 和 E6 中。

4. 对不相邻单元格的数据求和

假如要将单元格 B2、C5 和 D4 中的数据之和填入 E6 中，操作如下：先选定单元格 E6，输入“=”，双击常用工具栏中的求和符号“∑”；接着单击单元格 B2，键入【，】，单击 C5，键入【，】，单击 D4，这时在编辑栏和 E6 中可以看到公式“=SUM（B2，C5，D4）”，按【Enter】键确认后公式即建立完毕。

5. 利用公式来设置加权平均

加权平均在财务核算和统计工作中经常用到，并不是一项很复杂的计算，关键是要理解加权平均值其实就是总量值（如金额）除以总数量得出的单位平均值，而不是简单地将各个单位值（如单价）平均后得到的那个单位值。在 Excel 中可设置公式解决（其实就是一个除法算式），分母是各个量值之和，分子是相应的各个数量之和，它的结果就是这些量值的加权平均值。

6. 用记事本编辑公式

在工作表中编辑公式时，需要不断查看行列的坐标，当编辑的公式很长时，编辑栏所占据的屏幕面积越来越大，正好将列坐标遮挡，想看而看不见，非常不便！能否用其他方法来编辑公式呢？打开记事本，在里面编辑公式，屏幕位置、字体大小不受限制，还有滚动条，其结果又是纯文本格式，可以在编辑后直接粘贴到对应的单元格中而勿须转换，既方便，又避免了以上不足。

7. 防止编辑栏显示公式

有时，你可能不希望让其他用户看到你的公式，即单击选中包含公式的单元格，在编辑栏不显示公式。为防止编辑栏中显示公式，可按以下方法设置：右击要隐藏公式的单元格区域，从快捷菜单中选择【设置单元格格式】选项，单击“保护”选项卡，选中【锁定】和【隐藏】复选框。然后再选择【审阅】→【更改】→【保护工作表】选项，打开“保护工作表”对话框，选中【保护工作表及选定内容】复选框，单击【确定】以后，用户将不能在编辑栏或单元格中看到已隐藏的公式，也不能编辑公式。

8. 解决 SUM 函数参数中的数量限制

Excel 中 SUM 函数的参数不得超过 30 个，假如我们需要用 SUM 函数计算 50 个单元格 A2、A4、A6、A8、A10、A12、…、A96、A98、A100 的和，使用公式 SUM(A2，A4，A6，…，A96，A98，A100)显然是不行的，Excel 会提示“太多参数”。其实，我们只需使用双组括号的 SUM 函数；SUM((A2，A4，A6，…，A96，A98，A100))即可。稍作变换即提高了由 SUM 函数和其他拥有可变参数的函数的引用区域数。

9. 在绝对与相对单元引用之间切换

当你在 Excel 中创建一个公式时，该公式可以使用相对单元引用，即相对于公式所在的位置引用单元，也可以使用绝对单元引用，引用特定位置上的单元。公式还可以混合使用相对单元和绝对单元。绝对引用由$后跟符号表示，例如，$B$1 是对第一行 B 列的绝对引用。借助公式工作时，通过使用下面这个捷径，你可以轻松地将行和列的引用从相对引用改变到绝对引用，反之亦然。操作方法是：选中包含公式的单元格，在公式栏中选择你想要改变的引用，按下 F4 切换。

10. 快速查看所有工作表公式

只需一次简单的键盘点击，即可显示出工作表中的所有公式，包括 Excel 用来存放日期的序列值。操作方法如下：要想在显示单元格值或单元格公式之间来回切换，只需按下“Ctrl+`”（与“～”符号位于同一键上。在绝大多数键盘上，该键位于“1”键的左侧）。

11. 求和函数的快捷输入法

求和函数“SUM”可能是我们在工作表文档中使用最多的函数了。有什么好办法来快速输入吗？其实“SUM”函数不必每次都直接输入的，可以单击【开始】选项卡中的“∑”符号按钮来快速输入。当然还有更快捷的键盘输入，先选择单元格，然后按下【Alt】+【=】组合键即可。这样不但可以快速输入函数名称，同时还能智能地确认函数的参数。

12. 不输入公式直接查看结果

当要计算工作表中的数据时，一般都是利用公式或函数来得到结果。可是假如仅仅只是想查看一下结果，并不需要在单元格中建立记录数据。有什么办法实现吗？可以选择要计算结果的所有单元格，然后看看编辑窗口最下方的状态栏上，是不是自动显示了“求和＝？”的字样呢？如果还想查看其他的运算结果，只需移动鼠标指针到状态栏任意区域，然后用鼠标右键点击，在弹出的菜单中单击要进行相应的运算操作命令，在状态栏就会显示相应的计算结果。这些操作包括：均值、计数、计数值、求和等。

13. 如何在公式中引用其他工作表单元格数据

公式中一般可以用单元格符号来引用单元格的内容，但是都是在同一个工作表中操作的。如果要在当前工作表公式中引用别的工作表中的单元格，那该如何实现呢？要引用其他工作表的单元格可以使用以下方法格式来表示：工作表名称＋“!”＋单元格名称。如要将 Sheet1 工作表中的 A1 单元格的数据和 Sheet2 工作表中的 B1 单元格的数据相加，可以表示为：“Sheet1!A1＋Sheet2!B1”。

14. 快捷输入函数参数

系统提供的函数一般都有好多不同的参数，如何在输入函数时能快速地查阅该函数的各个参数功能呢？可以利用组合键来实现：先在编辑栏中输入函数，完成后按下【Ctrl】＋【A】组合键，系统就会自动弹出该函数的参数输入选择框，可以直接利用鼠标单击来选择各个参数。

15. 函数中快速引用单元格

在函数使用时，常常需要用单元格名称来引用该单元格的数据。如果要引用的单元格太多、太散的话，那么逐个输入就会很麻烦。遇到这种情况时，可以试试下面的方法，利用鼠标直接选取引用的单元格。具体操作如下：以 SUM 函数为例。我们在公式编辑栏中直接输入“= SUM()”，然后再将光标定位至小括号内。接着按住【Ctrl】键，在工作表中利用鼠标选择所有参与运算的单元格。这时会发现，所有被选择的单元格都自动的填入了函数中，并用“,”自动分隔开。输入完成后按【Enter】键结束即可。

16. 快速找到所需要的函数

函数应用是 Excel 中经常要使用的。可是如果对系统提供的函数不是很熟悉，请问有什么办法可以快速找到需要的函数吗？对于没学习过计算机编程的人来说，系统提供的函数的确是一个比较头痛的问题。不过使用下述方法可以非常容易地找到你需要的函数：假如需要利用函数对工作表数据进行排序操作，可以先单击编辑栏的“插入函数”按钮【fx】，在弹出的对话框的【搜索函数】项下面直接输入所要的函数功能，如直接输入“排序”两个字。然后单击【转到】按钮，在下面的【选择函数】对话框中就会列出好几条用于排序的函数。单击某个函数，在对话框最下面就会显示该函数的具体功能如果觉得还不够详细，还可以单击“有关该函数的帮助”链接来查看更详细的描述。这样就再也不会为不懂函数而头痛了。

【数据分析和管理技巧】

1. 快速对单列进行排序

选定要进行排序列的任意数据单元格，选择【数据】→【排序和筛选】选项中的【升序】或【降序】按钮，可以快速地对单列数据按升序或降序进行排序。

2. 快速对多列进行排序

在 Excel 2007 中，可以使用“排序”对话框对数据表中的多列数据进行排序。操作如下：选择要排序的单元格区域，然后选择【数据】→【排序和筛选】→【排序】选项，打开“排序”对话框，在【主要关键字】下拉列表框中选择第一排序关键字的选项，在“次序”下拉列表框中选择“降序”或【升序】选项，然后单击【添加条件】按钮，添加次要关键字和次序，单击【确定】按钮，完成排序。

3. 自动筛选前 10 个

有时你可能想对数值字段使用自动筛选来显示数据清单里的前 n 个最大值或最小值，解决的方法是使用“前 10 个”自动筛选。当你在自动筛选的数值字段下拉列表中选择“前 10 个”选项时，将出现“自动筛选前 10 个”对话框，这里所谓“前 10 个”是一个一般术语，并不仅局限于前 10 个，你可以选择最大或最小和定义任意的数字，比如根据需要选择 8 个、12 个等。

4. 在工作表之间使用超级连接

首先需要在被引用的其他工作表中相应的部分插入书签，然后在引用工作表中插入超级链接，注意在插入超级链接时，可以先在“插入超级链接”对话框的【链接到文件或 URL】设置栏中输入目标工作表的路径和名称，再在【文件中有名称的位置】设置栏中输入相应的书签名，也可以通过【浏览】方式选择。完成上述操作之后，一旦使用鼠标左键单击工作表中带有下画线的文本的任意位置，即可实现 Excel 自动打开目标工作表并转到相应的位置处。

5. 快速链接网上的数据

你可以用以下方法快速建立与网上工作簿数据的链接：第一，打开 Internet 上含有需要链接数据的工作簿，并在工作簿选定数据，然后选择【开始】→【剪贴板】→【复制】选项；第二，打开需要创建链接的工作簿，在需要显示链接数据的区域中，单击左上角单元格；第三，选择【开始】→【剪贴板】→【粘贴】→【粘贴链接】选项即可。若你想在创建链接时不打开 Internet 工作簿，可单击需要链接处的单元格，然后键入(=)和 URL 地址及工作簿位置，如：= http://www.Js.com/[filel.xls]。

6. 跨表操作数据

设有名称为 Sheet1、Sheet2 和 Sheet3 的 3 张工作表，现要用 Sheet1 的 D8 单元格的内容乘以 40%，再加上 Sheet2 的 B8 单元格内容乘以 60%作为 Sheet3 的 A8 单元格的内容，则应该在 Sheet3 的 A8 单元格输入以下算式：= Sheet1!D8 * 40% + Sheet2!B8 * 60%。

7. 查看 Excel 中相距较远的两列数据

在 Excel 中，若要将距离较远的两列数据（如 A 列与 Z 列）进行对比，只能不停地移动表格窗内的水平滚动条来分别查看，这样的操作非常麻烦而且容易出错。利用下面这个小技巧，你可以将一个数据表“变”成两个，让相距较远的数据同屏显示。把鼠标指针移到工作表底部水平滚动条右侧的小块上，鼠标指针便会变成一个双向的光标。把这个小块拖到工作表的中部，你便会发现整个工作表被一分为二，出现了两个数据框，而其中的都是当前工作表内的内容。这样你便可以让一个数据框中显示 A 列数据，另一个数据框中显示 Z 列数据，从而可以进行轻松的比较。

8. 利用选择性粘贴命令完成一些特殊的计算

如果某 Excel 工作表中有大量数字格式的数据，并且你希望将所有数字取负，请使用选择性粘贴命令，操作方法如下：在一个空单元格中输入“−1”，选择该单元格，选择【开始】→【剪贴板】→【复制】选项，选择目标单元格。选择【开始】→【剪贴板】→【粘贴】→【选择性粘贴】选项，在“选择性粘贴”对话框中，选中粘贴栏下的数值和运算栏下的乘，单击【确定】按钮，所有数字将与-1 相乘。你也可以使用该方法将单元格中的数值缩小 1000 或更大倍数。

【图形和图表编辑技巧】

1. 将单元格中的文本链接到图表文本框

希望系统在图表文本框中显示某个单元格中的内容，同时还要保证它们的修改保持同步，这个是完全可以实现的，只要将该单元格与图表文本框建立链接关系就行。具体操作如下：首先单击选中该图表文本框，然后在系统的编辑栏中输入一个“ = ”符号。再单击选中需要链接的单元格，最后按下【Enter】键即可完成。此时在图表中会自动生成一个文本框，内容就是刚才选中的单元格中的内容。如果下次要修改该单元格的内容时，图表中文本框的内容也会相应地被修改。

2. 重新设置系统默认的图表

当用组合键创建图表时，系统总是给出一个相同类型的图表。要修改系统的这种默认图表的类型，可以执行以下操作：首先选择一个创建好的图表，然后单击鼠标右键，在弹出的菜单中执行【更改图表类型】命令，再在弹出的对话框中选择一种希望的图表类型即可。

3. 利用组合键直接在工作表中插入图表

有比用菜单命令或工具栏更快捷的方式来插入图表吗？ 当然有，可以利用组合键。先选择好要创建图表的单元格，然后按下【F11】键或按下【Alt】+【F1】组合键，都可以快速建立一个图表。这种方式创建的图表会保存为一个以“chart + 数字”形式命名的工作表文件，可以在编辑区的左下角找到并打开它。

4. 轻松调整图表布局

在工作表中插入图表后，还可进行布局调整，操作方法如下：选中图表，选择【设计】→【图表布局】组中布局列表框右侧的按钮选项，在弹出的下拉面板中选择需要的布局即可。

5. 快速设置图表样式

用户可以为图表轻松套用Excel 2007提供的多种内置图表样式，操作方法如下：选中图表，选择【设计】→【图表样式】组中样式列表框右侧的按钮选项，在弹出的下拉面板中选择需要的样式即可。

6. 快速调整图例位置

默认情况下，图例位于图表区域的右侧，用户可根据需要调整图例的位置，操作方法如下：单击图例，将其选中，单击鼠标右键，在弹出的快捷菜单中执行【设置图例格式】命令，弹出“设置图例格式”对话框，在右侧的“图例位置”选项区中选中【底部】、【靠上】、【靠左】等单选按钮，即可将图例调整到其他位置。

7. 在图表中增加数据表

为单元格数据建立图表，虽然可以非常直观地了解数据之间的相对关系和变化，但是相对我们平时常用的数据表格来说，对单个数据的描述不是很清楚。其实，可以同时为图表添加数据表。操作如下：先选定整个图表，选择【图表工具】→【布局】→【标签】→【数据表】选项，再执行【显示数据表】命令，这样就可以在原来的图表中增加一个数据表。

8. 直接为图表增加新的数据系列

如果不重新创建图表，要为该图表添加新的单元格数据系列，该如何实现？可以用鼠标右键单击图表，从快捷菜单中执行【选择数据】命令，打开“选择数据源”对话框，单击【添加】按钮，可选择要添加的数据源区域。

6.3 PowerPoint 技巧

【演示文稿编辑技巧】

1. 在 PowerPoint 演示文稿内复制幻灯片

要复制演示文稿中的幻灯片，请先在普通视图的“大纲”或“幻灯片”选项中，选择要复制的幻灯片。如果希望按顺序选取多张幻灯片，请在单击时按【Shift】键；若不按顺序选取幻灯片，请在单击时按 Ctrl 键。然后按下【Ctrl】+【Shift】+【D】组合键，则选中的幻灯片将直接以插入方式复制到选定的幻灯片之后。

2. 增加 PowerPoint 的“后悔药”

在使用 PowerPoint 编辑演示文稿时，如果操作错误，那么只要单击自定义快速访问工具栏中的【撤销】按钮，恢复到操作前的状态。然而，默认情况下 PowerPoint 最多只能够恢复最近的 20 次操作。其实，PowerPoint 允许用户最多可以“反悔”150 次，但需要用户事先进行如下设置：单击【Office 按钮】，选择【PowerPoint 选项】选项，打开“PowerPoint 选项”对话框，在“高级”列表框的“编辑选项”组中，设置“最多可取消操作数”为“150”，单击【确定】按钮即可。

3. PowerPoint 中的自动缩略图效果

你相信用一张幻灯片就可以实现多张图片的演示吗？而且单击后能实现自动放大的效果，再次单击后还原。其方法是：新建一个演示文稿，单击【插入】→【文本】→【对象】选项，打开“插入对象”对话框，选择“Microsoft PowerPoint 演示文稿”，在插入的演示文稿对象中插入一幅图片，将图片的大小改为演示文稿的大小，退出该对象的编辑状态，将它缩小到合适的大小，按 F5 键演示一下看看，是不是符合您的要求了？接下来，只需复制这个插入的演示文稿对象，更改其中的图片，并排列它们之间的位置就可以了。

4. 快速调节文字大小

在 PowerPoint 中输入文字大小不合乎要求或者看起来效果不好，一般情况是通过选择字体字号加以解决，其实我们有一个更加简洁的方法。选中文字后按【Ctrl】+【]】组合键是放大文字，按【Ctrl】+【[】组合键是缩小文字。

5. 将图片文件用作项目符号

一般情况下，我们使用的项目符号都是 1、2、3，a、b、c 之类的。其实，我们还可以将图片文件作为项目符号，美化自己的幻灯片。首先选择要添加图片项目符号的文本或列表，选择【开始】→【段落】→【项目符号】右侧的下拉按钮选项，执行【项目符号和编号】命令，打开“项目符号和编号”对话框，单击【图片】按钮，打开“图片项目符号”对话框器，你就可以选择图片项目符号。在“图片项目符号”对话框中，单击一张图片，再单击【确定】按钮。

6. 巧用键盘辅助定位对象

在 PowerPoint 中有时候用鼠标定位对象不太准确，按住 Shift 键的同时用鼠标水平或竖直移动对象，可以基本接近于直线平移。在按住 Ctrl 键的同时用方向键来移动对象，可以精确到像素点的级别。

7. 快速灵活改变图片颜色

利用 PowerPoint 制作演示文稿，插入漂亮的剪贴画会为幻灯片增色不少。可并不是所有的剪贴画都符合我们的要求，剪贴画的颜色搭配时常不合理。这时可以选中图片，选择【图片工具】→【格式】→【调控】→【重新着色】选项，在随后出现的列表框中便可任意改变图片中的颜色。

8. 为 PowerPoint 添加公司 LOGO

用 PowerPoint 为公司做演示文稿时，最好每一页都加上公司的 Logo，这样可以间接地为公司做免费广告。选择【视图】→【演示文稿视图】→【幻灯片母版】选项，在“幻灯片母版视图”中，将 Logo 放在合适的位置上，关闭幻灯片母版视图返回到普通视图后，就可以看到在每一页加上了 Logo，而且在普通视图上也无法改动它了。

9. 演示文稿中的图片随时更新

在制作演示文稿中，如果想要在其中插入图片，选择【插入】→【插图】→【图片】选项，打开“插入图片”窗口插入相应图片。其实当我们选择好想要插入的图片后，可以单击窗口【插入】按钮右侧的下拉按钮，在出现的下拉列表中选择【链接文件】选项，这样一来，往后只要在系统中对插入图片进行了修改，那么在演示文稿中的图片也会自动更新，免除了重复修改的麻烦。

10. 利用剪贴画寻找免费图片

当我们利用 PowerPoint 制作演示文稿时，经常需要寻找图片来作为辅助素材，其实这个时候用不着登录网站去搜索，直接在“剪贴画”中就能搞 定。方法如下：选择【插入】→【插图】→【剪贴画】选项，在剪贴画任务窗格中，在“搜索文字”框中键入所寻找图片的关键词，然后在“搜索范围”下拉列表中选择“Web 收藏集”，单击【搜索】按钮即可。这样一来，所搜到的都是微软提供的免费图片，不涉及任何版权事宜，大家可以放心使用。

11. 对象也用格式刷

在 PowerPoint 中，想制作出具有相同格式的文本框（比如相同的填充效果、线条色、文字字体、阴影设置等），可以在设置好其中一个以后，选中它，选择【开始】→【剪贴板】→【格式刷】选项，然后单击其他的文本框。如果有多个文本框，只要双击“格式刷”工具，再连续“刷”多个对象。完成操作后，再次单击【格式刷】就可以了。其实，不光文本框，其他如自选图形、图片、艺术字或剪贴画也可以使用格式刷来刷出完全相同的格式。

12. 改变链接文字的默认颜色

PowerPoint2007 中如果对文字做了超链接或动作设置，那么 PowerPoint 会给它一个默认的文字颜色和单击后的文字颜色。但这种颜色可能与预设的背景色很不协调，想更改吗？那么可以选择【设计】→【主题】→【颜色】选项，从下拉列表中执行【新建主题颜色】命令，在打开的“新建主题颜色”对话框中，可以对超链接或已访问的超链接文字颜色进行相应的调整了。

13. 灵活设置背景

大家可以希望某些幻灯片和母版不一样，比如说当你需要全屏演示一个图表或者相片的时候。你可以进单击鼠标右键，然后从快捷菜单中执行【设置背景格式】命令，打开“设置背景格式”对话框，选中“填充”列表框中的【隐藏背景图形】复选框，你就可以让当前幻灯片不使用母版背景。

14. 去掉链接文字的下画线

向 PowerPoint 文档中插入一个文本框，在文本框输入文字后，选中整个文本框，设置文本框的超链接。这样在播放幻灯片时就看不到链接文字的下画线了。

15. 巧让多对象排列整齐

在某幻灯片上插入了多个对象，如果希望快速让它们排列整齐，按住 Ctrl 键，依次单击需要排列的对象，再选择【图片工具】→【格式】→【排列】→【对齐】选项，在排列方式列表中任选一种合适的排列方式就可实现多个对象间隔均匀的整齐排列。

16. 隐藏重叠的图片

如果在幻灯片中插入很多精美的图片，在编辑的时候将不可避免地重叠在一起，妨碍我们工作，怎样让它们暂时消失呢？方法如下：首先单击【开始】→【编辑】→【选择】→【选择窗格】按钮，在工作区域的右侧会出现“选择和可见性”窗格。在此窗格中，列出了所有当前幻灯片上的“形状”，并且在每个“形状”右侧都有一个“眼睛”的图标，单击想隐藏的“形状”右侧的“眼睛”图标，就可以把档住视线的“形状”隐藏起来了。

【演示文稿管理技巧】

1. “保存”特殊字体

为了获得好的效果，人们通常会在幻灯片中使用一些非常漂亮的字体，可是将幻灯片拷贝到演示现场进行播放时，这些字体变成了普通字体，甚至还因字体而导致格式变得不整齐，严重影响演示效果。

在 PowerPoint 中，单击【Office 按钮】→【另存为】→【PowerPoint 选项】命令，在“另存为”对话框中单击【工具】按钮，在下拉菜单中选择【保存选项】命令，在弹出其对话框中选中【将字体嵌入文件】复选框，然后根据需要选择“仅嵌入演示文稿中所用字符”或“嵌入所有字符”项，最后单击【确定】按钮保存该文件即可。

2. 统计幻灯片、段落和字数

单击【Office 按钮】→【准备】→【属性】命令，再单击【文档属性】下拉按钮，选择【高级属性】命令，打开“演示文稿属性”对话框，单击“统计”选项卡，该文件的各种数据，包括幻灯片数、字数、段落等信息都显示在该选项卡的统计信息框里。

3. 轻松隐藏部分幻灯片

对于制作好的 PowerPoint 幻灯片，如果希望其中部分幻灯片在放映时不显示出来，我们可以将它隐藏。方法是：在普通视图下，在左侧的窗口中，按拄【Ctrl】键，分别单击要隐藏的幻灯片，单击鼠标右键，从弹出的快捷菜单中选择【隐藏幻灯片】命令。如果想取消隐藏，只要选中相应的幻灯片，再次单击【隐藏幻灯片】命令即可。

4. 防止被修改

在 PowerPoint 中，单击【Office 按钮】→【另存为】→【PowerPoint 演示文稿】命令，在“另存为”对话框中单击【工具】按钮，在下拉菜单中选择【常规选项】命令，在弹出其对话框中设置“修改权限密码”即可防止 PowerPoint 文档被人修改。另外，还可以将 PowerPoint 存为 PPS 格式，这样双击文件后可以直接播放幻灯片。

5. 将声音文件无限制打包到 PowerPoint 文件中

幻灯片打包后可以到没有安装 PowerPoint 的电脑中运行，如果链接了声音文件，则默认将小于 100KB 的声音素材打包到 PowerPoint 文件中，而超过该大小的声音素材则作为独立的素材文件。其实我们可以通过设置就能将所有的声音文件一起打包到 PowerPoint 文件中。方法是：单击【Office 按钮】→【PowerPoint 选项】按钮，打开“PowerPoint 选项”对话框框，在“高级”列表框的“保存”组中，将“链接声音文件大于以下值的声音文件”后面的值 100KB 改大一点，如“50000KB”（最大值）就可以了。

6. PowerPoint 编辑放映两不误

能不能一边播放幻灯片，一边对照着演示结果对幻灯进行编辑呢？答案是肯定的，只须按住 Ctrl 不放，单击“幻灯片放映”菜单中的“观看放映”就可以了，此时幻灯片将演示窗口缩小至屏幕左上角。修改幻灯片时，演示窗口会最小化，修改完成后再切换到演示窗口就可看到相应的效果了。

7. 将 PowerPoint 演示文稿保存为图片

大家知道保存幻灯片时通过将保存类型选择为“Web 页”可以将幻灯片中的所有图片保存下来，如果想把所有的幻灯片以图片的形式保存下来该如何操作呢？打开要保存为图片的演示文稿，单击【Office 按钮】→【另存为】→【PowerPoint 演示文稿】命令，将保存的文件类型选择为“JPEG 文件交换格式”，单击【保存】按钮，此时系统会询问用户“想导出演示文稿中的所有幻灯片还是只导出当前的幻灯片？”，根据需要单击其中的相应的按钮就可以了。

【幻灯片放映技巧】

1. PowerPoint 自动黑屏

在用 PowerPoint 展示讲义的时候，有时需要观众自己讨论，这时为了避免屏幕上的图片影响观众的注意力，可以按一下“B”键，此时屏幕黑屏。观众自学完成后再按一下“B”键即可恢复正常。按“W”键也会产生类似的效果。

2. 让幻灯片自动播放

要让 PowerPoint 的幻灯片自动播放，只需要在打开文稿前将该文件的扩展名从 PowerPoint 改为 PPS 后再双击它即可。这样一来就避免了每次都要先打开这个文件才能进行播放所带来的不便和繁琐。

3. 快速定位幻灯片

在播放 PowerPoint 演示文稿时，如果要快进到或退回到第 5 张幻灯片，可以这样实现：按下数字 5 键，再按下回车键。

4. 利用画笔来做标记

利用 PowerPoint2007 放映幻灯片时，为了让效果更直观，有时我们需要现场在幻灯片上做些标记，这时该怎么办？在打开的演示文稿中单击鼠标右键，然后选择【指针选项】中的“圆珠笔”、“毡尖笔”或“荧光笔”即可，这样就可以调出画笔在幻灯片上写写画画了，用完后，按【ESC】键便可退出。

5. 幻灯片放映时让鼠标不出现

PowerPoint 幻灯片在放映时，有时我们需要对鼠标指针加以控制，让它一直隐藏。方法是：在放映幻灯片时，单击鼠标右键，在弹出的快捷菜单中选择【指针选项】→【箭头选项】→【永远隐藏】命令，就可以让鼠标指针无影无踪了。如果需要“唤回”指针，则单击鼠标右键，在弹出的快捷菜单中选择【指针选项】→【箭头选项】→【可见】命令。如果你单击了【自动】（默认选项），则将在鼠标停止移动 3 秒后自动隐藏鼠标指针，直到再次移动鼠标时才会出现。

6. PowerPoint 图表也能用动画展示

PowerPoint 中的图表是一个完整的图形，如何将图表中的各个部分分别用动画展示出来了呢？其实在定义图表动画时，可将图表按系列、按分类、按系列中的元素或者按分类的元素来设置动画，就可以对图表中的每个部分依次动起来。

6.4 Outlook 技巧

【设置技巧】

1. 定位 Outlook 启动视图

如果希望 Outlook 启动后显示的是“收件箱”窗口，那么我们可以对 Outlook 的启动视图进行设置。具体操作步骤如下。

（1）选择【工具】→【选项】命令，弹出“选项”对话框，选择“其他”选项卡，单击【高级选项】按钮，弹出“高级选项”对话框。

（2）单击【浏览】按钮，弹出“选定文件夹”对话框，在“启动时定位于”下拉列表框中选择“收件箱”选项，单击【确定】按钮。

（3）分别单击“高级选项”和“选项”对话框中的【确定】按钮，完成 Outlook 启动视图的设置。

2. 自动清空“已删除”文件夹

用户在使用 Outlook 删除邮件后，邮件仍保存在“已删除”文件夹中，从而占用了系统的空间。必须手工操作才能彻底删除，降低了工作效率。可以通过设置使 Outlook 在退出时自动清空“已删除”文件夹。具体操作步骤如下。

（1）选择【工具】→【选项】命令，弹出“选项”对话框。

（2）选择“其他”选项卡，选中【退出时清空已“删除邮件”文件夹】复选框，单击【确定】按钮完成操作。

3. 自动过虑垃圾邮件

现在使用电子邮箱的用户越来越多，垃圾邮件成了电子邮箱的最大麻烦。在 Outlook 中可以设置垃圾邮件的过滤功能，使其根据过滤级别对邮件自动进行分析，从而阻止垃圾邮件。具体操作步骤如下。

（1）选择【工具】→【选项】命令，弹出“选项”对话框，默认显示“首选参数”选项卡。

（2）单击【垃圾电子邮件】按钮，弹出的“垃圾邮件选项”对话框中默认显示“选项”选项卡。根据受垃圾邮件影响的程度选择保护级别。

（3）单击【确定】按钮完成操作。

4. 在服务器上保留邮件副本

默认情况下 Outlook 把邮件服务器上的邮件保存到计算机硬盘上，并删除了服务器的邮件，如果用户需要在邮件服务器中保存重要邮件，可以通过设置 Outlook 的“电子邮件账户”使其在服务器上保留邮件的副本。具体操作步骤如下。

（1）选择【工具】→【账户设置】命令，弹出“账户设置”窗口，默认显示为“电子邮件”选项卡。

（2）选定需要更改的电子邮件账户，单击【更改】按钮。

（3）在弹出的“更改电子邮件账户”对话框中单击【其他设置】按钮，弹出“Internet 电子邮件设置”对话框。

（4）在“高级”选项卡中选中【在服务器上保留邮件的副本】复选框，单击【确定】按钮完成操作。

5. 不保留已发送邮件副本

默认情况下，Outlook 在发送完邮件后会在“已发送邮件”文件夹中保存邮件的副本，用户可以设置 Outlook 不保留已发送邮件的副本。具体操作步骤如下。

（1）选择【工具】→【选项】命令，打开“选项”对话框，默认显示“首选参数”选项卡。

（2）单击【电子邮件选项】按钮，打开“电子邮件选项”对话框。

（3）取消“在‘已发送邮件’文件夹中保留邮件副本”选项后，单击【确定】按钮完成操作。

6. 设置跟踪邮件

用户在使用 Outlook 发送一些重要邮件时往往需要知道邮件是否已送达收件人信箱，对方是否已经阅读邮件，用户可以通过设置来实现对邮件的跟踪。具体操作步骤如下。

（1）单一邮件的跟踪设置。

① 选择【文件】→【新建】→【邮件】命令，打开新建邮件窗口。

② 选择“选项”选项卡，在“跟踪”组中选中【请求送达回执】或【请求已读回执】复选框。

③ 也可以在“其他选项”组中单击【直接答复】按钮，打开“邮件选项”对话框，选中【请在送达此邮件后给出“送达”回执】或【请在阅读此邮件后给出“已读”回执】复选框，还可以在“将答复发送给”文本框中输入回复发送的邮箱地址，默认为发送邮件的地址，单击【关闭】按钮完成操作。

（2）所有邮件的跟踪设置。

① 选择【工具】→【选项】命令，打开“选项”对话框，默认显示“首选参数”选项卡。

② 单击【电子邮件选项】按钮，弹出“电子邮件选项”对话框。

③ 单击【跟踪选项】按钮，打开“跟踪选项”对话框。

④ 选中“对于发送的所有邮件，请求”下面的【“已读”回执】或【“送达”回执】复选框，单击【确定】按钮完成操作。

7. 设置保存邮件的默认路径

使用 Outlook 收发邮件时，如果采用邮件默认的保存路径，一旦遇到系统发生意外需要重新安装等情况，就可能会导致邮件丢失，用户可以更改邮件的保存路径来避免这种情况。具体操作步骤如下。

（1）选择【工具】→【账户设置】命令，弹出“账户设置”窗口，默认显示为“电子邮件”选项卡。

（2）在电子邮件账户列表中选择需要修改的电子邮件账户，单击【更改文件夹】按钮。

（3）在弹出的“新建电子邮件送达位置”对话框中单击【新建 Outlook 数据文件】按钮。打开“新建 Outlook 数据文件”对话框。

（4）根据需要在“存储类型”列表框中选择相应选项，单击【确定】按钮，弹出“创建或打开 Outlook 数据文件”对话框。

（5）选择保存账户数据文件的路径及文件名称，单击【确定】按钮，弹出“个人文件夹”对话框。

（6）在“名称”文本框中输入文件夹的名称，单击【确定】按钮完成操作。

8. 设置更加符合您工作习惯的用户视图

不同的人使用 Outlook 会有不同的习惯，Outlook 为每个用户提供了度身订造的界面，您可以通过选择【视图】菜单中的【阅读窗格】来调整阅读窗格的位置；通过【视图】菜单中的【待办事项栏】来调整待办事项栏的显示，通过【视图】菜单中的【导航窗格】来调整导航窗格的显示状态。这样，您就可以根据自己的工作习惯定义一个合适的 Outlook 工作界面了。

【应用技巧】

1. 自动添加邮件签名

用户要使用 Outlook 发送邮件时，喜欢在邮件中输入自己个性化签名和其他信息。如果每次输入一遍比较麻烦，用户可以编辑自己的邮件签名，在发邮件的时候直接添加即可。具体操作步骤如下。

（1）选择【工具】→【选项】命令，弹出“选项”窗口。

（2）选择“邮件格式”选项卡，单击【签名】按钮，弹出“签名和信纸”对话框，默认选择“电子邮件签名”选项卡。

（3）在“电子邮件账户”下拉列表框中选择需要添加签名的账户，单击【新建】按钮。弹出“新签名”对话框。

（4）在“键入此签名的名称”的文本框中输入邮件签名的名称，单击【确定】按钮。返回“签名和信纸”对话框。

（5）在“编辑签名”的文本框中输入签名的内容，单击【确定】按钮完成操作。

2. 快速发送大容量信件

在发送带有附件的大邮件时，遇见网络繁忙或网速下降，都可能碰到过发送不成功或由于网络服务器连接超时导致发送失败的情况。如果您收发邮件使用的是 Outlook，那么巧妙“延时”增加发送成功的几率。

（1）选择【工具】→【账户设置】命令，选择您使用的邮件服务器的账户，并单击【更改】按钮。

（2）在弹出的对话框中单击【其他设置】按钮，打开“Internet 电子邮件设置”对话框。

（3）选择“高级”选项卡，然后在“服务器超时”中拖动滑块，适当延长服务器超时的时间，最后【确定】即可。

3. 更改邮件的优先级发送高优先级

发邮件时，如果邮件到达收件人的收件箱，则邮件旁边将显示“重要性”图标（通常为感叹号），以便提醒收件人该邮件很重要或应该立即阅读。这就需要设置待发邮件的优先。具体操作如下：在新邮件窗口中，单击【邮件】→【选项】→【重要性-高】按钮 !，即可实现邮件优先级的设置。

4. 设置日记的开始和结束时间

“日记”能够自动记录用户选择的、与所选联系人相关的操作，并将操作放到时序表视图中，但是有时只希望让日记记录某一段时间的操作，用户可以设置 Outlook 来更改“日记”项目的开始和结束时间。具体操作步骤如下。

（1）选择【前往】→【日记】命令，显示“日记”视图。

（2）选择【视图】→【当前视图】→【自定义当前视图】命令，打开“自定义视图：按类型”窗口。

（3）单击【字段】按钮，弹出“日期/时间字段”对话框，在“可用字段选自”下拉列表框中选择所需的字段集，在“可用字段”下拉列表框中选择包含用于项目开始时间和结束时间的字段，单击【添加】按钮，然后单击【确定】按钮完成操作。

5. 拽出来的高效

待办事项栏是 Outlook 2007 中全新引入的元素，在很大程度上能够提升用户的工作效率。很多用户不习惯待办事项栏，往往会直接把它关掉。其实，待办事项栏是个很不错的工具。需要安排日程的时候，只需双击日历上的日期，即可快速安排约会。如果针对某一封邮件需要安排会议，或者添加一个任务，只需要点中邮件，拖曳到日历的相应日期上，或者拖曳到任务列表中即可。临近的约会就会在待办事项栏中显示，随时提醒您不要错过重要事情。

6. 使用颜色标记

Outlook 2007 中，每个邮件的后面都会有一个圆角正方形“类别”的标记，单击它就能够快速为邮件设置不同的颜色，用以标记邮件的类别。用好这个功能能够让我们效率大增。您可以右键单击这个小方块，选择【所有类别】，在弹出的对话框中对颜色类别的名称进行设定，比如红色代表“重要事项”，绿色代表“个人事件”，黄色代表“电话会议”，蓝色代表“出差”……这样，在收到一封邮件后，就可以根据内容进行类别的标记了，并且类别标记可以设置多个，只需多次单击类别图标即可。另外，邮件设置好了类别后也会方便进行检索，例如，可以直接在搜索框中输入“出差”，那么所有之前标记了蓝色“出差”标记的邮件都会被检索到。这个标记类别还适用于日历中的日程。

7. 重要人物特别待遇

您是不是每天都会收到大量的邮件，而老板的邮件也会混杂在其中？在收到的这些邮件中，自然应该优先查看老板发来的指示或者任务。怎样才能够让重要人物的邮件在众多邮件中与众不同？

选择【工具】→【组织】命令，在“组织收件人”设置界面中选择“使用颜色”，设置“发件人为...”的时候使用“红色”，之后单击【应用颜色】按钮。这样，以后老板发来的邮件，会在收件箱中用红色显示，您就再也不会错过重要任务了。

8. 给同事上个闹钟

每天繁杂的工作，难免会有遗忘。有没有下班走出办公室才想起有件重要的事情忘了做的经历？很多时候我们需要一个助手随时提醒自己，或者是提醒自己的下属。

在 Outlook 中发送邮件时，我们不仅可以通过邮件告知对方工作的内容，还能够通过撰写新邮件界面中，单击【邮件】→【选项】→【后续标志】按钮，给自己或对方上个“闹钟”，以实时提醒重要的事件。在“后续标志”的下拉菜单中，选择【添加提醒】选项，可以在弹出的对话框中选择为自己添加提醒还是为收件人添加提醒，并且可以设定提醒的具体时间，这样就不怕遗忘重要任务啦！

9. 日历重叠显示

Outlook 可以打开多个日历以便安排和管理时间，但是日历并排显示的视图经常让我们疲于不停地转动脖子两边来回查看。在 Outlook 2007 有了一个很体贴的改进：日历重叠显示。当您需要打开两个或多个日历来查看和安排日程的时候，每个日历的名称旁边都会有一个箭头形状的按钮，单击这个按钮，日历就可以以一种重叠的视图显示出来。上面的日历会正常显示，而被覆盖在下面的日历将以浅色显示以示区别。这个功能在挑选两个人的共同时间时非常有用。

10. 收集民意

如果希望做个简单的民意调查，比如对某件事赞成还是反对，不用费尽周折收集信息，Outlook轻轻松松就能搞定这件事。

首先按照常规的方式撰写邮件，把调查的内容如实写在邮件的正文中，然后单击【邮件】→【选项】按钮，在打开的“邮件选项”对话框中选中【使用投票按钮】复选框，通过下拉菜单找到所需的选项。设置完成后就像发送普通邮件一样发送这封邮件，被调查者在 Outlook 收到这封邮件后，就能够看到您刚才设置的投票按钮，只需轻松点击他的意向，这些信息就自动的收集到您的收件箱。

11. 邮件定时发送

有些时候电子邮件并非越早发出越好，我们经常会选择一个最佳发送时机。然而繁忙的工作往往使得我们在最佳发送时机到来的时候不方便甚至忘记发邮件。那么我们可以提前撰写好邮件，在新邮件的界面中写好标题和收件人，然后单击【邮件】→【选项】按钮，在打开的“邮件选项”对话框中选中【传递不早于】复选框，再设置好日期和时间，这样的话，邮件就会乖乖的躺在发件箱里，直到设定的时间到了，Outlook 执行自动发送/接收时才会被自动发送出去。

12. 不在答复中包含邮件原件

用户在使用 Outlook 收发邮件时，会发现在答复邮件的界面中包含原来邮件内容，用户如果不需要可以通过“电子邮件选项”设置来删除这些内容。具体步骤如下。

（1）选择【工具】→【选项】命令，打开“选项”对话框，默认显示“首选参数”选项卡。

（2）单击“电子邮件选项”按钮，弹出“电子邮件选项”对话框，在“答复和转发”选项组中的“答复邮件时”下拉列表框中选择“不包含邮件原件”选项。

（3）单击【确定】按钮完成操作。

13. 查找安全的.exe 附件

在新版本的 Outlook 中为用户提供了全新的安全措施，其中默认禁止接收不安全附件，如扩展名为.exe 的附件，用户如果希望收件人能接收这些附件，可以采用更改附件扩展名或压缩附件的方法。具体操作步骤如下。

（1）更改扩展名：收发邮件的双方可以通过商议，将附件的扩展名替换为安全模式，如将.exe 替换为.txt。这样可以使附件通过安全防线，收到邮件后将附件更改回原扩展名即可。

（2）压缩附件：除了更改扩展名还可以使用 Winrar、Winzip 等压缩工具压缩要发送的附件，Outlook 不拒绝压缩格式的附件。

14. 批量发送邮件

如果用户需要把邮件同时发送给很多人，可以使用 Outlook 的“邮件合并”功能对邮件进行批量发送，从而避免了逐个发送邮件的麻烦。具体步骤如下。

（1）选择【前往】→【联系人】命令，转到联系人视图，在联系人名单中选择所需的收件人。

（2）选择【工具】→【邮件合并】命令，打开“邮件合并联系人”对话框。

（3）根据需要选择相应的选项，单击【确定】按钮，Outlook 会新建 Word 文档。

（4）在文档中编辑好邮件内容，单击【邮件】→【完成并合并】→【发送电子邮件】命令。

（5）打开“合并到电子邮件”对话框，在“收件人”下拉列表框中选择“电子邮件”字段，在“主题”文本框中输入邮件的主题。

（6）单击【确定】按钮完成操作。

15. 会议与提醒设置技巧——快速安排会议

使用 Outlook 安排会议很方便，而且还可以在日历中显示工作安排。具体步骤如下。

（1）选择【文件】→【新建】→【会议要求】命令，打开“会议”窗口，默认显示“会议”选项卡。

（2）在“主题”和“地点”文本框中分别输入会议的主题和开会的地点，在“开始时间”和“结束时间”列表中，选择会议的开始时间和结束时间。如果这是一个全天事件，则选中【全天事件】复选框。

（3）输入要发给收件人的信息或者添加附加文件。

（4）单击【收件人】按钮，打开“选择与会者及资源：联系人”对话框，在“必选”和“可选”文本框中输入邀请参加会议人员的邮件地址。

（5）单击【确定】按钮，返回“会议”窗口，单击【发送】按钮完成操作。

16. Outlook 邮件保护技巧——设置邮件的安全性防止邮件被修改

用户可以对邮件的安全性进行设置，以防止邮件在传输过程中被他人修改。具体步骤如下。

（1）对一封邮件进行安全性设置。

① 新建一封邮件，默认显示“邮件”选项卡，单击“选项”组中的按钮，打开“邮件选项”对话框。

② 单击【安全设置】按钮，弹出“安全属性”对话框，选中【加密邮件内容和附件】和【为此邮件添加数字签名】复选框。

③ 单击【确定】按钮完成安全性设置。

（2）对所有邮件进行安全性设置

① 选择【工具】→【信任中心】命令，打开“信任中心”对话框。

② 选择“电子邮件安全性”选项，在“加密电子邮件”组中选中【加密待发邮件的内容和附件】和【给待发邮件添加数字签名】复选框。

③ 单击【确定】按钮完成操作。